Walter Weiss

Fachwerk

Bautraditionen in Mitteleuropa

Walter Weiss

Fachwerk

Bautraditionen in Mitteleuropa

2., durchgesehene Auflage

Fraunhofer IRB Verlag

Bibliografische Information der Deutschen Nationalbibliothek:
Die Deutsche Nationalbibliothek verzeichnet diese Publikation in der Deutschen Nationalbibliografie; detaillierte bibliografische Daten sind im Internet über www.dnb.de abrufbar.

ISBN (Print): 978-3-7388-0607-6
ISBN (E-Book): 978-3-7388-0608-3

Lektorat: Signune Meister
Redaktion: Viola Pusceddu
Herstellung: Angelika Schmid
Umschlaggestaltung: Martin Kjer

Satz: Fotosatz Buck, Kumhausen / Hachelstuhl
Druck: Offizin Scheufele Druck & Medien GmbH + Co. KG, Stuttgart

Fraunhofer-Informationszentrum Raum und Bau IRB
Nobelstraße 12, 70569 Stuttgart
Telefon +49 711 970-25 00
Telefax +49 711 970-25 08
irb@irb.fraunhofer.de
www.baufachinformation.de

Inhalt

Inhalt

Im Buch verwendete geografisch-politische Abkürzungen der 26 Schweizer Kantone (alphabetisch):

AG Aargau

AI Appenzell Inner-Rhoden

AR Appenzell Ausser-Rhoden

BE Bern

BL Basel-Landschaft

BS Basel-Stadt

FR Fribourg (Freiburg)

GE Genève (Genf)

GL Glarus

GR Graubünden

JU Jura

LU Luzern

NE Neuchâtel (Neuenburg)

NW Nidwalden

OW Obwalden

SH Schaffhausen

SG St. Gallen

SO Solothurn

SZ Schwyz

TG Thurgau

TI Ticino (Tessin)

UR Uri

VD Vaud (Waadt)

VS Valais (Wallis)

ZG Zug

ZH Zürich

1 Einführung

1.1 Bezeichnungen und Begriffe

Maurer schichten beim Bauen mit Backstein Lage um Lage aufeinander. Auch beim Errichten eines Blockhauses entsteht mit dem Aufeinanderlegen von Rund- oder Kanthölzern sofort eine tragfähige, dicht abschließende Wand. Nicht so beim Fachwerk: Hier ist eine klare Trennung zwischen der Tragkonstruktion, dem Skelett und den Wandfüllungen, den Gefachen, zu beobachten. Von den Gefachfüllungen aus Holz beim Ständerbau abgesehen werden die Gefache erst nach der vollständigen Errichtung des Skeletts aufgefüllt und geschlossen. Das Haus kommt »unter Dach und Fach«.

Fachwerk bzw. der in der Schweiz gebräuchliche Ausdruck »Riegelbau« bezeichnet als Oberbegriff Skelettbauweisen in Metall und Holz. So vielfältig wie die verschiedenen Fachwerkarten selbst sind die Bezeichnungen und Begriffe dafür. Nicht nur in Sprach- und Sprechunterschieden im deutschsprachigen Raum sind diese Unklarheiten zu suchen, auch innerhalb der Forschung kann man große Unterschiede im Gebrauch der Ausdrücke wahrnehmen. Die verschiedenen Begriffe sind nirgends klar definiert. Damit sich jeder Benutzer über die im vorliegenden Werk verwendeten Begriffe ein klares Bild machen kann, sind sie in Abb. 1.1 geordnet vorgestellt.

Oft gehörte und verwendete Ausdrücke

Bohlenständerbau	**Stabbau**	**Bundwerk**	**Blockständerbau**	**Rahmenbau**
oder »Ständerbohlenbau« Ausfachung mit Holzbohlen von 5 bis 8 cm Dicke, die etwas zurückgesetzt waagrecht zwischen den Ständern eingenutet sind	z.B. norwegische Stabkirchen senkrecht stehende, in Schwellen und Rähm eingenutete Bohlen, Rund- oder Kanthölzer	z.B. von Südtirol bis Tschechien holzsparend und zierlich gestaltete Ständerbauten, offen oder von innen mit Holz verschalt: Unterengadin GR, Münstertal GR, Alpengebiet von FR / VD / VS	z.B. Emmental BE und Simmental BE Dieser nicht eben glücklich gewählte Ausdruck wird von verschiedenen Autoren für Ständerbauten mit Kantholzausfachung in Wandstärke gebraucht.	Die Rahmenbauweise ist die Weiterentwicklung für den Fertighausbau. »Frames« werden in Hallen meist von Computer gesteuerten Maschinen gefertigt und sogar von Robotern zusammengebaut. Die Elemente werden auf der Baustelle montiert.

Abb. 1.1: Fachbegriffe im Fachwerkbau (Fortsetzung, siehe nächste Seite)

Stabwerk oder Skelettbauweise
(allgemeiner Oberbegriff im Ingenieurbauwesen, von Baustatikern generell auch als Fachwerk bezeichnet)

Pfahl- und Pfostenbau	Ständerbau	Riegel- oder Rieghaus	Metallfachwerk	Betonfachwerk
			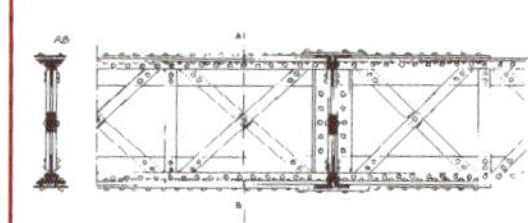	
prähistorisch, mind. seit 5 000 Jahren	Fachwerk mit Holz ausgefacht und die Senkrechte betont	Schweizer Ausdruck für Fachwerk mit kurzen waagrechten Hölzern (Riegel)	ab 19. Jahrhundert in der Schweiz	20. Jahrhundert
Pfosten im Erdreich mit oder ohne Pfahlschuhe	älteste Funde in der Schweiz ab der Römerzeit	seit rund 400 Jahren	Brücken Hallen Türme Masten Kräne Dachstühle	Brücken Hallen verschiedenste Gebäude Hochhäuser
wackelig, aber ohne diagonale Verstrebung möglich	Schwellhölzer mit und ohne Mauersockel	Mauersockel Streben zwischen Schwelle und Rähm, viele Zierformen		
Astgabeln, Schnurverbindungen, erste Zapfenverbindungen	Verstrebung durch an die Ständer angeblattete Kopf- oder Fußhölzer, durch Holznägel gesichert	hauptsächlich Zapfenverbindungen	genietet oder geschraubt, selten verschweißt	
Ausfachung geflochten und mit Lehm verstrichen	Ausfachung durch Holz oder Lehmflechtwerk	Ausfachung durch Stein mit Kalkmörtel	offene Gefache oder bei Hallen Backsteinausfachung	Zementstein- oder Backsteinausfachung

(Fortsetzung von Abb. 1.1)

1.2 Verbreitungsgebiete und regionale Einflüsse

Die Zusammenstellungen der Verbreitungsgebiete (siehe Abb. 1.2 und 1.3) zeigen die zeitliche und örtliche Dimension der Ausbreitung der Fachwerkbauten in Europa. Auf dem Gebiet der Schweiz fand schon immer ein reger Kulturaustausch zwischen Ost und West, aber auch zwischen Nord und Süd statt. Daher kann das Land nicht isoliert in seinen heutigen Grenzen betrachtet werden. Schweizer Fachwerkbauten weisen sehr viele Einflüsse aus den umliegenden Gebieten auf. Die deutschsprachige Schweiz gehört zum kulturgeografisch süddeutschen Raum. Dazu zählen darüber hinaus nicht nur Teile Südwestdeutschlands, sondern auch Teile Österreichs, das Elsass und Südtirol. Gerade die letzten beiden Regionen haben die unmittelbar angrenzenden Gebiete in der Schweiz maßgeblich beeinflusst. Die relativ wenigen Fachwerkbauten in der französischsprachigen Schweiz sind klar vom deutschsprachigen Raum her beeinflusst, obwohl in Frankreich die eigenständige Fachwerk-Hauslandschaft der Bresse sehr nahe an die Schweizer Grenze reicht. Hier behinderte aber die Gebirgskette des Juras einen direkten Kulturaustausch im Bauwesen.

Abb. 1.2: Traditionelles Verbreitungsgebiet der Fachwerkbauten in Europa; hauptsächliche Bauweise bis etwa zum Ersten Weltkrieg

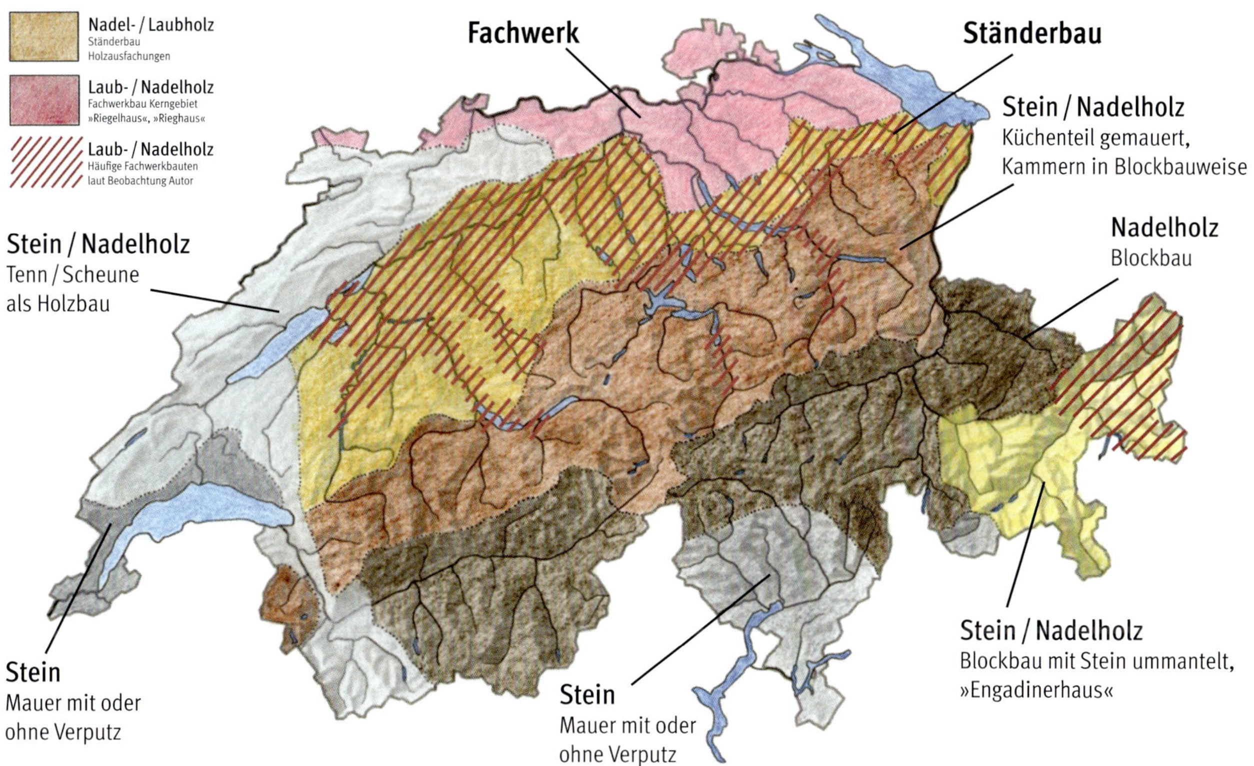

Abb. 1.3: Traditionelle Konstruktionsarten in der Schweizer Landschaft; wichtiger Anteil der Häuser in Fachwerkbauweise: Westliches Mittelland, hier Riegbau genannt; Zentralschweiz: einzelne Repräsentativbauten in Fachwerk, zudem verputztes Fachwerk zum Einsparen von Holz; Unterengadin: Bundwerk

Fachwerk ist wohl die traditionsreichste Bauweise in Mittel- und Westeuropa. So verschieden die Fachwerkbauten aussehen, sie basieren auf dem immer gleichen Konstruktionsprinzip mit den gleichen Holzverbindungen.

Karten wie die Abb. 1.3 werden der Wirklichkeit niemals gerecht; vielmehr ist die Gefahr groß, dass sie bei eiligen Betrachtern Vorurteile festigen. Die Grenzen von Hauslandschaften sind niemals ganz klar und nehmen keine Rücksicht auf politische Grenzen. Fachwerk nimmt in irgendeiner Form häufig auch neben anderen Hausbautechniken einen wichtigen Platz ein, zum Beispiel im Unterengadin an den Giebeln und im Scheunenbau. Dieses Nebeneinander wird in der Karte durch die überlagerte Schrägschraffierung angedeutet. Erst mit der Industrialisierung und dem Bau der Eisenbahnlinien ab der Mitte des 19. Jahrhunderts verloren die hier eingezeichneten Hauslandschaften endgültig ihre Bedeutung. Die Architektur als lehrbare exakte Wissenschaft (Gründung der Eidgenössischen Technischen Hochschule, ETH, Zürich im Jahr 1854) und Materialtransporte ermöglichten fortan praktisch überall jede Bauweise.

Beispiele für Fachwerkhäuser aus unterschiedlichen Regionen

Abb. 1.4: Von Kriegen und Bauwut weitgehend verschont: Marktplatz im hessischen Idstein (📷 2008)

Abb. 1.5: Die Verstrebungen sind häufig innen angeblattet. Warwick, Großbritannien (📷 1987)

Abb. 1.6: Das Rathaus von 1440 in Markgröningen, Baden-Württemberg (📷 2009) steht auf 54 Eichensäulen: auf 19 »schwachen« und 35 »starken«, die im Querschnitt 60 / 60 cm messen. Drei Stockwerke sind aus Eichenholz gebaut. Darüber befinden sich drei Dachgeschosse aus Nadelholz. Als 1400 mit dem Bau begonnen wurde, zählte die Ortschaft etwa 1 200 Einwohner. Aus dem verbauten Holz könnte man heute 47 Einfamilienhäuser bauen.

Abb. 1.7: Reich verziertes Bürgerhaus in Celle, Niedersachsen (📷 2011)

Oberwinterthur, 8. Okt. 92

Lieber Herr Weiss,
herzlichen Dank für Ihre interessante Broschüre über das Fachwerk im Weinland! Ich finde es sehr schön, dass Sie sich neben Ihrer beruflichen Tätigkeit mit etwas beschäftigen das bisher in der Forschung vernachlässigt wurde!
Ich habe Ihnen gesagt, dass ich mich an Fachwerkbauten in Spanien dort „entramado" erinnere, so wie dieses Haus im Baskenland oder wie in Valencia de Don Juan im kastilischen!

ungefäh so.
Es gibt aber auch Winkel- und trapez-förmige wie z.B. in Cuenca

Wenn ich noch einmal nach Spanien kann um meine Forschung fortzusetzen, werde ich mehr auf „entramado" achten!
Mit den besten Wünschen für Sie und Ihre Familie grüssen Sie herzlich
Hans und Nelly Hutter

Abb. 1.8: Der Spanien-Kämpfer Hans Hutter wies 1992 auf die Fachwerkbauten in Spanien hin. Vor allem sind die kastilischen Ortschaften Valencia de Don Juan und León dafür bekannt.

Abb. 1.9: Stolberg im Südharz (📷 1999) und das im nördlichen Harz-Vorland gelegene Quedlinburg trumpfen mit langen Straßenzügen auf, die durchweg von Fachwerkhäusern gesäumt sind.

Abb. 1.10: Ystad, Südschweden (📷 2004)

Abb. 1.11: Little Moreton Hall aus dem 16. Jahrhundert in Kidsgrove / Cheshire, Großbritannien (📷 1987)

Abb. 1.12: Wohnhäuser in der Innenstadt von Bayonne, Pyrenées-Atlantiques (📷 1987); Auch im südlich der Stadt gelegenen Baskenland hat das Fachwerkhaus eine eigene Tradition. Nördlich der Stadt, in den »Landes«, zwischen Bayonne und Bordeaux, ist jedes Haus auf Sand gebaut. Nur Fachwerkhäuser brechen bei leichten Setzungen im Baugrund nicht gleich auseinander.

1.3 Das Ansehen von Fachwerkbauten

Die Geschichte zeigt, dass Fachwerkbauten Zeiten der Blüte und Zeiten des Niedergangs, Zeiten großer Wertschätzung, aber auch Zeiten der Nichtbeachtung erfahren haben. Häufig wurden Fachwerkgebäude grundlegend verändert, die Wände wurden verputzt und damit als Fachwerk gar nicht mehr wahrgenommen. Auch heute noch, in einer Zeit der Wertschätzung dieser Bauweise, sind große Teile des Bestands an Fachwerkbauten unter Verputz. Unter den Aspekten des biologischen Bauens ist Fachwerk, kombiniert mit Strohlehmausfachungen, geradezu ideal. Die Wärmespeicherung und der Feuchtigkeitsausgleich der Materialien sind wichtige Voraussetzungen für ein angenehmes Raumklima, wurden aber lange verkannt und vorschnell durch weniger elastische Materialien ersetzt. Fachwerk hat seine Strapazier- und Anpassungsfähigkeit über Jahrhunderte gezeigt. So sind Besitzer und Bewohner von Fachwerkhäusern, oft ein wenig beneidet, zu Recht wieder stolz auf ihr Haus.

Es erstaunt daher, dass trotz dieser Wertschätzung immer wieder bedeutende Fachwerkhäuser abgerissen werden. Auch wenn sie in Bezug auf die Baukunst nicht unbedingt bedeutend sein müssen, sind sie in ihrer Umgebung kaum durch bessere Lösungen zu ersetzen. Weitere Gefahren drohen durch eine falsch verstandene Liebe zum Fachwerk, durch Modernisierungen und nicht fach(werk)gerechte Sanierungen. Diesen Gefahren ist kaum beizukommen, denn sie entstehen mit den besten Absichten. Fachwerk verkommt in solchen Fällen häufig zur blassen Attrappe. Anstatt dreidimensionales Bauprinzip zu sein, wird es zur zweidimensionalen Fassade. Eigentliche Fachwerkdekorationen sind vor allem in Gaststätten und Verkaufslokalen beliebt, wo eine heimelige Atmosphäre zum Konsum animieren soll.

Abb. 1.13: Fachwerk unter Verputz, Berlingen TG (📷 2017)

Abb. 1.14: Witziges Fenster in die Haus-Vergangenheit, Winterthur ZH (📷 1993)

Abb. 1.16: Es ist gut, dass Einzelobjekte durch die Versetzung in ein Freilichtmuseum gerettet werden können. Schöner ist es, wenn das Haus an Ort und Stelle erhalten bleibt wie bei den Häusern aus Schnottwil SO (2018). Das Dorfbild beeindruckt als Gesamtheit.

Abb. 1.17: Einheitlich konstruierte Bauernhäuser prägen heute noch das Dorfbild von Kesswil am Bodensee TG (2018).

Abb. 1.18: Backsteinfassade im Fachwerklook als Ausgleich für den Abriss der ursprünglichen Wand? Winterthur ZH (2017)

Abb. 1.15 (links): Über die Art und Weise von Sanierung und Unterhalt von Fachwerkhäusern gibt es verschiedene Ansichten. Eine Scheune – zwei Besitzer, Allschwil BL (1989)

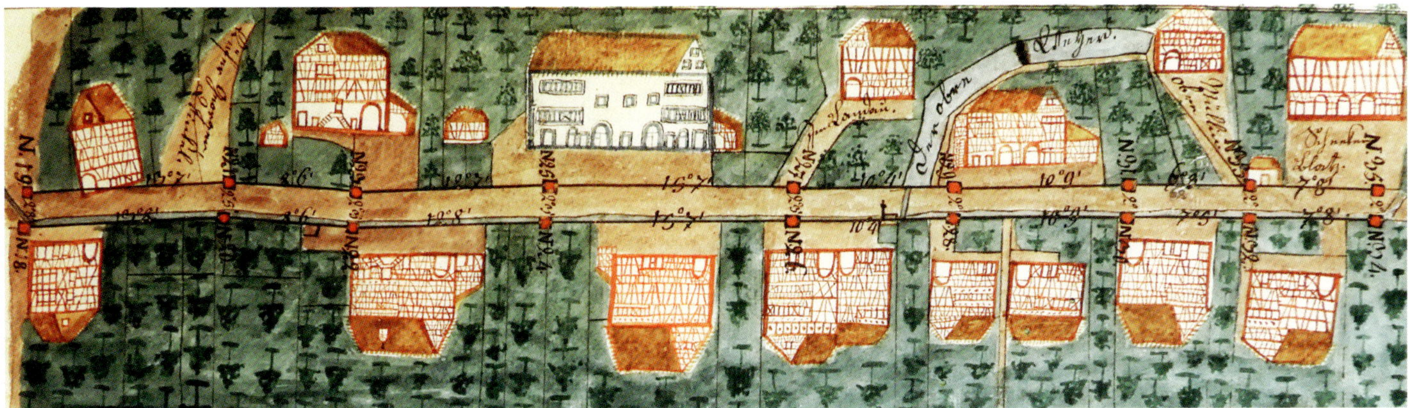

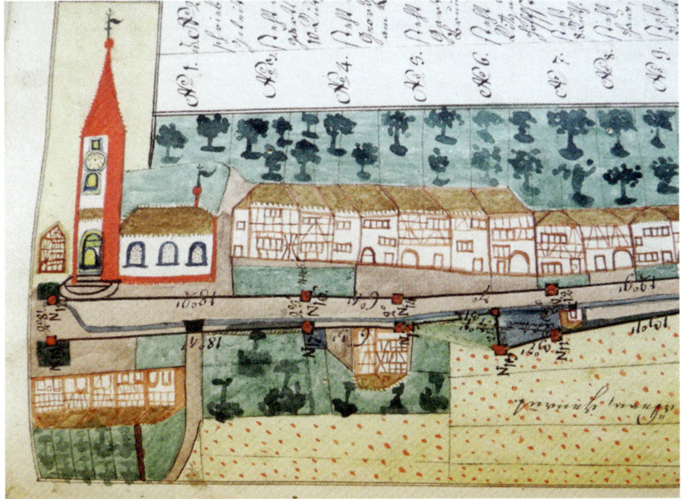

Abb. 1.19: Osterfingen SH: So einheitlich haben wohl die meisten Ostschweizer Dörfer Ende des 18. und Anfang des 19. Jahrhunderts ausgesehen. (»Marktbeschrieb« von Schulmeister und Geometer Hans Georg Ritzmann aus dem Jahr 1809, Bild: Gemeindearchiv Osterfingen)

Vermarktung mithilfe von Fachwerk

In der Werbung, in Märchenbüchern, auf der Bühne und in Filmen werden Fachwerkhäuser als Symbol des gemütlichen ländlichen oder kleinstädtischen Lebensstils gezeigt. Besonders deutlich wird der Missbrauch dieser Bauweise, wenn inmitten der Chromstahl-, Plastik- und Betonwelt eines Einkaufszentrums die auf ländlich getrimmte Gaststätte zur gemütlichen Einkehr lädt. Viele Gegenstände sind in Fachwerkart oder mit Fachwerkdekor erhältlich: Kinderspielhäuser aus abwaschbarem Kunststoff, Kranzabzeichen, Wappenscheiben und Medaillen für erfolgreiche Schützen. Besonders häufig werden Milchprodukte in fachwerkverzierten Packungen vermarktet. Meist gehen die Grafiker ohne Kenntnisse dieser Konstruktionsart arglos ans Werk.

Auch viele Poststempel und Weinetiketten zeigen ein Fachwerkhaus der Gemeinde. Hier ist die grafische Arbeit weit anspruchsvoller, da das Haus trotz Vereinfachung noch erkennbar sein muss.

Abb. 1.20: Vielfältige Verpackungen, Werbung und Souvenirs mit Fachwerkdekor (📷 2018)

Abb. 1.21 (links): Poststempel

Abb. 1.22 (rechts): Drei Fassungen des Wappens der Gemeinde Hausen am Albis ZH (Gemeindekanzlei Hausen am Albis)

Als einzige Gemeinde der Schweiz hat Hausen am Albis ZH ein Fachwerkhaus im Gemeindewappen. Es existiert in mehreren Fassungen. Es kommt immer wieder zu heftigen Kontroversen um die historische oder heraldische Korrektheit. Immerhin ist der blaue Hintergrund allen gemeinsam. Heraldische und konstruktive Korrektheit ist anscheinend schwer mit dem Volksempfinden zu vereinbaren.

2 Aus der Geschichte des Fachwerkbaus

Aus der Geschichte des Fachwerkbaus

2.1 Die ersten Behausungen

Die ältesten noch in großen Teilen erhaltenen Fachwerkbauten Europas stammen aus dem 14. Jahrhundert. Die Entwicklung bis zu diesen Gebäuden ist wissenschaftlich nur anhand von einzelnen Bauteilen lückenhaft belegt; sie lässt sich daher nur spekulativ nachzeichnen.

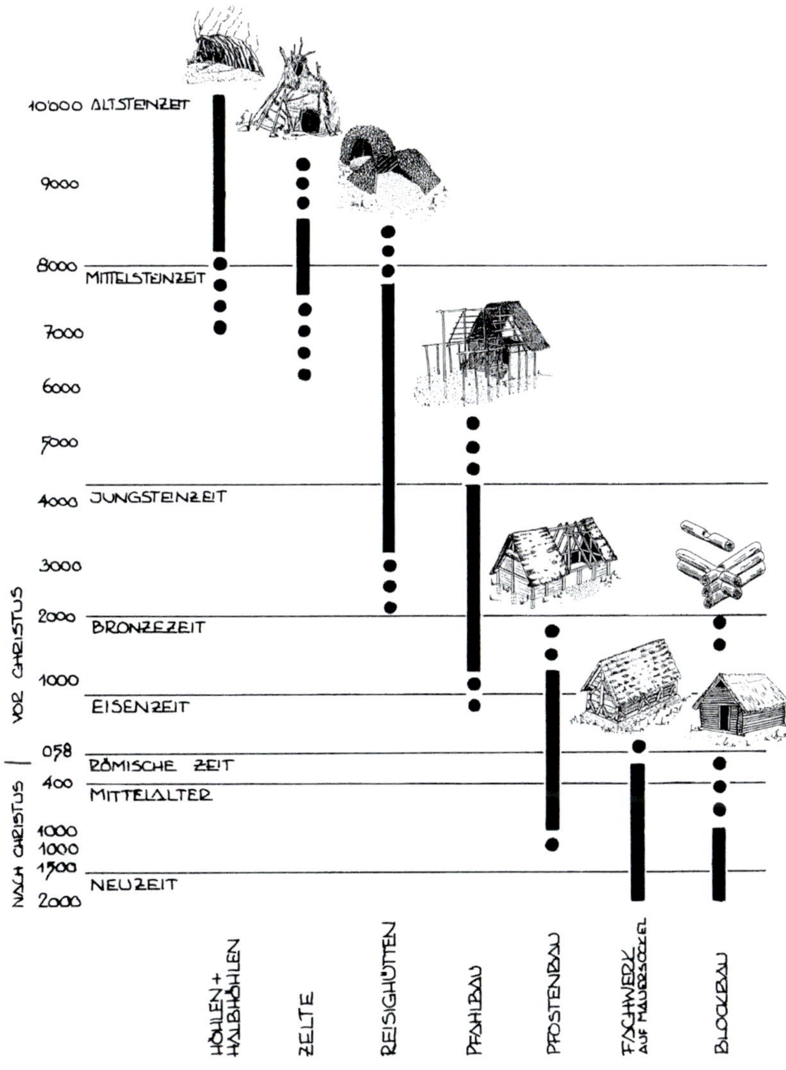

Abb. 2.1: Frühe Behausungen auf dem Gebiet der Schweiz

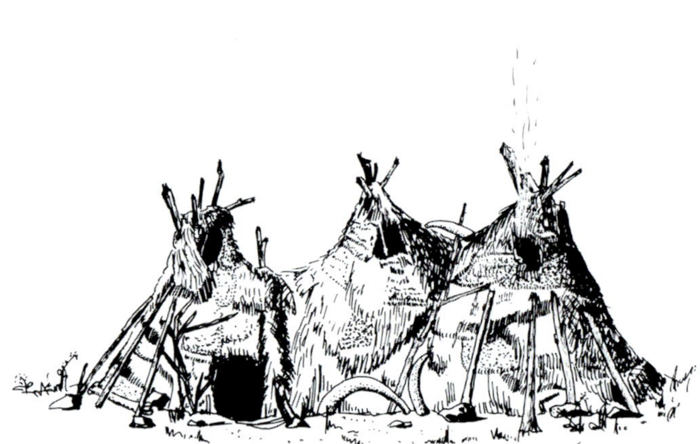

Abb. 2.2: Vor allem während der Jagdzeit lebten einzelne Sippen in Zelten und nicht in Höhlen. Altsteinzeitliche Hütte von Puskari an der westrussischen Desna, ca. 28 000 v. Chr.

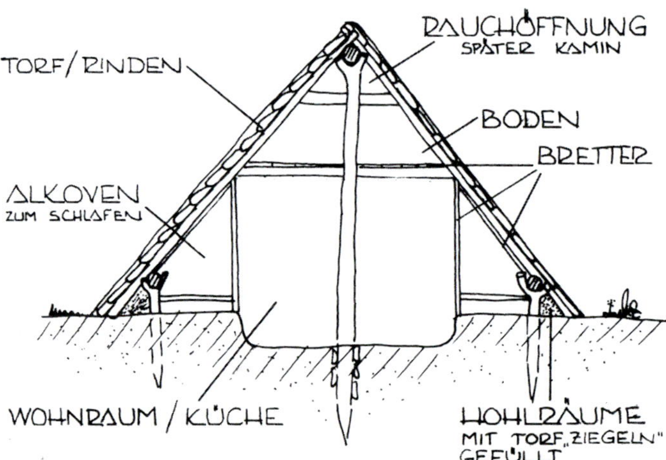

Abb. 2.4: Schnitt durch ein Dachhaus: Solch einfache Behausungen dienten für gewisse Bevölkerungsgruppen (Tagelöhner, Köhler, Moorstecher, Hirten) noch bis ins frühe 20. Jahrhundert in ganz Europa als zeitweilige Unterkunft.

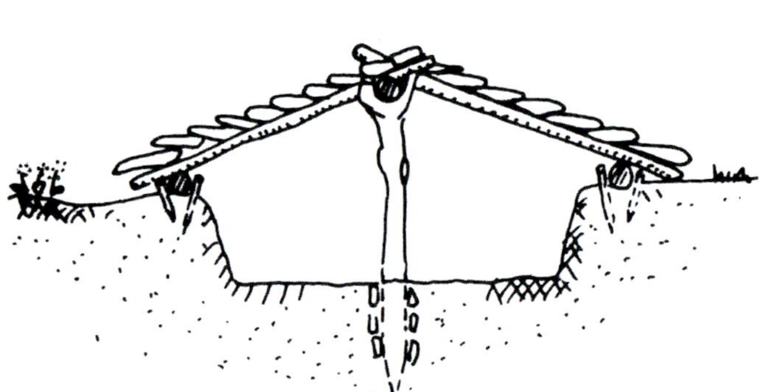

Abb. 2.3: Über eingegrabenen Pfosten mit Astgabeln liegt das Querholz, die Firstpfette. Später wurde auch der Boden abgesenkt, sodass die Grundfläche besser genutzt werden konnte.

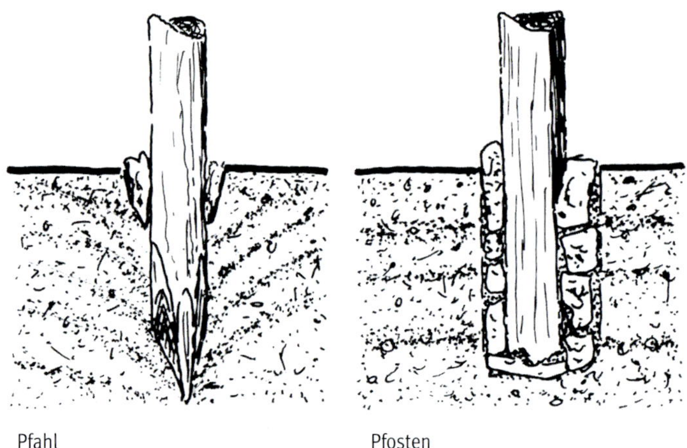

Pfahl Pfosten

Abb. 2.5: Unterschiedliche Gründungsarten: Pfahl – Pfosten

Im Gegensatz zum Tier schützt den Menschen weder Fell noch Panzer. Höhlen gibt es nur in felsigen Gegenden, weshalb man annehmen darf, dass Menschen schon früh ihre Intelligenz und Erfindungsgabe nutzten, um aus dem vorhandenen Material, nämlich Laubwerk, Reisig, Knochen, Wurzelwerk, ausgezerrten Grasbüscheln und Tierhäuten, ein zeltähnliches Dach zu bauen.

Die Urform des Daches ist das Zelt. Über gegeneinandergestellte Astgabeln wurde ein Querholz gelegt, an das schwächere Hölzer gelehnt werden konnten. Daran wurde die Dachhaut befestigt. Sie bestand aus großen Tierfellen. Solche und ähnliche Zelthäuser wurden überall auf der Erde von urzeitlichen Sammlern, Jägern und von umherziehenden Viehzüchtern bewohnt. Höhlen und Zelte dienten immer nur als Temporärbehausungen für Nomaden. Erst in der Jungsteinzeit wurden die Völker sesshaft und bauten sich feste, dauerhafte Häuser.

Noch bis ins 20. Jahrhundert bewohnten zum Beispiel niederländische Torfstecherfamilien solch einfache Dachhäuser, die zum Teil auch im isolierenden Torf eingegraben waren. In der »Dachschräge« befanden sich beidseitig mit gespaltenen oder gesägten Brettern abgetrennte Alkoven, in denen die Menschen schliefen. Das Dach bestand aus »Rasenziegeln«, Rindenstücken und Holz.

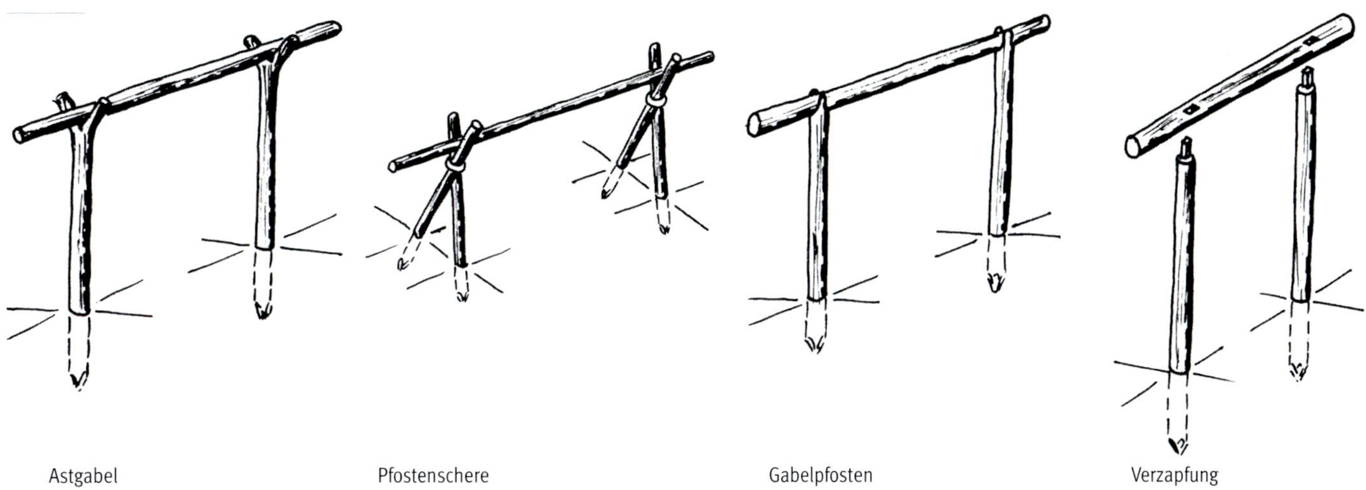

Abb. 2.6: Firstbefestigungen je nach Entwicklungsstand der Werkzeuge

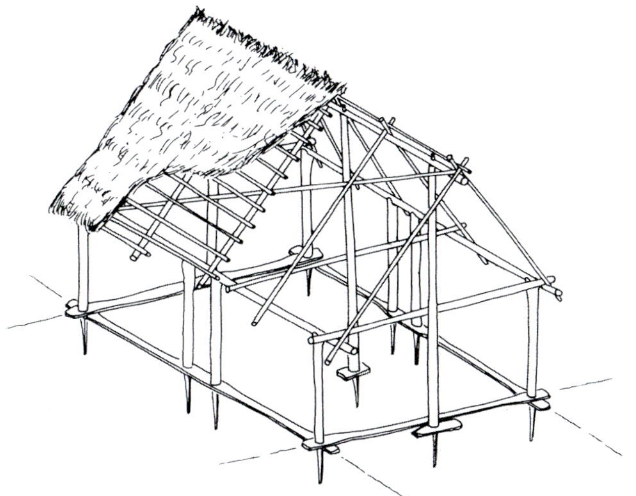

Abb. 2.7: Frühbronzezeitliches Haus in Zürich ZH, Mozartstraße; ca. 1600 v. Chr.

Abb. 2.8: Einzelnes Schwellholz / »Pfahlschuh«

2.1.1 Pfahlbau / Pfostenbau

Hier muss zunächst auf den wesentlichen, leider häufig vernachlässigten Unterschied aufmerksam gemacht werden, der zwischen dem zugespitzt eingerammten Pfahl und dem stumpf in ein Loch gestellten Pfosten besteht. Der Unterschied hängt mit der Beschaffenheit des Baugrundes und den zur Verfügung stehenden Werkzeugen zusammen, was für die bauliche und zeitliche Einordnung eines Fundes wichtig sein kann.

Jedes nur mittelmäßig handwerklich begabte Kind würde heute für seine Hütte im Wald (wenn es nur dürfte!) auf die gleiche Konstruktionsweise kommen: Gerade Bäume mit stark ausgeprägten Astgabeln werden für die Firstpfähle vorgesehen. Parallel zur Firstpfette werden seitlich weitere Pfähle eingeschlagen, über die Nebenpfetten gelegt werden.

Da die Pfähle im weichen Uferboden der Gegend um den Zürichsee auf Dauer keinen Halt fanden, legten die frühbronzezeitlichen Bewohner zuerst einen Kranz von dicken, gespaltenen Hölzern aus, sogenannte Flecklinge, durch die die Pfähle gesteckt wurden. Einzelne Schwellhölzer oder Pfahlschuhe, wie sie auch in Ufersiedlungen des Bodensees bekannt waren, trugen die Firstpfähle. Die Hölzer

Abb. 2.9: Nachzeichnung einer Ritzzeichnung aus dem Val Camonica in der Lombardei

wurden durch Schlaufen von Weißtannenästen, »Schnüren«, Hasel- oder Weidenruten miteinander verbunden.

Eine wichtige Quelle für die aufgehenden Konstruktionen sind die Ritzzeichnungen aus der Eisenzeit (ca. 1. Jahrtausend v. Chr.) in den Fels des norditalienischen Val Camonica. Sie ergänzen die hiesigen Bodenfunde und zeigen als älteste Abbildungen von Holzkonstruktionen überhaupt, wie wir uns diese Pfahlbauten vorstellen können.

Es fällt den Archäologen auf, dass die damaligen Erbauer schmächtige Bäume aus Stockausschlägen, also eher junge, dünne Stämme, zum Hausbau verwendeten. Waren diese nicht verfügbar, spaltete man lange gerade Stämme. Es ging ja darum, mit den damals verfügbaren, aus heutiger Sicht bescheidenen Werkzeugen, Transport- und Hebemitteln auszukommen. Alle Pfähle oder Pfosten waren genügend tief eingerammt oder eingegraben, was ein seitliches Verschieben fast unmöglich machte, sodass sich Streben weitgehend erübrigten. Hingegen litt die Lebensdauer des Hauses unter dieser Konstruktionsweise, da sie ein rasches Abfaulen der Pfähle zur Folge hatte. Solange die Pfähle vollständig sauerstofffrei in der Erde oder im Wasser standen, waren sie praktisch unzerstörbar. Erst an der Luft zerfielen die an prähistorischen Fundstellen ausgegrabenen Hölzer sehr rasch, nachdem sie im Wasser fünf Jahrtausende überdauert hatten. Ob die Pfähle, wie oft behauptet, durch feuergehärtete Spitzen schon damals dauerhafter gemacht wurden, ist von der Archäologie noch nicht bestätigt worden. Gartenpfähle wurden an den Spitzen noch bis in die 1950er-Jahre über einer starken Flamme gedreht, bis sie mit einer dicken Kohleschicht bedeckt waren.

Zwischen dem Boden und dem Dach musste nun die Wand mit einem lehmverstrichenen Rutengeflecht geschlossen werden. Unsere Bezeichnung »Wand« stammt von dem Ausdruck »Ruten winden« ab.

Erst die Sesshaftigkeit machte überhaupt den beträchtlichen Aufwand an Mühe und Sorgfalt beim Errichten einer Behausung sinnvoll. Die Entwicklung der Werkzeuge ermöglichte dauerhafte Holzverbindungen. Ob die in der Bronzezeit auftauchenden Blockverbindungen auch gleich auf die so urtümlich aussehenden Blockbauten hindeuten, ist noch unklar, da bei Ausgrabungen ja nur die unterste Schicht und nicht das Haus in der ganzen Höhe zur Verfügung steht.

2.1.2 Ufersiedlung vor 5 000 Jahren am Bielersee

Die Hausgrundrisse der Ufersiedlung in Twann BE am Bielersee können klar als rechteckig erkannt werden. Die Häuser waren etwa 3 bis 4 m breit, 5 bis 9 m lang und besaßen eine oder zwei Herdstellen.

Die Jahresringdatierung ermöglicht die Unterscheidung der Pfähle des Hausneubaus (Fälljahr 3 086 v. Chr.) und der etwas später gefällten Pfähle in den Jahren 3 085 bis 3 078 v. Chr., die für Reparaturen und Erweiterungen verwendet wurden. In den elf Jahren, als diese Häuser bewohnt waren, mussten mindestens fünf Pfähle ersetzt werden.

Die in Hälblingen, Sechstel- und Achtelsegmenten längs gespaltenen Pfähle (meist Eichenholz) zeigen den werkzeugtechnischen Stand der damaligen Hausbauer, denn

Abb. 2.10: Rekonstruktionsversuch der Holzkirche Wülflingen ZH aus dem 7. Jahrhundert (Foto: Alfred Hidber, Kant. Denkmalpflege Zürich; aus [15])

Pfähle, um 3 086 v. Chr. gefällt

spätere Reparaturen (3 085 – 3 071 v. Chr.)

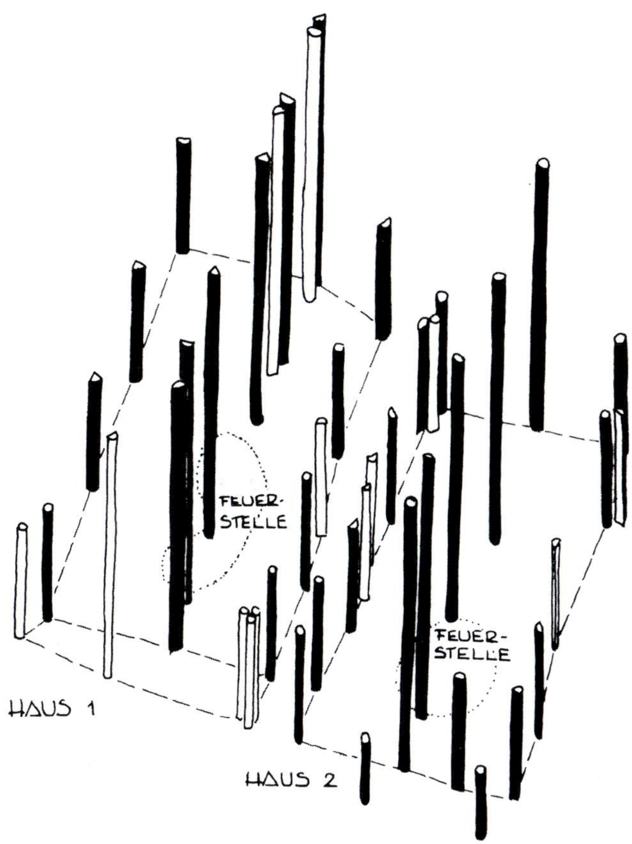

vorher wurden in der Westschweiz fast ausschließlich dünne, runde Stämmchen als Pfahlholz verwendet.

Wie die Häuser über dem Fundament aussahen, ist nicht in jedem Fall klar belegt. Hingegen lassen sich aus vielen Einzelfunden mögliche Schlüsse ziehen (siehe Abb. 2.11, 2.12 und 2.13).

Abb. 2.11: Beispiel aus dem Befund der Archäologen

Abb. 2.12: So könnte die Ufersiedlung am Bielersee ausgesehen haben.

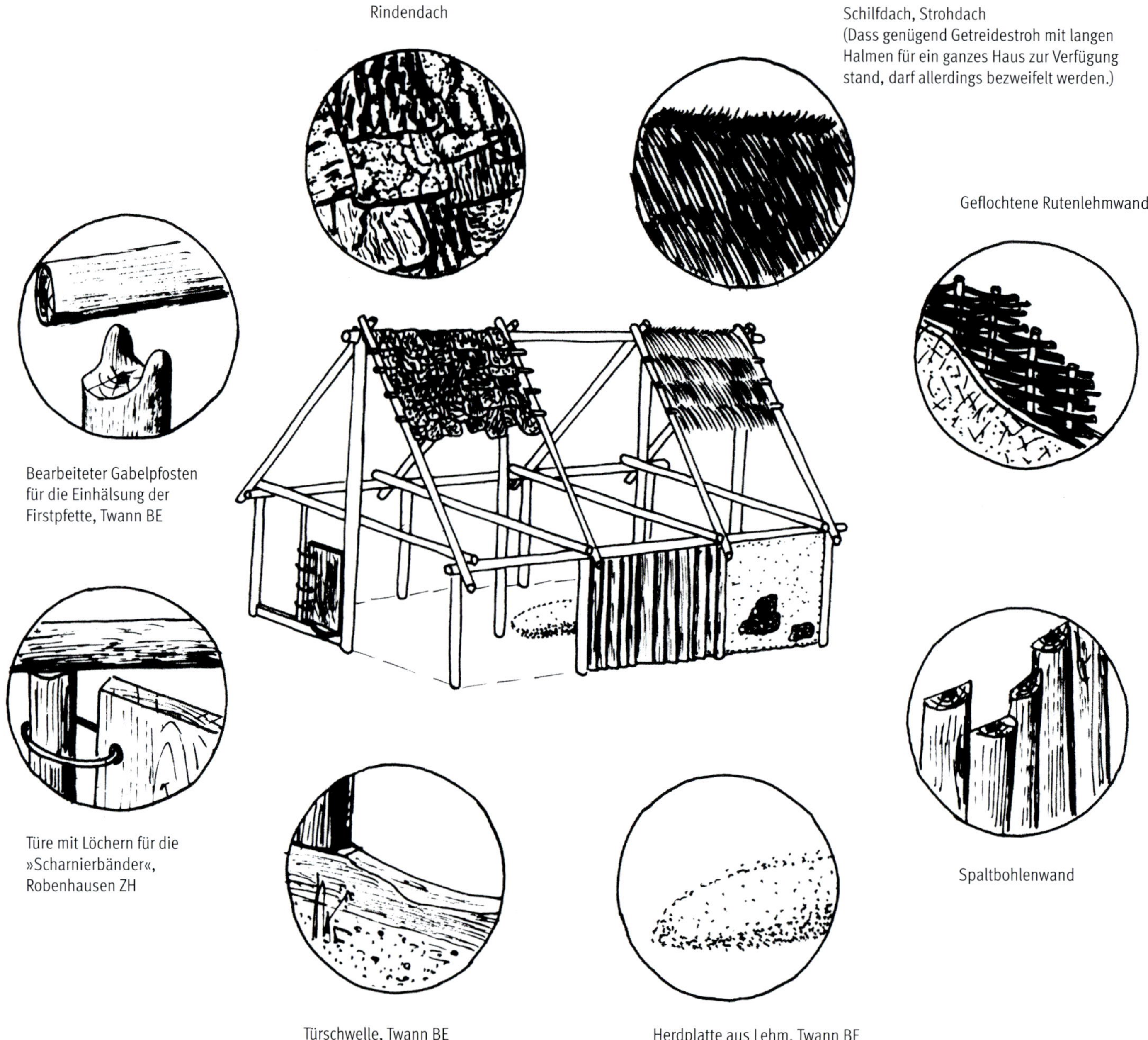

Abb. 2.13: Typischer Aufbau eines Wohnhauses vor ca. 5 000 Jahren

2.1.3 Vicus Vitudurum vor 2 000 Jahren

An klimatisch und verkehrstechnisch günstiger Stelle gelegen entstanden im römischen Vicus Vitudurum in Oberwinterthur ZH vor fast 2000 Jahren die ersten Gebäude von romanisierten Kelten. Zwischen 1977 und 1982 wurde archäologisch nachgewiesen, dass die Bewohner einerseits Selbstversorger (Zucht von Rindern, Schafen, Ziegen, Schweinen, Anbau verschiedener Kulturpflanzen, Haltung von Pferden) und andererseits Handwerker, Gewerbetreibende und Kleinhändler waren.

Außerordentliche Funde belegen in der Schweiz zum ersten Mal einen Entwicklungsvorgang in relativ kurzer Zeit. Der bautechnische Wandel vom einfachen Pfostenbau zum stabilen Fachwerkbau fand unter römischem Einfluss zwischen 5 und 80 n. Chr. statt.

Abb. 2.14: Fachwerkwand aus dem Jahre 50 n. Chr.: In einen behauenen Pfosten ist ein horizontaler Fußriegel eingezapft, auf dem ein Ständer steht. Die Ausfachung besteht aus vertikalem Haselrutengeflecht, das ursprünglich mit Lehm verstrichen war (Ausgrabung in Oberwinterhur ZH).

2.1.4 Bohlenpfostenbau / Stabbau

Die Spuren eines als Holzkirche aus merowingischer Zeit (7. Jahrhundert) erkannten Gebäudes wurden in Winterthur-Wülflingen ZH bei der Restaurierung der reformierten Kirche entdeckt. Zwei Zeilen von fünf Pfosten, die 1,10 m weit auseinanderstehen, begrenzen den Raum. Choranbau und Begrenzung an der östlichen und Türpfosten auf der westlichen Seite des Gebäudes vervollständigen das Bild. Auffallend ist das Fehlen einer Mittelpfostenreihe, was auf ein reines Dach ohne Dachstuhl schließen lässt.

Die mittlerweile zu Kanthölzern behauenen Pfosten waren eingegraben oder allenfalls einzeln durch Schwellhölzer gesichert. Zwischen den Pfosten waren die Wände durch liegende Holzbohlen (Bohlenpfostenbau) oder stehende Bretter (Stabbau) ausgefüllt. Die Pfosten waren mit einem auf der Erde liegenden Fußriegel verbunden.

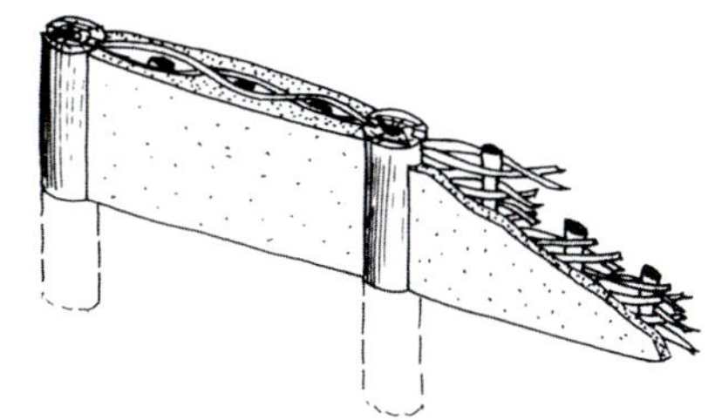

a **Pfostenbau, um Christi Geburt**
Das Dach wurde von runden, 30 bis 50 cm dicken, zum Teil ungeschälten Stämmen getragen, die bis 100 cm im Erdreich eingegraben waren. Die Wände wurden mit lehmverstrichenem Rutengeflecht geschlossen.

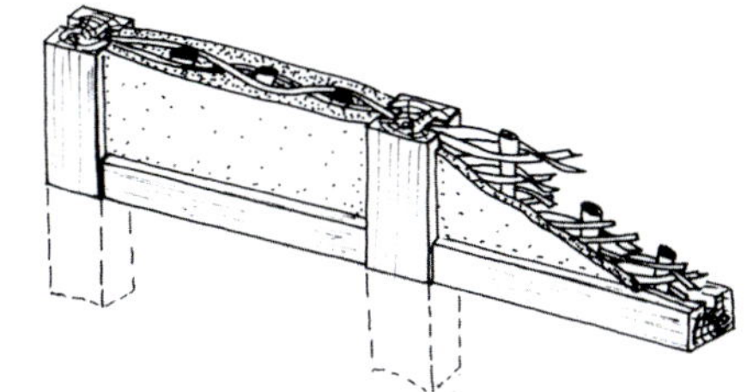

b **Pfostenbau mit Schwellriegel, ab 7 n. Chr.**
Zwischen behauene Pfosten gespannte und eingezapfte Schwellriegel schließen die Wände nach unten ab. In deren Nuten standen Bretter als Wandausfachung, sogenannte Stabwände.

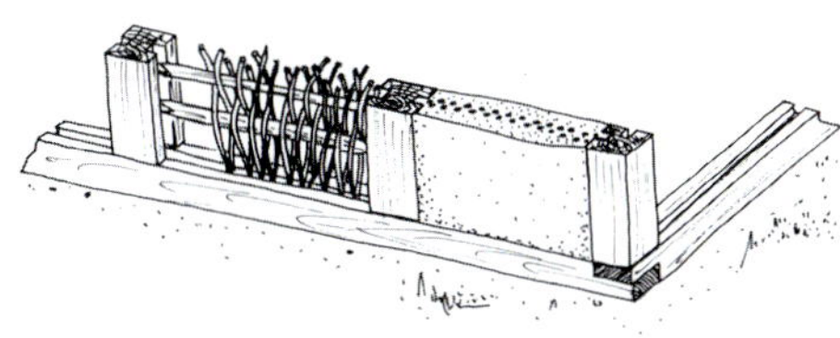

c **Fachwerk auf Schwellenkranz, ab 20 n. Chr.**
Die Pfosten sind durch Ständer, die auf einem freiliegenden Schwellenkranz abgestellt und eingezapft sind, ersetzt. Stabwände oder lehmverstrichenes Rutengeflecht bilden die Wände.

d **Steinfundamente, ab 55 n. Chr.**
Der Kalkmörtel tauchte um die Mitte des 1. Jahrhunderts auf. Dies ermöglichte das Untermauern der Schwellen. Die Holzkonstruktion erhielt dadurch ein trockenes und stabiles Auflager.

Abb. 2.15: Die Entwicklung vom Pfostenbau zum Fachwerkbau

2.1.5 Ständerbau

Durch die Bodenfeuchtigkeit faulen eingegrabene Pfosten rasch ab. Darum begann man, die behauenen Pfosten nicht mehr in den Baugrund, sondern als Ständer auf einen Stein oder auf einen Mauersockel zu stellen. Diesen Ständer verband man am Aufstand mit einem Fußriegel. Es gab sowohl mit dem Ständer verzapfte als auch überblattete Fußriegel.

Parallel stehende Ständer verschieben sich seitlich, auch wenn sie durch einen Querbalken und Rahmen verbunden sind. Diesem Schub wirken schräg eingesetzte Streben entgegen. Ob diese Streben als versteifende Dreiecke zwischen Ständer und Schwelle (Fußband), zwischen Ständer und Rähm (Kopfband) oder zwischen den parallelen Schwellen und Rähmen eingesetzt werden, ist vor allem eine Frage des Aufrichtens und des Stils, das heißt der geschichtlichen Entwicklung und der regionalen Ausgestaltung.

Die Weiterentwicklung des Fußriegels ist das Schwellholz, auf das die senkrechten Stützen, jetzt »Ständer«, »Stiel« oder »Stud« genannt, gestellt werden. Nördlich des Rheins, im schaffhausischen Reiat, gibt es Fachwerkhäuser aus dem 16. Jahrhundert, die teils nur mit Schwellriegeln oder dann mit Schwelle und Schwellriegel konstruiert wurden. Üblicherweise wurden aber die Schwellriegel schon im Spätmittelalter vom Schwellenkranz auf dem Mauersockel abgelöst. Damit die Schwelle als eigentliche Feuchtigkeitssperre möglichst lange gut erhalten blieb, wurde sie aus stark dimensioniertem Eichenholz gefertigt. Oftmals war sie dicker als 50 cm. Von Hand behauen behielt sie ihre wildwüchsige Form. Da die Schwelle ein Element der Wandkonstruktion ist, hat ihre krumme Form keinerlei Nachteile für die Fußböden im Innern des Hauses.

Abb. 2.16: Durch den Mauersockel aus dem Spritzwasserbereich abgehoben benötigt die Konstruktion stabile Verstrebungen zur Aussteifung.

Abb. 2.17: Diese kleine, in bretterverschaltem Fachwerk konstruierte Feldscheune hat nur im Erdgeschoss dem seitlichen Druck (z. B. durch Wind) mangels ausreichender Diagonalaussteifungen nachgegeben, während sich der dreieckige Giebel und der Dachstuhl nicht verschoben haben. Gächliwil SO (📷 1988)

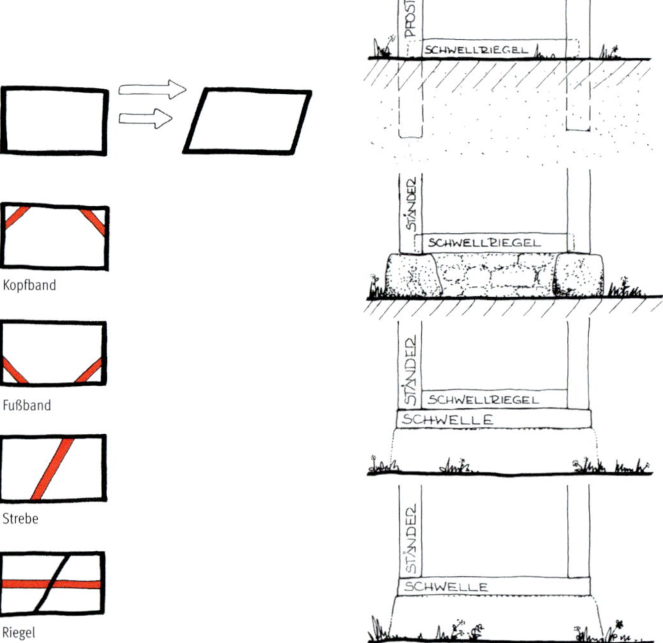

Abb. 2.18: Auch die Riegel tragen zur Versteifung der Wand bei. Darüber hinaus verkleinern sie die Gefache.

Abb. 2.19: Fußriegel und Schwelle

Abb. 2.20: Fußriegel und Ständer aus dem Jahr 1553: Der Ständer steht direkt auf dem Mauersockel. Dörflingen SH (📷 1989)

2.2 Fachwerk im Mittelalter

Nur wenige Holzhäuser aus dem Spätmittelalter sind uns in ihrer ursprünglichen Form erhalten geblieben. Das bisher von Krieg, Feuersbrunst, wirtschaftlichen Krisen und Naturkatastrophen verschonte Städtchen Werdenberg SG vermittelt mit seiner alten Bausubstanz eine Vorstellung davon, wie die Schweizer Städte vor 500 Jahren etwa ausgesehen haben (siehe Abb. 2.21). Alle Holzbautechniken können dort auf engstem Raum beobachtet werden. Nur die Bedachungsarten haben sich den neuzeitlichen Feuerschutzbestimmungen angepasst.

Eine weitere, bezüglich zeitgenössischer Baukultur sehr zuverlässige Quelle sind die Schweizer Chroniken, vor allem die vom Luzerner Diebold Schilling um 1513 verfasste Schweizer Bilderchronik [57].

Abb. 2.21: Verschiedenste Holzbautechniken am Hauptplatz von Werdenberg SG (📷 1988)

Abb. 2.22: Städtische Fachwerkhäuser des 15. Jahrhunderts zeigt das Bild zur Zurzacher Messe als Grisaillemalerei von Thomas Schmid und Ambrosius Holbein (um 1515/16), im Festsaal des Klosters St. Georgen in Stein am Rhein (📷 1989).

Abb. 2.23: Diese Stadtansicht von Luzern dokumentiert die verschiedenen Bau- und Bedachungsarten. *»Eidgenössische Chronik des Luzerners Diebold Schilling«*, 1513 [57]

Als das bis heute älteste und in den wesentlichen Teilen erhaltene ländliche Fachwerkhaus in der Schweiz gilt das Girsbergerhaus in Unterstammheim ZH. Eine Jahresringuntersuchung ergab, dass das Bauholz – hauptsächlich Eichenholz – in den Jahren 1420 bis 1422 gefällt wurde. Verwirrend ist die Tatsache, dass die Schwelle der Nordwand etwa 200 Jahre später ausgewechselt wurde. Darum wurde in der Literatur auch schon das 17. Jahrhundert als Bauepoche angegeben.

Der Dachstuhl im Innern ist seit seiner Errichtung unverändert erhalten. Eine dicke Kruste aus Ruß und Teer verhindert jegliches Eindringen von Schädlingen ins Gebälk und beweist, dass der Rauch während mindestens zwei Jahrhunderten nicht durch einen Kamin ins Freie geleitet wurde, sondern selbst einen Weg durch den Dachraum finden musste. Die zwischenzeitlich zugemauerten und heute wieder offenen, dreieckigen Öffnungen unter dem First erleichterten dies. Obwohl bei Bauuntersuchungen keine entsprechenden Spuren gefunden wurden, darf aufgrund der Dimensionierung und der Abstände der Sparren angenommen werden, dass das eigentümliche Dach anfänglich mit Stroh, Schilf oder langen Brettschindeln, erst danach

Abb. 2.24: Die hier gezeichnete Bedachung aus Stroh könnte man sich auch als Dach aus gespaltenen und mit Holznägeln fixierten Langschindeln vorstellen. Girsbergerhaus in Unterstammheim ZH, 1420/22

mit Hohlziegeln und in den letzten einhundert Jahren mit Biberschwanzziegeln und maschinell hergestellten Doppelfalzziegeln gedeckt wurde.

Als einziger rauchfrei beheizbarer Raum darf wohl die als Bohlenständerbau mit leicht gewölbter Bohlen-Balkendecke errichtete Stube gelten. Bohlen sind ungefähr 10 cm dicke, aus dem Stamm behauene Bretter, die einen besseren Kälteschutz abgeben als das lehmverstrichene Rutengeflecht, das sonst – die großen Gefache deuten es an – an diesem Haus die Wände ausfüllt.

Abb. 2.25: Der First wird von einer kleinen Blockwand getragen, daneben sind stehende Bohlen eingenutet. Der lange Brustriegel ist mit einer Hohlkehle verziert. Die liegenden Bohlen der Geschosswand sind in die Ständer eingenutet. Werdenberg SG

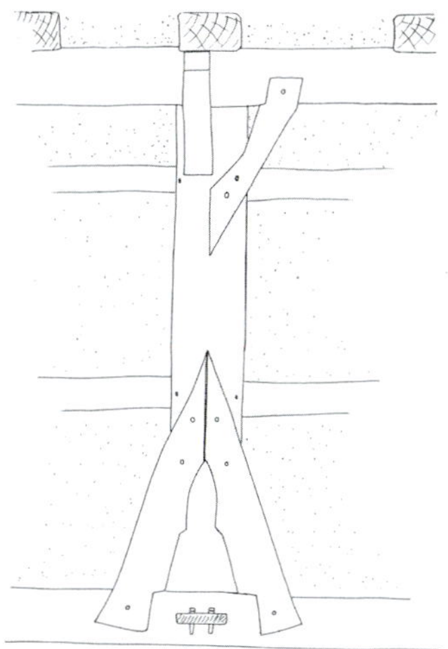

Abb. 2.26: Schloss Hegi Nordfassade (2. Hälfte 15. Jahrhundert): Durch die eng anliegenden Fußhölzer verschwindet das kleine verputzte Dreieck gänzlich. Winterthur ZH

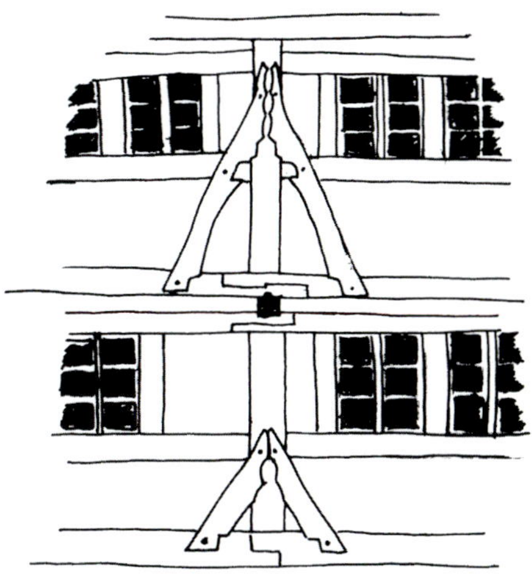

Abb. 2.27: Aufstockung der Propstei 1563, Wagenhausen TG

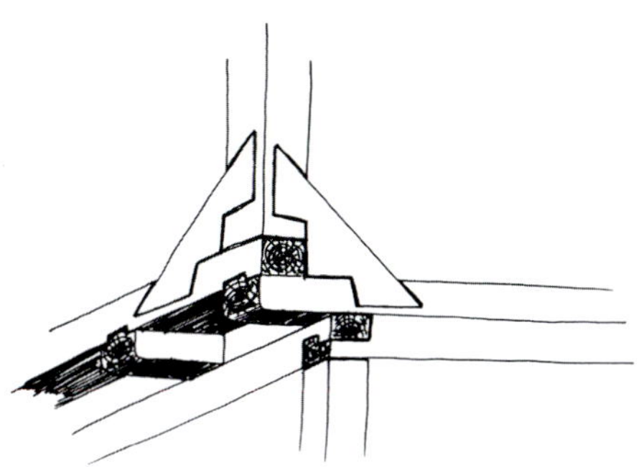

Abb. 2.28: Die Anblattung beträgt 45°. Die Blätter sind als Winkelhölzer ausgebildet. »Meister Sunnefro's Hus« von 1437 in Basel

Der Abbund erfolgte stockwerksweise in handbehauener Eiche. Die Fuß- und Kopfhölzer sind ungefähr im Winkel von 45° angeblattet und mit Holznägeln gesichert. Dieser Neigungswinkel darf in der Nordschweiz als grober Hinweis auf die Bauepoche der ersten Hälfte des 15. Jahrhunderts herangezogen werden.

Bauepoche	Neigungswinkel der Fuß- und Kopfhölzer
1. Hälfte 15. Jahrhundert	≈ 45° mit weit offenem Dreieck
2. Hälfte 15. Jahrhundert	Der Winkel wird steiler und das Dreieck enger.
um 1490	≈ 60° mit ganz geschlossenem Dreieck
16. Jahrhundert	≈ 55° mit etwas geöffnetem Dreieck
17. Jahrhundert	Der Winkel wird flacher und das Dreieck wieder offener.
18. Jahrhundert	Der Winkel beträgt wieder ≈ 45° mit weit offenem Dreieck. Die Hölzer sind allerdings nicht mehr so breit und der Faser entlang behauen, sondern gerade gesägt.

Tab. 2.1: Zeitliche Einordnung unterschiedlicher Neigungswinkel der Fuß- und Kopfhölzer

Abb. 2.29: Die Fußhölzer liegen flacher als 45°. Die graue Farbe der Bohlen zwischen den roten Konstruktionshölzern ist angeblich nach dem archäologischen Befund rekonstruiert. »Kleiner Frohsinn« in Stein am Rhein SH (📷 1986)

Abb. 2.30: Blockbau mit Firstständer am Geburtshaus H. Zwinglis (1484–1531), Wildhaus SG

Abb. 2.31: Die Fußhölzer sind zugleich Zierde: Firstständer am Haus Kernen in Bächlen BE, 1510

Eine wichtige Besonderheit bilden die Strebenstellungen der Ständerbauten, besonders die im ganzen Alpengebiet bekannten Firstständerstreben, die das von Einheimischen genannte »Heidenkreuz« oder den »Heidenbalken« bilden. Schöne Beispiele sind im Simmental, im Urner- und Glarnerland, aber auch im Toggenburg in der Schweiz zu betrachten.

Auch die Kopfhölzer, die an freiburgischen Ständerbauten die Tenntorstürze verstreben, wurden bis ins letzte Jahrhundert im 45-Grad-Winkel angeblattet.

Ähnliche, dem Girsbergerhaus in Unterstammheim verwandte Häuser, allerdings etwas jünger, sind in Glattfelden ZH (Museum des Gottfried-Keller-Zentrums), in Unterstammheim ZH und in Uhwiesen ZH entdeckt worden. Sie alle haben viele Gemeinsamkeiten mit Häusern in Pfullendorf, Immenstaad am Bodensee, in Ravensburg und in Pfullingen im heutigen Bundesland Baden-Württemberg.

Das stockwerksweise Abbinden (Stockwerkbau) erleichterte die Holzbeschaffung beträchtlich. Die Auswahl der

Abb. 2.32: Reich verzierte Verstrebungen an den Scheunen des französischsprachigen Teils im Kanton Freiburg. »Une ferme à Romont« aus [88]

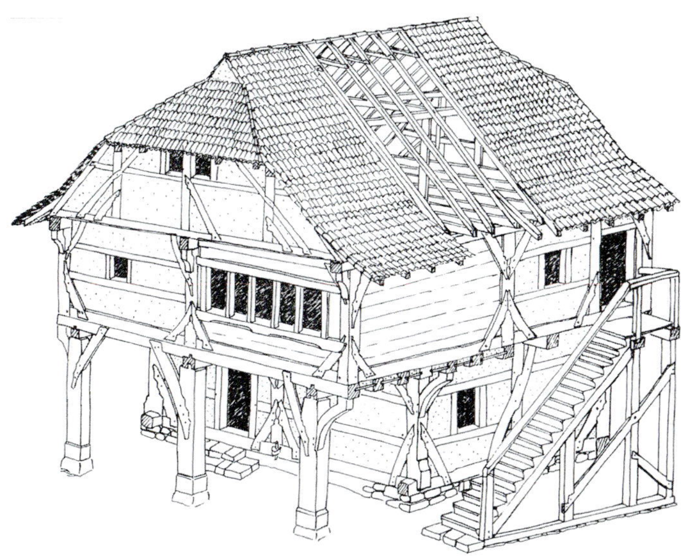

Abb. 2.33: Zwei verschiedene Versuche des Autors, ein Haus aus dem Jahr 1495 zu rekonstruieren; Modell 1 : 20, stockwerksweise auseinandergenommen (📷 1989); Unterstammheim ZH (siehe auch Abb. 7.7, 7.13 und 7.14)

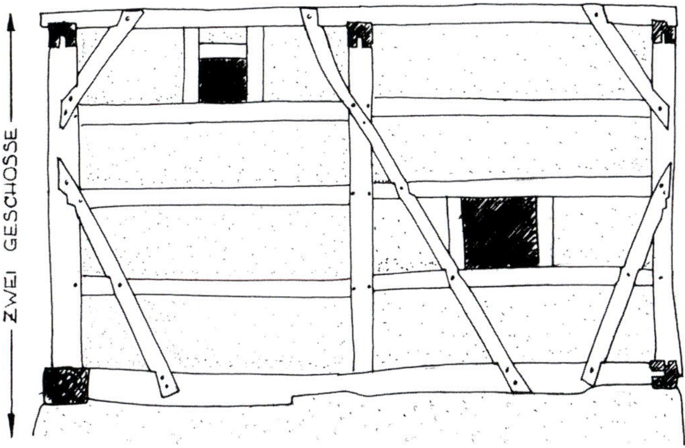

Abb. 2.34: In der Schweiz sind angeblattete, über zwei Stockwerke reichende Streben sehr selten. Die versteifende Wirkung ist so kaum zu übertreffen. Basadingen TG (siehe auch Abb. 16.4)

Abb. 2.35: Sehr schön dargestellt sind die Fuß- und Kopfhölzer beim Aufrichten in der *»Eidgenössischen Chronik des Luzerners Diebold Schilling«*, 1513 [57]. Unter dem Protest des Kreuzlinger Abtes errichteten Konstanzer Bürger ihr Schützenhaus auf dem Territorium des Klosters.

Bäume, der Transport vom Wald zum Werk- und Bauplatz, der Abbund, das probeweise Zusammenfügen und nicht zuletzt das Aufrichten gestalteten sich mit »kurzen Hölzern« einfacher. Hingegen wurden dadurch der Holzbedarf und der Arbeitsaufwand für die Holzverbindungen größer. Das Aufrichten eines über zwei Stockwerke abgebundenen Hauses (Geschossbau), wie das in Basadingen TG, erforderte viel Geschick und Kraft. Vor allem mussten die Ständer sofort durch die Fußhölzer gesichert werden. Da die handgeschmiedeten Eisennägel sehr teuer waren, standen sie für den provisorischen Gebrauch kaum zur Verfügung. (Heute sind Verschwertungen durch angenagelte Bretter üblich.) Wie die Beispiele zeigen, eignet sich das Merkmal Geschossbau bzw. Stockwerkbau allein schlecht zur zeitlichen Einordnung von Gebäuden.

2.2.1 Funktion und Gestaltungsformen der angeblatteten Fuß- und Kopfhölzer

Die Fuß- und Kopfhölzer haben höchstens ein Drittel der vollen Wandstärke. Sie fixieren die Konstruktion schon während des Aufrichtens des Gebäudes. Sie sind angeblattet und der Ausfachung aus Bohlen oder Rutengeflecht vorgesetzt. Im 15. Jahrhundert finden wir die Putzflächen meist 3 bis 5 cm hinter der Bundflucht. Ihre meist krumme Form haben die Anblattungen aufgrund der Bearbeitungsweise: Sie wurden mit dem Beil behauen.

Bei Ständerbauten der West- und Zentralschweiz sind die Kopfhölzer als örtliche Besonderheit häufig in die Kantholzausfachung eingelassen. Das Schmiegeblatt ist in der einfachsten Form dem halben Schwalbenschwanz ähnlich ausgebildet. Die gezackten Formen haben in erster Linie eine statisch wichtige Funktion. Ein im Gebiet des Neckars häufiges, in der Schweiz aber sehr seltenes Beispiel von Formspielen bei Anblattungen ist beim Klostergut Paradies in Schlatt TG zu entdecken. Die beiden Kopfhölzer bilden zusammen eine Herzform. Auch die Fußhölzer richten sich hier nicht nur streng nach statischen Bedürfnissen.

Nur in den nördlichsten Gebieten der Schweiz anzutreffen ist die verschränkte Anordnung von Kopf- und Fußhölzern, wie sie von schwäbischen Zimmerleuten eingeführt wurde. Besonders hervorzuheben ist zudem das Fußbodenbrett (die Dielung), das vorkragend zwischen den Geschossen zu sehen ist. Beim Aufrichten wurde also zuerst der gesamte Fußboden verlegt und darauf das Obergeschoss aufgerichtet.

Abb. 2.36: Nordwestfassade des Girsbergerhauses, 1420: Kopf- und Fußhölzer sind ihrem natürlichen Wuchs entlang behauen und widerstehen so den Wettereinflüssen besser; Unterstammheim ZH (📷 2017)

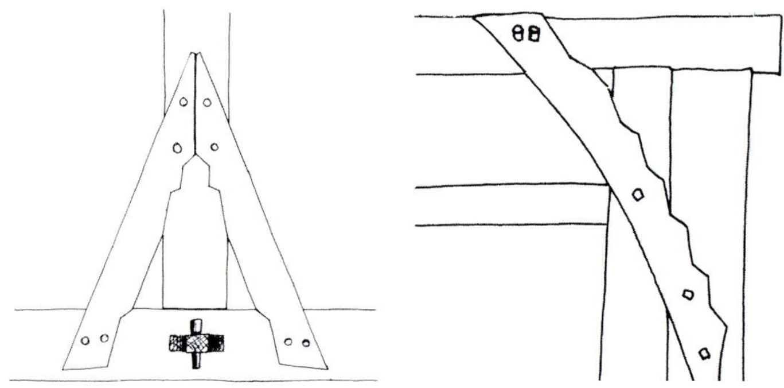

Abb. 2.38 (links): Streng zackig ausgeführte Fußbänder in Büren an der Aare BE

Abb. 2.39 (rechts): Dieses Kopfband hält den Eckständer, den Türpfosten und den Rähmbalken zusammen. Unterstammheim ZH, 1495

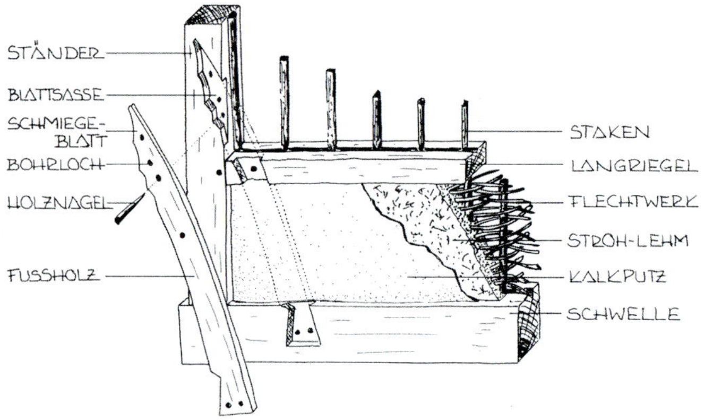

Abb. 2.37: Wandaufbau mit Fußholz, auch Fußband genannt

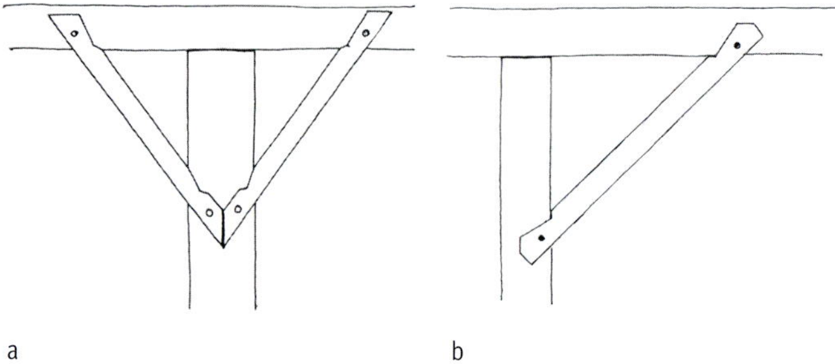

Abb. 2.40: Zwei Beispiele aus dem 18. Jahrhundert: Die Kopfhölzer sind sehr sparsam dimensioniert, gesägt und deren Schmiegeblätter sehr einfach gestaltet. (a) Wissenbach-Mettmenstetten ZH, (b) Ins BE

Die Holznägel haben primär keine statische Funktion, sondern sichern den festen Sitz der Anblattung. Sie stehen einige Zentimeter vor, damit sie beim Schwinden des Holzes mühelos nachgeschlagen werden können. Manchmal sichern sie einen Riegelzapfen und eine Anblattung zugleich.

Die Anzahl der benötigten Nägel ist je nach Haus beträchtlich, z. B. 414 Stück für das in Abb. 2.33 gezeigte Modell, sodass man sich leicht vorstellen kann, dass Lehrlinge und Hilfskräfte tagelang nichts als Holznägel herstellen mussten. Für Holznägel eignen sich nicht alle Holzarten gleich gut. Es gibt Holzarten, die sich chemisch nicht gut vertragen, daher ist es am besten, die Konstruktionshölzer und die Nägel aus dem gleichen Holz anzufertigen. Am häufigsten sind die Nägel aus Eiche geschnitzt.

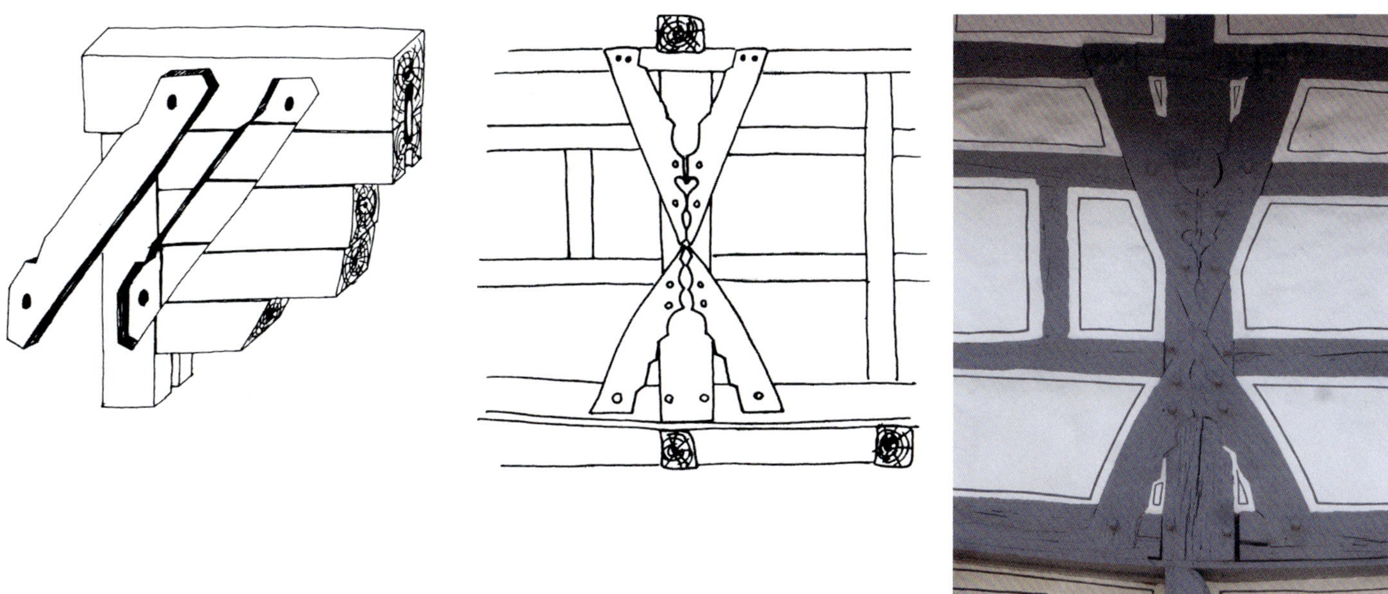

Abb. 2.41: Das ganze Kopfholz ist bündig in die Kantholzausfachung eingelassen. Speicher in Immensee SZ

Abb. 2.42: Anblattungen bilden eine Herzform, Klostergut Paradies TG

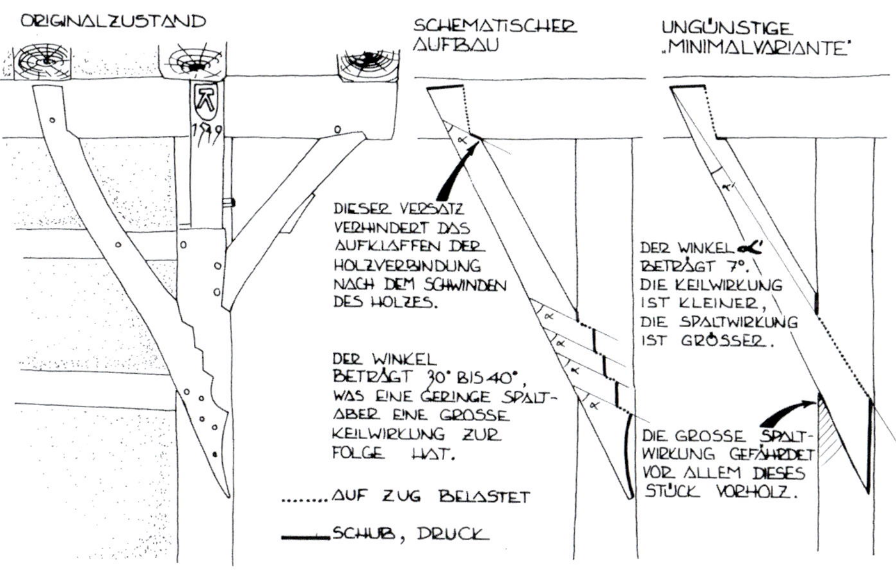

Abb. 2.43: Nicht primär wegen der Schönheit, sondern aus statischen Gründen hat das handbehauene Kopfband seine krumme Form erhalten. »Trotte« (Weinkelter) im Oberdorf von Unterstammheim ZH, 1549

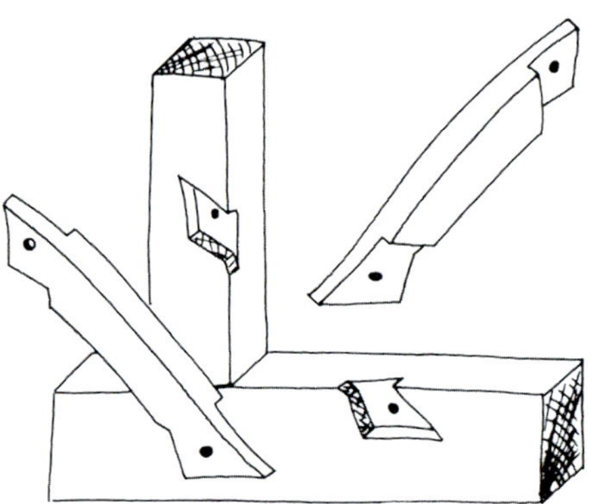

Abb. 2.45: Ist das Fußband wie hier ausgeführt, werden noch mehr Druck- oder Schubkräfte durch den entstandenen Absatz aufgefangen. Diese Art ist vor allem bei anspruchsvolleren Gebäuden des 16. Jahrhunderts vorzufinden und zeigt sich erst bei Restaurierungs- oder Abbrucharbeiten.

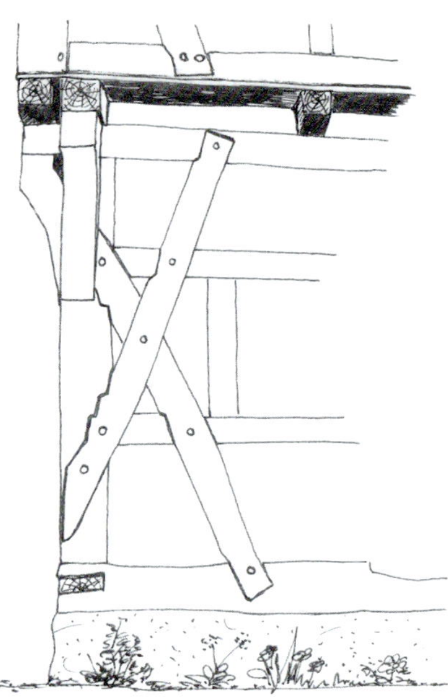

Abb. 2.47: Schwäbisch beeinflusste Konstruktionsweise: Verstrebungen am Klostergut Paradies TG

Abb. 2.46: Die angeblattete Strebe ist mit jeder Bohle einzeln verdübelt, um das Einknicken der Bohlenwand zu verhindern. Die Vordachkonstruktion (Flugpfette) ist nicht mehr im ursprünglichen Zustand. Winterthur-Wülflingen ZH, 1569

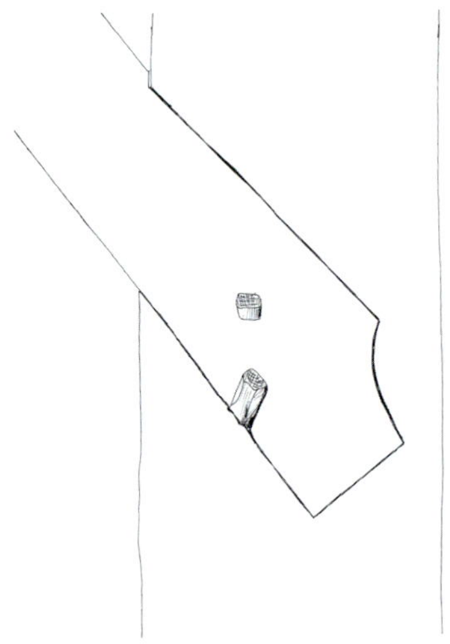

Abb. 2.48: Anblattung mit zusätzlichem Fugennagel am Feldspeicher von 1687 in Hölstein BL

Abb. 2.44 (links): Das Kloster Rheinau besaß ausgedehnte Ländereien im süddeutschen Raum. So verwundert diese aufwendige Eckverstrebung am Knechtehaus von 1619 kaum. Rheinau ZH (2017)

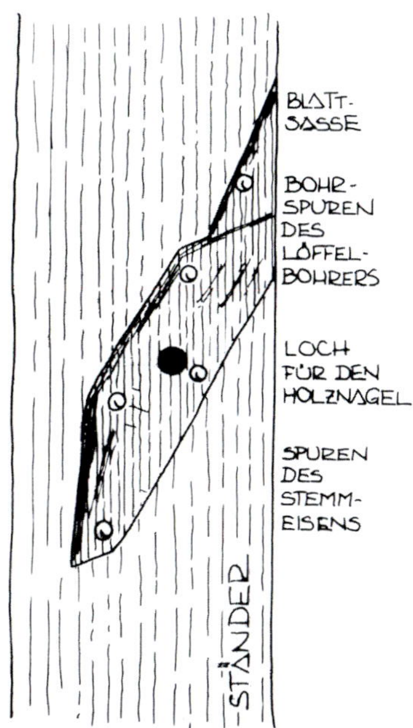

Abb. 2.49: Bohrspuren an einer Blattsasse von 1510 in Unterstammheim ZH

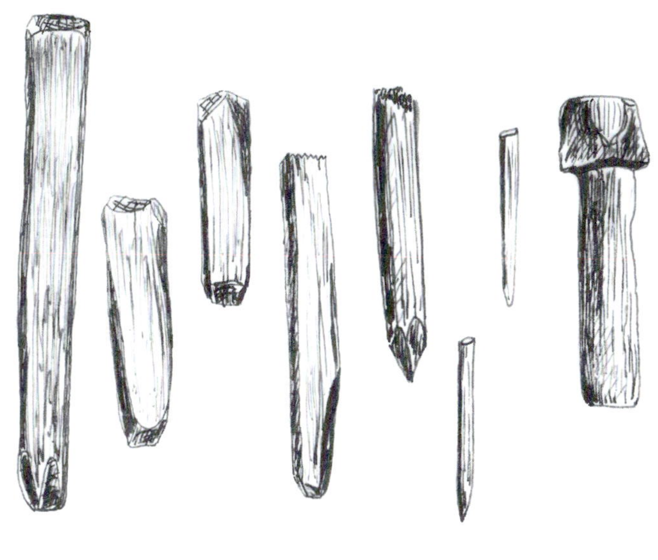

Abb. 2.50: Verschiedenartige Holznägel aus der Sammlung des Autors

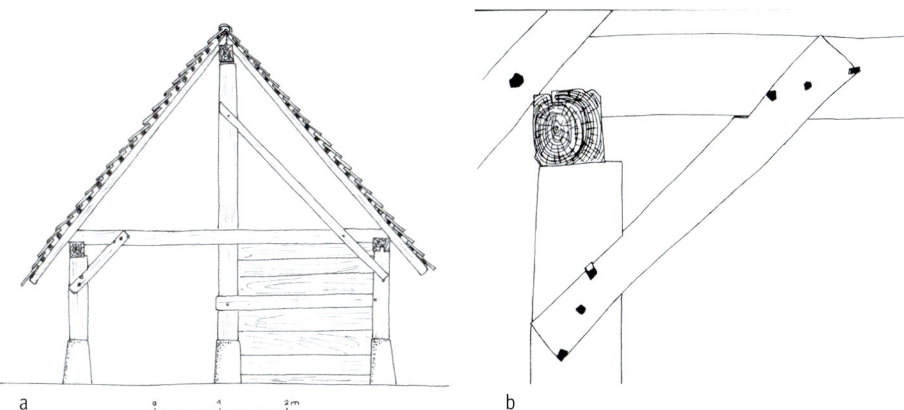

Abb. 2.51: Kleine Feldscheune in Bennwil BL: Diese Anblattungen sichern das Gebäude nicht durch ihre (viel zu schwache) Schwalbenschwanzform, sondern durch schräg eingefügte Holznägel. Dass dies in dieser Gegend kein Einzelfall ist, zeigt das Beispiel von einem ähnlichen Feldspeicher der Nachbargemeinde Hölstein BL.

Die an Schwelle und Rähm angeblattete Strebe ist zudem mit dem Wandständer überblattet. Die Zacken helfen, Schub- und Zugkräfte aufzufangen. Die Holznägel halten die Überblattung zusammen und sichern die Zapfen der Langriegel. Das Ständer-Fußblatt schützt die Verbindung mit der Schwelle vor der Witterung.

Blattsassen wurden zuerst an einigen Stellen mit dem Löffelbohrer vorgebohrt, dann mit dem Stemmeisen ausgestemmt; nach dem Verputzen am Grund mit der Stoßaxt wurde das Schmiegeblatt sauber eingepasst und erst nach dem Aufrichten verbohrt und mit Holznägeln gesichert.

Abb. 2.52: Die Keilwirkung des halben Schwalbenschwanzes ist den Zugkräften nicht gewachsen und droht abzugleiten. Der Holznagel, der das Blatt an den Ständer heften soll, wurde abgeschert. Unterstammheim ZH, Girsbergerhaus, 1420 (📷 1989)

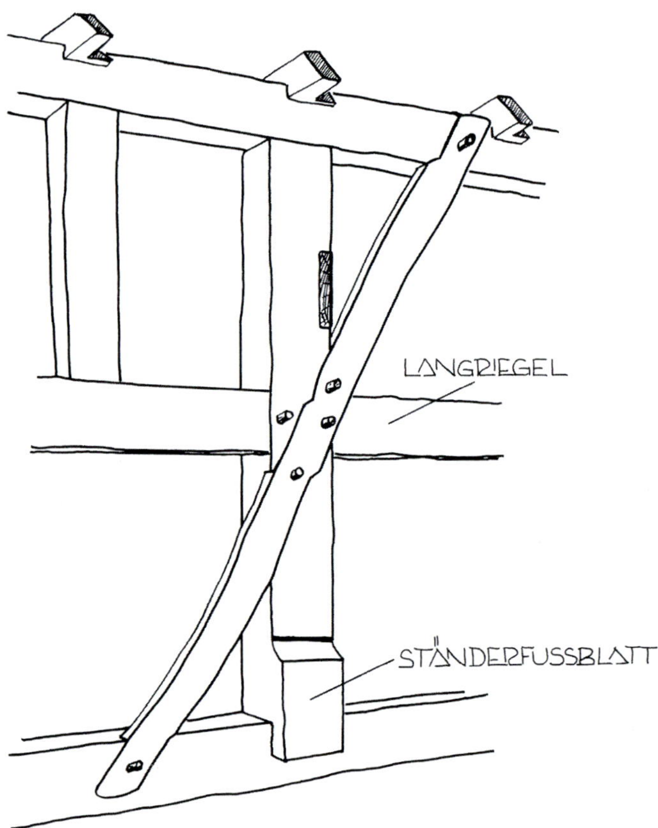

Abb. 2.53: Angeblattete Strebe, Kleinandelfingen ZH, 1513

2.2.2 Bohlenständerbau

Das Bohlenständerhaus ist ein reines Holzgebäude, das im Baukastensystem erstellt wurde. Nicht nur das »Hausgerippe« ist aus Holz, sondern auch die Wand dazwischen. Die Füllungen bestehen aus bis zu 15 cm dicken Bretterdielen, die in die Stützen eingeklemmt sind. In der Fachsprache sagt man, dass die Bohlen in die Ständer eingenutet werden. Daher stammt der Name Bohlenständerhaus. Eine Eigenheit dabei ist, dass diese Konstruktion innen wie außen sichtbar bleibt.

Städte bestanden bis zum Ende des Mittelalters hauptsächlich aus solchen Bohlenständerbauten. Aus Gründen des Feuerschutzes wurde jedoch der Holzbau, zum Beispiel in Luzern, schon im Jahre 1308 untersagt und der Steinbau vorgeschrieben. In der *Luzerner Bilderchronik* von 1513 zeigt Schilling noch häufig Holzbauten in Luzern, die demnach – falls die Bauordnung auch durchgesetzt wurde – zur Zeit der Niederschrift dieses Werkes bereits mindestens zweihundertjährig sein mussten.

Abb. 2.54: Die Dienstmagd des Luzerner Ratsmitglieds Erni Moser wirft am 7. Dezember 1507 ihr heimlich geborenes Kind von der Spreuerbrücke ins Räderwerk der Stadtmühle. Im Hintergrund der Illustration dieser schrecklichen Tat sind für uns interessante Details festgehalten: liegende und stehende Bohlenausfachungen, Anblattungen im 45°-Winkel und verschiedene Bedachungsmaterialien (nach D. Schilling, 1513 [57])

Abb. 2.55: Verstrebungen nach allen Seiten; Bohlenständer in Pfungen ZH

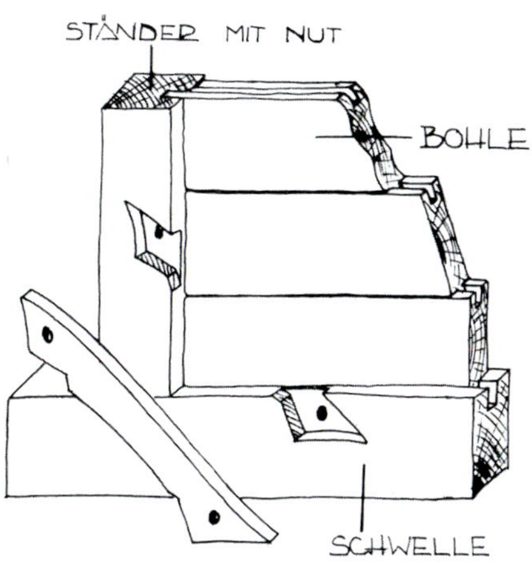

Abb. 2.56: Bohlenständerkonstruktion: Die Verstrebung ist vor die eingenuteten Bohlen gesetzt.

Abb. 2.57: Die Bohlenständerbauten waren meist unbemalt. Als Holzbauten im »Baukastensystem« konnten sie problemlos auseinandergenommen und andernorts wieder aufgestellt werden. Erdhausen-Egnach TG, 1675/76 (📷 2018)

Abb. 2.58: Bohlenständerhaus in Flühli-Ranft OW (nach D. Schilling, 1513 [57])

Abb. 2.59: Bohlenständerhaus bei der Rathausbrücke in Zürich (nach D. Schilling, 1513 [57])

Die Ständerkonstruktion wurde meist aus Eiche gebaut, während die Füllungen aus dem damals im Mittelland einzig gerade wachsenden heimischen Holz der Kiefer (Dähle, Föhre, Fore) geschaffen wurden. Die Bohlen wurden aus dem vollen Stamm gehauen, was viele Holzabfälle bescherte und bald einen Mangel an Bauholz verursachte. Es gibt Bohlen, die auf einer Länge von 10 m eine Breite von 60 cm aufweisen, was einem gewaltigen Stamm (≈ 5 m^3 unbehauen) entspricht.

Herrschaftliche Häuser hatten in der Stube einen besonderen Deckenabschluss. Dieser bestand aus in vielen Balken genuteten Bohlen. Meist waren diese Decken leicht gewölbt. Dadurch entstand ein Hohlraum zwischen der Decke und dem darüberliegenden Boden, der auf einer eigenen Konstruktion ruhte. Manchmal ist die Wölbung auch außen sichtbar.

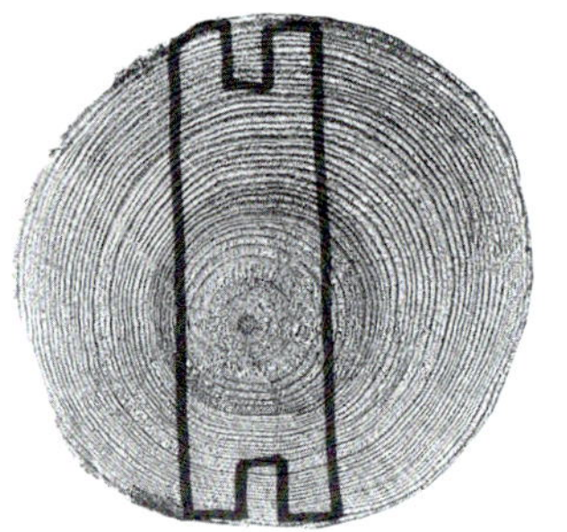

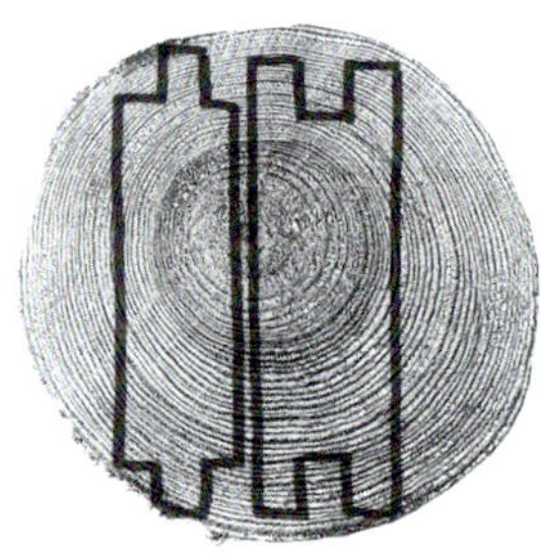

Abb. 2.60: Bohlen wurden anfänglich aus dem Stamm gespalten oder gehauen. Zur besseren Ausnutzung eines Stamms wurden sie schon früh von Hand gesägt. Herzgetrennte Bohlen ergaben auf der inneren Seite praktisch risslose Flächen.

Abb. 2.61: Innenraum eines Bohlenständerbaus in Ettiswil LU (nach D. Schilling, 1513 [57]): Die Betonung des Brustriegels fällt auch von innen auf. Diese Bauernstube ist durch hölzerne Klappläden ohne Fensterscheiben geschlossen.

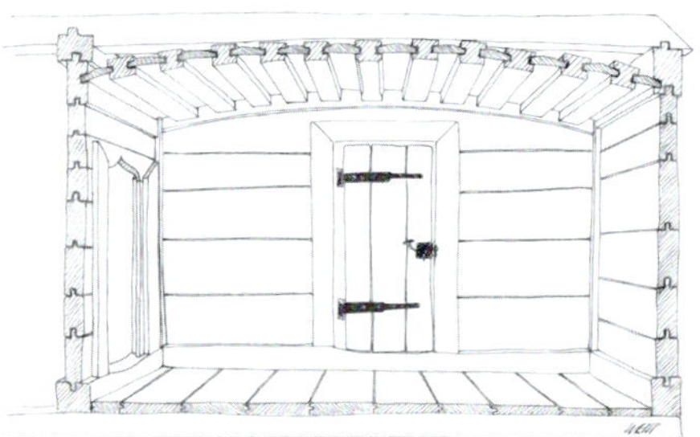

Abb. 2.62: Unmerkliche Wölbung der Bohlen-Balkendecke; Unterstammheim ZH, 1495

Abb. 2.63: Detail einer Ecke; Unterstammheim ZH, 1495

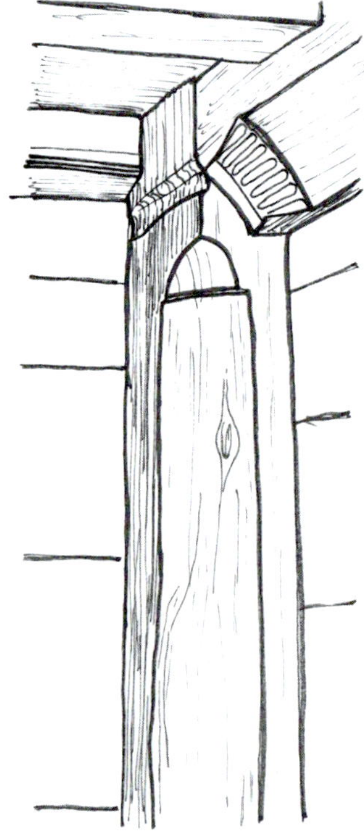

Abb. 2.64: Detail einer Stubenecke im Gottfried-Keller-Zentrum, »Klingelehaus« in Glattfelden ZH, 1526

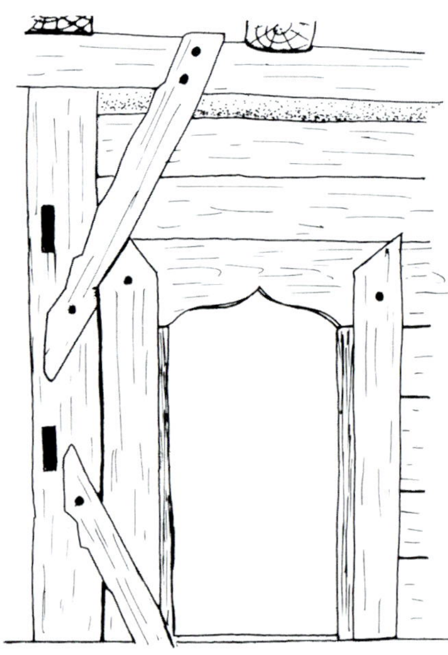

Abb. 2.65: Nach dem Entfernen verschiedener Schichten von Verputz und Bretterschalung kam diese nach gotischem Vorbild gestaltete Stubentür zum Vorschein. Der Abstand zwischen Stubendecke und Rähm ist zugemauert worden. Unterstammheim ZH, 1495

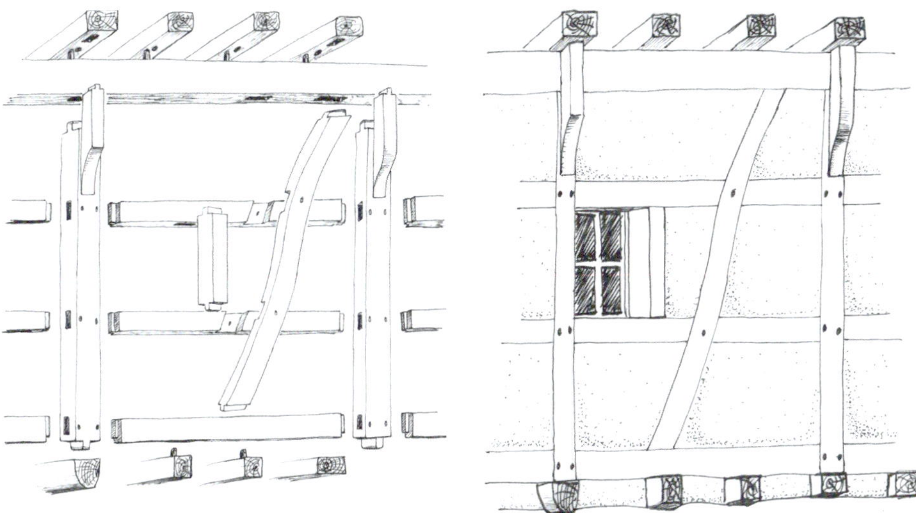

Abb. 2.66: Die Büge sind hier nicht eingesetzt, sondern als Konsolen aus dem Stamm des Ständers direkt herausgearbeitet. Dörflingen SH, 1553 (siehe auch Abb. 2.20)

Abb. 2.67: Gasthaus »Schupfen« bei Diessenhofen, TG. Konsolen in zwei Richtungen (📷 2018)

2.2.3 Neuzeitliches Fachwerk (16. Jahrhundert bis Mitte 19. Jahrhundert)

Änderungen in der Bautradition setzen sich nur langsam durch, langsamer jedenfalls als in der Kleidermode oder bei Essgewohnheiten. Solche Traditionen und Moden sind nicht nur vom Konsumenten, sondern auch vom Produzenten abhängig. Handwerkliches Können wurde vom Vater an den Sohn weitergegeben. Nicht nur auf dem Land wurde das Handwerk meist als Nebenerwerb zu einer kleinen Landwirtschaft betrieben. Sicher kamen Anstöße für Neuerungen beim Bauen von Wandergesellen, Baumeistern wie auch von Bauherren. Da es dabei letztlich auf die finanziellen Möglichkeiten des Bauherrn ankam, erstaunt es wenig, dass Veränderungen immer von den wohlhabenderen Städtern ausgingen und dann ins ländliche Untertanengebiet gelangten. Dort wurden die Impulse von den reichen Müllern, Gastwirten und »Herrenbauern« an die Tagelöhner weitergegeben.

Viele heute sehenswerte Fachwerkhäuser sollten schon damals neben ihrem eigentlichen Zweck auch Statussymbole, Schaustücke des modernen Bauens und der Macht sein. So wurden sie Wegbereiter für neue Bautechniken und Zierelemente, die sich danach – wenn auch nur langsam – durchzusetzen vermochten.

Abb. 2.68: Das Junkerhaus in der deutschen Enklave Büsingen bei Schaffhausen forderte den Respekt der Bevölkerung. Mit seinen drei Vollgeschossen war es von überall her sichtbar und demonstrierte die Macht der Vögte und Gerichtsherren aus der Familie Im Thurn von Schaffhausen, die von 1535 bis 1854 darin ihren Sitz hatten. Vermutlich wurde das Haus im 17./18. Jahrhundert aufgestockt (📷 1989).

Im 16. Jahrhundert ersetzte man die doch sehr aufwendige Anblattung durch die Verzapfung. Die Streben wurden zwischen Schwelle und Rähm gestellt. Die Gefache waren immer noch groß, die langen Riegel wurden mit den Streben überblattet. Nicht selten kann beobachtet werden, dass dieser Wechsel zur Verzapfung an den Fassaden früher vollzogen wurde, während im gleichen Haus der Dachstuhl nach wie vor mittels Anblattungen gesichert wurde.

In jener Zeit wurden die meisten Fachwerkhäuser in den Dörfern als reine Zweckbauten erstellt. Immerhin achtete man bereits auf die gleichmäßige Verteilung der Streben. Symmetrie erreichten die Zimmerleute durch das Auftrennen eines krummen, erst zweiseitig behauenen Stammes in zwei Streben, die dann spiegelverkehrt rechts und links angeordnet wurden.

Aus der gleichen Epoche stammen auch die letzten zweigeschossig abgebundenen Häuser. Beispiele sind uns im ganzen alemannischen Raum vom Sundgau (Oberelsass) bis zum Bodensee bekannt. Der Einfluss reicht sogar bis in den französischsprachigen Kanton Jura, genauer in die nördliche Ajoie.

Ungefähr seit dem 17. Jahrhundert machen sich weitere Änderungen bemerkbar. Zunehmend wurden die Balken gesägt, vorerst noch mit der Spalt- oder Gattersäge von Hand, dann aber bald in den neu aufkommenden Sägemühlen vom Stamm zum Kantholz aufgetrennt. Die Transportmöglichkeiten verbesserten sich, sodass die Rohstoffbeschaffung, das Sägen, nicht mehr unmittelbar auf dem Abbundplatz geschehen musste. Natürlich krumme Hölzer wurden nicht mehr oder nur als kurze Riegel und Zierstreben eingesetzt. Überhaupt wurde jetzt – sicher unter dem Einfluss des Kunstverständnisses im Ancien Régime – auch an Fachwerkhäusern viel mehr auf Verzierungen geachtet. Das Spiel mit der Anordnung der Ständer, Streben und Riegel trieb bis über die Bürgerliche Revolution von 1789 (1798/99 in der Schweiz) hinaus ihre Blüten. Viele regionale Besonderheiten oder Eigenheiten der örtlichen Zimmerleute beeinflussten die Gebäude. Extravagante Bauherren leisteten sich Häuser in Gegenden, wo Fachwerk unüblich war.

Abb. 2.69: Vom gleichen Stamm aufgetrennte und symmetrisch eingesetzte Streben, Andelfingen ZH (📷 2017)

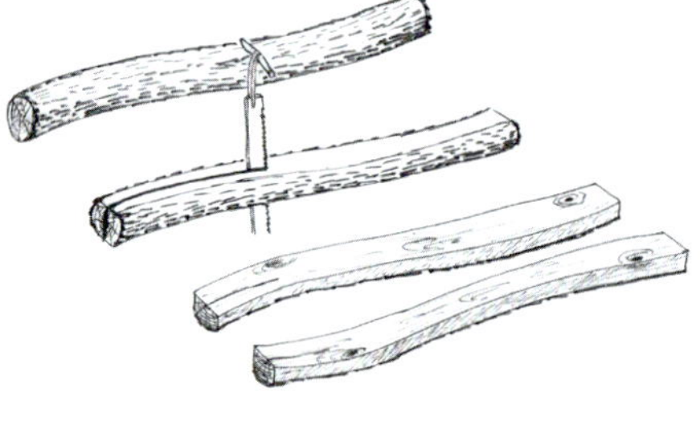

Abb. 2.70: Zuerst der Krümmung entlang mit der Axt behauen, dann mit der Säge aufgetrennt

Abb. 2.71: Eine Besonderheit bilden die häufig in Stammheim vorkommenden Schwellriegelkonstruktionen. Alle diese Häuser stammen aus der zweiten Hälfte des 17. Jahrhunderts, was auf ein Charakteristikum eines örtlichen Zimmermeisters hindeuten könnte. Unterstammheim ZH (📷 2016)

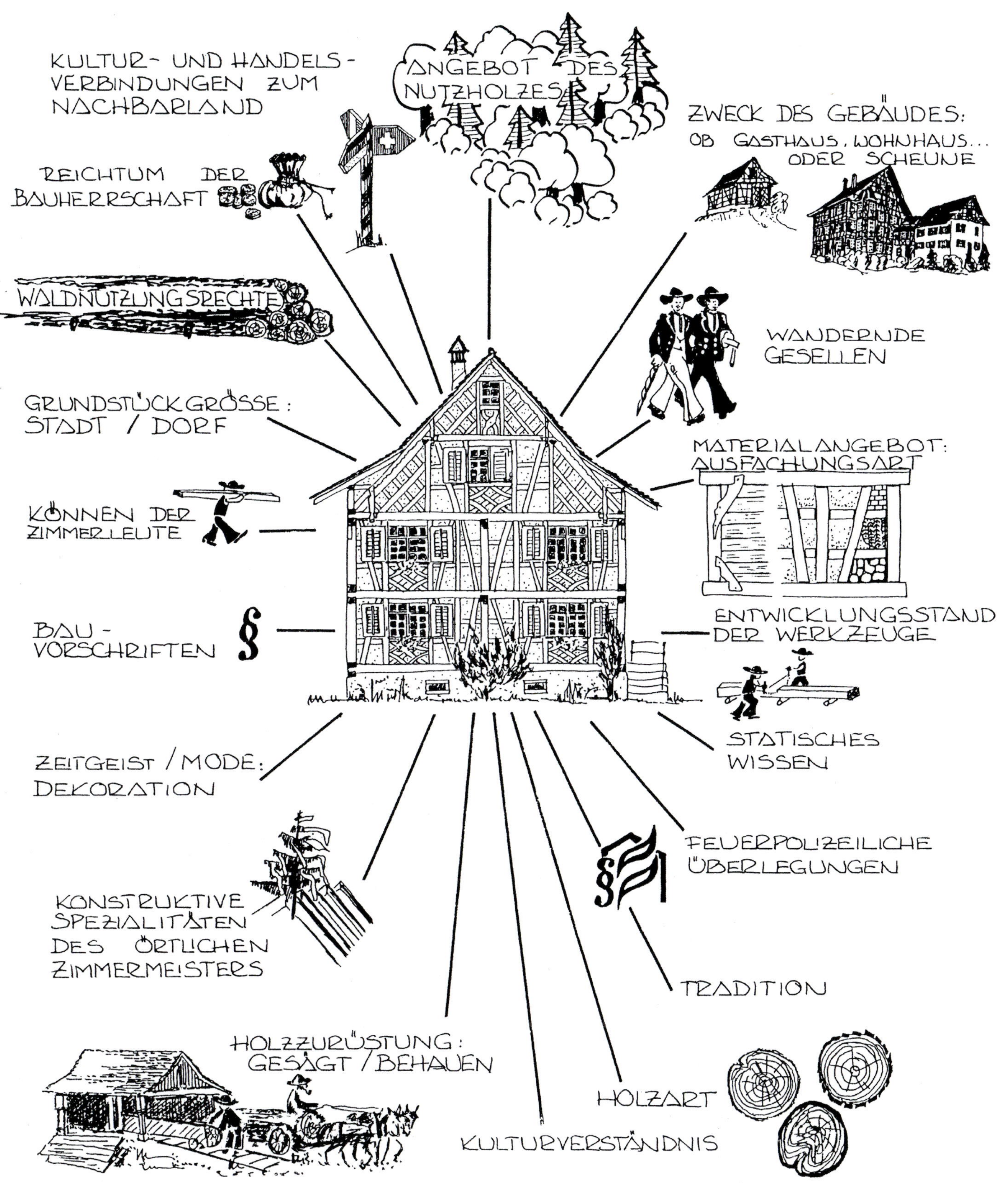

Abb. 2.72: Jedes Haus ist einzigartig – die unterschiedlichen Einflüsse auf die Bauweise eines Fachwerkhauses

Bei der Präsentation von herausragenden Beispielen dieser Epoche ist es wichtig zu wissen, dass jedes Haus einzigartig ist. Jedes hat für sich eine wechselhafte, interessante Vergangenheit. Zu beachten sind bei jedem Haus:

- Größe (Stockwerke),
- Bedachungsart,
- Zierelemente,
- Bemalung,
- Funktion des Hauses,
- Vordachkonstruktion,
- Schnitzereien,
- Anzahl Riegelzüge,
- Dachform,
- Formen und Anordnung des Fachwerks,
- Vorkragungen,
- Holzverbindungen,
- Dachneigung,
- Fenster und Fensterläden,
- Untersichten,
- Fenstergröße.

2.2.4 Der »Untere Hirschen« in Marthalen

Der »Untere Hirschen« in Marthalen ZH wurde 1715 als Wohn- und Wirtshaus mit angegliederter Landwirtschaft der wohlhabenden Familie Toggenburger erbaut. Die landwirtschaftliche Tätigkeit dieser Familie beschränkte sich fast ausschließlich auf den Rebbau und den Weinhandel. Die eher bescheidenen zum »Hirschen« gehörenden Ökonomiegebäude beweisen, dass Ackerbau und Viehhaltung nur zur Selbstversorgung betrieben wurden. Der stattliche, unter dem ganzen Haus liegende und als Tonnengewölbe gestaltete Weinkeller zeigt deutlich den Stellenwert des Weinanbaus und -handels für die Bewohner des »Hirschen«.

Abb. 2.73: Die Entwicklung vom mittelalterlich geprägten Bohlenständerbau über den neuzeitlichen zum »klassischen« Fachwerkbau vollzog sich örtlich sehr unterschiedlich über eine lange Zeit.

Abb. 2.74: Der »Hirschen« und seine besonderen Merkmale (Diese Zusammenstellung berücksichtigt lediglich die von außen ohne Mühe erkennbaren Merkmale – oben in der Mitte beginnend, im Uhrzeigersinn beschrieben.)

a Die Kniewand ist mit Zierelementen über die Fassade hinaus ausgefacht. Das Fluggespärre ist sorgfältig konstruiert und besteht aus gesägten Flugsparren. Die Dachuntersichten an Ort und Traufe sind mit Ornamenten bemalt.

b Die Konstruktion verrät von außen eine beträchtliche Raumhöhe, sodass sogar über den Fenstern Zierelemente möglich sind.

c Dieses besondere wandhohe Fachwerkbild ist in der Schweiz nur an stattlichen Gebäuden anzutreffen.

d Schwellen und Rahmenhölzer (Rähme) sind profiliert und zudem leicht vorkragend.

e Die Streben sind wandhoch und zu Kreuzen angeordnet.

f Der Hirsch als Hauszeichen ist auch als Schmiedeeisenarbeit im Treppengeländer eingearbeitet.

g Die Türpfosten und der Sturz des Haupteingangs sind so geschnitzt, dass sie an Steinquader eines Renaissanceportals erinnern.

h An verschiedenen Stellen sind drei Riegelzüge angebracht, was für diese Gegend unüblich ist. Die vier resultierenden Gefache sind mit geschweiften Andreaskreuzen verziert.

i Die stattliche Eingangspartie verfügt über eine beidseitige Treppe, einen großen Kellereingang und einen hauseigenen Brunnen.

j Ein besonderer Glücksfall ist die eindeutige Bearbeitungsspur der von Hand geführten Spalt- oder Gattersäge (an einer Strebe im ersten Stock ganz links zwischen dem Fenster und dem Eckständer). Die Säger zerteilten das Holz von beiden Stammenden zur Mitte. Eine handbreite Stelle, die ungesägt war, spaltete sich von selbst so schön in der Flucht, dass das Überhobeln unnötig wurde. Vielleicht wollten die Säger damit auch ihr Können zeigen.

k Die Fenster wurden zwar schon mehrmals erneuert, dürften aber immer noch das ursprüngliche Grundmuster zeigen: unten die heute sechsteiligen Fenster zum Öffnen, darüber, durch eine profilierte Traverse abgetrennt, die Oberlichter.

l Gedeckte Laube längs des Hauses ist mit einer verzierten Brüstung versehen.

2.2.5 Ausfachungen von Fensterbrüstungen

Ebenso vielfältig wie die Wandkonstruktionen sind die Gestaltungsformen der Fensterbrüstungen.

Abb. 2.75: Fensterbrüstungen (Fortsetzung, siehe nächste Seite)

ROGGWIL TG
HERDERN TG
OBERNEUNFORN TG
GOTTLIEBEN TG
AMLIKON TG
AMRISWIL TG
ERLEN TG
HAUPTWIL TG
HAUPTWIL TG
HAUPTWIL TG
ÜSSLINGEN TG
TG
ROGGWIL TG
ITTINGEN TG
ITTINGEN TG
HAUPTWIL TG
UNTERSCHLATT TG
ERLEN TG
AMLIKON TG
SIRNACH TG
ALTSTÄTTEN SG
BALGACH SG
BERNECK SG
RAPPERSWIL SG
RAPPERSWIL SG
RAPPERSWIL SG
BUCHTHALEN SH
BUCHTHALEN SH
NEUNKIRCH SH
HOFEN SH
STEIN AM RHEIN SH
STEIN AM RHEIN SH
STEIN AM RHEIN SH
STEIN AM RHEIN SH
STEIN AM RHEIN SH
STEIN AM RHEIN SH
STEIN AM RHEIN SH
STEIN AM RHEIN SH
STEIN AM RHEIN SH
SACHSELN OW
ALLSCHWIL BL
ALLSCHWIL BL
ALLSCHWIL BL
ROTHENBURG LU
LUZERN
LUZERN
KAISERSTUHL AG
BASEL
ALLSCHWIL BL
ALLSCHWIL BL
SEMPACH LU
ALLSCHWIL BL

2.2.6 Wandkonstruktionen

Neben den regionalen Besonderheiten gibt es unzählige Möglichkeiten für wandhohe Kombinationen von Streben, Riegeln und Wandständern. Die Skizzen in Abb. 2.76 sind weder regional noch chronologisch geordnet, auch sind sie nicht genau maßstabgetreu, aber in etwa im richtigen Verhältnis zueinander abgebildet. Sie sollen den Betrachter ermuntern, weitere, hier nicht dargestellte Kombinationen an Häusern zu entdecken.

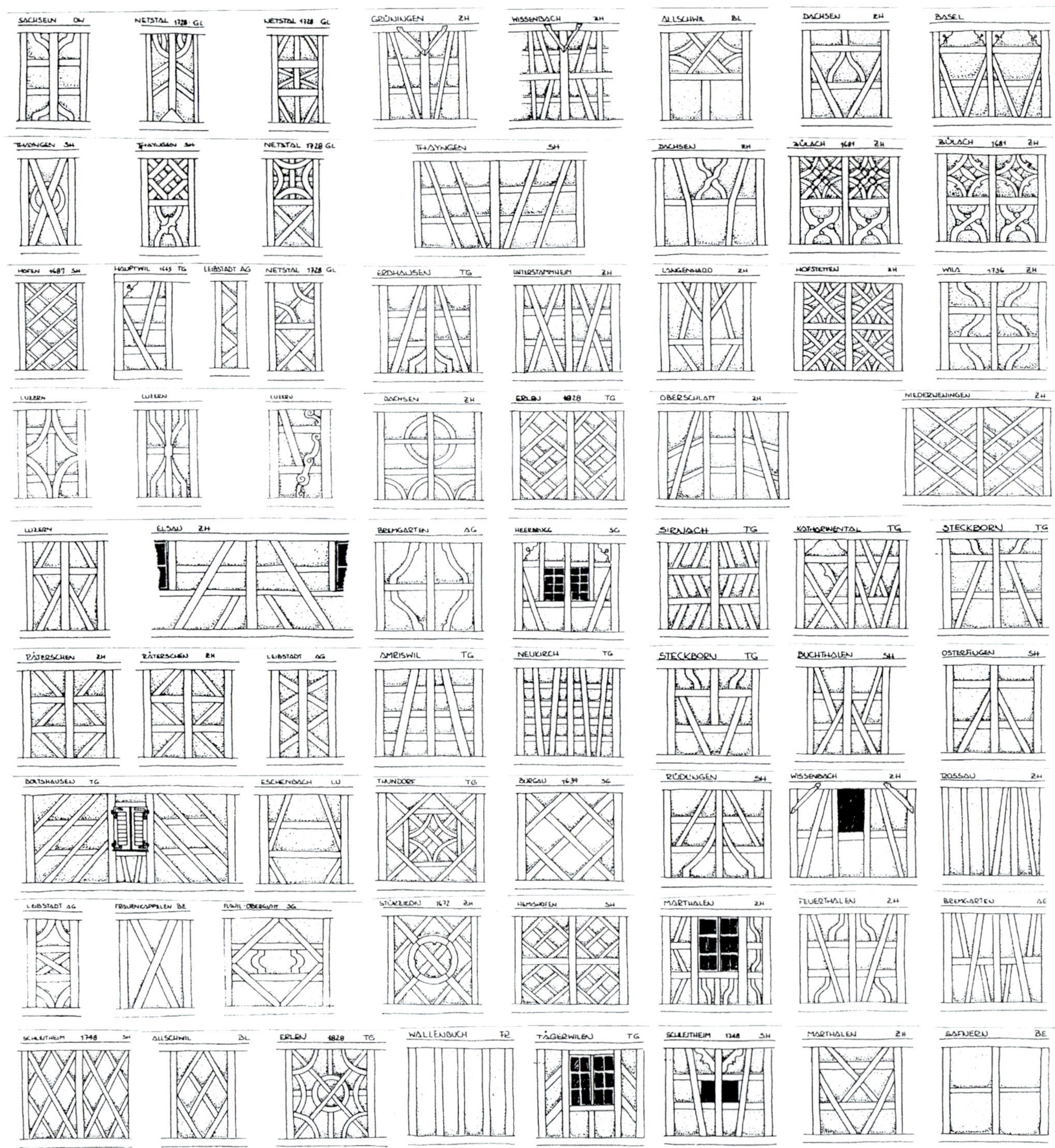

Abb. 2.76: Wandkonstruktionen

2.2.7 Symbolik im Fachwerk – Gestaltungsformen

Angesichts des Reichtums an Formen ohne konstruktive Notwendigkeit liegt der Gedanke nahe, die verschiedenen Kombinationen könnten eine versteckte Botschaft beinhalten, vor allem, wenn man bedenkt, dass vorchristliche Traditionen erfolgreich unterdrückt wurden. Dieses unerwünschte Wissen lebte allerdings weiter, kam versteckt zum Ausdruck und wurde von Generation zu Generation vererbt. Der Verfasser hat große Vorbehalte gegenüber der Meinung, dass die Gedanken des germanischen Naturglaubens aufgrund des Machtverlusts der Kirche während der Renaissance wieder auflebten. Wie vorne beschrieben wandelten sich zu jener Zeit Holzverbindung und Gefüge im Fachwerkbau. Die neuzeitliche Bauweise mit ihren Zierformen konnte leicht als Runensprache aufgefasst und während der Zeit des Nationalsozialismus in Deutschland auch als solche gedeutet werden. Klare schriftliche Beweise dafür, dass Heilszeichen im Hausbau eingesetzt wurden, gibt es allerdings keine. Wir finden jedoch Handwerkersymbole, Inschriften und reiches Schnitzwerk, zum Beispiel geschnitzte Fabelwesen, an Vordachkonstruktionen im Zürcher Oberland.

Sicher wurden diese symbolträchtigen Zeichen aber schon im Barock durch ihre »sinnlose« Wiederholung zum reinen Schmuck abgewertet. Nur wenige Meister trugen das Wissen um die Symbolformen weiter. Die Inhalte gingen mehr und mehr verloren. Erst das Dritte Reich erinnerte sich der Runen und missbrauchte sie für seine Ziele. Dadurch gerieten diese Sinnbilder nach 1945 »so in Verruf, dass nicht nur wenig darüber gesprochen, sondern in kaum einer forschenden Arbeit auf diese Phänomene eingegangen wurde« [27].

Zwei Hinweise aus dem Elsass sollen belegen, dass ein Symbolikbewusstsein vorhanden war und auch heute noch ist. In Quatzenheim (Region Kochersberg) fand der Besitzer anlässlich einer Sanierung eine wunderschön verzierte Strebe. Es sind Blumenmotive eingeschnitzt, darunter auch eine Lilie, die von übermütigen Bürgern der Revolutionszeit leicht als »fleur de lys« (Lilie, auch Ilge genannt), dem Zeichen der königlichen Bourbonen, hätte angesehen werden können. Der damalige Erbauer demontierte das gefährliche Stück vor zweihundert Jahren zum Schutze

Abb. 2.78: Das ursprünglich für Industriearbeiter um 1820/21 erbaute Doppelwohnhaus zeigt die durchkreuzte Raute als fast unendlich wiederholtes Zierelement. Freudenberg Münchwilen TG (📷 2010)

Abb. 2.77: An diesem Haus sind die verschiedenen Gestaltungsformen besonders sorgfältig eingesetzt. »Försterhaus Vetter«, 1720, Stein am Rhein SH (📷 2013)

Abb. 2.79: Der Erbauer des Hauses markierte es 1667 mit seinen Berufssymbolen, dem silbernen Fisch und dem Fleischerbeil. Grüningen ZH (📷 2017)

Abb. 2.80: Reich gestaltetes Fachwerk beim »Unteren Hirschen« von 1715, heute Gemeinderatskanzlei; Marthalen ZH (📷 2017)

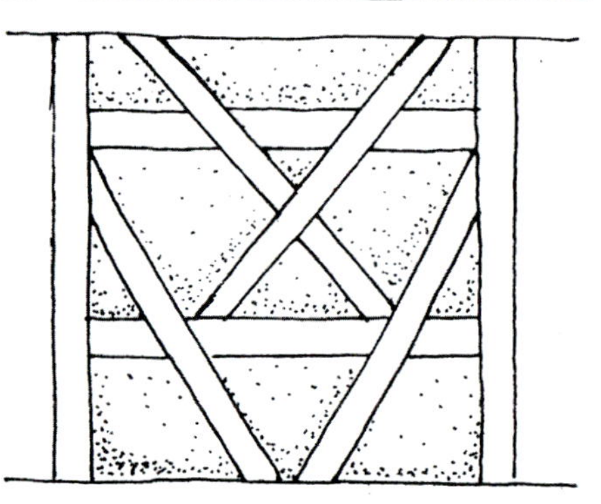

Abb. 2.81: Dieses Muster kommt in der ganzen Nordschweiz an besonders reich gestalteten Häusern, insbesondere an Gaststätten vor.

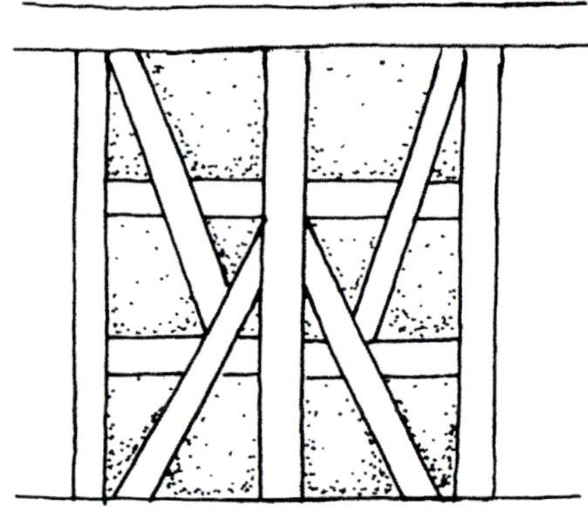

Abb. 2.82: »Mann-Figur«, 1767, Buchthalen SH

seines Besitzers. Heute ist die Strebe wieder eingesetzt. Weit verbreitet war auch die Swastika, das Hakenkreuz, eingeschnitzt an Schwellen und Ständern. Das uralte Zeichen wurde 1944 gegen Ende des Krieges aus Angst vor der Rache der wieder einrückenden französischen Soldaten vielfach unkenntlich gemacht. Im schweizerischen westlichen Mittelland kommen die Symbole nicht in der Konstruktion, sondern an den reich gestalteten Bügen vor. Die im Vergleich zu Deutschland meist einfach gestalteten Fachwerkhäuser der Schweiz haben nur wenige Zierformen und Schnitzereien.

In der oberrheinischen Stadt Bensheim konnte nachgewiesen werden, »dass sich das Muster (siehe Abb. 2.81) ausschließlich an öffentlichen Gebäuden befindet, es war gewissermaßen das ›Firmenschild‹, das Ortsfremde, die meist weder lesen noch schreiben konnten, auf öffentliche ›Dienststellen‹ hinwies«, so ist es dort »an ehemaligen Schaffnereien, Kellereien (beides Steuereinnehmereien), Rathäusern und öffentlichen Backhäusern; in anderen Gegenden Deutschlands auch an Fachwerkkirchen anzutreffen« [9].

In Marthalen ZH kommt dieses Bild an einem Haus durchschnittlicher Größe an der Giebelwand mehrfach vor – auf drei Stockwerken und bis viermal nebeneinander. Es ist zu bezweifeln, dass den Zimmerleuten die erwähnten Bedeutungen bekannt waren. Die untersuchten Bensheimer Gebäude wurden ohne Ausnahme zwischen 1550 und 1620 erbaut. Beispiele in der Schweiz einige Jahrzehnte später sind der Gasthof zum goldenen Kreuz in Rafz ZH, 1665 erbaut, der Gasthof »Hirschen« in Marthalen von 1715 und der Gasthof Adler in Rorbas ZH von 1748, sodass der Einfluss von wandernden Gesellen leicht vorstellbar ist.

Ebenfalls von Norden her beeinflusst ist die Gruppenbildung der durchkreuzten Streben am Wandständer, in Deutschland als »Mann-Figur« bezeichnet.

2.2.8 Regionale Besonderheiten

Ramsen SH, Hemishofen SH, nördlich des Rheins und Umgebung

Hier sind einige Häuser mit auffallend vielen durchkreuzten Rautenmustern anzutreffen, was sicher ein Charakteristikum der ortsansässigen Zimmerleute ist.

Abb. 2.83: Durchkreuzte Rautenmuster am Haus »Baumschule«, 1820, Hemishofen SH (📷 2017)

Allschwil BL

Allschwil wurde auch schon als das schönste Dorf des Sundgaus (Region im oberen Elsass) bezeichnet. In der Tat ist der Hausbau dort ganz der oberelsässischen Bautradition verpflichtet. Die Hofform (Dreiseitenhof), die etwas gedrungenen – häufig mit Viertelwalmen versehenen – Wohnhäuser, aber auch die Zierelemente zeigen die kulturellen und geschichtlichen Verbindungen zum Elsass. Speziell hinzuweisen ist hier auf die profilierten, leicht vorkragenden Rähme über den Fenstern und auf die im Erdgeschoss immer noch offenen Lauben, die inzwischen zum geschlossenen Wohnraum geschlagen wurden.

Abb. 2.84: Wohnhaus mit offenen Lauben, Allschwil BL (📷 1989)

Rüdlingen SH

Eine eigentümliche Strebenstellung ist an mehreren Häusern nur in dieser Gemeinde zu beobachten.

Abb. 2.85: Außergewöhnliche Strebenstellung am Restaurant Rebstock, 1657, Rüdlingen SH (📷 2017)

Abb. 2.86: Giebelwand in Rüdlingen SH (📷 2018)

Nordwestlicher Thurgau

Dem Untersee und der unteren Thur entlang waren zu Beginn des 19. Jahrhunderts die strahlenförmigen Giebelwände »à la mode«.

Abb. 2.87: Strahlenförmige Giebelwand, Oberneunforn TG (📷 2018)

Oberer Zürichsee

Während Fachwerkbauten meist eher knapp verstrebt sind, glänzen reich gestaltete Häuser dieser Gegend mit gleich zwei Strebenarten an der gleichen Wand: angeblattete, zierliche Kopfhölzer und Streben zwischen Schwelle und Rähm.

Abb. 2.88: Unterschiedliche Strebenarten am Eglihaus in Lutikon, 1665, Hombrechtikon ZH (📷 2017)

Region Amriswil TG – Arbon TG

In dieser Region sind die besonders reich verzierten »Riegelhäuser« beheimatet. »Riegelhäuser« heißen sie, weil sie drei statt der sonst üblichen zwei Riegelzüge haben. Verbunden mit der engen Stellung der Ständer und der kaum geneigten Streben ergibt das ein etwas »kleinkariertes« Fachwerkbild. Ein unscheinbarer Speicher in der Nähe von Neukirch TG hat sogar vier Riegelzüge. Insbesondere auch im Thurgau sind die schräg eingefügten Riegel neben den Fenstern zu finden.

Abb. 2.89: Vier Riegelzüge am Geräteschuppen in Siebeneichen bei Winden TG (📷 2018)

Abb. 2.90: Gitter- und Rautenmuster, schräge Riegel neben den Fenstern am »Gasthaus zum Apfel« von 1811; Hefenhofen TG (📷 2018)

Abb. 2.91: Enge Stellung der Ständer und Streben in Bumeshus, Egnach TG (📷 1988)

Abb. 2.92: Auch dieses Haus in Riedern ist Zeugnis der Gestaltungsfreude seiner Erbauer. Egnach TG (📷 2018)

Abb. 2.93: Einzigartige Giebelfassade von 1704 in Erlen TG (📷 2018)

Abb. 2.94: Ein Opfer der 1986 aus Gewinnsucht entfachten Feuersbrunst wurde der in der in- und ausländischen Fachliteratur viel zitierte »Goldene Löwen« von 1711 in Oberaach TG, auch »Häberli-Haus« genannt. Hauptansicht aus [89]

Abb. 2.95: Der Gasthof »Traube« von 1751 stellt das ältere Schloss dahinter in den Schatten. Roggwil TG (📷 2018)

Luzern

Obwohl die Stadt Luzern seit 1308 den reinen Holzbau verbot und die Steinbauweise aus Feuerschutzüberlegungen förderte, sind noch einige spätere Fachwerkbauten anzutreffen. Sie zeichnen sich durch ihre besondere Qualität aus. Die zierlichen, geknickten Fuß- und Kopfstreben – gepaart mit den dazu passenden Zierelementen unter den Fensterbrüstungen – ergeben ein eigenes Bild.

Eines der eigenartigsten Fachwerkhäuser der Schweiz ist das Vonderallmend-Haus am Kasernenplatz, erbaut um 1679. Die geschweift-geschnitzten Streben – wohl einzigartig in Europa – zeugen von der barocken Bauabsicht seiner Erbauer.

Abb. 2.96: Geknickte Fuß- und Kopfstreben in Luzern (📷 2011)

Abb. 2.98: Sieht statisch sehr abenteuerlich aus: Nur an der Oberfläche gestaltete Streben am Vonderallmend-Haus von 1679 in Luzern (📷 2011).

Abb. 2.97: Luzern: Die Fensterbrüstungen sind an der Oberfläche beschnitzt und mit einer Kalkschicht übertüncht. (📷 2011)

Abb. 2.99: Auch hier ist die gleiche Technik effektvoll eingesetzt: Die außergewöhnliche Scheune in Unterbaldingen, Baden-Württemberg (📷 2015)

2.3 Fachwerk im Industriezeitalter

Fachwerk unter Verputz

Die Bürgerliche Revolution verlangte die Gleichheit aller Bürger in der Stadt und auf dem Lande. Durch Gesetze eingeschränkt waren der Holz- und mit ihm auch der Fachwerkbau nach und nach aus der Stadt verschwunden. Die Bürger auf dem Lande wollten es den Städtern gleichtun und begannen, ihre Fachwerkhäuser zu verputzen. Auch neue, immer noch in der viel billigeren Fachwerkbauweise erstellte Bauten wurden von Anfang an verputzt, wohl um ein Steingebäude vorzutäuschen. Damit der Verputz ohne Abblättern an der glatten Holzfläche haften blieb, wurden unzählige Kerben ins Holz geschlagen und Tausende von Holz- oder den inzwischen maschinell hergestellten Metallnägeln eingeschlagen, Drahtgeflechte und andere Putzträger angebracht. Die neu geschaffenen Brand- und Gebäudeversicherungen förderten mit der Katalogisierung der Gebäude dieses Verhalten. Je nach Ausführung schadete dieses Vorgehen dem darunterliegenden Holz, da Feuchtigkeit und Wasser immer einen Weg finden. Für die Wärmedämmung brachte das Verputzen wenig, auch wenn der Wind nicht mehr durch die Ritzen zwischen Fachwerk und Gefachen ziehen konnte.

Mit dem Bau der Eisenbahn quer durch Europa veränderte sich in der Mitte des 19. Jahrhunderts auch die Art des Bauens, da Baumaterialien nun leichter transportiert werden konnten. Noch wichtiger waren aber das Ingenieurwesen und die nun vom Wasser unabhängigen Sägewerke, die das Fachwerk beeinflussten. Statische Berechnungen – im Eisenfachwerkbrückenbau notwendig – reduzierten die Holzdimensionen auf ein Minimum. Fachwerk war immer noch die billigste Bautechnik, sie sollte nun aber auch elegant und leicht aussehen wie das Eisenfachwerk.

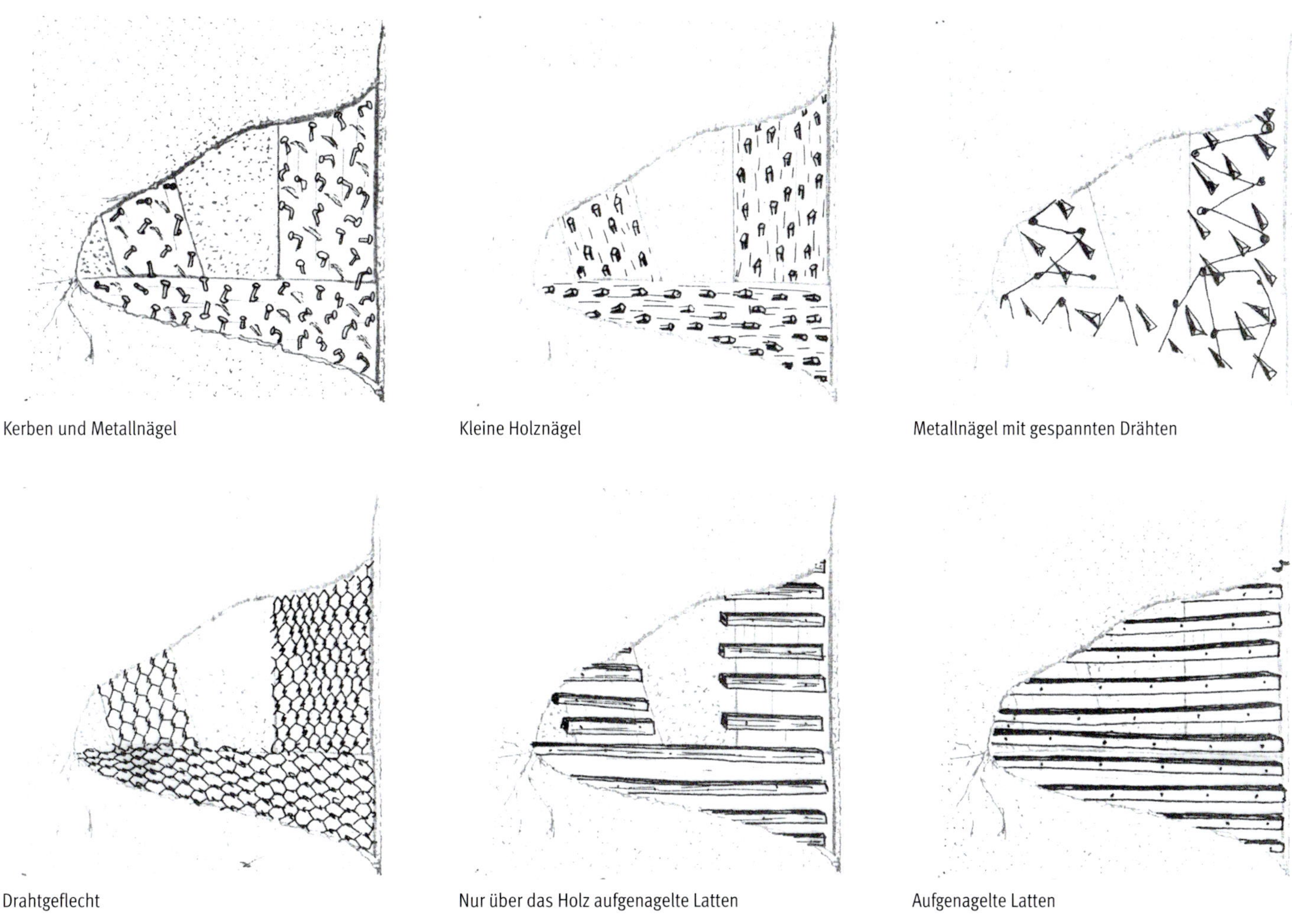

Kerben und Metallnägel — Kleine Holznägel — Metallnägel mit gespannten Drähten

Drahtgeflecht — Nur über das Holz aufgenagelte Latten — Aufgenagelte Latten

Abb. 2.100: Unterschiedliche Putzträger auf dem Holz

Abb. 2.101: Das Fachwerk ist sonst nicht sichtbar. Die Fassade wurde durch den Schlagregen durchnässt. Besonders das unter einer dünnen Schicht von Verputz liegende Holz ist noch nass und trocknet nur langsam. Unterstammheim ZH nach einer Gewitternacht 1983

Abb. 2.103: Stete Nässe löst den harten Zementputz von den Fachwerkfassaden. Das nun freigelegte Konstruktionsholz kann wieder »atmen«. Ossingen ZH (📷 2007)

Abb. 2.102: Historismus im Fachwerk des 19. Jahrhunderts in Konstanz, Baden-Württemberg (📷 2012)

Abb. 2.104: Dieses kleine, fantasievolle Häuschen wurde 1904 für den Frauenfelder Friseurmeister Kleeb erstellt. Da es nur einstöckig und wieder leicht demontierbar war, wurde die Baubewilligung provisorisch erteilt. Frauenfeld TG (📷 1989)

Abb. 2.105: 1894 wurde in Brüttisellen ZH mit dem Bau des »Walder-Dörfli« begonnen. Fortschrittlich-soziale wie auch paternalistische Überlegungen brachten die streng zwinglianisch denkenden Unternehmer dazu, »ihren« Arbeitern nach englischen und französischen Vorbildern kleine, saubere Wohnstätten zu erstellen. (📷 1989)

Fabrikbauten, Lokomotivremisen, Kasernen, Ökonomiebauten zu Villen, Bahnhöfe, Schützenhäuser, Reithallen, Seebadeanstalten, Hotels und Pensionen – vieles wurde in diesen Gründerjahren in einem je nach Bedürfnis zweckmäßigen oder historisierenden Fachwerkstil erbaut.

Die Fachwelt begann, sich für die bäuerliche Hauskultur zu interessieren: *»Architecture suisse, ou choix des maisons rustiques des Alpes du Canton de Berne«*, 1844 [37] und das heute noch viel zitierte Werk E. Gladbachs, *»Die Holz-Architektur der Schweiz«* von 1876 [35] sind die ersten Bücher, die sich ausschließlich mit Schweizer Bauernhäusern befassen.

Ausdruck jener Begeisterung für die einheimische Volkskultur war auch das »Dörfli« an der Landesausstellung von 1896 in Genf, wo über dreißig Kopien von berühmten Schweizer Häusern erstellt wurden. Anders als im Freilichtmuseum Ballenberg in Hofstetten BE wurden damals diese sorgfältig ausgewählten Häuser vermessen und mit Latten und Papiermaschee nachgebaut.

Ob in Großbritannien (Tudorstil), in Frankreich oder in Deutschland – überall konnten sich Bauherr und Architekt auch in Architekturbüchern inspirieren lassen. Einheimische Bautraditionen vermischten sich mit neuen Formen des beginnenden Jugendstils. Laubsägearbeiten, reiche Ornamente und teilweise geschnitzte Balken, Dächer mit Dachaufbauten und Türmen, Veranden und Wintergärten charakterisieren den inzwischen internationalen Stil.

2.3.1 Metallfachwerk

Brückenbau

Mit der ersten Metallfachwerkbrücke der Welt, der berühmten Iron Bridge von 1779 über den Severn bei Coalbrookdale westlich von Birmingham, begann eine wichtige Epoche im Bauwesen. In der holzreichen Schweiz waren in jener Zeit die weitgespannten Holzbrücken der Teufener Baumeisterfamilie Grubenmann kaum fertiggestellt und galten in Mitteleuropa als DIE Wunderwerke der Technik. Wie der Name sagt, wurden die einzelnen Brückenelemente der Iron Bridge in einem 1777 neu entwickelten Eisengussverfahren gegossen und nach dem Vorbild der Zimmerleute mittels Zapfen- und Schwalbenschwanzverbindungen zusammengefügt.

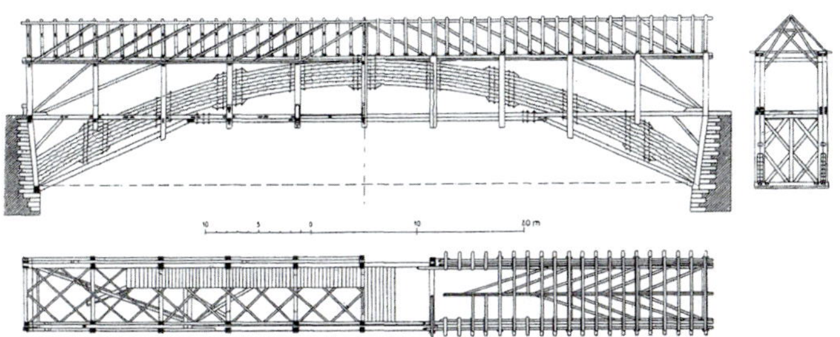

Abb. 2.106: Wettingen AG: Holzbrücke von Hans Ulrich und Johannes Grubenmann von 1764, zerstört 1799 (Zeichnung aus: J. Killer [55])

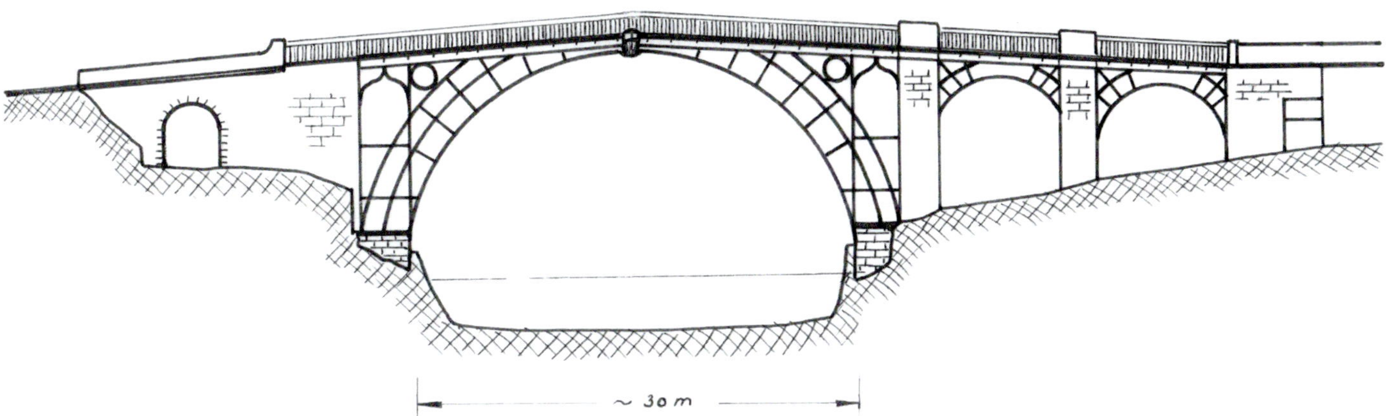

Abb. 2.107: Die im Vergleich zu den Holzbrücken schlanke Iron Bridge in England, 1779

Abb. 2.108: Die Verbindungen der einzelnen Gussstücke glichen noch stark den Holzverbindungen der Zimmerleute (nach Museumsguide Iron Bridge und E. Fuchtmann [22])

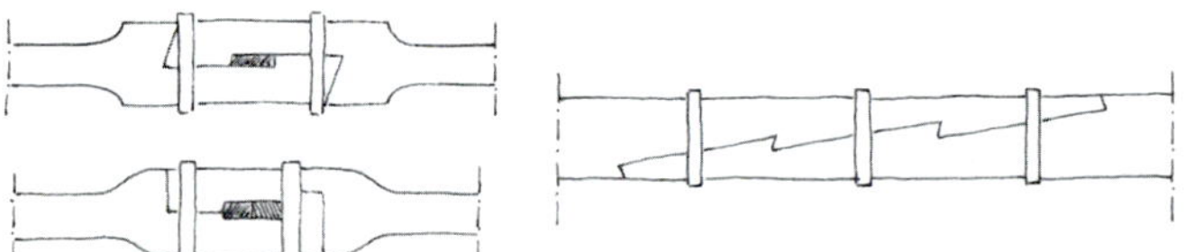

Abb. 2.109: Weitere Metallverbindungen, die den Zimmerleuten abgeschaut wurden

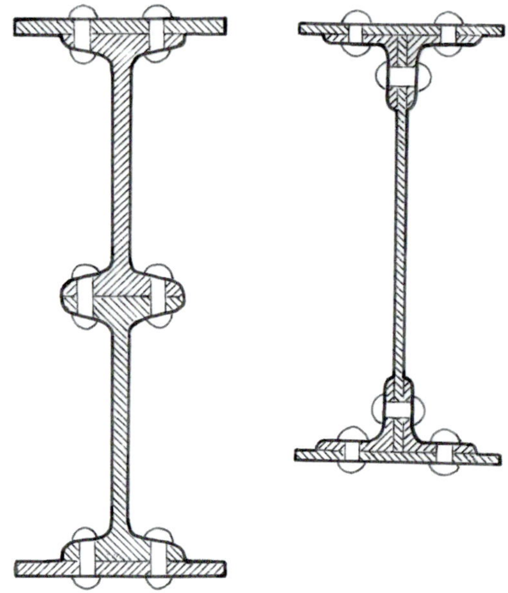

Abb. 2.110: Genietete Profilträger, Schnitt (nach G. Oslet [68])

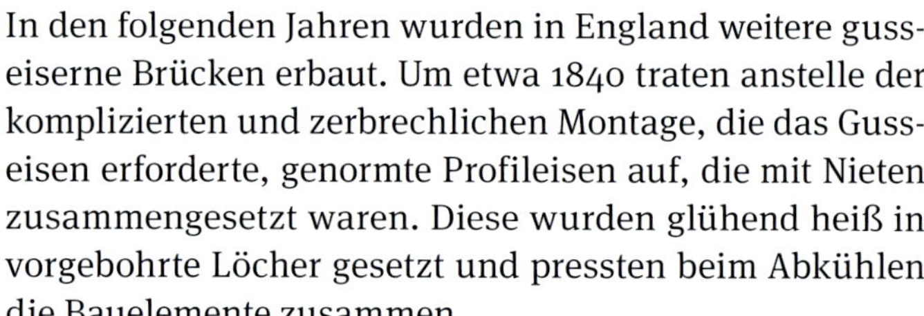

In den folgenden Jahren wurden in England weitere gusseiserne Brücken erbaut. Um etwa 1840 traten anstelle der komplizierten und zerbrechlichen Montage, die das Gusseisen erforderte, genormte Profileisen auf, die mit Nieten zusammengesetzt waren. Diese wurden glühend heiß in vorgebohrte Löcher gesetzt und pressten beim Abkühlen die Bauelemente zusammen.

Erst der Bau von Eisenbahnbrücken in der Mitte des 19. Jahrhunderts brachte das Metallfachwerk in die Schweiz. Viele Brücken wurden inzwischen durch massive Stein- oder Betonkonstruktionen ersetzt. Nur noch wenige Metallfachwerkbrücken sind uns noch in der ursprünglichen Form erhalten geblieben, so zum Beispiel die Eglisauer, die Ossinger und die Hemishofer Brücke. Letztere überspannt den Rhein bei Niedrigwasser in 27 m Höhe. Erbaut wurde sie 1875 durch die Pariser Firma Cail & Compagnie.

Das Bauwerk wurde in den Jahren 1900 / 1901 und 1936 verstärkt. Die Verstärkungen wurden nicht genietet, sondern geschraubt. Das Gewicht der Eisenkonstruktion beträgt 977 t. Bei einer vorgespannten Diesellok vom Typ Bm 6/6 (105 t) – die Linie ist nicht elektrifiziert – durfte 1989 die Anhängelast 3,5 t pro lfd. m betragen. Die Brücke wird seit 2018 ausschließlich von einem Dampfbahnverein zwischen Etzwilen TG und Ramsen SH befahren. Dass – wie oft behauptet wird – der berühmte Ingenieur Eiffel am Bau beteiligt war, ist sehr unwahrscheinlich, weil Eiffel nie für Cail gearbeitet hat. Im Gegenteil, die beiden Großunternehmen traten oftmals als Konkurrenten auf.

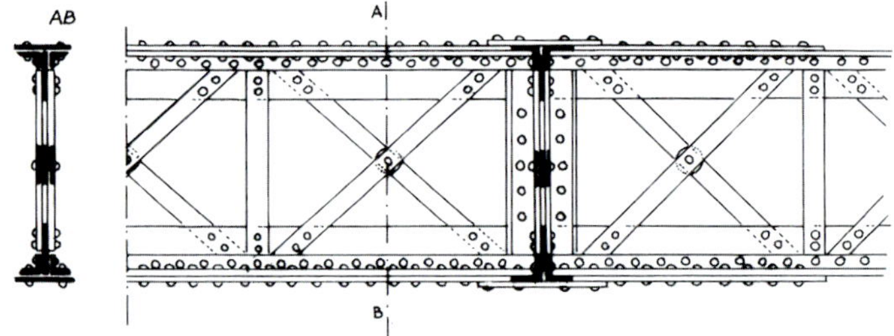

Abb. 2.111: Fachwerkträger (nach G. Oslet [68])

Abb. 2.112: Rheinbrücken bei Hemishofen SH: Die Eisenbahnbrücke von 1875 und die Straßenbrücke von 1980 (📷 2018)

Die Notwendigkeit, das teure Material Stahl möglichst sparsam zu verwenden, führte zur Entwicklung eiserner Kolosse, die aus einem scheinbaren Wirrwarr sich kreuzender Metallstäbe bestanden. Fachwerkbrücken stand man hierzulande nicht nur durch die scheinbare Leichtigkeit der Konstruktion misstrauisch gegenüber. Bei Münchenstein BL traf am 14. Juni 1891 das schlimmste Schicksal genau eine der wenigen Eiffelbrücken der Schweiz: Die Brücke stürzte ein, verschuldet durch die Überlast eines voll besetzten Zuges, und forderte 73 Todesopfer. Dennoch besitzen noch bestehende Beispiele ihren Reiz wegen ihrer Kühnheit, der Größe und der Klarheit der Konstruktion. Als Folge der Münchensteiner Katastrophe wurden die meisten Brücken um die Jahrhundertwende verstärkt. Sie erleben zurzeit eine Renaissance. Die Kirchenfeldbrücke in Bern ist eines der wichtigsten Werke der Eisenbaukunst des

Abb. 2.113: Die längste Fachwerkbrücke der Schweiz wurde 1874 durch die Firma Decker & Co., Bad Cannstatt erbaut: 36 m hoch, 365 m lang, vier Fachwerkpfeiler. Ossingen ZH (📷 1988)

Abb. 2.114: Zwei mächtige Bogen der Kirchenfeldbrücke Bern (📷 2018)

Abb. 2.115: Bern: Auch die Kirchenfeldbrücke wurde mehrmals verstärkt. Nieten, Schrauben und Schweißnähte ergeben ein interessantes Bild. (📷 2018)

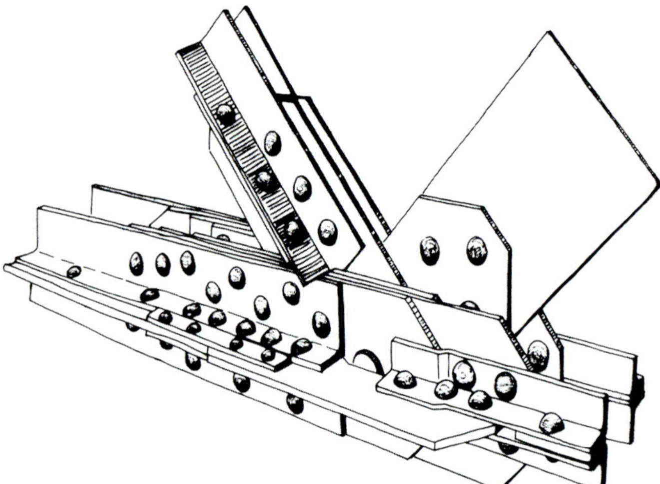

Abb. 2.116: Modell eines 1879 von H. Gerber entwickelten Gelenks, wie es im Deutschen Museum in München zu sehen ist.

19. Jahrhunderts der Schweiz. 229 m lang, 39 m hoch, 13 m breit und 1344 t schwer wurde sie 1883 der Bevölkerung übergeben. Das Hauptproblem der Metallfachwerkbrücken ist die durch den motorisierten Verkehr verursachte Vibration. So erstaunt es wenig, dass ein Ersatz der Basler Wettsteinbrücke beschlossen wurde. Für den Transit-Güterverkehr stellen die Brücken von Hemishofen SH und Ossingen ZH ein Hindernis dar. Es sind die letzten Brücken der Schweiz mit Fachwerkpfeilern.

Man hat schon frühzeitig erkannt, dass es mit der Statik von Fachwerken Probleme gibt, wenn sich die Brückenpfeiler auf unsicherem Baugrund unterschiedlich setzen. Die dabei auftretenden Kräfte sind rechnerisch kaum bestimmbar.

Deshalb empfahl Heinrich Gerber, einer der berühmtesten deutschen Brückenbauer des 19. Jahrhunderts, den Einbau von Gelenken, die alle Tragwerkbeanspruchungen durch »unsichere« Stützensetzungen und Temperaturschwankungen aufnehmen konnten.

2.3.2 Hallenbau in Metallfachwerk

In Poissy bei Paris sollte ein 1999 durch einen Sturmwind zerstörtes Einfamilienhaus, das ganz in Metallfachwerk konstruiert wurde, wieder aufgebaut werden. Es heißt »Maison Eiffel«, wurde aber vom belgischen Ingenieur Joseph Danly 1889 errichtet. Sogar die Gefache bestehen aus vorgefertigten, steinquaderförmig profilierten Blechen. Ein solches Haus ist auf dem Gebiet der Schweiz nicht bekannt. Eine einzige Kirche, Peter und Paul in Winterthur, bekam 1867 eine gusseiserne offene Dachkonstruktion, die aber schon 20 Jahre später durch ein unterzogenes Gewölbe verdeckt wurde, weil Eisen als unwürdiges Baumaterial für einen Weiheraum galt. Hingegen bestehen in Mitteleuropa noch einige große Bahnhofs-, Fabrik- und Markthallen in Metallfachwerk. Ganz im Sinne des ersten berühmten Denkmalpflegers in Europa, Eugène Viollet-le-Duc (1814–1879), wurden in ehrwürdigen Gebäuden, wie dem Basler Münster oder der Kathedrale von Genf, ganze Dachwerke aus Holz entfernt und durch leichtere Metallkonstruktionen ersetzt.

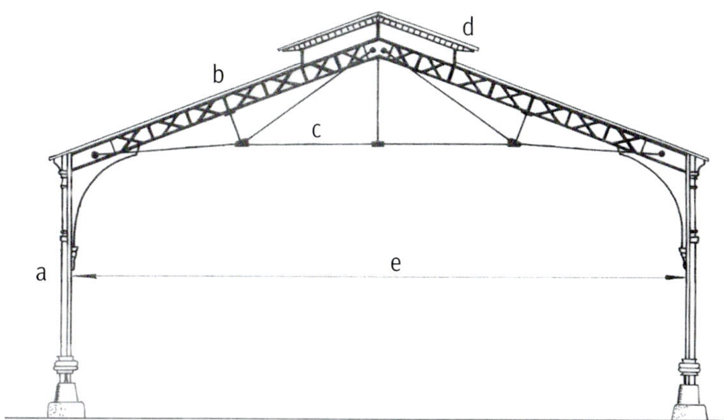

Abb. 2.117: Aufbau eines Dachbinders (nach G. Oslet [68])
a Pfosten aus Gusseisen
b Binder
c Zugstange
d Oberlicht
e Spannweite

Abb. 2.118: Marché couvert au Lac Léman von 1892 in Montreux VD (📷 2018)

Abb. 2.119: Der Bahnhof SBB von 1905 in Basel wurde für die ehemalige Zentralbahn mit fünf Hallen gebaut; jede ist 120 bis 200 m lang mit Stützweiten von 16,3 bis 22,1 m (📷 1989).

Obwohl bekannte Schweizer Architekten im Ausland mit dem Stahlbau vertraut wurden, konnten sie ihm in der Schweiz nicht zu einem Durchbruch verhelfen. Bahnhofshallen sind typische Bauten des 19. Jahrhunderts. Die ersten Hallen waren Holzfachwerke. Ein letzter Zeuge einer Holzfachwerkhalle aus Olten SO wurde sorgfältig abgetragen und in Bauma ZH für den Dampfbahnverein Zürcher Oberland wieder aufgebaut. Nachforschungen ergaben, dass es sich dabei um die erste Bahnhofshalle des Basler Zentralbahnhofs von 1860 handelt, die schon einmal versetzt wurde! Bei der Gestaltung eines Bahnhofs lag das Hauptgewicht auf dem repräsentativen Aufnahmegebäude, während die Gestaltung der Bahnhofshalle den Ingenieuren überlassen wurde. Luzern, Olten, Basel, Lausanne und St. Gallen wetteiferten Anfang des 20. Jahrhunderts um den schönsten Bahnhof. Einzig in Basel hatten die Architekten Einfluss auf die Gestaltung der Bögen und Stützen.

Die größte einschiffige Eisenhalle in der Schweiz aus dem 19. Jahrhundert steht im Gaswerk Schlieren ZH. Ursprünglich als Ausstellungshalle der Landesausstellung in Genf 1896 erbaut, wurde sie 1897 nach Zürich transportiert und diente dort als Kokshalle. Nach dem Abbruch der Pariser »Halles Centrales« (1853–1858 durch Victor Baltard erbaut) ist die Markthalle von Montreux noch wertvoller geworden. Es ist naheliegend, dass die Firma Sulzer als Metall verarbeitender Betrieb die werkseigenen Ingenieure zur Planung der Fabrikhallen in Winterthur einsetzte. Sie konstruierten die Wände, die dem eigentlichen Traggerüst vorangestellt wurden, als sehr leichtes Metallfachwerk, das mit Backsteinen ausgefacht wurde.

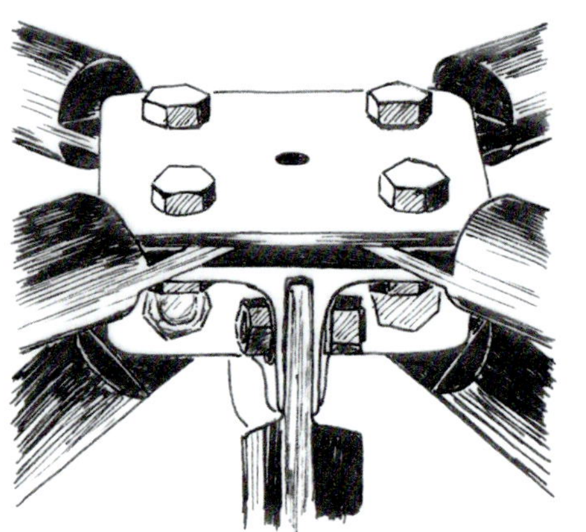

Abb. 2.120: Knoten: Er verknüpft einzelne Elemente an einem Punkt.

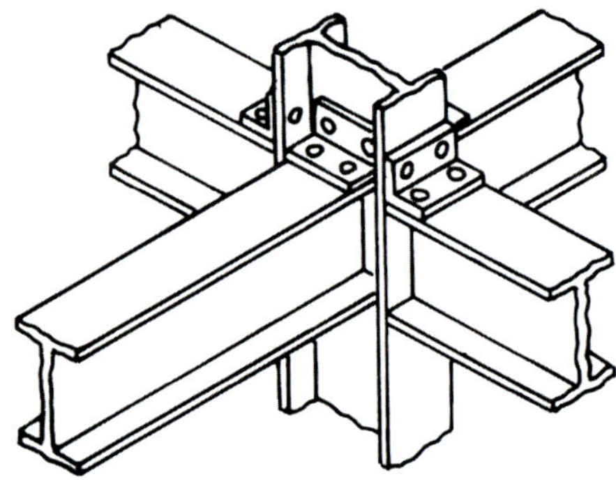

Abb. 2.121: Bei der Stahlbauweise werden horizontal und vertikal angeordnete Träger durch Schraub-, Niet- oder Schweißverbindungen zu einem festen Rahmenwerk verbunden. Die Stahlkonstruktion und im Stahlbetonbau das Stahlbeton-Traggerüst stellen im Prinzip Fachwerke dar.

Abb. 2.122: Ehemalige Industriebauten der Firma Sulzer in Winterthur ZH (📷 1990)

Abb. 2.123: Betonfachwerk für das Kesselhaus der Großgießerei in Winterthur, erbaut 1954/57 (📷 1993)

Ohne dass man sich darüber bewusst ist, begegnet man überall der Fachwerkkonstruktion. Türme, Kräne und Hochspannungsmasten werden in ähnlicher Weise konstruiert. »Raumfachwerk« findet man als Konstruktionselement für geschlossene Hallen und große Eingangsvordächer, aber auch als Dekorationselement für Ausstellungen und Ladeneinrichtungen in Kunststoff oder Leichtmetall.

2.4 Fachwerk im 20. Jahrhundert

Durch das wachsende Interesse an der Volkskunde und durch die Rückbesinnung auf das heimatliche Erbe entstanden in den 1930er-Jahren wieder viele ländliche Bauten in sichtbarer Fachwerkbauweise. Parallel zu den Anstrengungen im Deutschen Reich versuchte auch die Schweiz, vor allem bei der Bauernschaft einen Heimatstil zu propagieren. »Im ›Landi-Dörfli‹ der Landesausstellung 1939 in Zürich fühlten sich alle heimisch und empfanden es als ein Symbol der Heimattreue«, schrieb Gottlieb Duttweiler in seinem Landesausstellungs-Erinnerungsbuch *»Eines Volkes Sein und Schaffen«* [16].

In der Zeit nach 1945 und besonders zur Zeit des Baubooms der 1960er-Jahre wurde alte Bausubstanz an nicht äußerst schützenswerten Gebäuden als Hindernis für modernes Bauen verstanden. Einem damaligen Behördenmitglied von Marthalen wird nachgesagt, beim Dröhnen der Bombergeschwader gegen Ende des Krieges habe er die Bemerkung geäußert, dass wenn die da oben doch nur über »Maartel« abladen würden, so könnte man endlich neu bauen. In der allgemeinen Hektik auf den Baustellen verdrängte die profitorientierte Denkweise das handwerkliche Können zusehends. Alte Häuser verslumten. Den ärmsten Bürgern und den herbeigerufenen Saisonarbeitern aus Südeuropa wurden bedenkliche Wohnsituationen in Abbruchhäusern zugemutet.

Zu viele historische Bauten waren schon geopfert, bis in den 1970er-Jahren das Bewusstsein sich langsam änderte und man begann, alte Bauten zu erhalten. Besonders die wiederentdeckten Fachwerkhäuser demonstrierten das Umdenken am sichtbarsten. Jede Riegelwand sollte hervorgeholt und gezeigt werden, obwohl gar nicht alle Fachwerkhäuser mit der Absicht erstellt worden waren, dass das Fachwerk sichtbar bleibt.

Abb. 2.124: Das »Landi-Dörfli« 1939 bei Landesausstellung in Zürich: Wenn etwas von der Landi übrig bleiben sollte, dann das Dörfli, war die Meinung von Millionen Besuchern. Nach der Ausstellung wurden die Gebäude sorgfältig abgebaut und andernorts in der Ostschweiz wieder aufgebaut (Foto: H. Hinz, aus der offiziellen Ausstellungsbroschüre 1939).

Abb. 2.125: Zustand »Tokterhus« in Ossingen ZH, 1981: Fachwerk unter Verputz

Abb. 2.126: Zustand »Tokterhus« 1987: freigelegtes und erneuertes Fachwerk

Innerhalb weniger Jahre kann sich ein Dorfbild auch im guten Sinne verändern. Das »Tokterhus« aus dem 18. Jahrhundert gilt als einer der mächtigsten Fachwerkbauten im Kanton Zürich. Es überstieg die Mittel eines einzigen Besitzers, das in Eichenholz erbaute Haus zu erhalten. Also gründeten Idealisten und Investitionsfreudige 1979 eine AG. Diese baute sieben Wohnungen ein, ohne die Tragstruktur des Gebäudes zu verändern.

Wenn das Holz allzu lange unter Verputz lag, kommen häufig beim Freilegen große Schäden zum Vorschein. Reparaturen sind sehr zeitintensiv und dadurch teuer, sodass sich mancher Bauherr wohl oder übel gezwungen sieht, das Fachwerk wieder zu verdecken. Als Putzträger dient heute ein aufgenageltes Ton-Drahtgeflecht.

Seit den 1980er-Jahren wird die Fachwerkkonstruktion auch bei Neubauten wieder verwendet, einerseits als historisierende Verblendung, wenn irgendwo ein heimeliger Dorfcharakter entstehen soll, andererseits eignet sich die echte Fachwerktechnik bestens für vorfabrizierte Elementbauweisen. Verbindungen zwischen den Hölzern bilden meist Stahlknoten und sogenannte Holzverbinder aus Metall. Große verglaste Flächen, Wintergartenanbauten, Dachaufbauten und Vordachsäulen sind dafür charakteristisch. Vor nicht so langer Zeit wurden auch mehrstöckige Häuser aus Holz wieder für das Arbeiten und Wohnen zugelassen.

Abb. 2.127: Modernste Lösung: Vorfabrizierte Fachwerkelemente werden samt Ausfachung auf die Baustelle gebracht und in wenigen Stunden montiert. Eine zeitgemäße Fachwerkwand ist ehrlicher, als wenn das Fachwerkmuster nur als billige Dekoration aus allzu dünnen Brettern aufgeschraubt wird. Aspi BE (1988)

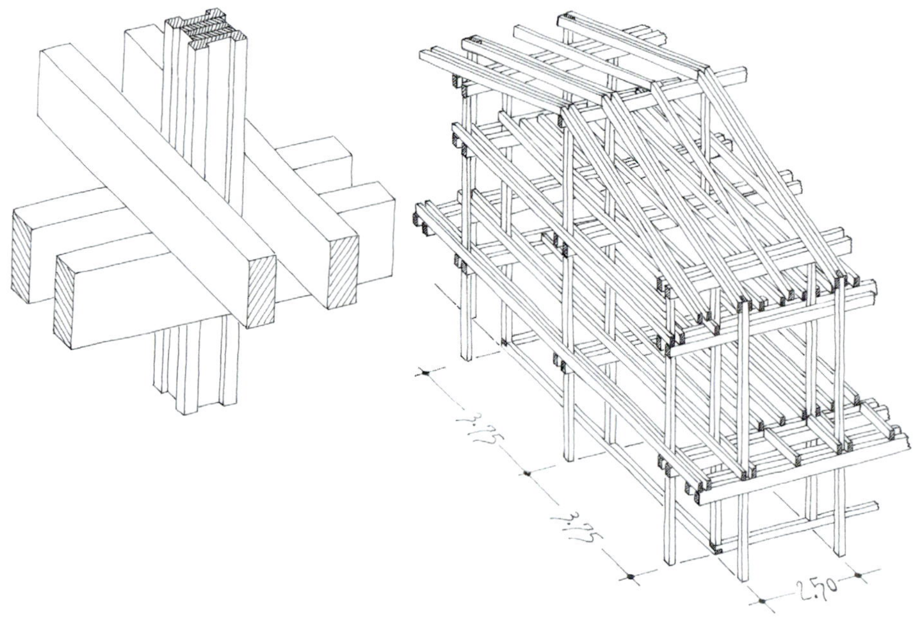

Abb. 2.128: Ohne eigentliche Holzverbindungen zu verwenden, bietet die Klarheit dieses Holzbausystems mit modernsten Herstellungsverfahren unzählige Kombinationsmöglichkeiten.

Abb. 2.129: Traditionsreiche Unternehmen haben den Aufschwung des neuzeitlichen Fachwerkbaus wahrgenommen und eigentliche An- und Ausbauprogramme entwickelt. (Bild: Furterhaus 1985, Schäfer Holzbautechnik)

Seltener wird Fachwerk in der traditionellen Ausführung mit zimmermannsmäßigen Holzverbindungen neu erstellt. Ständerbauten und Blockbauten lassen sich heute sogar mit numerisch gesteuerten Maschinen abbinden.

Eine große Neuerung im Holzbau sind die seit Anfang des 20. Jahrhunderts verwendeten Träger aus Brettschichtholz. Die in früheren Zunftordnungen klare Absicht, Schreiner- und Zimmerarbeiten zu trennen, hat seither eine deutliche Änderung erfahren. Durften damals ausschließlich Schreiner den Leim als Verbindungsmittel verwenden, haben heute verleimte Träger ihren festen Platz im Holzbau erobert.

Normierte, maximal 2 cm dicke Bretter werden mithilfe großer Pressen aufeinandergeleimt. Haben die einzelnen Bretter nicht die gewünschte Länge, werden sie durch Keilzinken verlängert. Interessant ist das Verfahren vor allem deshalb, weil dem so neu entstehenden Träger auch eine runde Form gegeben werden kann. Sind große stützenfreie Spannweiten im Hallenbau erforderlich, sind die auf Biegung beanspruchbaren Tragsysteme beliebt, besonders auch wegen ihrer eleganten Form. Dass diese Technik uralt und nicht erst seit der Entwicklung ähnlicher Eisentragsysteme Ende des 19. Jahrhunderts bekannt ist, ist den meisten Anwendern nicht bewusst.

In England gibt es noch viele sehr urtümlich anmutende Gebäude in der traditionellen »Cruck«-Bauweise.

Ein »Cruck« besteht aus einer Reihe von gleich geformten Bindern. Dazu wurden im Wald gleichmäßig krumm gewachsene Bäume (meist Eichen) gefällt, behauen und in der Mitte so aufgetrennt, dass ein Paar symmetrischer Stützen entstand. Stellte man diese Stützen in regelmäßiger

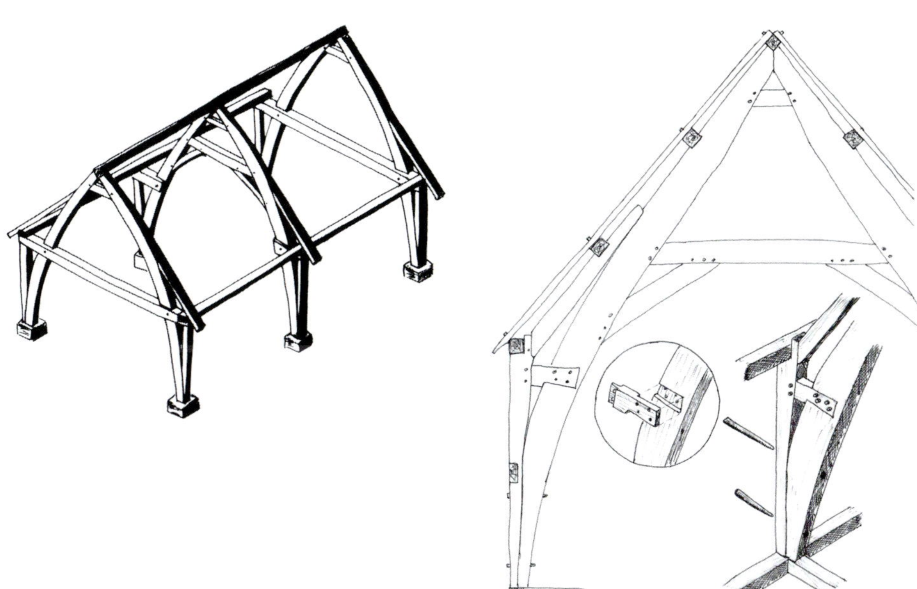

Abb. 2.130: Cruck-Konstruktion nach R. Harris [47]

Abb. 2.131: Cruck-Konstruktion in Ombersely / Worcester, England (1987): Während an der Hausrückseite die beiden natürlich gekrümmten Träger praktisch unverändert erhalten geblieben sind, zeigt die Straßenseite deutliche Spuren der Veränderung im letzten Jahrhundert.

Anordnung gegeneinander auf, entstanden respektable Hallenhäuser ohne störende Säulen im Hausinnern. Die Wände zwischen den »Bindern« wurden in Fachwerkbauweise geschlossen. Diese Konstruktionsart verschwand erst durch Mangel an geeigneten Bäumen.

Die Binder können ohne großen Mehraufwand praktisch jede gewünschte Form erhalten. Es ist lediglich auf den Krümmungsradius zu achten. Dieser sollte mindestens 6 m betragen. Bei kleineren Radien ist die Gefahr des Abplatzens groß. Gelenke, Montage der Pfetten und Bodenverankerungen bestehen ausschließlich aus Metall-Holzverbindern.

Abb. 2.132: Große Halle der 1986 eröffneten Bäderwelt »Säntispark« in Abtwil SG (📷 1989): Die Form und Anordnung der Binder erzielt optisch die erwünschte Tiefenwirkung des Wellenbades.

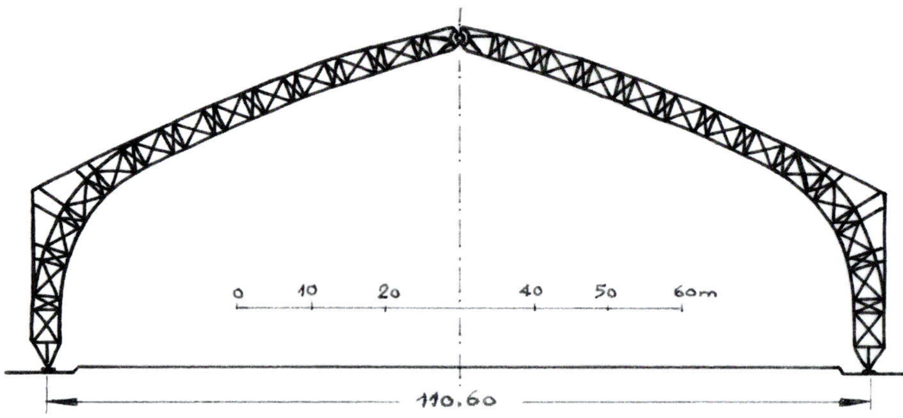

Abb. 2.133: Nicht nur das Ausstellungsgut, sondern auch die beträchtlichen Ausmaße der Ausstellungshalle sollten die Besucher beeindrucken. »Galerie des machines«, Paris, Weltausstellung 1889 (nach G. Oslet [68])

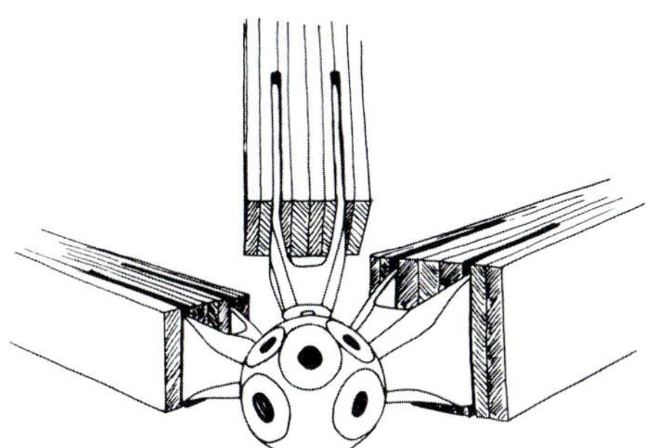

Abb. 2.134: Metall-Holzverbinder

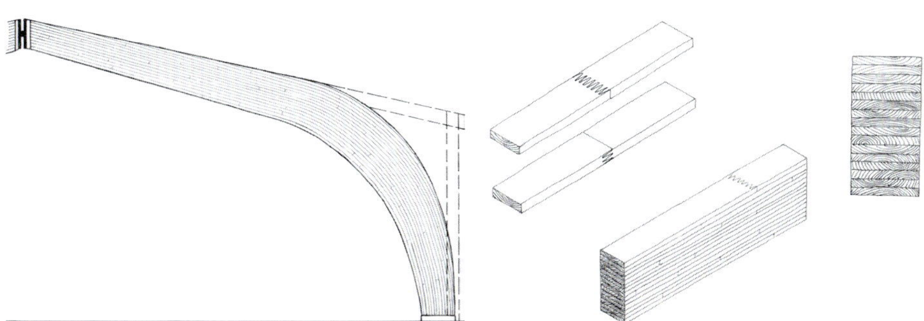

Abb. 2.135: Verleimter Binder eines Hallentragwerks, wie er seit 1915 (Tramdepot Dreispitz, System Hetzer, Basel) auch in der Schweiz angewendet wird.

Abb. 2.136: Solemar in Bad Dürrheim, Baden-Württemberg (2014): In diesem 1987 eröffneten Kuppelbau ist das Solebad nicht nur für Holzbaufreunde ein Genuss! Das von fünf verschieden hohen Baumstützen getragene Schalendach solle ein weltweites Unikat bleiben, versichert der Architekt Wolfram Völlger. Der größte Baum, der sich aus dem Hauptbecken erhebt, besteht aus neun, im unteren Bereich gebündelten Leimholzsegmenten, die sich oben vergabeln und dadurch 18 Äste bilden. Wolfram Völlger, damals ein junger Architekt, und Bauleiter Hans-Joachim Flume arbeiteten 1984 bis 1987 im Büro Geier und Geier in Stuttgart für dieses Projekt. Das Holztechnikunternehmen Burgbacher aus Trossingen errichtete die Holzstruktur in vier Monaten.

Abb. 2.137: Schraubverbindungen der Holzachterbahn »Wodan-Timburcoaster« im Europa-Park Rust, Baden-Württemberg (2014): Die von Great Coasters International aus Sunbury, Pennsylvania, USA gebaute Achterbahn sorgt seit 2012 für Nervenkitzel.

3 Holz als Werkstoff

Holz als Werkstoff

3.1 Die wichtigsten Bauhölzer

Nicht immer standen dem Zimmermann so viele Holzarten wie heute zur Verfügung. Moderne Transportmittel, internationaler Holzhandel und immer größere Sägewerkkapazitäten haben das Angebot an Konstruktionshölzern und die Verwendungsgewohnheiten jedoch nicht so sehr verändern können wie der Wandel in der Waldwirtschaft selbst.

Wildverbiss, fehlende oder ungenügende Jungwuchspflege, ungeregelte und ungezügelte Brennholzbeschaffung für unwirksame Herdstellen und Öfen, Köhlerei, Beweidung von Nutztieren der Wälder, Brandrodung und stete Zunahme der Bevölkerung sind nur einige Stichworte zur Situation des Waldes im schweizerischen Mittelland und den Voralpengebieten. Die verheerenden Überschwemmungen im 19. Jahrhundert, ausgelöst durch den schlechten Zustand der Wälder, führten zur Einsicht, den Wald in der ganzen Schweiz durch Gesetze zu schützen. Nach dem Inkrafttreten des eidgenössischen Forstgesetzes um 1876 wurden riesige Gebiete im Einzugsgebiet der Wildbäche aufgeforstet.

Bis Ende des Mittelalters herrschte im Mittelland der Laubmischwald mit Buchen und Eichen als größten Bäumen vor. Als einziger Nadelbaum ist hier die Kiefer (Föhre, Fore, Dähle) seit den Eiszeiten nachgewiesen. Über 10 000-jährige Wurzelstöcke sind am Üetliberg, im Reppischtal und in der Umgebung Winterthurs im Kanton Zürich erhalten. Erst vor ungefähr 300 bis 400 Jahren wurde die Fichte (Rottanne) wegen ihres schnellen Wuchses im Mittelland gefördert. Vorher kam sie dort nur in Auenwäldern und an Moorrändern vor, wohin ihre Samen angeschwemmt wurden. Spätestens seit der Römerzeit sind daher die Fichte und die Tanne im Mittelland (Oberwinterthur ZH) als Bauhölzer nachgewiesen. Sicher bringen künftige Untersuchungen mehr Klarheit über die je nach Ort sehr verschiedenen Baumvorkommen.

Die Zimmerleute mussten sich nach dem vorhandenen Holzangebot richten. Zwar bestand der Bürgernutzen, nach dem jedem freien Bürger einer Gemeinde ein gewisser Holzanteil für einen Neubau gratis oder sehr günstig zustand, aber die Obrigkeit ermahnte die Bevölkerung immer wieder zum Holzsparen.

3.1.1 Eiche

Abb. 3.1: Eiche: Schattenriss und Holzmuster

Für den Fachwerkbau war die Eiche nördlich der Alpen bis Anfang des 19. Jahrhunderts die wichtigste Holzart. Hart, zäh, sehr schwer (670–1 400 kg/m³), knorrig und krumm gewachsen, stellt sie hohe Ansprüche an Zimmermann und Werkzeug. Das helle Splintholz ist wertlos. Das Kernholz aber übertrifft alle anderen europäischen Hölzer an Festigkeit und Dauerhaftigkeit. Auch unter Wasser ist es sehr beständig. Viele Jahre unter Wasser gelagert, wird das Holz als dunkelbraune bis schwarze »Mooreiche« gehandelt. Normalerweise wird eine Eiche 500 Jahre alt, aber es kommen auch 700- bis 1 200-jährige Bäume vor. Das verbaute Holz wird von Jahr zu Jahr härter. 1929 sollte im Markgröninger Rathaus (Baden-Württemberg, 1440) ein mächtiger Ständer im Erdgeschoss ersetzt werden. Als die Arbeiter die alte Säule unter außergewöhnlichem Verschleiß an Sägen endlich entfernt hatten, bemerkten sie, dass ihr Kern bereits kristallisiert und hart wie Stein war.

Marthalen ZH machte seinem Gemeindewappen alle Ehre, als im Dezember 1895 eine Rieseneiche von 24 m³ Stammholz gefällt wurde.

3.1.2 Rotbuche

Die Rotbuche ist der wichtigste Laubbaum in den tieferen Lagen Mitteleuropas. Trotzdem ist ihre Verwendbarkeit als Konstruktions- und Bauholz beschränkt, weil das Buchenholz im Freien schnell stockig (morsch) wird. Hingegen nutzt es der Zimmermann gerne im Innenausbau für Treppen und (Parkett-)Fußböden. Es lässt sich sauber bearbeiten, gut drehen, beizen und polieren. Erst durch das Dämpfen erhält es die rötliche Färbung und verliert dadurch bis zu einem gewissen Grad seine Nachteile des Schwindens, Werfens und Reißens. Sehr beliebt ist das Buchenholz daher in der Möbel- und Bauschreinerei.

Abb. 3.2: Rotbuche: Schattenriss und Holzmuster

3.1.3 Kiefer / Föhre / Dähle

Die viel Licht erfordernde, sonst aber anspruchslose Kiefer gehört zu den alten einheimischen Bäumen im schweizerischen Mittelland. Als man die unter mächtigen Lehm- und Kiesschichten begrabenen, etwa 10 000 Jahre alten Kieferwurzelstöcke zu schleifen begann, roch das Holz immer noch nach Harz.

Der gerade Wuchs, die Dauerhaftigkeit und Wetterbeständigkeit aufgrund des hohen Harzgehaltes des Kernholzes und das relativ leichte Gewicht machten Kiefernholz zum gesuchten Holz für Dachkonstruktionen. Heute wird die Kiefer für Fensterrahmen, Fußböden, im Wasser- und Brückenbau verwendet.

Abb. 3.3: Kiefer: Schattenriss und Holzmuster

3.1.4 Fichte / Rottanne

Die Fichte braucht nur ein Drittel der Zeit, die die Eiche benötigt (200 Jahre), bis sie schlagreif ist. Erst mit der sich Ende des 18. Jahrhunderts entwickelnden Einsicht, dass nur mit einer geordneten Waldwirtschaft dem bestehenden Holzmangel (Energie für Heizung, Nahrungszubereitung und Gewerbe, Rohstoff für Geräte und Bauten) Einhalt geboten werden kann, wurden die in den Hochlagen der Alpen und Voralpen beheimateten Fichten auch in den Niederungen in großen Mengen angepflanzt. Man begann zu begreifen, dass die ausgebeutete Natur ohne Mithilfe des Menschen nicht genug Rohstoffe liefern kann. In ganz Europa wird die Fichte gefördert. Mitte des 19. Jahrhunderts verdrängte sie die Eiche weitgehend im Fachwerkbau. Die Fichte ist leichter zu bearbeiten, dafür aber nur mäßig wetterbeständig, weshalb sie Schutz vor der Witterung braucht.

Abb. 3.4: Fichte: Schattenriss und Holzmuster

3.1.5 Lärche

Das Lärchenholz ist das kostbarste Nadelnutzholz. Im natürlichen Verbreitungsgebiet – in der Schweiz sind das hochalpine Gebiete der Kantone Graubünden, Wallis und Tessin – war es seit jeher ein begehrter Exportartikel und wurde bis ins erste Drittel des 19. Jahrhunderts übermäßig abgeholzt. Ab 1800 wurde die anspruchslose Pionierbaumart auch im Mittelland angepflanzt. Das Holz hat ähnliche Eigenschaften wie das der Kiefer, ist aber deutlich feinfaseriger und daher noch beliebter für Bauteile im Außenbereich (z. B. Schindeln, Fensterrahmen, Türen und Tore).

Abb. 3.5: Lärche: Schattenriss und Holzmuster

3.1.6 Weitere Holzarten

Neben diesen fünf näher beschriebenen Holzarten kamen natürlich vereinzelt oder je nach Region weitere zum Einsatz: In den Südtälern der Schweizer Alpen ist die Kastanie ein äußerst beliebtes Konstruktionsholz – hart wie Eiche und für spinnenfreie Dachwerke bekannt. Im Oberdorf von Unterstammheim ZH wurde zum Beispiel 1510 ein mächtiger Kirschbaumbalken (25 / 22 cm) von etwa 10 m Länge eingebaut.

3.2 Dauerhaftigkeit

Die Lebensdauer des verbauten Holzes ist von der Einwirkung der Luft, des Wassers und anderer zerstörender Stoffe abhängig.

Die Tabelle 3.1 zeigt deutlich, dass vor allem Feuchtigkeit in der Luft dem Holz schadet, denn hier entsteht ein günstiger Nährboden für Holz zersetzende Pilze. Nicht außer Acht lassen sollte man aber auch weitere Gründe für die Zerstörung und damit Dezimierung historischer Bausubstanz. Leider fallen immer noch jedes Jahr unersetzliche Bauten dem Feuer zum Opfer. Unachtsamkeit und Brandstiftung werden als Gründe genannt. Was nicht in den Flammen verbrennt, wird meist durch das Löschwasser unrettbar zerstört.

Ein weiterer Grund ist die Vernachlässigung der Gebäude. Vor allem landwirtschaftliche Kleinbauten (Weinkeltern, Ofenhäuser, Feldscheunen, Alphütten), für die es keine neue Verwendung gibt, werden – ob unter Schutz oder nicht – sich selbst überlassen. Manchmal ist ein Grundstück ohne das lästige Schutzobjekt als Bauland sowieso mehr wert.

Weiter wären Bauschäden zu nennen, die durch unsachgemäße (Flick-)Arbeiten ausgelöst werden, sowie Schäden durch Erschütterungen (z. B. durch Verkehr) und Absenkungen im Baugrund. Leider sind unzählige Beispiele für den Verlust traditioneller Bausubstanz zu finden.

Abb. 3.6: Fachwerkhaus in Flammen in Guntalingen ZH (📷 1988)

Holzart	ständig im Wasser Jahre	ungeschützt im Freien Jahre	geschützt im Freien Jahre	trocken verbaut im Gebäude Jahre
Eiche	**800–1 000** (700)	**80–90** (120)	**120–140** (–)	**1 600–1 800** (1800)
Rotbuche	**40–50** (10)	**25–35** (20)	**80–100** (–)	**550–600** (800)
Kiefer/Föhre	**350–400** (500)	**35–60** (80)	**100–120** (–)	**950–1 000** (1.000)
Fichte	**60–70** (60)	**30–40** (45)	**90–100** (–)	**900–1 000** (900)
Lärche	– (600)	– (90)	– (–)	– (1.800)

Tab. 3.1: Lebensdauer der unterschiedlichen Holzarten
(Diese Tabelle wurde aus zwei Quellen zusammengestellt: *Kress: Der Praktische Zimmerer* [59] (obere Werte, halbfett); *Ruch: Berufskunde für Zimmerleute* [81] (untere Werte, in Klammern). Beide Autoren machen keine weiteren Angaben über ihre Untersuchung und die Entstehung der Tabellen. Auch müsste genauer definiert werden, was sie als gesundes Holz bezeichnen.)

Abb. 3.7: Zerstörung durch Vernachlässigung; Mühle in Basadingen TG (📷 1989)

Abb. 3.8: Diese Bauteile warten auf eine Wiederverwendung. Marthalen ZH (📷 2018)

Abb. 3.9: Das gesunde Fachwerk muss einem Neubau weichen. Hüttwilen TG (📷 2017)

Abb. 3.10: Ungünstige Materialwahl in Gailingen am Hochrhein, Baden-Württemberg (📷 2006)

3.3 Dendrochronologie

3.3.1 Der Geschichtsbaum

Es ist bekannt, dass das Alter eines Baumes an seinen Jahresringen gezählt werden kann. Im Frühjahr fügt der Baum neue Holzschichten um seinen Stamm (helles Frühholz). Im Sommer verlangsamt sich das Wachstum, das Holz erscheint durch seine kleineren Zellen dunkler (Spätholz). Es ist äußerst interessant, große Baumscheiben auszuzählen und sich zu überlegen, was dieser Baum im Laufe seines Lebens wohl alles »erlebt« hat.

Baumgeschichte

Beim Geschichtsbaum werden einfach die dunklen Ringe gezählt. Untersucht man diese Ringe etwas genauer, so erfährt man zudem vieles über den Baum, seine Lebensumstände, sein Zeitalter, seine Überlebenskämpfe und Gefährdungen. Er erzählt uns seine eigene Geschichte.

Aus den Erkenntnissen mehrerer Baumgeschichten können wir Hinweise auf Klimaereignisse aus weit zurückliegenden Zeiten finden. Die Jahresringforschung wurde durch die Klimaforschung entwickelt und findet nun mannigfaltige Anwendung in verschiedenen Bereichen, wie Kriminalistik, Baugeschichte, Archäologie und Kunstgeschichte. Seit 1972 verfolgt eine Arbeitsgruppe an der Eidgenössischen Anstalt für forstliches Versuchswesen das Ziel, das Klima der letzten 8 000 Jahre im Alpenraum zu rekonstruieren. Daneben erarbeiten weitere schweizerische dendrochronologische Laboratorien mit der Datierung von Bauhölzern ein neues historisch-archäologisches Zeitbild.

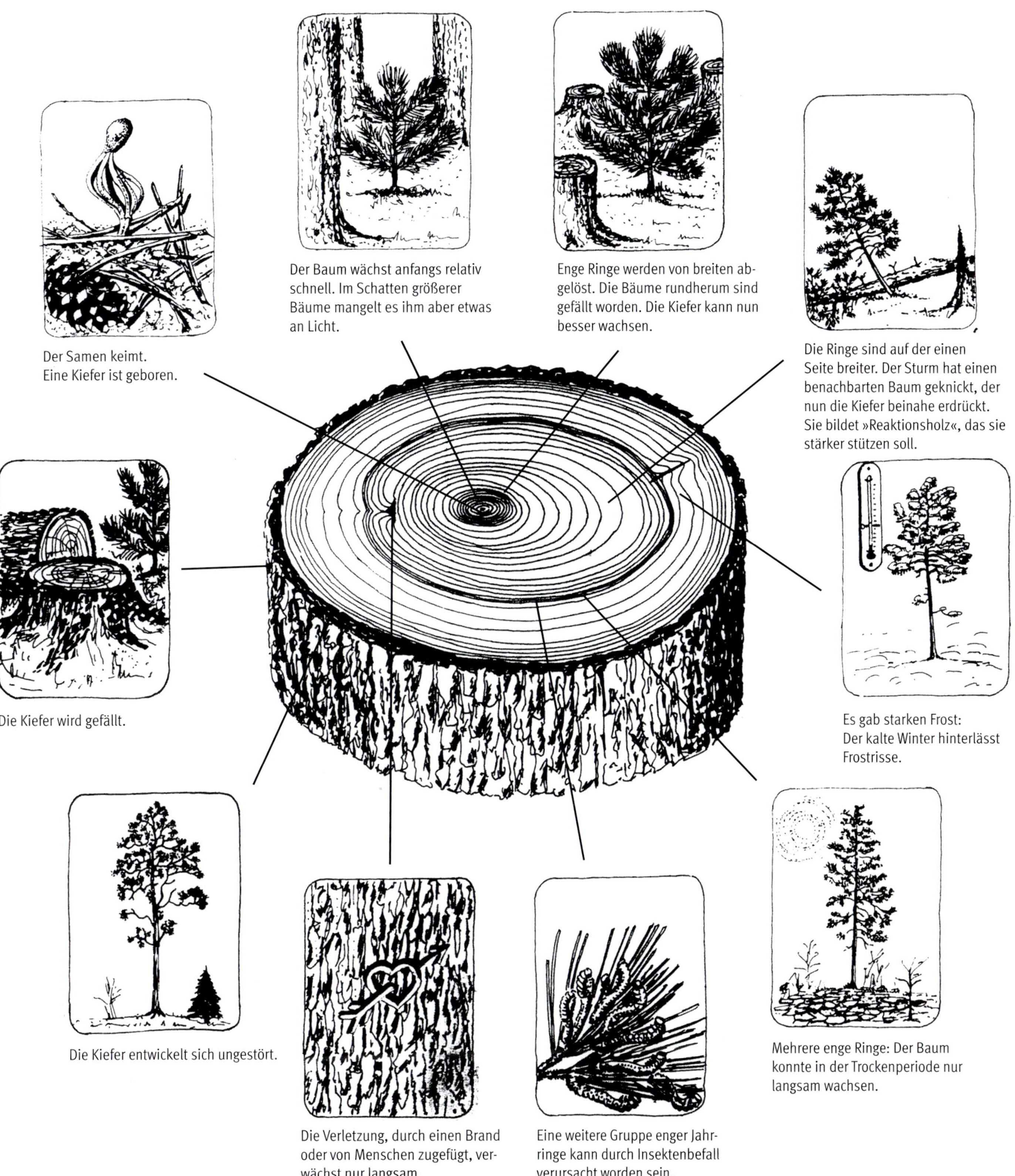

Abb. 3.11: Aus dem Leben des Baumes erzählt

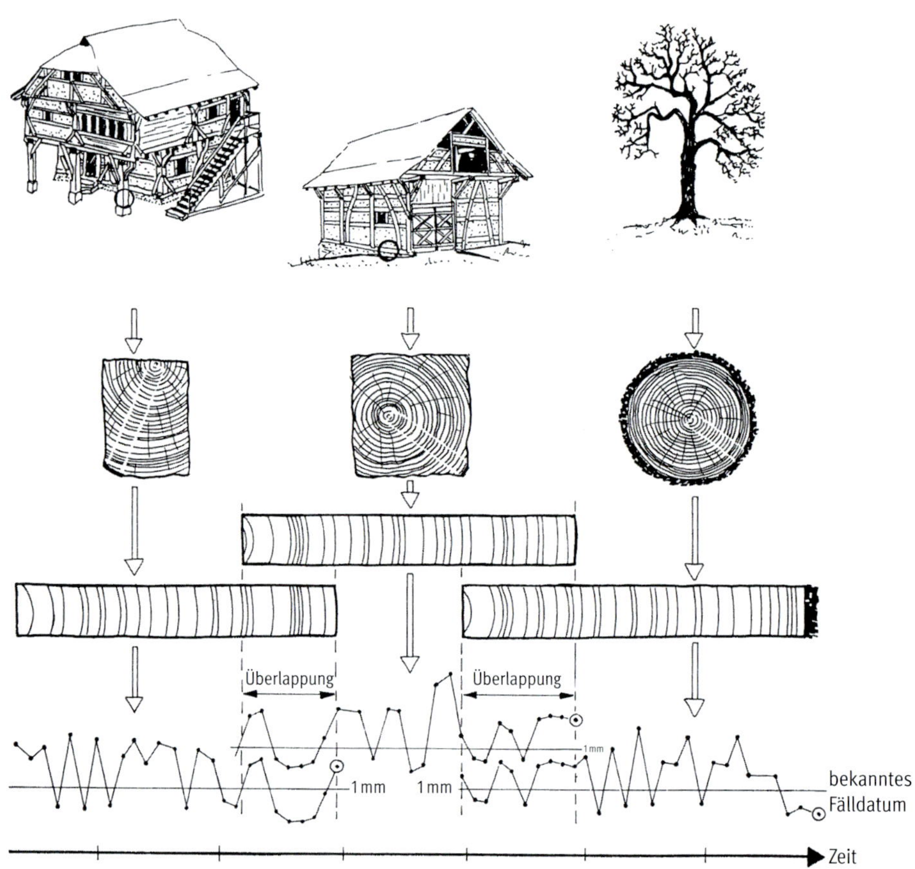

Abb. 3.12: Wenn das Fälldatum eines Baumes bekannt ist, kann das Jahr anderer Jahresringe durch Abzählen bestimmt werden. Jahresringbreitenkurven von Abfolgen bekannten Alters können mit solchen unbekannten Alters zusammengefügt werden, sofern sich die Kurven erkennbar überlappen.

3.3.2 Vorgehen bei der Dendrochronologie

- Mit besonderen Bohrern werden Bohrkerne entnommen.
- Die Jahresringbreiten werden mit dem Mikrometer gemessen und mittels Computer aufgezeichnet.
- Die Kurven verbauter Hölzer werden analysiert und an die Jahresringreihen von bereits bestimmten Hölzern angeschlossen.
- Durch den Vergleich mit bestehenden Kurven kann – wenn die »Baumkante« vorhanden ist – das Fälljahr festgestellt werden.

Der Jahresringbohrer wird eingesetzt, um Holzproben für die Altersbestimmung zu entnehmen. Den hohlen Bohrer dreht man von der »Baumkante« bis ins Herz des Stammes, wobei sich der Hohlraum mit dem beim Bohren entstehenden Holzstift füllt. Daraufhin führt man ein langes, schmales Hohleisen in die Öffnung am hinteren Teil des Bohrers ein und schiebt es nach vorn. Jetzt kann man mithilfe des Hohleisens den Holzstift am Ende des Bohrers, also beim Stammkern, abschneiden. Wenn man das Hohleisen zusammen mit der Holzprobe herausgezogen hat, lassen sich die Jahresringe untersuchen.

Natürlich darf man nicht unmittelbar vom Fälldatum auf das Baujahr eines Hauses schließen. Mehrere Proben an verschiedenen Hölzern sind pro Haus nötig, denn es könnte sein, dass im Laufe der Zeit Hölzer ausgewechselt wurden oder das Haus aus Gebälk aus einem Abbruch erstellt wurde. An Orten, wo das Flößen oder die Lagerung von Bauholz unter Wasser möglich ist, muss dies berücksichtigt werden.

In letzter Zeit sind durch die Dendrochronologie spektakuläre Entdeckungen gemacht worden, so der 70 m lange Dachstuhl des ehemaligen Nonnenklosters »Kleines Klingental« in Basel. Mithilfe von 60 Proben wurde festgestellt, dass das Bauholz des als Kehlbalkendach konstruierten Dachstuhls in den Wintern 1271–1274 gefällt und ab 1272 zu diesem Meisterwerk der Zimmermannskunst verbaut wurde.

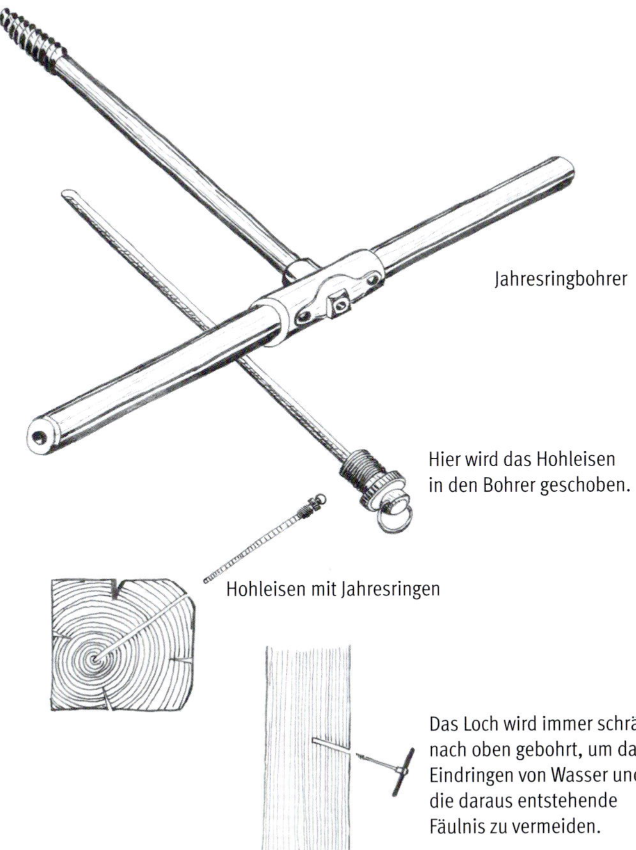

Abb. 3.13: Entnahme einer Holzprobe mit dem Jahresringbohrer

3.4 Schädlinge und Holzgewinnung

3.4.1 Holzschutz

Wer heute Baufach- und Hobbyzeitschriften betrachtet, dem fällt die aufwendige Werbung für Holzschutz- und Konservierungsmittel auf, ohne die – laut Werbung – das Holz schutzlos der sofortigen Zerstörung überlassen wäre. Umso mehr erstaunen 300- bis 800-jährige kerngesunde Konstruktionen (z. B. der Dachstuhl des Münsters in Konstanz aus dem 11. Jahrhundert oder der Dachstuhl des Girsbergerhauses in Unterstammheim ZH, von 1420). »Ich kenne kein Haus, das wegen Insektenbefall zusammengekracht ist«, zitiert ein Wochenmagazin Erwin Graf, den Chef der Eidgenössischen Materialprüfungsanstalt (Empa) in St. Gallen. Hingegen gibt es Häuser, die aus Sicherheitsgründen teilweise (z. B. das historische Kehlbalkendach der Kirche Oberneunforn TG) oder gleich ganz (z. B. das Holzhaus Seen-Winterthur ZH) abgerissen und ersetzt wurden. Ohne sich über die Ursache des Schädlingsbefalls und die Folgen für die Bewohner eines Hauses Gedanken zu machen, wird versucht, mit recht giftigen Mitteln, das Holz zu »schützen«.

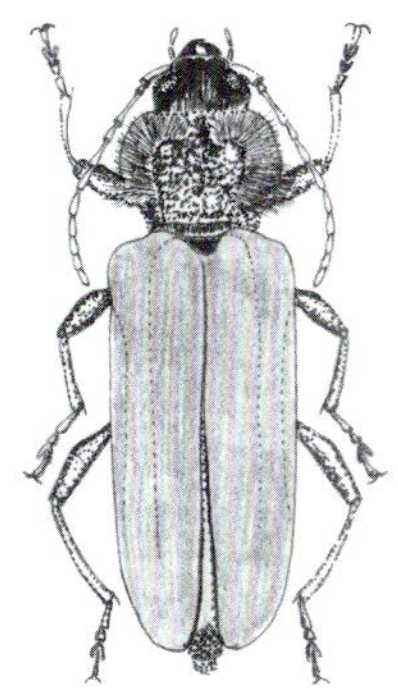

Abb. 3.14: Der Hausbock ist ein großer Fresser im Verborgenen.

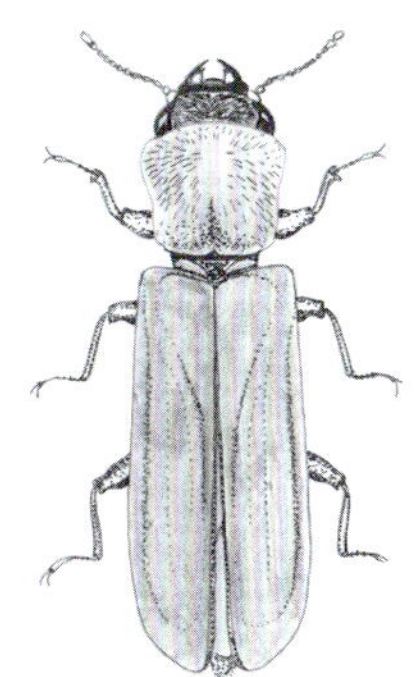

Abb. 3.15: Der Splintholzkäfer ist in den letzten Jahren häufiger aufgetreten.

3.4.2 Traditionelle Nutzholzgewinnung

Dauerhafte Konservierung über Jahrhunderte hinweg bieten nur der Schutz vor Witterung und die traditionelle Technik der Nutzholzgewinnung.

Sommer/Herbst: Zimmermeister und Förster bezeichnen gemeinsam die für ein bestimmtes Bauwerk zu fällenden Bäume.

Spätherbst: Mitte November bis Mitte Dezember; es liegen unterschiedliche Aussagen bezüglich der günstigsten Mondphase vor:

- Ostschweiz: abnehmender Mond »nidsigent« oder Neumond
- Elsass: Vollmond.

Die Bäume werden in kürzester Zeit gefällt und an Ort und Stelle liegen gelassen. Die Männer gehen für diese Arbeit gemeinsam in den Wald, kehren erst nach getaner Arbeit wieder zu ihren Familien zurück. Kontakte zu Frauen während dieser Arbeit lasse das Holz schneller faulen, behauptet ein alter Aberglaube.

Februar/März: Der geschlagene Baum ohne Wurzeln versucht nochmals, Knospen zu bilden und auszutreiben. Dazu mobilisiert er die letzten Vorräte an Holzzucker aus dem Stamm. Zu diesem Zeitpunkt müssen die Äste gekappt und der Stamm geschält werden.

Wird der Stamm zudem noch geflößt oder im Wasser gelagert, werden die letzten Reste an Holzzucker ausgewaschen und das Holz für Insekten uninteressant.

Die Winterfällung hat auch noch andere Vorteile:

- Holzschädlinge treten im Winter weniger auf.
- Im Winter stehen Arbeitskräfte und Transportmittel eher zur Verfügung.
- Laubbäume haben keine Blätter.
- Der Wassergehalt ist geringer. Die Trocknung verläuft weniger schnell, sodass eine geringere Rissbildung auftritt.

Ist trotzdem eine Sommerfällung wegen zu hohen Schnees im Winter (z. B. in höheren Berglagen) nötig, können die Nachteile durch Wasserlagerung wettgemacht werden.

Die Holzernte

Abb. 3.16: Die traditionelle Ausrüstung

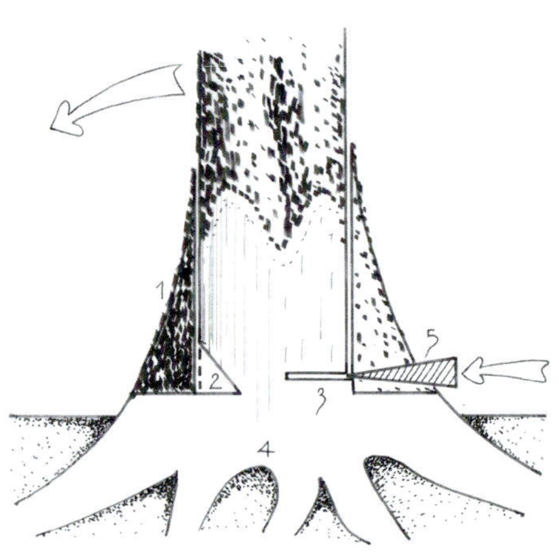

Abb. 3.17: Traditionelle Baumfällung. Das Fällen eines Baumes erfolgt heute dank Maschinen schneller, ist aber nach wie vor eine gefährliche Arbeit.

1 Wurzelläufe heruntersägen
2 Fallrichtung ermitteln und Fallkerbe schneiden
3 Sägeschnitt von der Gegenseite, Säge ölen!
4 Bleibendes Holzband zur Beeinflussung der Fallrichtung
5 Eintreiben eines Keils

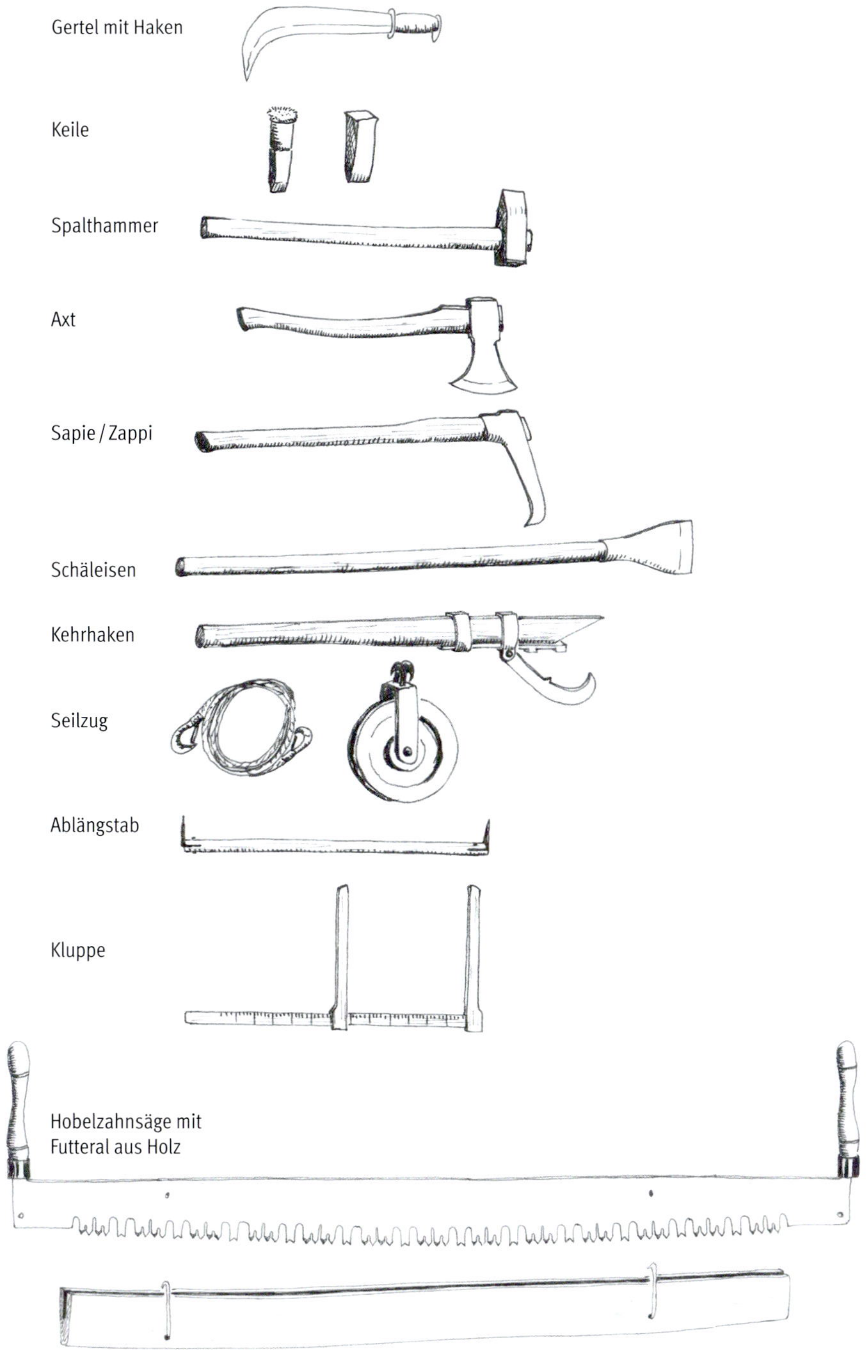

Abb. 3.18: Werkzeuge

Auf dem Holzplatz

Die Auswahl des geeigneten Holzes geschieht schon im Wald auf dem Holzplatz je nach:

- Verwendungszweck,
- Stammdurchmesser,
- Stammqualität,
- Stammform,
- Holzart.

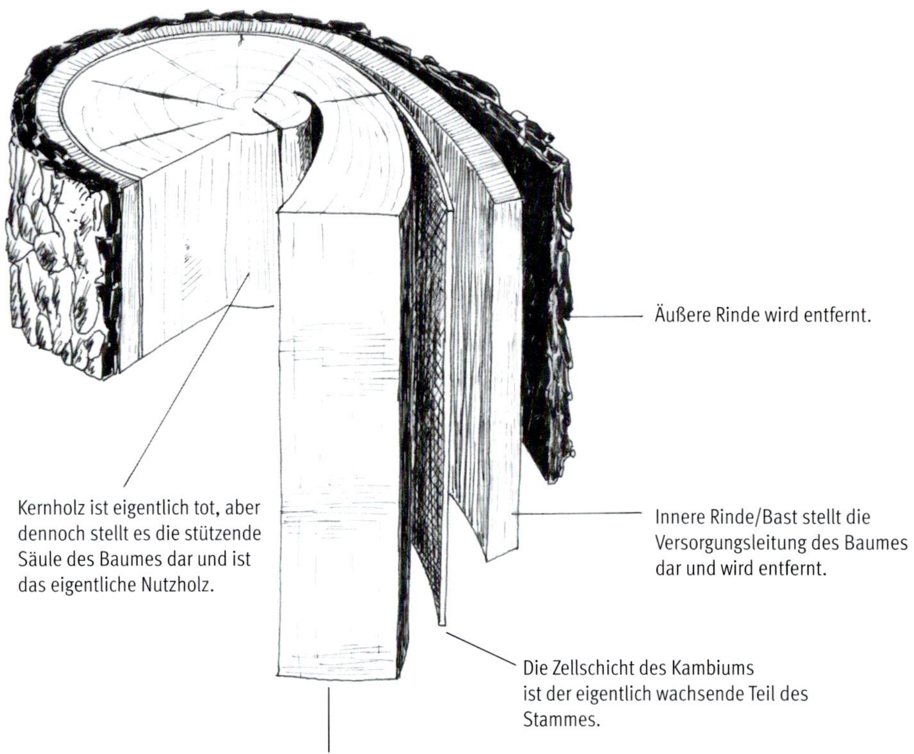

Abb. 3.19: Stammaufbau

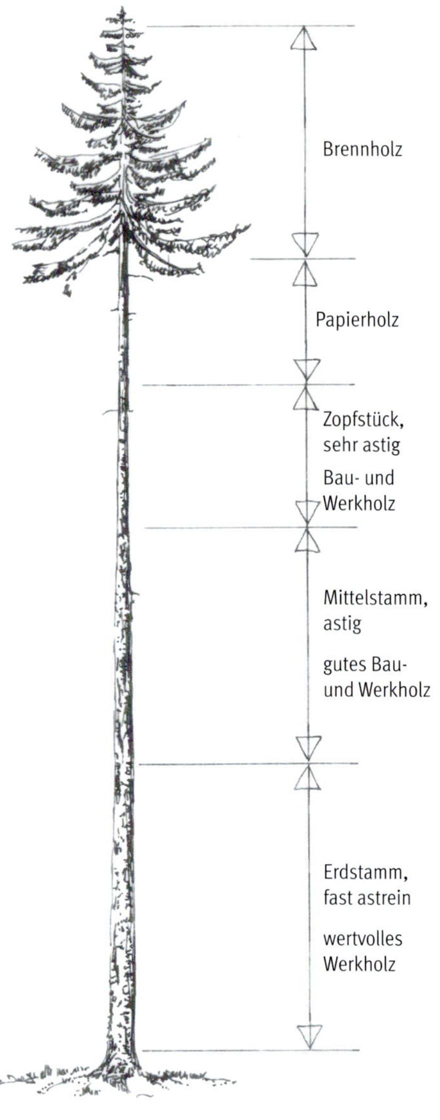

Abb. 3.20: Unterschiedliche Holzeigenschaften des Baumstamms und die entsprechende Nutzung

3.4.3 Im Sägewerk

Die vielen Einschnittmöglichkeiten richten sich nach den gleichen Kriterien wie auf dem Holzplatz. Den speziellen Eigenschaften der Hölzer muss bei Einschnitt, Lagerung und Verwendung Rechnung getragen werden.

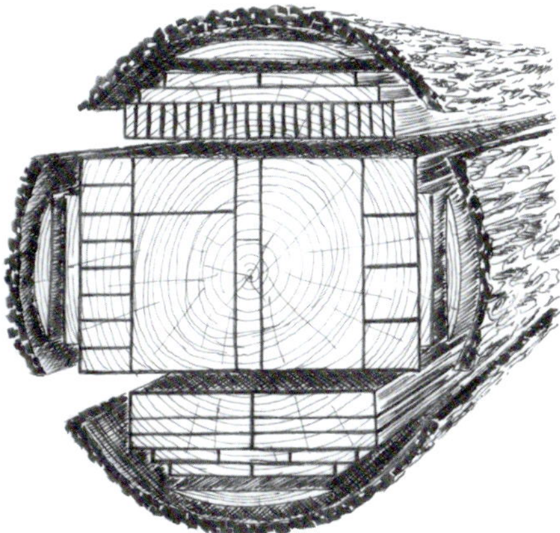

Abb. 3.21: Einschnittmöglichkeiten im Stamm

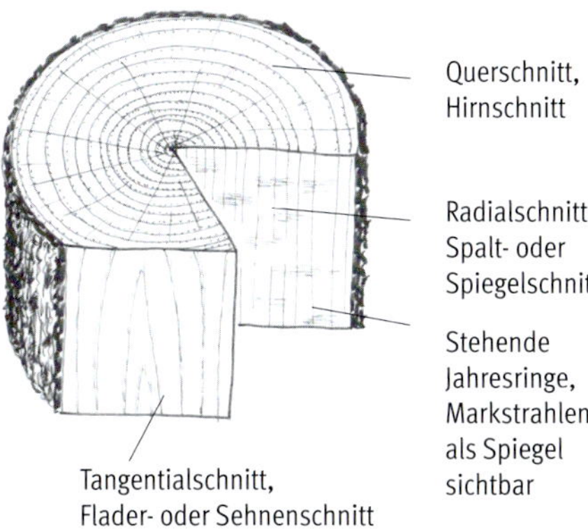

Abb. 3.22: Schnittbilder

3.5 Schwinden und Quellen

Holz hat die Fähigkeit, Feuchtigkeit aufzunehmen und abzugeben. Bei der Feuchtigkeitsaufnahme quillt es auf, beim Schwinden gibt es Feuchtigkeit an die Umgebung ab. Dieses »Arbeiten« des Holzes richtet sich dabei nach der jeweiligen Feuchtigkeit der Umgebung. Die Längenveränderung ist minimal; das Holz schwindet und quillt hauptsächlich im Querschnitt. Gleichzeitig findet eine Formveränderung statt, weil das Holz in drei Richtungen unterschiedlich stark schwindet, und zwar in der Längsrichtung (Faserrichtung, l) 0,2 bis 0,3 %, in der Richtung der Markstrahlen (Radialrichtung, r) 3 bis 5 % und in der Richtung der Jahresringe (Tangentialrichtung, t) 6 bis 10 %. Diese Werte gelten von der Fasersättigung bis zur Trocknung.

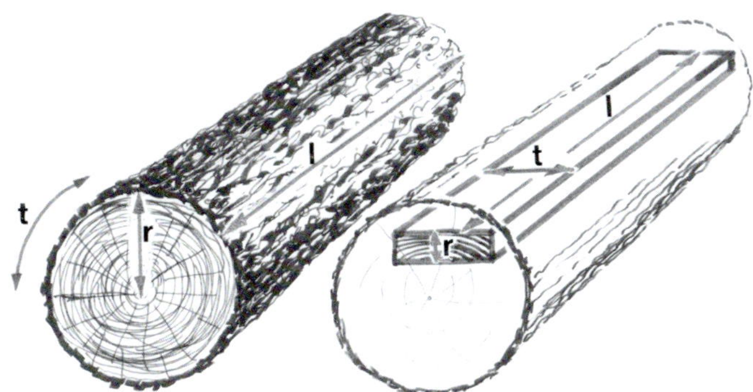

Abb. 3.23: Schwinden und Quellen

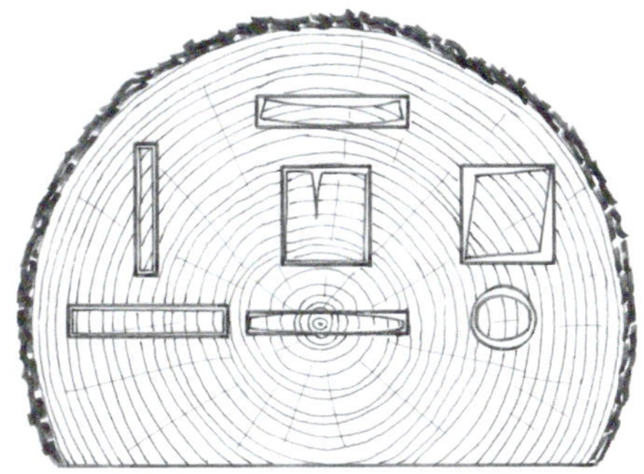

Abb. 3.24: Verformung des Holzes beim Schwinden je nach Schnitt und Lage im Stamm

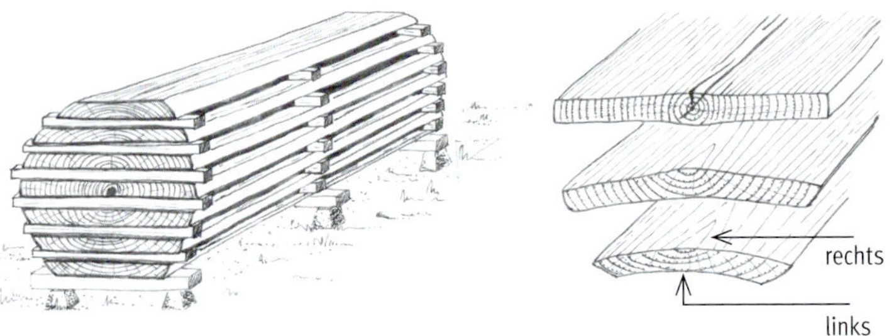

Kernbrett mit Mark. Nach dem Herausschneiden des Marks entstehen zwei Riftbretter mit stehenden Jahresringen.

Seitenbrett mit liegenden Jahresringen
rechts = gewölbte Seite
links = »hohle« Seite

Abb. 3.25: Brettseiten

Abb. 3.26: Das Knochenhaueramtshaus am Marktplatz in Hildesheim (Niedersachsen), kurz vor Ende des Zweiten Weltkriegs durch Brand zerstört, wurde in traditioneller Bauweise 1986 rekonstruiert.

Abb. 3.27: Im obersten Stockwerk des Knochenhaueramtshauses zeigt ein Messingzeiger das Schwundmaß des Hauses gegenüber dem starren, in Beton erstellten Liftschacht an. (📷 1993)

4 Die Zimmerleute

Die Zimmerleute

4.1 Die Herausbildung des Handwerks

In der Urgeschichte war es für die Menschen lebensnotwendig, sich mit der Nahrungsbeschaffung zu beschäftigen. Sie verwerteten die Materialien, die ihnen die Natur anbot. Die handwerkliche Tätigkeit beschränkte sich hauptsächlich auf den Hausgebrauch. Eine ständige Arbeitsteilung in gewerbliche und landwirtschaftliche Tätigkeit wurde erst mit der Einführung der Metalle als Werkstoff nötig, da Schmiede und Gießer Feuer unterhalten mussten, ihr Werkstoff aufwendig gewonnen werden musste und daher auch sehr kapitalintensiv war. Als Produzenten von Waffen und landwirtschaftlichen Geräten nahmen Sie bis in die Neuzeit eine Sonderstellung ein.

Im Gegensatz zu den Schmieden bei den Germanen nahmen die Handwerker im klassischen Altertum, bei den Griechen und Römern, eine deutlich untergeordnete Stellung ein, da die Arbeit vor allem durch Sklaven ausgeübt wurde. Die reichen und führenden Schichten dieser beiden im Abendland bedeutendsten Kulturvölker des Altertums interessierten sich für alle möglichen Dinge dieser Welt, aber dass ein freier Bürger Arbeit gegen Bezahlung leisten könnte, war ihnen unvorstellbar.

Erst im Mittelalter erwies sich eine weitergehende Arbeitsteilung als nötig. Aus den Märkten hatten sich die Städte entwickelt, die zunächst unter der Herrschaft der Kaufleute standen. Allmählich erstarkten die anfangs als Selbsthilfe gegen Überproduktion und fremde Konkurrenz gegründeten Meisterzünfte und erlangten schließlich die politische Macht in vielen Städten.

4.2 Das Zimmerhandwerk

Wann und wo sich erstmals Zimmerleute berufsmäßig herausbildeten, ist nicht bekannt. Es ist anzunehmen, dass sich mit der Entwicklung der Wohnkultur besonders begabte Leute ihren Mitmenschen beim Bau ihrer Wohnungen zur Verfügung gestellt haben und so mit der zunehmenden Arbeitsteilung im Laufe der Zeit ein Beruf – das Zimmerhandwerk – entstanden ist.

Abb. 4.1: Antonius-Kapelle, Waltalingen ZH: Zimmermann und Maurer bei der Arbeit, 1485 (📷 2018)

Neben der technischen erreichte das Zimmerhandwerk in der Schweiz auch eine künstlerisch hohe Stufe erst vor einigen Hundert Jahren, besonders seit dem 16. Jahrhundert. Auch hier können wir eine deutliche Verspätung gegenüber anderen europäischen Kulturräumen feststellen. In England im 13. Jahrhundert beginnend kann die Entwicklung anhand von hervorragenden Zimmerarbeiten nach Süden hin (Mitteldeutschland 14./15. Jahrhundert, Burgund und Süddeutschland 15. Jahrhundert) nachgezeichnet werden. Vor 400 Jahren wurden die Holzkonstruktionen in der Schweiz ausnahmslos »kräftig gehalten«, meist sogar viel zu stark. Obwohl wir an Bauwerken aus jener Zeit mit ihrer schön gegliederten Fachwerkkonstruktion heute noch große Freude haben, bleibt uns nicht verborgen, dass alte Fachwerkbauten zum Teil große konstruktive Mängel besitzen, weil die heutigen Erkenntnisse der Statik und Festigkeitslehre noch fehlten.

Die Zimmerleute nahmen unter den Bauhandwerkern immer eine Sonderstellung ein. In den Bauhütten Europas wurde ihnen häufig die Führung übertragen. Bei der Arbeit ist der eine auf den anderen angewiesen. Sprichwörtlich war das gemeinsame Sägen. Bei gefährlichen Arbeiten bewachte jeder Zimmermann zugleich den anderen. Klare Kommandos verhüteten Unfälle durch Missverständnisse: Wer den ganzen Balken überblickte – beim Tragen auf den Schultern also der Hintermann –, gab die Befehle, was mit dem Holz geschehen sollte. »Holz hin!«, »Holz her!«, »Kant um!«, »Zweimal Kant um!« sind nur die wichtigsten davon.

Wenn man vergleicht, was früher zum Zimmerhandwerk gehörte, dann kann eine voranschreitende Spezialisierung beobachtet werden. Arbeiten, die früher vom Zimmermann ausgeführt wurden, werden heute von anderen Bauhandwerkern übernommen. Säger, Bauschreiner, Anschläger, Treppenbauer sind nur einige der neu entstandenen Berufe.

Ausführung von Hand und mit der Maschine

Arbeitsgebiete	Ausführung 1880		Ausführung 1939	
	von Hand %	mit Maschine %	von Hand %	mit Maschine %
Bearbeiten des Rundholzes zu Kanthölzern	80	20	5	95
Abbinden der Kanthölzer	100	–	40	60
Dachgesimse, Dachlattung, Schalungen, Deckentäferung, Zwischenböden	100	–	60	40
Treppen, Geländer	95	5	45	55
Fußböden aller Art, Tore, Fenster- und Türfutter, Türen, Fensterläden, Wandtäferung, Regale, Wandschränke, Gestelle	90	10	45	55
Einschalungen, Bogengestelle, Gründungen mit Holzpfählen, Pfahlroste	100	–	65	35
Gartenzäune, Schranken	100	–	75	25
Garten-, Wochenend- und Sommerhäuser	100	–	70	30

Ausführung vom Zimmermann oder von anderen Handwerkern

Arbeitsgebiete	Ausführung 1880		Ausführung 1939	
	vom Zimmermann %	von anderen Handwerkern %	vom Zimmermann %	von anderen Handwerkern %
Bearbeiten des Rundholzes zu Kanthölzern	90	10	15	85
Abbinden der Kanthölzer	100	–	85	15
Dachgesimse, Dachlattung, Schalungen, Deckentäferung, Zwischenböden	100	–	50	50
Treppen, Geländer	95	5	35	65
Fußböden aller Art, Tore, Fenster- und Türfutter, Türen, Fensterläden, Wandtäferung, Regale, Wandschränke, Gestelle	85	15	15	85
Einschalungen, Bogengestelle, Gründungen mit Holzpfählen, Pfahlroste	100	–	25	75
Gartenzäune, Schranken	100	–	80	20
Garten-, Wochenend- und Sommerhäuser	100	–	80	20

Tab. 4.1: Entwicklung und Veränderung der Arbeitsgebiete von 1880 bis 1939 (Tabelle nach [59])

Zudem spielt die aus der Zunftordnung stammende Abgrenzung zu den Schreinern, wonach Zimmerleute keine Arbeiten ausführen durften, bei denen Leim verwendet wurde, keine Rolle mehr.

Computergesteuerte Abbundmaschinen, moderne, rationelle Holzverbindungselemente, verleimte Balken und Bohlen zeigen die gegenwärtige Entwicklungstendenz an. Industriell vorgefertigte Leimbinder für große Industrie- und Sporthallen sind sicher ein technischer Fortschritt, dem man sich nicht verschließen darf. Dennoch stellt sich die Frage, ob denn ein junger Zimmermann, der immer nur fertig geschnittene Hölzer unter die Hände bekommt, das gleiche sichere Verständnis fürs Holz haben wird wie sein Kollege in früheren Zeiten?

4.3 Vom Brauchtum der Zimmerleute

Es gibt nur wenige Berufe, die ihr Selbstbewusstsein und ihren Berufsstolz so bewahrt haben wie der Zimmermann. Besonderen Wert legt er auf die Pflege des Gesangs und die Durchführung des Richtfestes, zu dem der Bauherr jedes Neubaus einladen soll.

Sind endlich alle Rafen oder Sparren genagelt, ist der Rohbau beendet und das Bauwerk aufgerichtet, setzen die Zimmerleute den Richtbaum auf den First. Das Tannenbäumchen ist mit bunten Bändern oder Taschentüchern geschmückt. Dabei ist eine Flasche Wein mit Trinkglas eingebunden, deren sich dann der Zimmermann bedient, der den Richtspruch spricht. Die Taschentücher werden später unter die Zimmerleute verteilt, manche davon enthalten eine Münze.

Mit dem Richtspruch wird der Freude über das gute Gelingen des Bauwerks Ausdruck verliehen, dem Allmächtigen gedankt und um Schutz und Segen für den Bau und die Bauherrschaft gebeten. Anspielungen auf das Geschehen während der Planungs- und Bauphase, Ironie, Witz und Humor mögen diesen ernsten Kern übertönen, doch bleibt der ursprüngliche Zweck der »Zimmermannspredigt« erhalten. Dreimal trinkt der Sprecher das volle Glas in einem Zug leer. Nach dem dritten Mal wirft er das Glas aus seiner Höhe zu Boden. Damit man des Glückes sicher sei, muss es zerspringen. Im Elsass soll es allerdings Gegenden geben, in denen das Glas eben nicht zersplittern darf. Dort versucht der Zimmermann daher, das Glas auf einen Stroh-, Heu- oder Misthaufen zu werfen.

Längere Texte von Richtsprüchen können aus Sammlungen entnommen werden, während deftige Sprüche und eingängige Reime meist mündlich vom Gesellen an den Lehrling weitergereicht werden:

Ob Kirche oder Puff – Ein Dach muss druff!

Zimmerleute sollen leben
und die Maurer auch daneben,
die da bauen Kirch und Haus.

Steckt der Kranz erst auf der Spitze,
schwenken wir den Hut, die Mütze;
halten einen frohen Schmaus.

Das Richtfest ist das ureigene Fest der Werkleute, bei dem Prominenz und Würdenträger bei öffentlichen Gebäuden nicht in der Hauptrolle in Erscheinung treten. Lange Reden (und kurze Würste) werden beim Richtschmaus nicht

Abb. 4.2: Das Richtfest

geschätzt. Jene sollten kurz und bündig, diese eher etwas gewürzt sein! Der offizielle Teil soll also kurz sein, damit das Essen nicht kalt und das Bier nicht schal wird. Umso rascher geht die Feier dann über zum gemütlichen Teil mit Trank, Gesang, Klatschen der Zimmerleute und zum späteren Tanz.

Richtspruch aus Ossingen-Wyden

Um die Mittagszeit des 19. Juli 1944 zog ein amerikanisches Flugzeug knapp über den Wipfeln des Stammerberges eine dunkle Rauchwolke hinter sich her. Es bestand kein Zweifel: Diesen Bomber hatte es über Deutschland erwischt und er würde jeden Moment abstürzen. Einige Unterstammheimer Knaben rannten dem Flugzeug nach und hofften insgeheim, das Unausweichliche werde sich im Stammheimer Tal abspielen. Aber erst am Rand des Thurtals stürzte die Maschine genau auf den Turm des Schlosses Wyden bei Ossingen im Kanton Zürich. Der Dachstuhl des Turmes brannte aus und musste ersetzt werden. Der Wiederaufbau vollzog sich erst nach dem Krieg, im Spätsommer 1946. Der von Zimmermeister Karl Griesemer in Anlehnung an traditionelle Muster verfasste und auswendig gehaltene Richtspruch ist auch heute noch vorbildlich:

Sehr geehrter Herr Bauherr und Familie!

Sehr geehrte Herren Architekten und Bauführer!
Sehr geehrte Herren Meister und Gesellen!

Ihr lieben Leut, so höret an,
ein Spruch wohl von dem Zimmermann.
So flog er an vom Schwabenland,
»der Bomber«,
sich berstend und schon angebrannt
und stürzte sich ganz führerlos,
hinein in Turm vom Wyden-Schloss.
Ein Schaden wars für Herr und Land,
dass der Sitz so ausgebrannt.
Gar mancher dacht, was wird geschehn?
Doch sah man gleich ein Notdach über dem Ruin entstehn.

In der Stille wird geplant recht gut und schön,
nach den Entwürfen der Architekten kann man sehn
stets Neues aus dem Chaos erstehn.
Der Maurer Hammer schlugen klein,
was nicht bauwürdig mehr sollt sein.
Wir Zimmerer nach Sitt und Brauch,
schlugen Schnur und Winkel auch.
Wir maßen Läng und Breit und Höh
und wie die Schmiegen soll'n erstehn.
Der Turm, er wuchs von Maurers Hand
und grüßet weit hin übers Land.
Als wir Zimmerleute schlicht,
die Dachkonstruktion haben aufgericht.

Ganz nach der Holzbaukunst von heut,
so höret an ihr lieben Leut!
Am ganzen Turmspitz sechs Zapfen sind;
das glaubet mir ja kein einzig Kind!
Dafür Festrosetten oder Bulldoggen,
dass man kaum aufs Holz konnt hocken.
Schrauben und Eisendübel –
dem Stift wurd's beim Bohren fast übel.
Doch mit Gottes Hilf und Geschick,
ist der Helm nun aufgericht.
Der Tannenbaum grüßt froh von oben –
es soll das Werk den Meister loben.
Nun gebe Gott zum Weiterbauen ein gut' Gelingen,
dass uns dereinst können tadeln oder lobsingen.

Der Herr, der einst gericht hat die Welt,
er wolle von dem Himmelszelt,
nur Heil und Segen gießen aus
hier über dieses neue Haus.
Des Turmes Spitze woll er weih'n,
dass kein Feuer schlag hinein.
Unglück und Krankheit bleiben fern,
des Hauses Führer sei stets ein guter Stern,
und dass dereinst mit frohem Sinn
sich tummeln der Ahnen Kind.

Doch weil ich nur ein Redner schlicht,
und mir's an Übung auch gebricht,
so fass ich's kurz und greif zum Glas
und bring mit diesem edlen Nass
dem Bauherr jetzt ein feurig HOCH,
er möge viele Jahre noch
in seiner Lieben frohem Kreis
fortsetzen seine Lebensreis.

Das zweite HOCH auf diesem Haus
bring ich auf seine Gattin aus;
auf Kind, Verwandte und Gesind,
wie sie alle beisammen sind.
Den Herren, die sich die Baupläne ausgedacht
auch ihnen sei hier ein HOCH gebracht.

Ein Lob den Meistern, die dabei
gesehen, ob alles richtig sei.
Ein Lob dann allen Mitgesellen,
die mich hier in allen Fällen
bei der Arbeit unterstützt
und vor Unglück mich beschützt.
Das Letzte feurig schall hinab
dem, dem treu ich bleib bis ins Grab.
Es blüh viel tausend Jahre noch,
das Zimmerhandwerk lebe hoch!

Andelfingen, den 11. September 1946,
anlässlich Aufrichte Schloss Wyden,
gewidmet von Karl Griesemer.

Abb. 4.3: Schloss Wyden bei Ossingen ZH: Zimmerleute feiern die Aufrichte. Als Lehrling steht 1946 der spätere Nationalrat Konrad Basler auf der Turmspitze. (Foto erhalten von Konrad Basler, Fotograf unbekannt)

Richtspruch aus dem Elsass

Ein prächtiger Zimmermannsspruch, der den Einfluss von Ludwig Uhlands Zimmerspruch (1812) verrät, war um 1890 im Elsässerdorf Westhausen (heute Westhouse, Ct. de Benfeld / Bas-Rhin) üblich.

Hier bin ich heraufgestiegen,
wenn ich ein Engel wär, könnt ich herauffliegen.
Nun das neue Haus ist jetzt aufgebaut,
unser lieber Herrgott hat uns zugeschaut.
Das Dach, die Türen und Fenster stehn noch offen,
es ist noch nichts zugeschlossen.
Ihr könnt gehen in dieses Haus,
noch wie ihr wollt, ein und aus.
Ihr dürft auch bringen schöne Sachen herein,
sogar für den jungen Hausherrn ein Schätzelein.
Als ich war im Land Sichsen-Sachsen,
wo die Mädchen an den Bäumen wachsen
da hab ich an ihn gedacht
und hätte ihm gerne eines mitgebracht.
Aber ich wusste im Voraus,
dass er sich hier in Westhaus'
schon längst eine gesucht heraus.
Also wünsch ich, dass in diesem Haus
bald eine junge Frau gehe ein und aus.
Dann gibt es ein schönes Paar.
Und dann hoffen wir nach einem Jahr,
dass in den weichen, warmen Betten
sich liebe Kinderfüßchen strecken!
Nun, ihr lieben Leut, die ihr in diesem Haus
alle Tage gehet ein und aus,
vergesset bei jedem Schritt und Tritt
unsern lieben Herrgott nit.
Er wird euch dann auch nie vergessen,
dass ihr immer habt genug zu essen
und auch was zum Trinken
und auch ein gutes Glas Wein,
das soll der Dank für mein Sprüchlein sein.
Geselle, schenk mir ein!
Glück und Gesundheit soll kehren ein
für immer in dieses Haus hinein!

Aus: *»Zimmermannspredigten. Richtfest und Richtspruch im Elsass«*, gesammelt und herausgegeben von Alfred Pfleger, um 1942 [71].

4.4 Fremde Gesellen auf Wanderschaft

Die Walz war früher in weiten Teilen Europas eine Art Nachdiplomstudium für Handwerker, die ihre vier bis sieben Jahre dauernde Lehre abgeschlossen hatten und sich auf die Meisterprüfung vorbereiten wollten. In der Fremde lernten sie nicht nur andere Arbeitstechniken kennen, sondern erweiterten ihre Weltsicht und wurden aufgeschlossener gegenüber fremden Ideen und Standpunkten. Der größte Teil der wandernden Handwerksgesellen stammte schon immer aus dem Baugewerbe. Ihre heute noch bewusst gepflegten Traditionen und Bräuche, ihre Verschwiegenheit über Zeremonien aus dem Handwerkersaal und ihre Symbole lassen sich wie jene der Freimaurer auf die mittelalterlichen Bauhütten zurückführen. Mit der Aufhebung der (Meister-)Zunftordnung im Zuge der europaweiten bürgerlichen Revolution am Ende des 18. Jahrhunderts verschwand die Wanderpflicht, gleichzeitig aber auch der Schutz, den ein wandernder Handwerksgeselle sicher genoss. Somit drängten sich neue Organisationsformen auf, die im Laufe des 19. Jahrhunderts mit eigenen gesellschaftlichen Formen, mit Kranken- und Unterstützungskassen geschaffen wurden.

Vereine im engeren Sinne wurden sie nie, konnten aber durch ihre vorbildliche Solidarität und Entwicklung unser Sozialwesen nachhaltig beeinflussen. Die Gesellenbruderschaften wussten sich nun noch besser als zur Zeit des Ancien Régime dem Druck der Meister und der Obrigkeit zu widersetzen. Boykotts einzelner Städte und Streiks waren Formen dieses Widerstandes. Weder zum Angestelltenstand noch zur Masse der (Industrie-)Arbeiterschaft gehörend, öffneten die Bruderschaften ihre Gesellenladen und halfen mit ansehnlichen Geldbeträgen Gewerkschaften, Krankenkassen und Genossenschaften zu gründen. Die notwendige Erfahrung für die Gründung, die Leitung, das Verwalten und Verhandeln brachten die Gesellen aus der Fremde mit. Wilhelm Weitling und Hermann Greulich sind nur zwei unter vielen wandernden Handwerksgesellen, die maßgeblich zur Gründung der Schweizer Gewerkschaften (1880) und der Sozialdemokratischen Partei der Schweiz (1888) beitrugen. Obschon die heutigen Gesellenzünfte erklärtermaßen keine politischen Ziele verfolgen, ist die ideelle Nähe zu den Gewerkschaften selbstverständlich. Es verwundert daher nicht, dass die Zusammenschlüsse der Gesellen von Meistern und Polizei kritisch beobachtet, manchmal auch behindert und verboten wurden. In den Krisenjahren vor 1933 verkam das Wandern in Deutschland zuweilen zur gewöhnlichen »Speckjägerei«. Die Nazis wollten durch Verbote der »Schächte« mithilfe ihrer »Arbeitsfront« und »Kraft durch Freude« das Wandern in eine starre, gesetzliche Ordnung lenken und für ihre Zwecke missbrauchen.

Die Gesellenzünfte heute

Wandergesellen gehören nicht ganz der Vergangenheit an, heute sieht man sie jedoch nur noch vereinzelt. Für Außenstehende sind die reisenden Fremden der alten Schächte durch ihr gepflegtes Äußeres mühelos von anderen »Tippelbrüdern« zu unterscheiden. Man nennt sie in der Schweiz »Hamburger Zimmerleute«, doch sind sie weder ausschließlich aus Hamburg, noch sind es nur Zimmerleute. Nicht wenige Schweizer haben bisher in der vorgeschriebenen Kluft ihre genau drei Jahre und einen Tag dauernde Wanderschaft hinter sich gebracht. Aufgenommen werden Maurer, Steinmetze, Schreiner, Dachdecker und Zimmerleute. In der jüngsten, aus der Achtundsechziger- und grünen Alternativszene hervorgegangenen Zunft »Axt und Kelle«, werden auch junge Frauen aufgenommen. Da aber nach Ansicht der traditionellen Gesellenzünfte die Gesellinnen und Gesellen von »Axt und Kelle« zu wenig strenge Verhaltensregeln haben, werden sie nicht anerkannt und auch nicht in die Europäische Vereinigung CEG (Compagnonnages Européens – Europäische Gesellenzünfte) aufgenommen. Unnötigerweise kommt es daher immer wieder zu unschönen Streitereien.

Abb. 4.4: Europäischer Dachverband CCEG

Kleine Missachtungen des überaus strengen »Kleider-Comments« werden als sogenannte Straßenfehler im Handwerkersaal (zum Versammlungslokal der Zünfte bestimmter Nebenraum einer Gaststätte) besprochen und meist durch »Schmeißen einer Runde« bestraft. Der Hut muss schwarz sein; er wird nur zum Essen, im Handwerkersaal und zum Schlafen abgenommen. Die ebenfalls schwarzen Schuhe müssen immer glänzen; Halbschuhe sind untersagt. Außer den Zunft- und Handwerkerabzeichen dürfen keine getragen werden. Ein buntes Halstuch ist verpönt. Auf der Straße darf weder gepfiffen noch gegessen werden. Dieses bis ins Detail gehende Reglement soll vor allem mithelfen, das gute Ansehen der Wanderburschen in deren

Jahr/Epoche	Geschichtliche Entwicklungen
ab dem 10. Jahrhundert	Bildung eines freien Handwerkerstandes
1099	älteste Zunft: die Weber zu Mainz
1336	Reformen unter Rudolf Brun in Zürich: Aristokraten und Zünfte teilen sich die Macht. (Später ging die Macht für beinahe 500 Jahre ganz in die Hand der Zünfte über.)
Mitte des 14. Jahrhunderts	Ohne schroffe Auseinandersetzung vollzieht sich in Basel und Schaffhausen der Übergang vom Patrizier zum Zunftregiment.
1378	Gründung einer Maurer- und Steinmetzbauhütte
1425	Ein Seilermeister zu Colmar konspiriert mit den Gesellen gegen andere Meister.
Ende des 15. Jahrhunderts	Das Wandern wird zur Pflicht.
17. Jahrhundert	Die Herrschaft der Zünfte in Zürich, Basel und Schaffhausen nimmt absolutistische Züge an. Es bildet sich eine Zunftaristokratie. Die Meister entfernen die Gesellen aus ihren Zusammenkünften. Die Gesellen gründen eigene Gewerkvereine.
1731	Durch Reichsschluss werden die Gesellenbruderschaften in Deutschland verboten.
18. Jahrhundert	Aufklärerische Ideen machen den Zünften die Macht streitig, weil diese das Entstehen von Manufakturen und damit die Industrialisierung behindern. Auch auf dem Land regt sich Widerstand gegen den Zunftzwang.
1798/99	Die Französische Revolution greift auf die Schweiz über: Der Zunftzwang wird abgeschafft.
1835	Gesetz des Königreichs Hannover: Verbot des Wanderns deutscher Gewerbsgehülfen ins Gebiet der Schweiz
1848	Studentenverbände und Gesellenbruderschaften sind maßgeblich an der Revolution in Deutschland beteiligt.
ab Mitte des 19. Jahrhunderts	Gründung der heute noch existierenden Gesellenvereinigungen
1953	Gründung der CCEG (Confédération Compagnonnages Européens) oder CEG (Compagnonnage Européen / Europäische Gesellenzünfte), in der schweizerische, deutsche, österreichische, französische, belgische und skandinavische Zünfte zusammenarbeiten.
1978	Die CEG wird Mitglied des Europarates in Straßburg.

Tab. 4.2: Zunftgeschichte in Kürze

eigenem Interesse zu wahren und sie deutlich von Obdachlosen und Landstreichern abzugrenzen. Sie erleichtern den Kontakt mit der Bevölkerung und die Abwicklung administrativer Formalitäten. Dadurch lässt sich die berufliche Ungebundenheit besser auskosten. In der Regel bleibt man nicht länger als drei Monate am gleichen Ort. Heimatboden und die Umgebung im Umkreis von rund 50 km betritt man erst wieder bei der Rückkehr, dem Einheimischmelden. Die Wanderschaft darf nur bei wichtigen familiären Ereignissen (Tod der Eltern) unterbrochen werden. Paragraf 11 besagt wie bei den Studentenschaften, dass nach begründeter Unterbrechung weitergewandert (weiterstudiert) werden muss. Maliziös wird auf diese Satzung auf dem Weinfässchen hingewiesen, was auf die Trinkfreudigkeit während mancher der Zusammenkünfte hinweist. Im Wanderbuch reiht sich Stempel an Stempel der durchreisten Städte, Länder und Gegenden. Diese Wanderbücher werden mit Stolz im Handwerkersaal herumgezeigt und Erlebnisse ausgetauscht. Dann und wann spricht man auf Ratskanzleien, Gewerkschaftssekretariaten und Pfarrhäusern vor, um eine Wanderunterstützung zu erhalten, wenn am Ort keine Arbeit zu finden oder der gewünschte Zielort noch nicht erreicht ist. Anlaufstellen für frisch Zugewanderte sind die Herbergen, meist normale Gaststätten, die an einem Ort die Funktion eines Zunftlokals übernehmen, oder aber ehemalige, heute »einheimisch geschriebene« Gesellen, die selbst »Krauter«, nämlich Meister mit einem eigenen Betrieb, geworden sind. Für sie ist es eine ehrenvolle Pflicht, ihrem Zunftbruder Arbeit oder eine Wegzehrung zu verschaffen. Adressen von Herbergen und »Sponkrautern« (Gratisunterkünften) werden von der zentralen Informationsstelle vermittelt.

Die bekannte schwarze Kluft mit den weit geschnittenen Hosenbeinen und dem breitkrempigen Hut kann jeder Zimmermann tragen, ob er zu einem »Schacht« (Gesellenzunft) gehört oder nicht. Doch die »Ehrbarkeit«, die Krawatte der Zunftgesellen über der »Staude«, dem weißen, kragenlosen Hemd, ist nur den Angehörigen der Zunft vorbehalten. Jeder »Schacht« hat eine andere Farbe der Ehrbarkeit, an die zudem das Berufssymbol gesteckt wird: Eine schwarze Ehrbarkeit tragen die »Rechtschaffenen Fremden Zimmerer- und Schieferdeckergesellen« und ihre Brüder der »Rechtschaffenen Fremden Maurer- und Steinhauergesellen«. Blau ist die Farbe der »Rolandsbrüder«, Rot die der Angehörigen des »Fremden Freiheitsschachts«, während die »Freien Vogtländer Deutschlands« keine Ehrbarkeit tragen, sondern durch eigentümlich aufgenähte Knöpfe erkennbar sind: Die drei Knöpfe an den Hosenbeinen zeigen zusammen ein V für Vogtländer. Acht Knöpfe an der

Weste stehen für die Forderung des Achtstundentags (oder der Vierzigstundenwoche). Die Knöpfe sind dabei so angenäht, dass der Faden durch die Knopflöcher ein Z (für Zeit) bildet. Drei Knöpfe am Ärmel bedeuten drei Lehrjahre. Am Revers befinden sich die Spinnerknöpfe, denn noch im 19. Jahrhundert war es für Bauhandwerker üblich, sich in der kalten Jahreszeit als Spinner durchzubringen.

Die Kluft wird immer getragen, weshalb es die Gesellen im Sommer eher nach Norden und im Winter nach Süden zieht. Die Kleidung mit Jackett und Ausweisen kann bis zu 10 kg schwer sein. Alles, was der Geselle mitzunehmen hat, dazu gehören auch mindestens Hammer, Stemmeisen, Handsäge und Winkel, trägt er mit Reservewäsche in einem großen Tuch, dem »Charlottenburger«, eingebunden. Auf dem Charlottenburger ist die Adresse des »Kluftkrämers« (Kleidergeschäft) aufgedruckt.

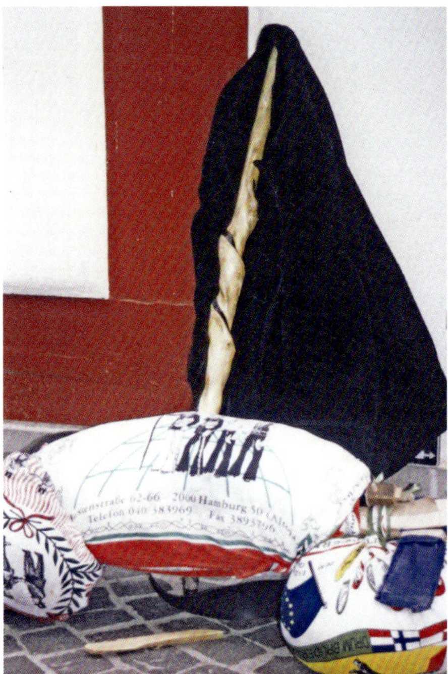

Abb. 4.5: Der gepackte »Charlottenburger« eines Zimmergesellen. Der Charlottenburger ist ein großes, quadratisches Tuch, in dem die Wäsche und vereinzelt auch Werkzeuge kunstvoll zu einem Bündel zusammengebunden werden. (📷 1986)

Abb. 4.6: Er nannte sich Heinrich Heine von »Axt und Kelle«, einer unabhängigen Gesellenzunft. Frei Wandernde werden zuweilen auch als »Speckjäger« verspottet. Frauenfeld TG (📷 1988)

Die wichtigsten Verhaltensregeln für wandernde Gesellen nach mündlicher Überlieferung:

- Die Wanderzeit beträgt drei Jahre und einen Tag (Vogtländer: mindestens zwei Jahre und ein Tag).
- Gereist und gearbeitet wird in zünftiger Kluft mit Stenz (Stock) und Charlottenburger (Bündel).
- Sechs bis acht Wochen ohne Unterbruch bei einem ehrbaren Meister.
- Der Geselle hält sich nie näher als 50 km zum Heimatort auf.
- Der schwarze Hut darf nur zum Essen, Schlafen oder im Handwerkersaal abgenommen werden.
- Die Ehrbarkeit zeigt die Zugehörigkeit zu einem Schacht an.
- Der Geselle wird durch sein »Ehrbares Gesellenwort« mit einem noch nie veröffentlichten Ritual in einen Schacht aufgenommen.

Abb. 4.7: Zeichen der einzelnen Berufsgruppen innerhalb der Handwerkerzünfte: Sie werden auf der Gürtelschnalle, auf der Ehrbarkeit oder am Ring im linken Ohr getragen.

Abb. 4.8: Das Wanderbuch wird im Handwerkersaal herumgezeigt. Darin sind alle Reiseetappen und Arbeitsstationen dokumentiert. (Foto: Max Baumann, Schaffhausen, 1982)

Abb. 4.9: Zünftiges Klatschen und Schallern in der »Stube« der Rolandsbrüder. (Foto: Max Baumann, Schaffhausen, 1982)

Abb. 4.10: Erinnerungsbild vom Knipsfest des Roland-Schachts in Schaffhausen 1982. Die Aufstellung ist seit über hundert Jahren gleich geblieben: Die Requisiten zeigen die Funktionen und Ämter an: Der (Kassa-)Buchgeselle, der Fassgeselle, der Dosengeselle, der Walzgeselle usw. Der Herbergsvater (Gastwirt) und die Saalschwester (Serviertochter) dürfen auch nicht fehlen. (Foto: Max Baumann, Schaffhausen, 1982)

4.5 Zeichen der Zimmerleute

Der Zimmermann bereitet seine Konstruktionen auf dem Abbundplatz vor. An den Schnurschlägen auf den behauenen oder gesägten Balken erkannten die Zimmerleute den vorbestimmten Verwendungszweck. Aufgrund verschiedener Aussagen alter Zimmerleute wurden diese Schnurschläge sehr individuell verwendet, aber immer auf der künftigen Bundseite angebracht. Das ist die »schöne« Seite des Balkens, die künftig an die Außenseite einer Hauswand zu liegen kommt. Trotzdem sei hier einer der Codes wiedergegeben:

Da die Schnurschläge nur weich, das heißt, mit Ruß oder Rötel aufgetragen waren, wurden sie auch schnell durch Regen wieder weggespült. Trotzdem blieben im Dachstock des 1684 errichteten Gasthofs zum Hirschen in Oberstammheim ZH solche Schnurschläge an den Sparren erhalten, was sehr selten ist.

Ist eine Wand abgebunden, muss sie für den Transport wieder auseinandergenommen werden. Damit nun der Zimmermann die Lage der vielen ähnlichen Kanthölzer beim Aufrichten eindeutig wiedererkennt und sie dadurch an ihren einzig richtigen Platz bringen kann, muss er jedem einzelnen Holz ein Zeichen geben. Machte er das traditionellerweise durch Einritzen, benutzt er heute meist eine Ölkreide. Spätmittelalterliche Abbundzeichen geben heutigen Forschern manche Rätsel auf. Am Unterstammheimer Girsbergerhaus von 1420 wurde an jeder Wand und dem Dachstuhl ein eigenes Zählsystem verwendet. Ab Mitte des 17. Jahrhunderts setzte sich in der deutschsprachigen Schweiz allmählich ein System in Anlehnung an römische Ziffern durch, das am Ende des 19. Jahrhunderts von den neu entstandenen Gewerbeschulen übernommen wurde und heute leichter lesbar und nachvollziehbar ist.

Sauber geschlagene und mit dem Stemmeisen ausgezogene Zeichen hatten den Vorteil der Wiederverwendbarkeit, denn es war noch bis ins 18. Jahrhundert üblich, bei Erbteilungen, Verkäufen oder ganz einfach bei Umzügen das ohne Metallteile ganz in Holz gefügte Haus sorgsam abzutragen und am neuen Ort genau gleich wieder zu errichten.

Ein einmaliges Beispiel stellt das ehemalige Haufendorf Kühnheim im Elsass bei Breisach dar, das 1766 nach vielen Gesuchen an den Landesfürsten die Erlaubnis erhielt, als Ganzes an einen neuen Standort umzuziehen, da der damals noch mäandrierende Rhein von Jahr zu Jahr mit einer Schleife immer näher ans Dorf heranrückte und bereits Häuser in den Fluten versanken. Das Dorf wurde genauestens inventarisiert und an sicherer Stelle im damaligen absolutistischen Stil als Straßendorf wiederaufgebaut.

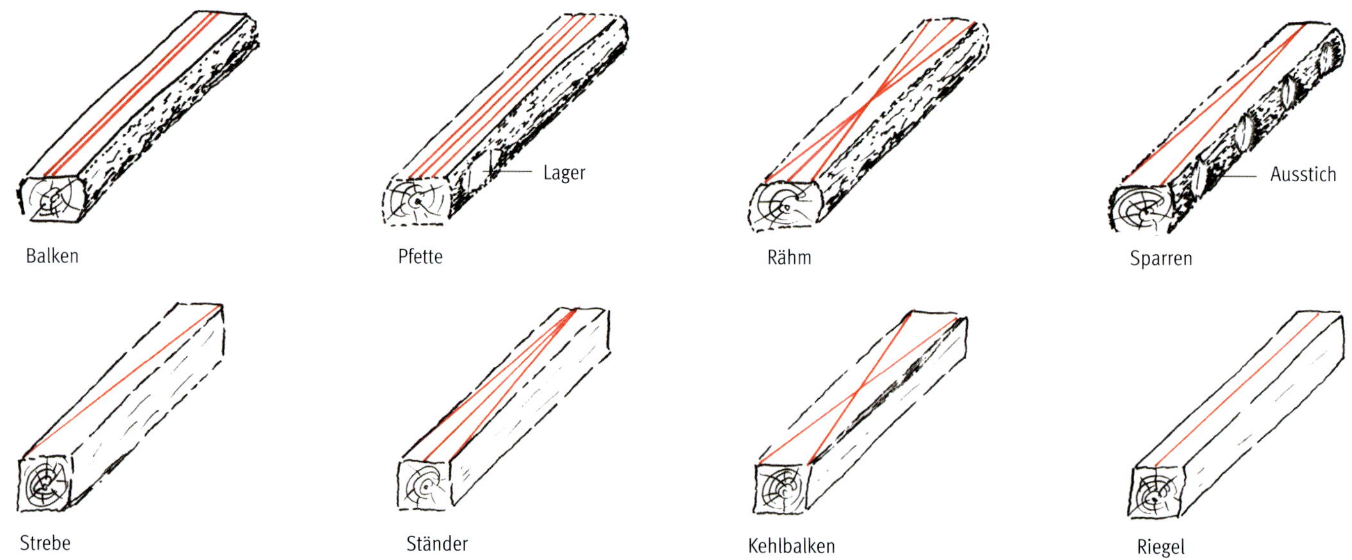

Abb. 4.11: Durch solche Schnurschläge wurde die Verwendung des gebeilten oder gesägten Holzes vorbestimmt.

Abb. 4.12: Buchthalen SH, 1444: An manchen Orten lassen sich die Zeichen noch deutlich erkennen: Drei Bohrungen als Bundzeichen am Dachstuhl (📷 1994).

Abb. 4.13: Stein am Rhein SH: Palas, Burg Hohenklingen, 15. Jahrhundert (📷 2007)

I II III IIII V VI VII VIII VIIII X XI XII

Zahlen 1 bis 12

XIII/ XIIII/ XV/ XVI/ XVII/ XVIII/ XVIIII/ XX/

Zahlen 13 bis 20 mit dem Zusatzzeichen eine Rute (schräger Strich)

Zusatzzeichen ein Ausstich — 2 Ausstich 1. Stock — 2 Ausstich 2. Stock — 2 Ausstich 3. Stock — usw.

Zu den fortlaufenden Ordnungszahlen kommt für jede Wand ein Sonder- oder Zusatzzeichen:

- gezeichnet wird in Römischen Zahlen, wobei auf die eindeutige Lesbarkeit zu achten ist: XI (11) ist umgekehrt gelesen eine Neun (IX), daher wird die Neun so geschrieben:

VIIII oder

- Ruten (schräge Striche) für Längswände des Hauses: Für die erste Längswand eine Rute, für die zweite zwei Ruten usw.

- Ausstiche oder Picken für Querwände

- Stockzeichen zur Erkennung der (meist gleichen) Hölzer verschiedener Stockwerke

- Obzeichen für das höher liegende Holz bei gleichen Zahlen. Ist bei mehreren Riegelzügen klar, welcher Riegel mit gleicher Nummer oben hingehört, wird es bei identischen Fensterbrüstungen und -stürzen schwieriger. Hier ist beim Fenstersturz das Obzeichen nötig.

- Hohleisen-Ausstich für Wände, die zu keiner Bauachse parallel sind.

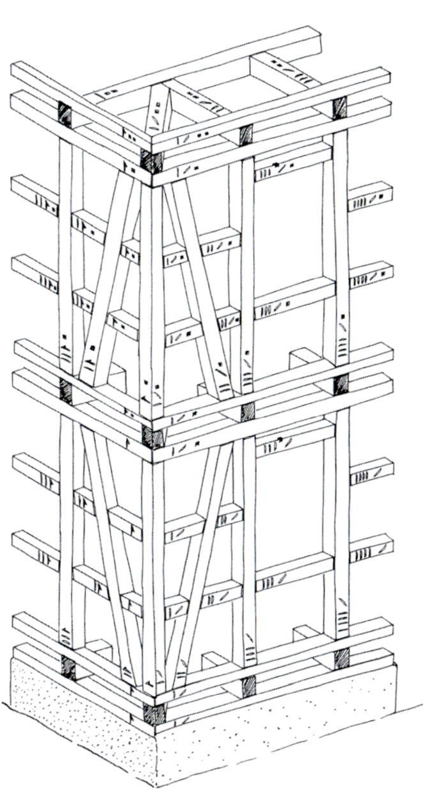

Abb. 4.14: Abbundzeichen

Abb. 4.15: Das System der Abbundzeichen am Junkerhaus der Enklave Büsingen (Baden-Württemberg) bei Schaffhausen

Abb. 4.16: Detail vom Junkerhaus: Die Zeichen wurden mit dem Hohleisen gestochen. 16. Jahrhundert, Büsingen, Baden-Württemberg (📷 1989)

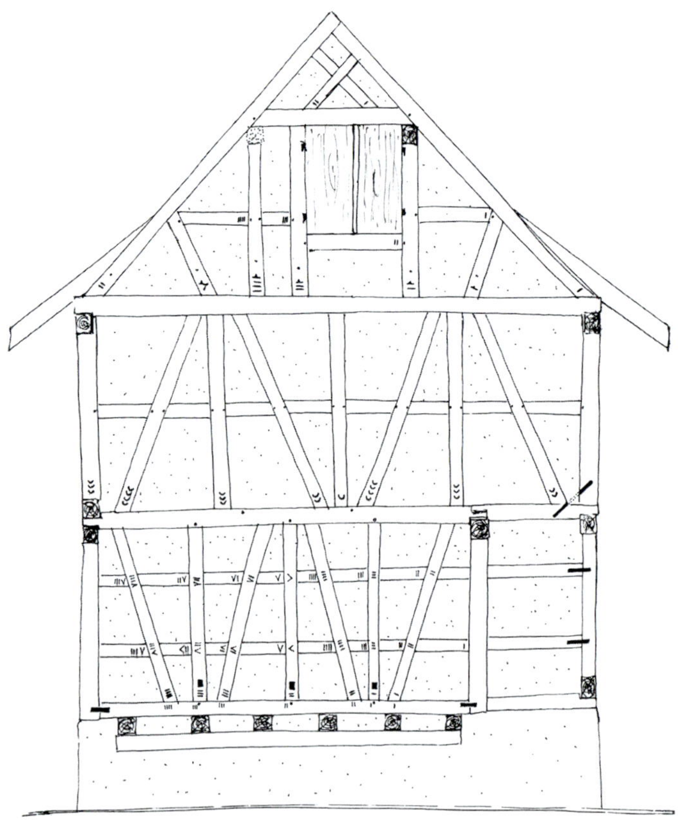

Abb. 4.17: Ein weiteres von der Norm abweichendes Beispiel zeigt sich in Flurlingen ZH an der Nordfassade eines offensichtlich vergrößerten und aufgestockten Hauses (📷 1993).

Abb. 4.18: Trubschachen im Emmental BE: Auch Metallbauer nutzten das von den Zimmerleuten entwickelte System der Abbundzeichen (📷 2016).

Abb. 4.19: Spuren lesen im Dachstuhl des »Gasthofs zum Hirschen« von 1684 in Oberstammheim ZH (📷 2018) (siehe auch Abb. 6.59)
a Schnurschlag mit Rußschnur als Zweckbezeichnung
b Etwas zu tiefe Kerbe beim Beschlagen des Stammes zum Kantholz
c Schnurschlag und Rötelzeichnung (Linie mit einem roten Stift)
d Risse zum Anzeichnen und Abbundzeichen

Neben den rein praktischen Zeichen setzten die Zimmermeister – stolz auf ihr gelungenes Werk – selbstbewusst ihr ganz persönliches Handwerkszeichen zur Inschrift der Bauherrschaft. Häufig dominierte klar das Handwerkerzeichen. Beliebt waren stilisierte Zimmermannswerkzeuge wie Beile, Äxte, Winkel und Bundhaken. Sicher ließen sich, wie bei Steinmetz- und Schmiedezeichen, ganze Handwerkerdynastien und ihre Werke verfolgen.

In Buchthalen SH, heute durch die Stadt Schaffhausen eingemeindet, sind auf engstem Raum vielfältigste Fachwerkbauten zu sehen. Sicher kommt hier der Einfluss Süddeutschlands, wie in anderen Schweizer Landschaften nördlich des Rheins, deutlich zur Geltung. Südlich des Rheins sind dem Autor in der Schweiz keine weiteren Bundwerkzeuganordnungen, wie jene von Rafz und Buchthalen, bekannt.

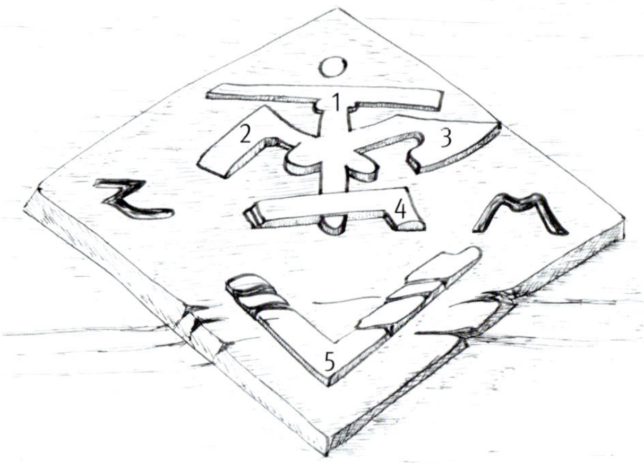

Abb. 4.20: Typische Werkzeuge der Zimmerleute, kurz Bundwerkzeug genannt, in Buchthalen SH; dargestellt sind: *1* Queraxt, *2* Axt, *3* Breitbeil, *4* Stoßaxt, *5* Winkel

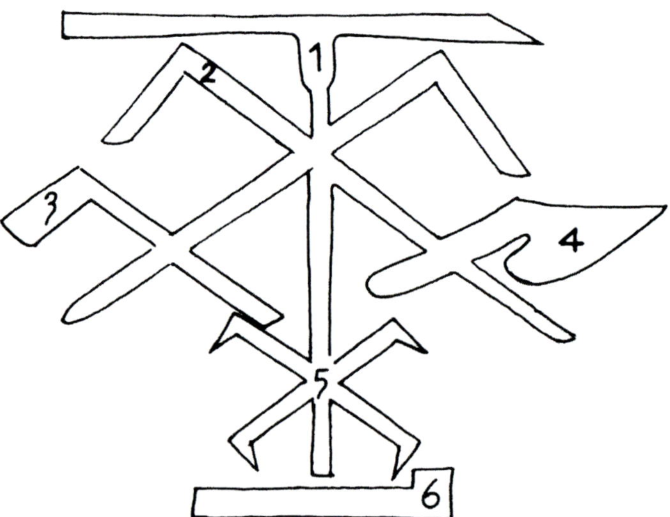

Abb. 4.21: Bundwerkzeug in Rafz ZH (1805); dargestellt sind: *1* Queraxt, *2* Winkel, *3* Axt, *4* Breitbeil, *5* 2 Bundhaken, *6* Stoßaxt

Abb. 4.22: In Thayngen SH, aber auch bis ins Zürcher Weinland können immer wieder die Initialen S und T miteinander verschlungen beobachtet werden.

Abb. 4.23: Initialen mit Zimmermannswinkel Basel

Abb. 4.24: Im heutigen Kanton Aargau und den angrenzenden Gebieten haben sich die Zimmerleute und deren Gehilfen großflächig am Scheunentor verewigt: Attelwil AG, 1781 (📷 1988)

Abb. 4.25: S und T in Berg am Irchel ZH

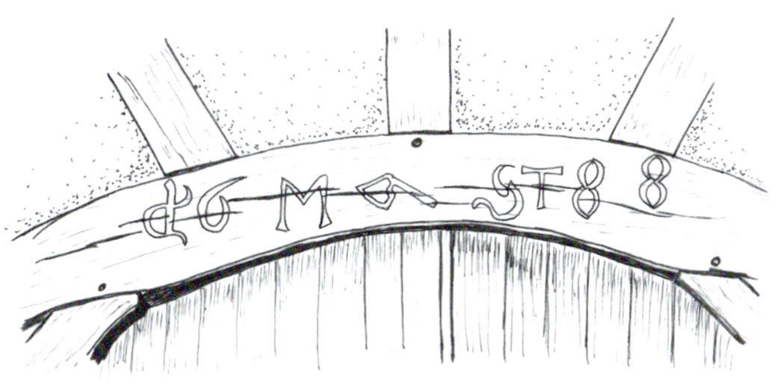

Abb. 4.26: Axtsymbol am Scheunensturz in Buchthalen SH

Besondere Beachtung verdienen die Zeichen der drei in einem Kreis angeordneten Breitäxte, die praktisch identisch an drei weit auseinanderliegenden Orten vorkommen. Sie entstanden aber in derselben Epoche. Man kann sich vorstellen, dass derselbe Handwerker das Haus in Hinterrikon ZH im Tösstal und jenes in Winterthur-Seen ZH erbaut hat. Aber woher hat das Haus in Oberriet (Rheintal SG) sein Zeichen? Zum Vergleich sind hier weitere Beispiele aus Deutschland abgebildet.

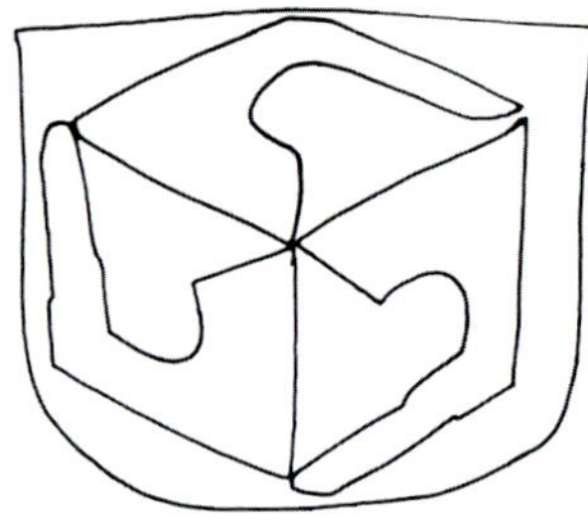

Winterthur-Seen ZH

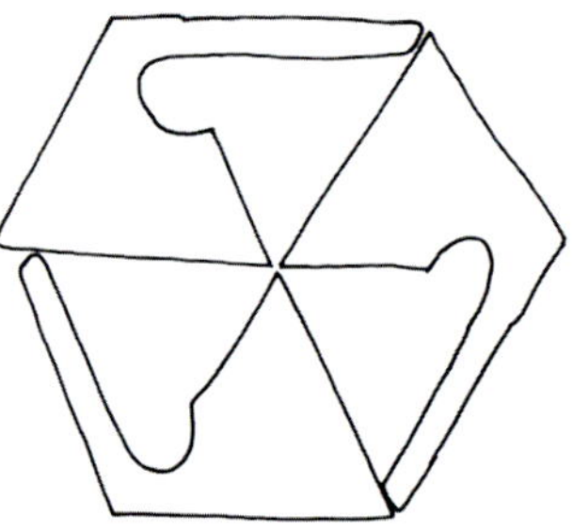

Hinterrikon ZH, 1579

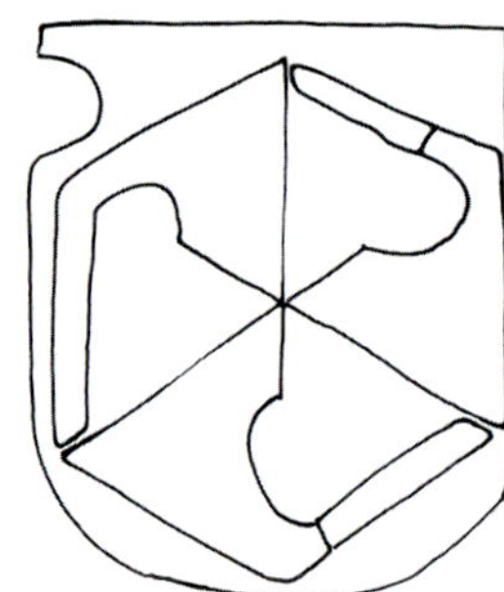

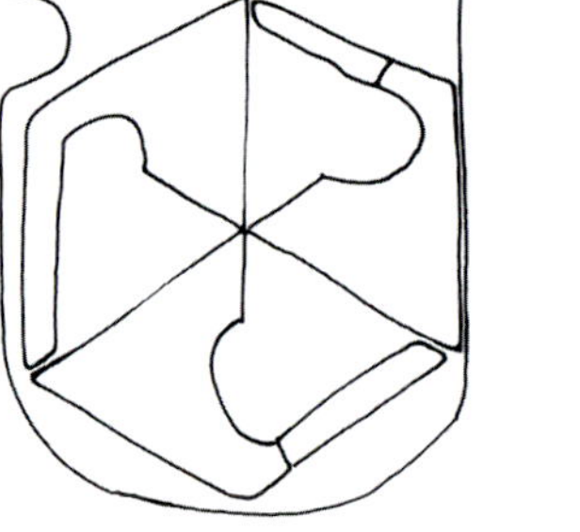

Oberriet SG, 1539

Abb. 4.27: In einem Kreis angeordnete Breitäxte

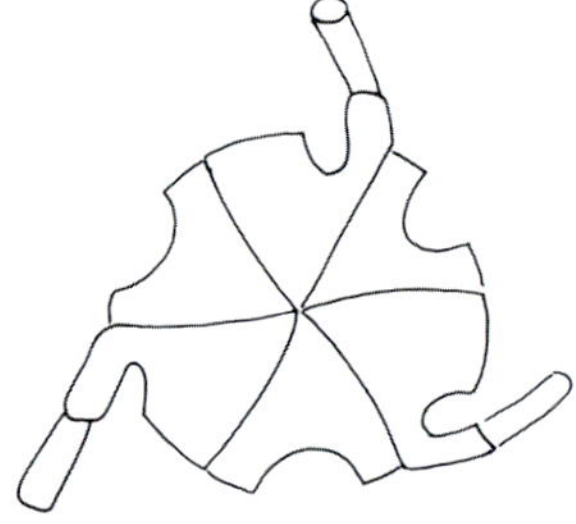

Quedlinburg, Sachsen-Anhalt

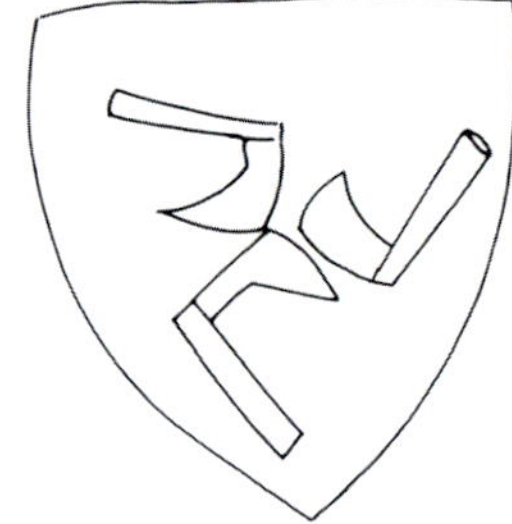

Markgröningen,
Baden-Württemberg, 1440

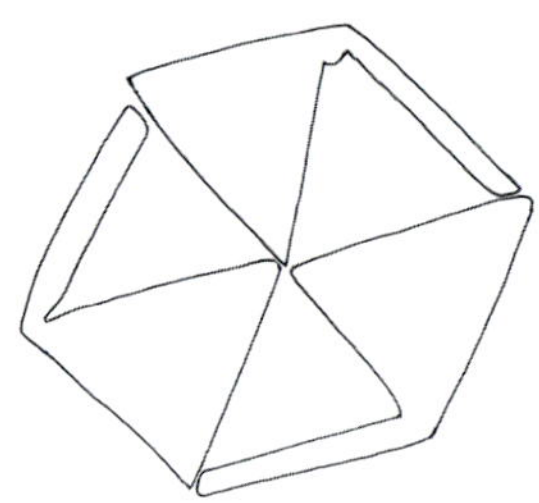

Strümpfelbach,
Baden-Württemberg,
Mitte des 15. Jahrhunderts

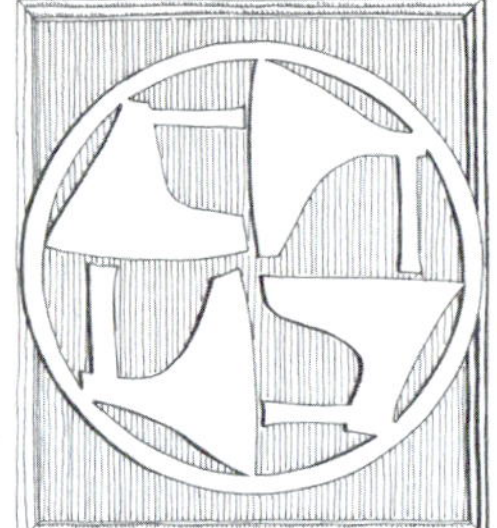

Hildesheim

Abb. 4.28: Beispiele aus Deutschland

Abb. 4.29: Diese drei Breitbeile als Sechseck angeordnet könnten mehr gewesen sein als nur die Schnitzerei eines Zimmermeisters. Vielleicht ein Erkennungszeichen irgendeiner Bruderschaft oder Zunft? Hinterrikon ZH, 1579

Abb. 4.30: Friedhof bei der Bergkirche St. Moritz in Hallau SH: Auch heutige Zimmerleute behalten ihren Berufsstolz sogar über ihren Tod hinaus (📷 1990).

5 Zimmermannswerkzeuge

Zimmermannswerkzeuge

Die Entwicklung der Werkzeuge beeinflusst den Hausbau grundlegend. Viele Gefügearten wurden erst durch den Fortschritt in der Werkzeugtechnik möglich. Die Erläuterungen im Buch beschränken sich auf die seit dem ausgehenden Mittelalter bis zum Ersten Weltkrieg gebräuchlichen Handwerkzeuge und deren Anwendung, obgleich die ganze Entwicklung vom Steinbeil bis zur programmierbaren Abbundstraße Beachtung verdiente.

5.1 Vom Rundholz zum Kantholz

Der Zimmermann beschäftigte sich nicht nur mit der Verarbeitung von Kantholz zu Gebäuden, sondern musste sich ursprünglich das Bauholz zuerst im Wald beschaffen und vom Stamm zu Schnittholz umformen. Dabei kamen drei Techniken zum Einsatz: Spalten, Behauen und Sägen.

5.1.1 Spalten

»Man spaltete die Stämme der Bäume mit Keilen in so viele und so dünne Stücke, als sichs thun lassen wollte, sollten diese noch dünner werden, so behauete man sie auf beyden Seiten. Diese einfältige und verschwenderische Weise Bretter zu machen, ist so gar bis auf unsere Zeiten (1785) üblich geblieben«, ereiferte sich »Russlands große Kayserin« Katharina II. (1729–1796) und versuchte, das Herausspalten von Brettern zu unterbinden, indem sie den Transport von so hergerichtetem Holz auf der Newa verbot.

Das Spalten ist auch in Mitteleuropa an allen Voralpenseen seit 5000 Jahren bekannt. Gespaltene Hölzer haben gegenüber gesägten den Vorteil größerer Festigkeit und Wetterbeständigkeit, da keine Fasern durchschnitten werden. Neben Brennholz werden auch heute noch die Dachschindeln gespalten. Man kann nur frisch geschlagenes Holz spalten.

Abb. 5.1: Spalten von Stämmen mit Axt und Keil; Bild am Kachelofen von Abraham Pfau 1681 im Gemeindehaus von Unterstammheim ZH (Foto: Gemeinde Unterstammheim; 2018)

Abb. 5.2: Zimmerleute beim Abbinden und Aufrichten eines Fachwerkbaus nach Hieronymus Rodler [79]. In dieser Darstellung wird eine eigentliche Auslegeordnung der Werkzeuge, aber auch die Tätigkeiten der Zimmerleute gezeigt: verschiedene Sägen und Äxte, Löffelbohrer, Stemmeisen, Hammer und Anreißgeräte, wobei das Schlagen der Schnur als Tätigkeit besonders hervorgehoben ist.

5.1.2 Behauen eines Balkens

Bis gegen Ende des 19. Jahrhunderts wurden die Balken mit der Axt behauen. In den damaligen Sägewerken wurden vor allem Bretter gesägt. Die traditionellen Sägemühlen waren meist zu kurz, um die langen Balken (bis zu 20 m) zu sägen, zudem ging das Behauen schneller, als mit den damaligen Transportmitteln lange und beschwerliche Umwege über das Sägewerk zu unternehmen.

Ein geübter Zimmermann war imstande, mit der Breitaxt einen Eichenstamm so glatt zu behauen, dass dieser wie gehobelt aussah.

Dazu brauchte er zwei starke Zimmerböcke, zwei Bundhaken, eine Rußkiste mit der Schlagschnur, ein kleines Beil, eine langstielige Axt, eine Breitaxt (rechts oder links), einen Abziehstein zum Nachschärfen, einen Ketschhobel und einen Winkel.

So einfach die Axt an sich ist, setzt ihre Handhabung doch sehr viel Geschick, Muskelkraft und Ausdauer voraus. Ein überaus großer Formenreichtum zeigt die vielseitige Verwendbarkeit von Beilen und Äxten auf. Behaubeile sind wie die eigentümlichen Stoß- und Stichäxte nur einseitig angeschliffen, sie sind einballig. Ist hingegen eine verstärkte Spaltwirkung erwünscht, müssen Beile und Äxte zweiballig sein.

Da beim Glätten der Flächen vom Zopf zur Wurzel gearbeitet wird, benötigt man zwei verschiedene Behaubeile, ein linkes und ein rechtes. Grundsätzlich sollten alle Zimmerleute links oder rechts am Stamm stehend behauen können. Das war wohl nicht immer Realität, denn Zimmerleute, die auch links am Stamm stehend arbeiten konnten, bekamen in Andelfingen ZH um die Wende zum 20. Jahrhundert 10 Rappen mehr Stundenlohn!

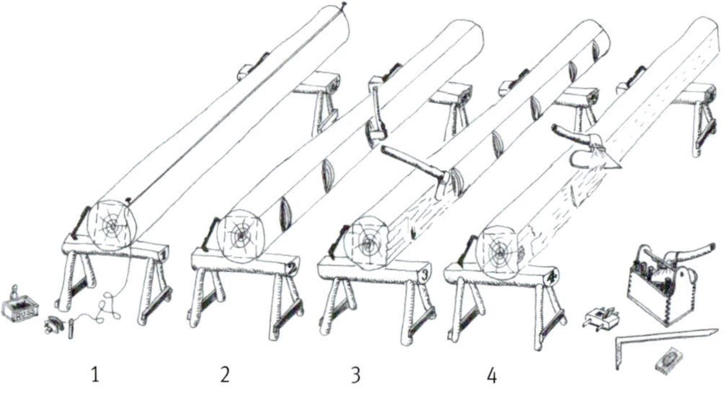

Abb. 5.3: Behauen eines Stammes
1 Schnurschlag mit gerußter Schnur
2 Keilförmige Einschnitte mit dem Beil bis zum Schnuranschlag Einschnitte mit Vorteil bei Holzunregelmäßigkeiten (Äste)
3 Abspalten der stehen gebliebenen Holzstücke mit der langstieligen Axt
4 Glatt behauen mit der Breitaxt. Achtung: Nicht über die Schnur hauen!
5 Um 90° drehen und weiter wie 1

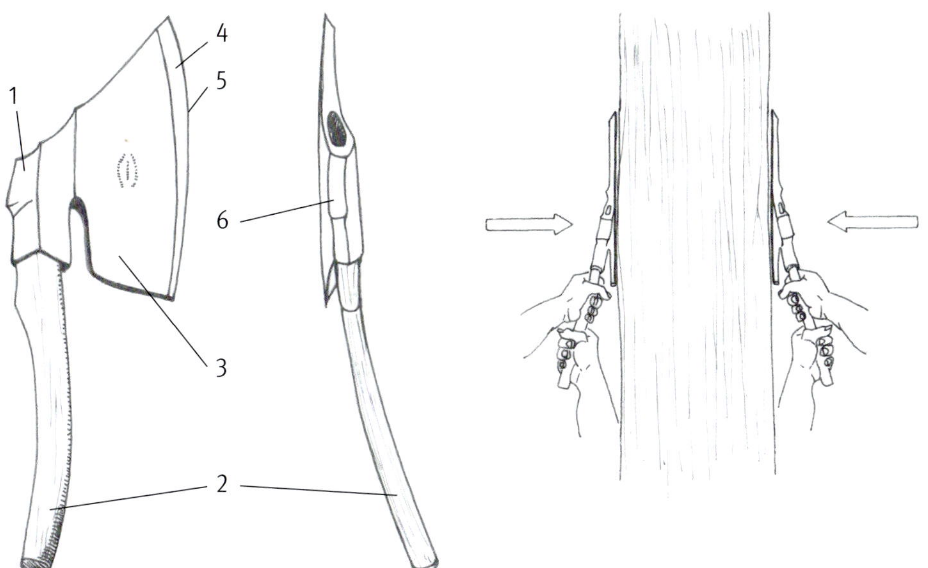

Abb. 5.4: Behaubeil
1 Haus, *2* Stiel, *3* Körper, *4* Ballen, *5* Schneide, *6* Nacken

Abb. 5.5: Arbeit links am Stamm und Arbeit rechts am Stamm

Abb. 5.7: Vor allem für stilvolle Restaurierungen wird das Behauen der sichtbaren Flächen ausgeübt. In Öhningen, der deutschen Nachbargemeinde von Stein am Rhein, engagierte die Bauherrschaft einen tschechischen Zimmermann, der die für einheimische Handwerker ungewohnte Arbeit ausführte (📷 1988).

Abb. 5.6: Chorgestühl (um 1500) in der Kirche St. Etienne in Moudon VD (📷 2002)

Das Handbeil ist zweiballig, es wird zweihändig geführt und ist für vielerlei leichte Arbeiten bestimmt. Mit dem etwa 1 kg schweren Handbeil werden auch die großen Sparrennägel eingeschlagen.

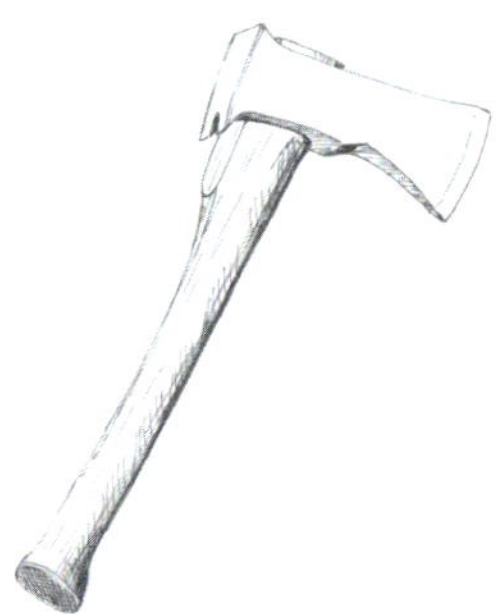

Abb. 5.8: Handbeil

Die Kreuzaxt ist im schweizerischen Mittelland schon lange nicht mehr in Gebrauch. Im süddeutschen Raum und im Elsass wurde sie auch liebevoll »Seltentreff« genannt und konnte sich dort bis Anfang des 20. Jahrhunderts halten. Mit der Kreuzaxt wurden die Zapfenlöcher geschlagen, was bei diesem mitunter auch gefährlichen Werkzeug viel Geschick erfordert.

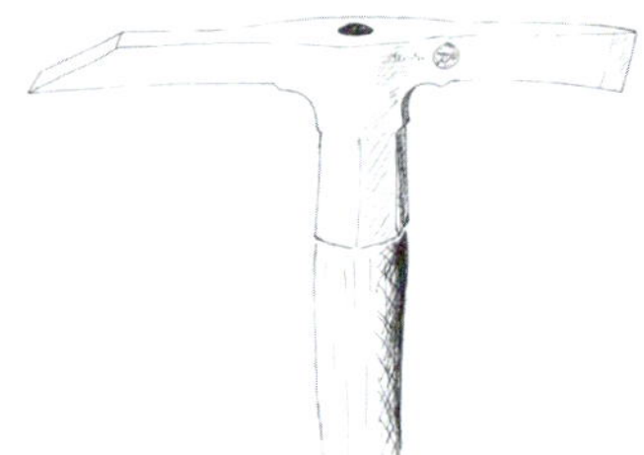

Abb. 5.9: Kreuzaxt »Ochsenkopf« aus Andelfingen ZH; Die Kreuzaxt wurde meist aus dem Schwung heraus eingesetzt, selten mit einem Holzhammer geschlagen. Im Schwung konnte von der Bearbeitung der Längsfaser zu quer der Holzfaser gewechselt werden. Gefährlich wurde es, wenn Äste die Arbeit behinderten, die Axt eingeklemmt wurde und stecken blieb.

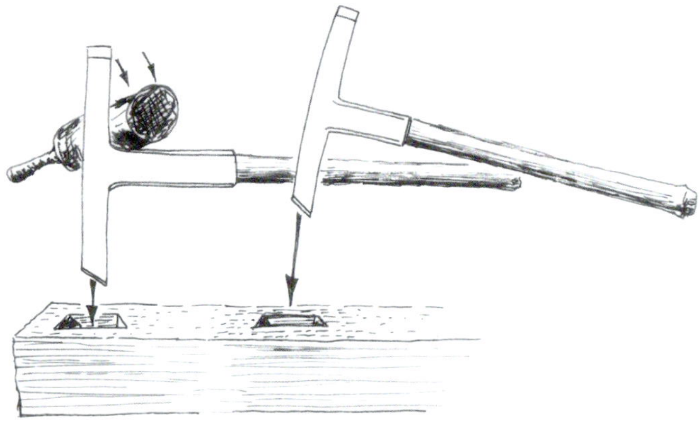

Abb. 5.10: Der Gebrauch der Kreuzaxt

Die Stoßaxt (oder Stichaxt) gehört heute noch zu den Grundwerkzeugen jedes Zimmermanns. Sie zählt zu den Stemmwerkzeugen, wird aber niemals mit einem Hammer geschlagen, sondern immer mit dem Handballen gestoßen. Schön glatte Flächen bei den Holzverbindungen werden mit der Stoßaxt bearbeitet.

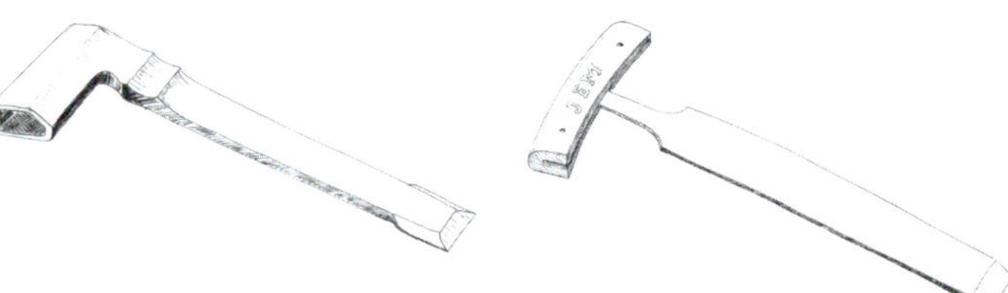

Abb. 5.11 (links): Stoßaxt, Hettlingen ZH, Mitte des 19. Jahrhunderts
Abb. 5.12 (rechts): Stoßaxt mit Holzgriff, Emmental BE, 1. Hälfte des 20. Jahrhunderts

Im *»Ständebuch«* [4], eine Holzschnittfolge über die Berufe, zeigt Jost Ammann (geboren 1539 in Zürich, gestorben 1591 in Nürnberg) 1568 die Tätigkeiten der Zimmerleute, wie sie wohl auch in der Schweiz zu jener Zeit ausgeführt wurden. Vom Meistersänger Hans Sachs stammt der treffliche Reim dazu (siehe Abb. 5.13). Besondere Erwähnung verdient hier die Darstellung eines Zimmergesellen, der mit der Queraxt ein Zapfenloch schlägt. Auch in dieser Darstellung fehlt das Holzfloß nicht. Flößen war die einzige Möglichkeit, Bau- und Brennholz über weite Strecken zu den Städten zu führen.

5.1.3 Sägen

In unwegsamen Gegenden der Schweizer Hochalpen wurden bis in die 1960er-Jahre Bretter von Hand gesägt. Dabei fand die gespannte Klob- oder Gattersäge häufiger Verwendung als die ungespannte Schott- oder Spaltsäge, die mit einem dickeren Sägeblatt ausgerüstet sein muss.

Abb. 5.14: Das Gelände, praktische Hebeböcke und Sägegruben erleichterten die Fixierung der Stämme.
Die breitkrempigen Zimmermannshüte wurden wohl bei dieser Arbeit besonders geschätzt, bieten sie doch einen guten Schutz gegen das ins Hemd fallende und auf der Haut scheuernde Sägemehl.
In Großbritannien wurden feste Sägeplätze wie eigentliche Sägewerke betrieben. Über den tiefen Sägegruben errichtete man Schutzdächer.

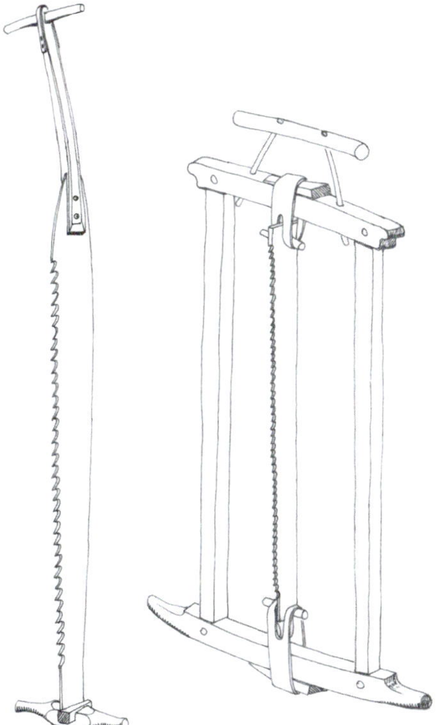

Abb. 5.15: Schottsäge aus dem Kanton Zug, 198 cm lang (Mitte des 20. Jahrhunderts) und Gattersäge aus dem Zürcher Weinland, 165 cm lang (frühes 19. Jahrhundert)

Abb. 5.13 (links): Der Zimmermann, Holzschnitt von Jost Ammann [4]
Ich Zimmermann / mach starck gebeuw /
In Schlösser / Heusser / alt vnd neuw /
Ich mach auch mancherley Mülwerck /
Auch Windmüln oben auff die Berg /
Über die Wasser starcke Brückn /
Auch Schiff vnd Flöß / von freyen stückn /
Blochheusser zu der gegenwehr /
Dedalus gab mir diese Lehr.

Abb. 5.16: Winterarbeit: Handsäger im Wallis um 1920 (Foto: Alfred Nyfeler, aus [10])

Ablängen

Schälen und eine glatte Fläche behauen

Schnüren: Mit gerußter Schlagschnur eine »schnurgerade« Linie schlagen

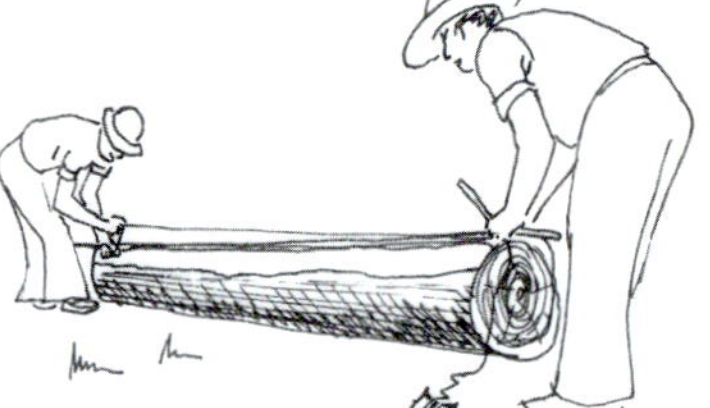

Aufbocken: Mit Kette und Seil sichern; für schwere Hölzer wird ein niedrigerer Bock verwendet und ein Graben in der Erde ausgehoben

Senkeln: Senkrechte auf der Stirnseite des Stammes anreißen.

Säge je nach Holzart ansetzen; Je weicher das Holz, umso spitzer der Sägewinkel.

oben: Richtung kontrollieren, Säge hochheben

unten: Harte Sägearbeit, die zu zweit ausgeführt werden muss

Alle gewünschten Schnitte bis in die Mitte des Stammes

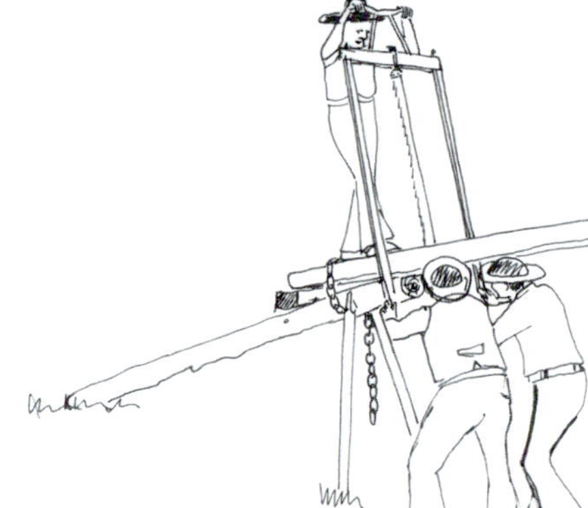

Stamm um 180° schwenken und vom anderen Ende her sägen. Handbreite stehen lassen. Kette lösen. Eingeschnittenen Stamm vom Bock werfen. Erst dadurch zerfällt der Stamm in die gewünschten Teile.

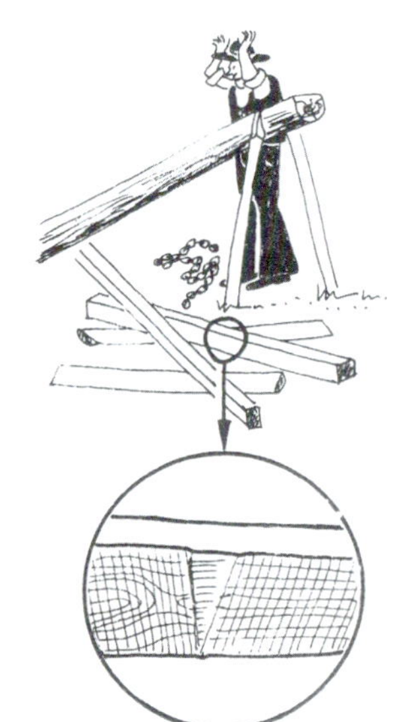

»Unterschrift« der Handsäger

Abb. 5.17: Die Handsäger

Als ein besonderes Gütezeichen für die Handsäger galt es, wenn die Spaltstelle so exakt geriet, dass sie nicht verhobelt werden musste. Diese sogenannte »Unterschrift der Handsägen« (»Signature des scieurs de long« im Jura) wurde mit Vorliebe an gut sichtbaren Stellen des Hauses eingebaut, wie das am Beispiel des »Hirschens« in Marthalen von 1715 beobachtet werden kann.

Abb. 5.18: Symmetrischer Einbau der Streben mit Handsägespuren in Buch SH (1989): Ab 1787 arbeitete in Buch die erste Sägemühle, die heute als kleines Freilichtmuseum betrieben wird.

Zum Glätten der behauenen und gesägten Flächen wurde entweder der Dechsel oder der Ketschhobel verwendet. An den vier Handgriffen des Ketschhobels zogen zwei rittlings sich gegenüber auf dem Balken sitzende Zimmergesellen.

Neben der Gatter- und Schottsäge, die für das Auftrennen von Stämmen in Längsrichtung bestimmt war, benutzte der Zimmermann die Bundsäge zum Ablängen der Balken beim Abbund. Ob eine Säge für Längs- oder Querschnitte bestimmt ist, erkennt man an der Art der Zahnung.

Die Bundsäge ist eine ungespannte Zweimannsäge. Jeder Säger muss genau darauf achten, die Säge ausschließlich zu ziehen. Die Zahnung, die Griffe und die Bauchung können je nach Verwendungszweck variieren.

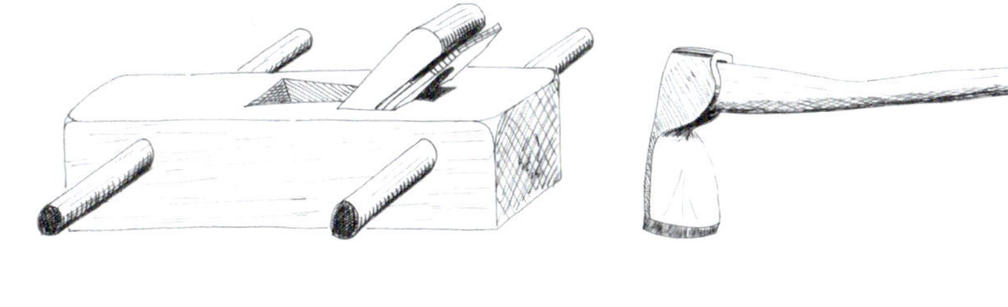

Ketschhobel

Dechsel / Texel

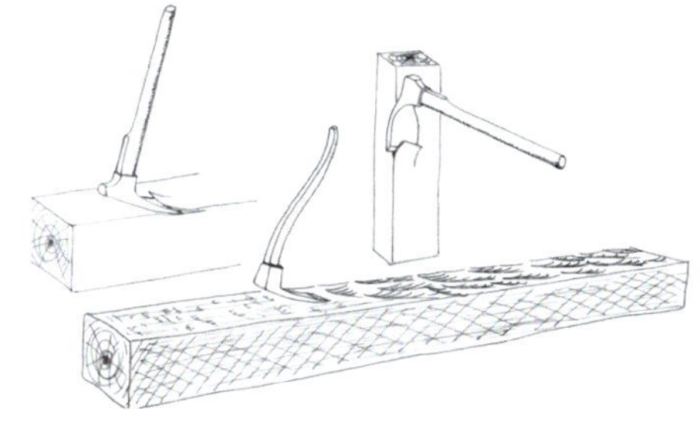

Der Gebrauch des Dechsels

Abb. 5.19: Gebrauch von Ketschhobel und Dechsel

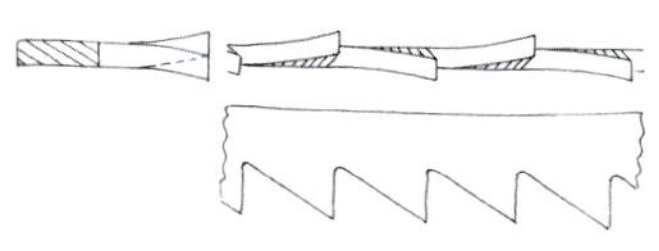

Für Längsschnitte: Die Zähne sind in einer Richtung angeordnet, die Spitzen nicht seitlich geschärft.

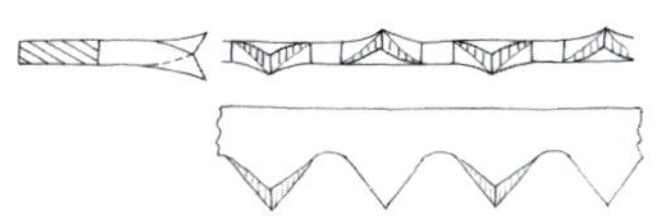

Für Schnitte ins Holz quer zur Faser: Die Zähne sind auf Zug und Stoß symmetrisch angeordnet, die Spitzen seitlich geschärft.

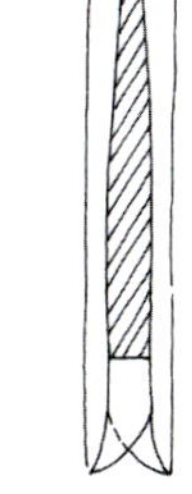

Gemeinsam ist allen Sägen die Schränkung, das wechselseitige Ausbiegen der Sägezähne. Der Schnitt wird dank des »Wegs« verbreitert, sodass das Sägeblatt im Sägespalt nicht klemmt.

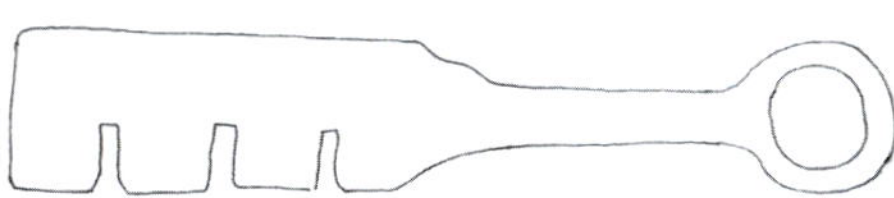

Mit diesem alten Schränkeisen ist es nicht einfach, eine Säge gleichmäßig zu schränken.

Abb. 5.20: Unterschiedliche Zahnungsarten

Neben den großen Zweimannsägen kamen auch kleinere Sägen zum Einsatz. Die Gestellsäge kann mühelos auseinandergenommen und mit verschiedenen Sägeblättern ausgerüstet werden. Daher gehört sie zum Bundgeschirr jedes wandernden Zimmergesellen. Sie hat aber den Nachteil einer beschränkten Schnitttiefe.

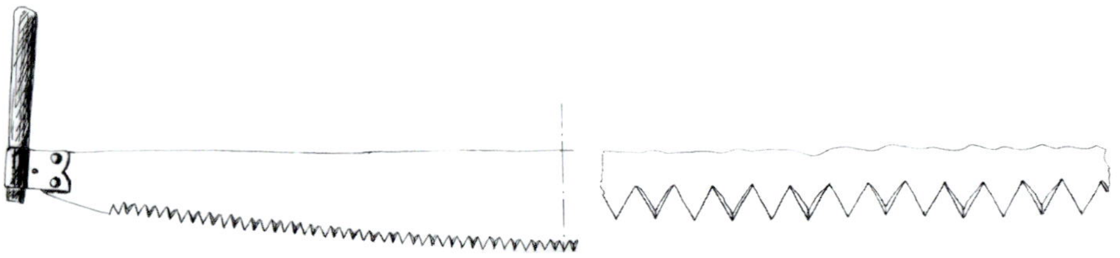

Abb. 5.21: Kleine Bundsäge mit Dreiecksbezahnung, auch »Wolfszahnung« genannt, 114 cm lang

Abb. 5.22: M-Zahn (ursprünglich wohl auch Dreiecksbezahnung), 157 cm

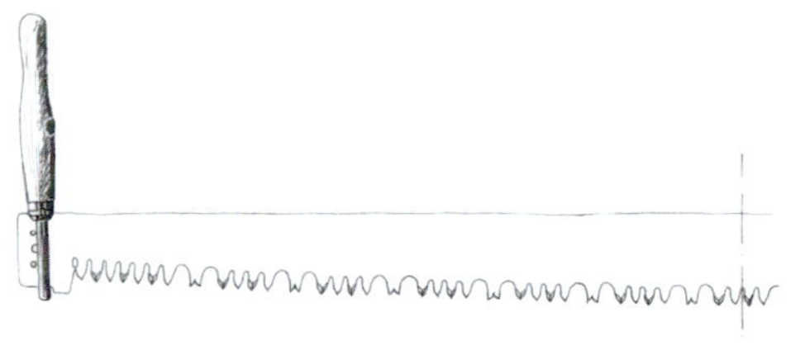

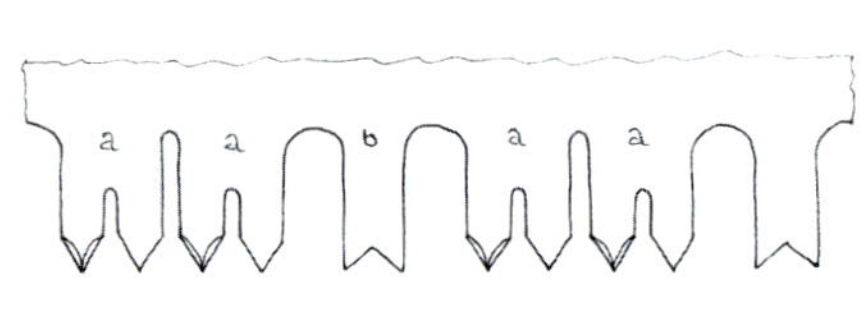

Abb. 5.23: Hobelzähne: Schneidende Zähne (a) wechseln mit Räumzähnen (b) ab, die das Sägemehl aus dem Schnitt transportieren. Besonders für nasses Holz beim Baumfällen geeignet.

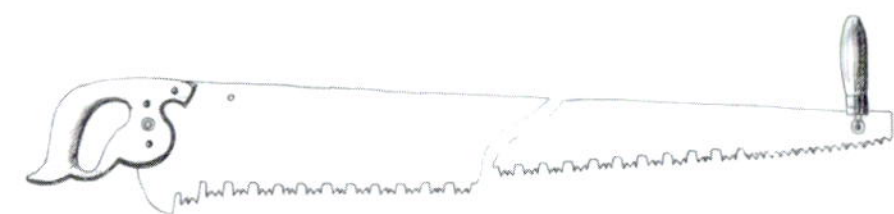

Abb. 5.24: Kombinierbare Ein- oder Zweimannsäge, 137 cm, Loch für zweiten Handgriff

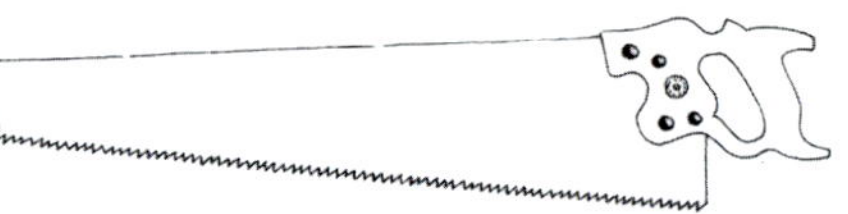

Abb. 5.25: Fuchsschwanz = Stoßsäge

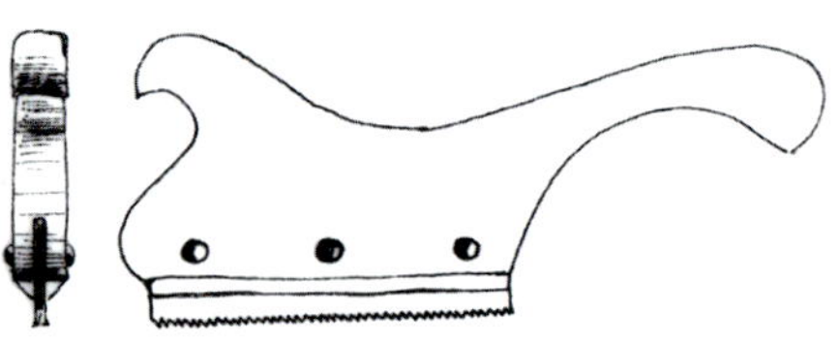

Abb. 5.26: Gratsäge = auf Zug

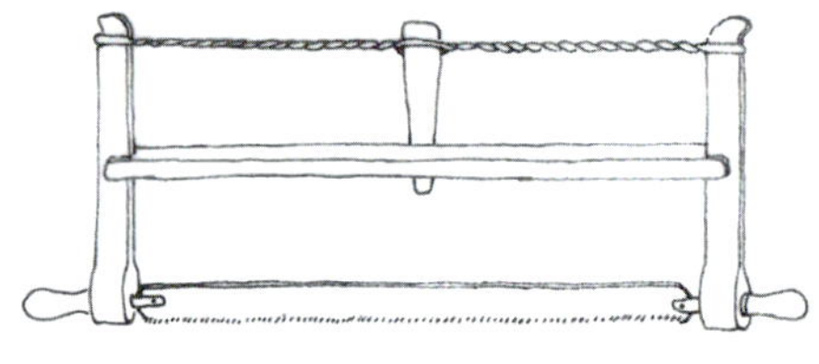

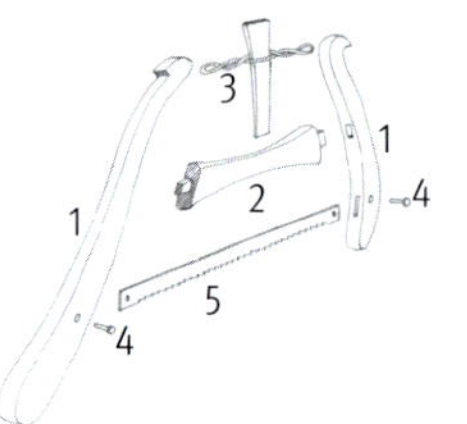

Abb. 5.27: Gestellsäge und ihre Bestandteile
1 Arme
2 Strecker
3 Spannschnur mit Spanner
4 Metallbolzen
5 Sägeblatt

5.2 Reißen und Anzeichnen

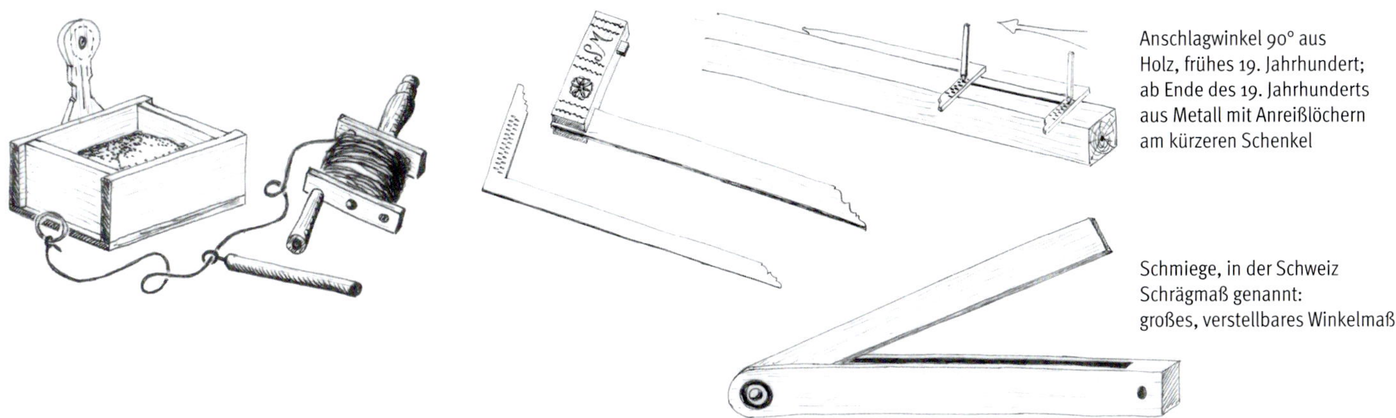

Abb. 5.28: Schlagschnur mit Rußkiste, Haspel, Ring und Einhalter

Abb. 5.29: Winkelmaße

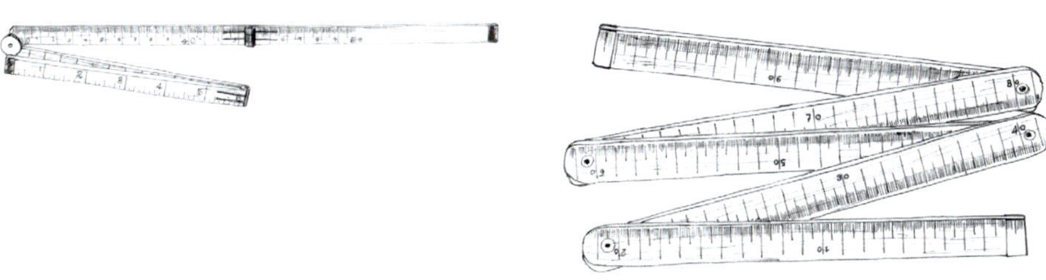

Abb. 5.30: Zollstock, Gliedermeter mit zwei Skalen, ab dem frühen 19. Jahrhundert in Gebrauch; die Helvetische Republik hat 1803 das metrische System eingeführt, der Gesetzesvollzug fand aber erst 1868 statt (!)

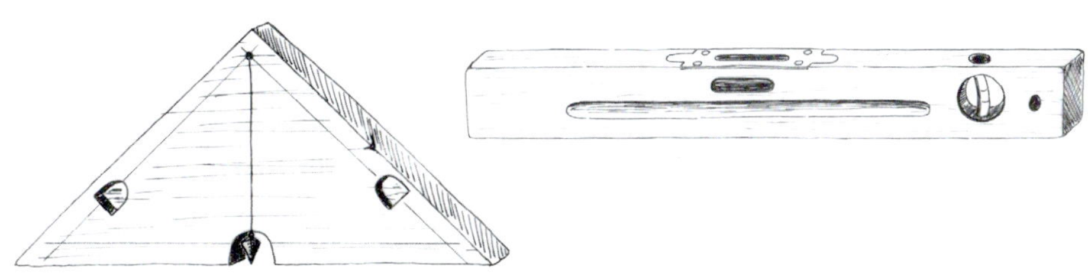

Abb. 5.31: Setzwaage für die Horizontale; gleichschenklig-rechtwinklige Form mit kleinem Senkblei, ab Ende des 19. Jahrhunderts durch die Wasserwaage ersetzt

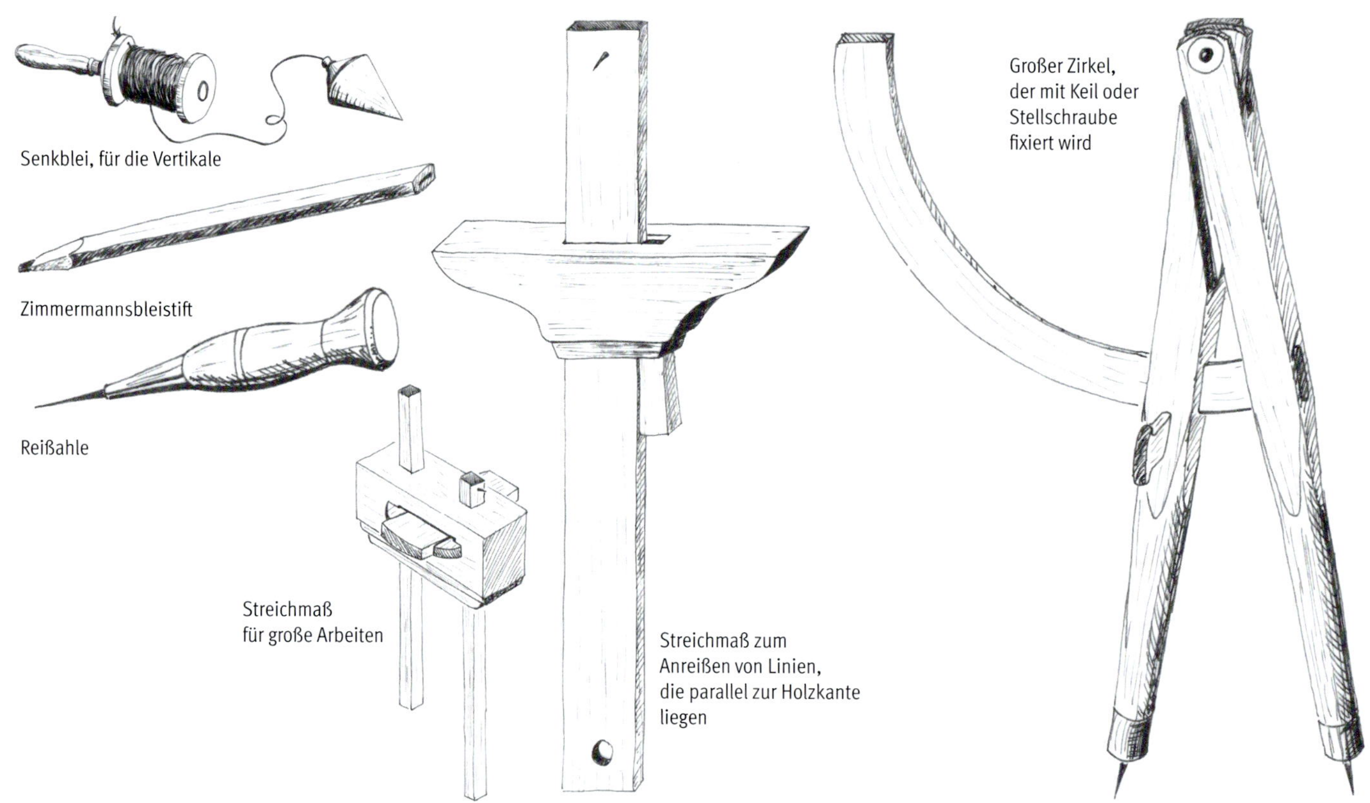

Abb. 5.32: Anreißen und Anzeichnen

5.3 Holzbearbeitung

5.3.1 Stemmen

Das Stemmeisen war ursprünglich zweiballig, d. h. beidseitig geschliffen. Seit etwa dem 18. Jahrhundert aber ist es einballig. Es wird zum Herausarbeiten von Löchern verwendet und mit dem Hammer oder Beil geschlagen. Der Stechbeitel ist eine angefaste, verfeinerte Form des Stemmeisens.

Zugmesser wurden nicht nur von Zimmerleuten verwendet. Auch bei Wagnern, Küfern, Drechslern und Schreinern kamen sie auf der Schnitzbank (Hobelgeiß, Ziehesel, Schnätzbock ...) zum Einsatz.

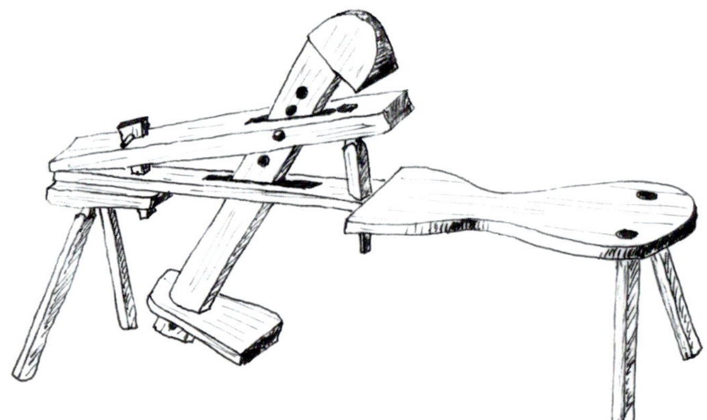

Abb. 5.33: Schnitzbank: Mit den Füßen auf der »Pedale« klemmt man das Werkstück fest; die Dicke kann variiert werden.

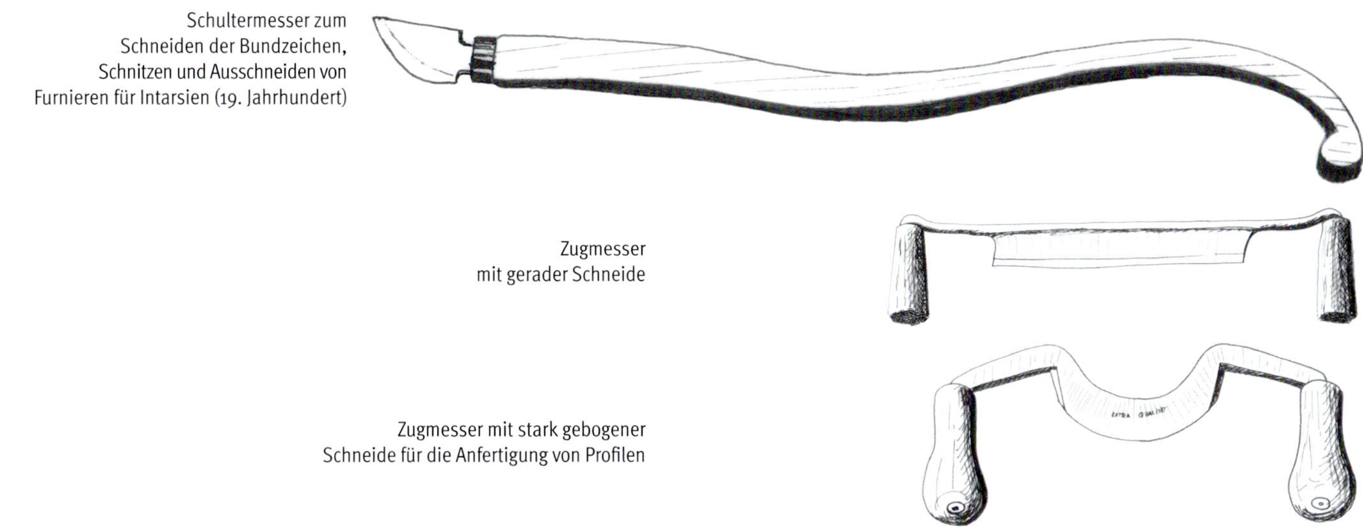

Abb. 5.34: Messer

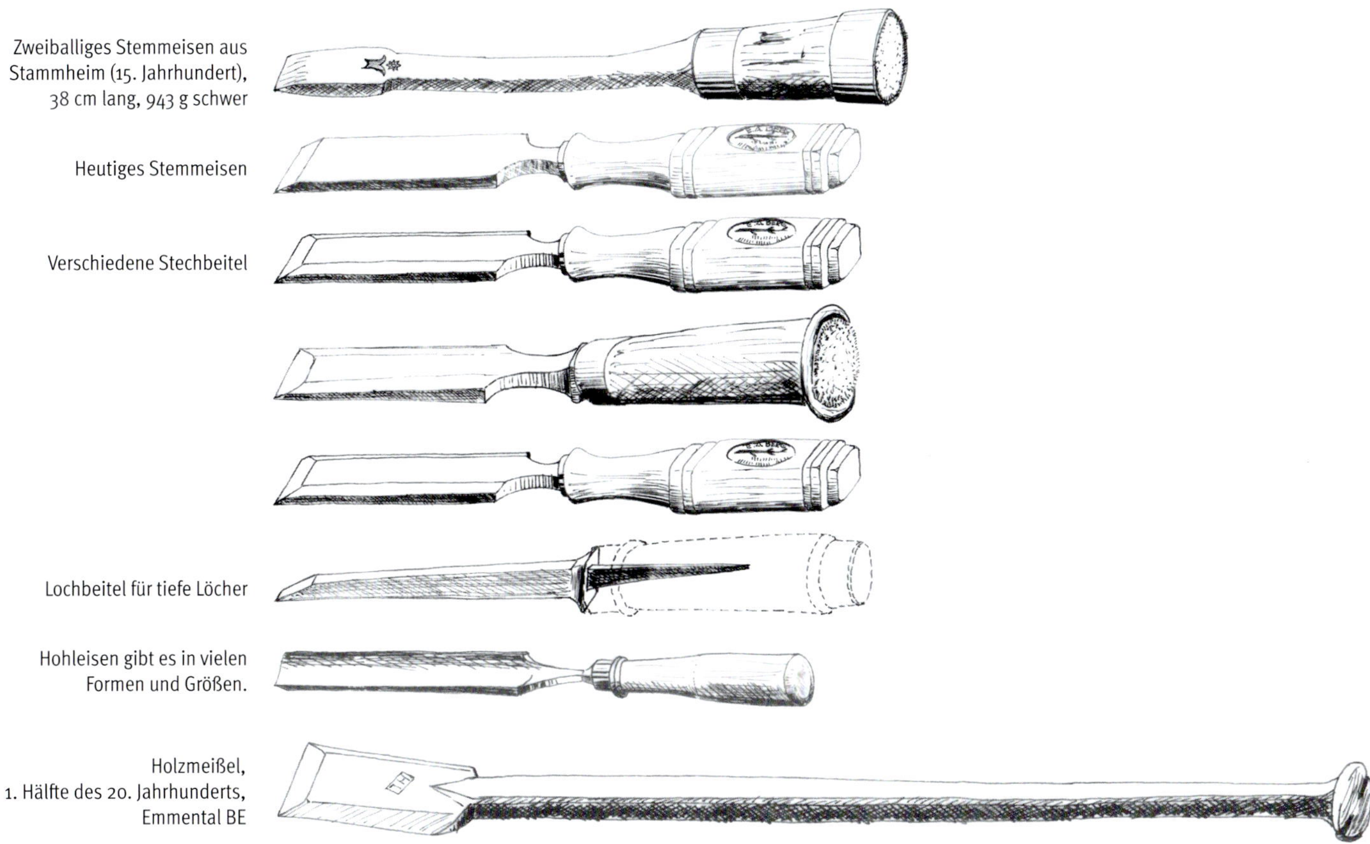

Abb. 5.35: Stemmeisen und Stechbeitel

5.3.2 Bohren

Abb. 5.36: Löffel- und Schneckenbohrer

Abb. 5.37: Löffelbohrspur: Trotz der dick aufgetragenen Farbe tritt die Reißstelle des Spans am Grund eines Bohrlochs deutlich hervor. Unterstammheim ZH, 1510 (2018)

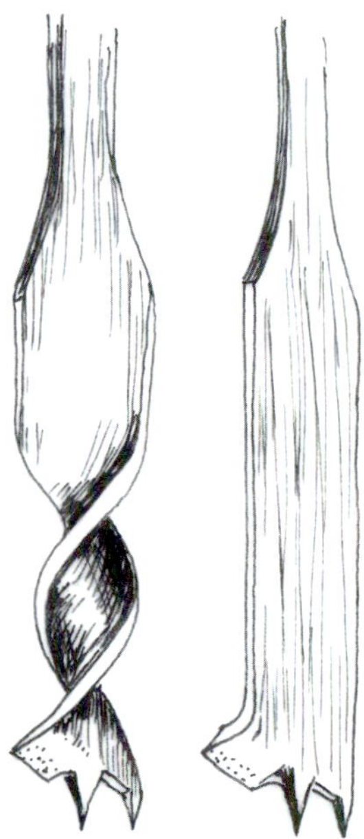

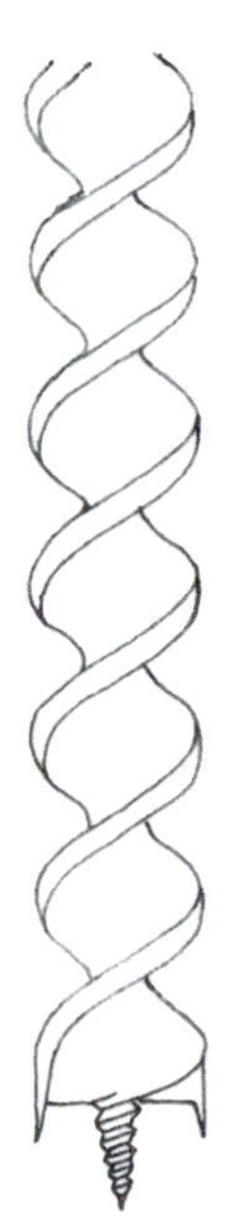

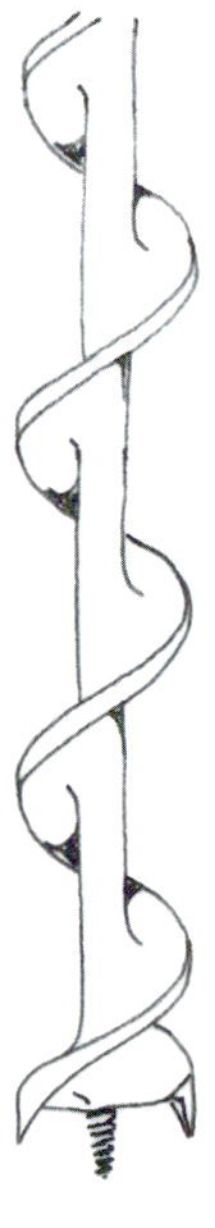

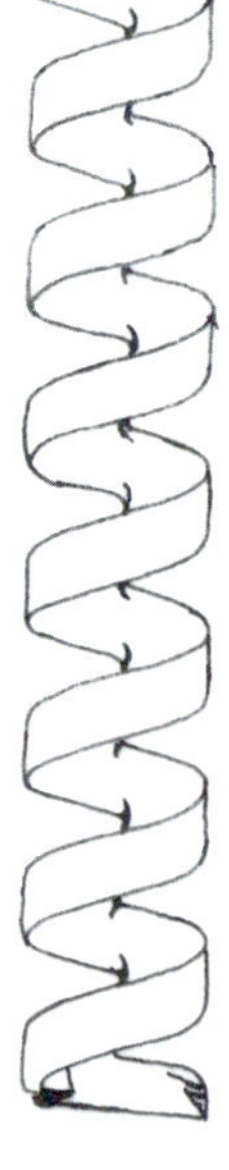

Abb. 5.38: Verschiedene Bohrerarten

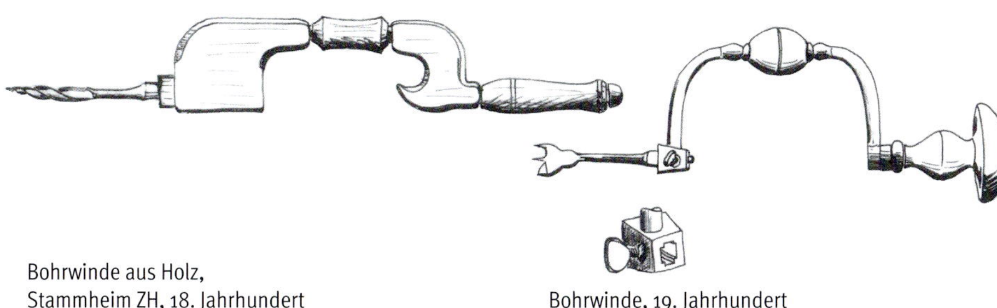

Abb. 5.39: Kleinere Bohrer wurden in Bohrwinden befestigt.

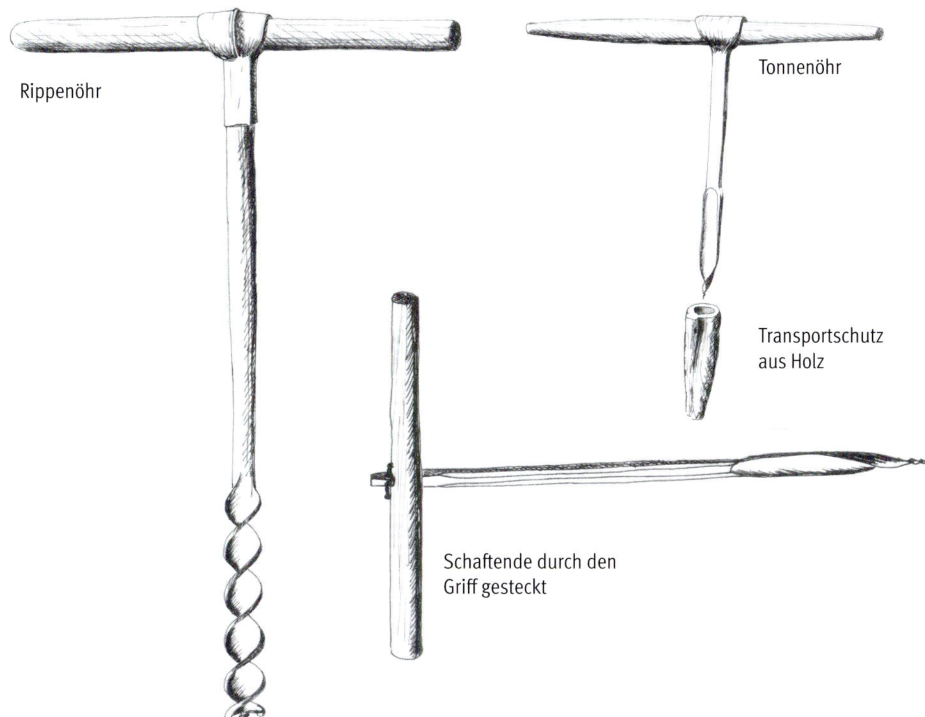

Abb. 5.40: Bei großen Bohrern wurde das Schaftende durch den Griff oder der Holzgriff durch ein am Schaftende angeschmiedetes Öhr gesteckt.

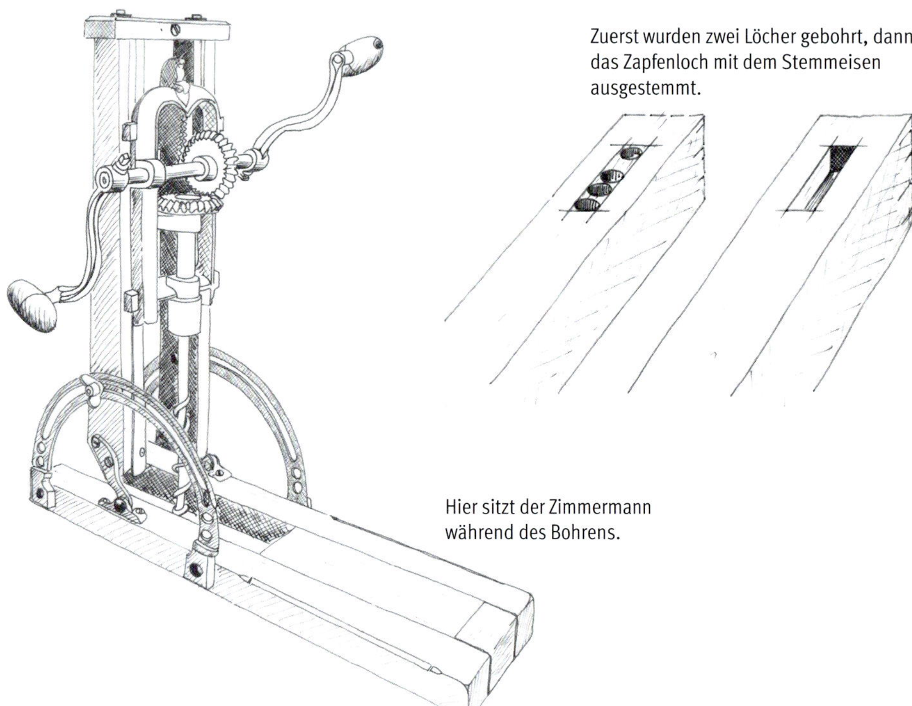

Abb. 5.41: Ständerbohrer, Oberstammheim: Mit dem großen Ständerbohrer wurde das Stemmen der Zapfenlöcher ab Mitte des 19. Jahrhunderts vereinfacht.

5.3.3 Hobeln

Die Zimmerleute verwendeten die gleichen Hobelarten wie die anderen Holzberufe, weshalb hier nur besondere Formen und Arbeitstechniken beschrieben werden.

Zum gleichmäßigen Hobeln der langen Balkenprofile wendete der Zimmermann verschiedene Hilfsmittel an.

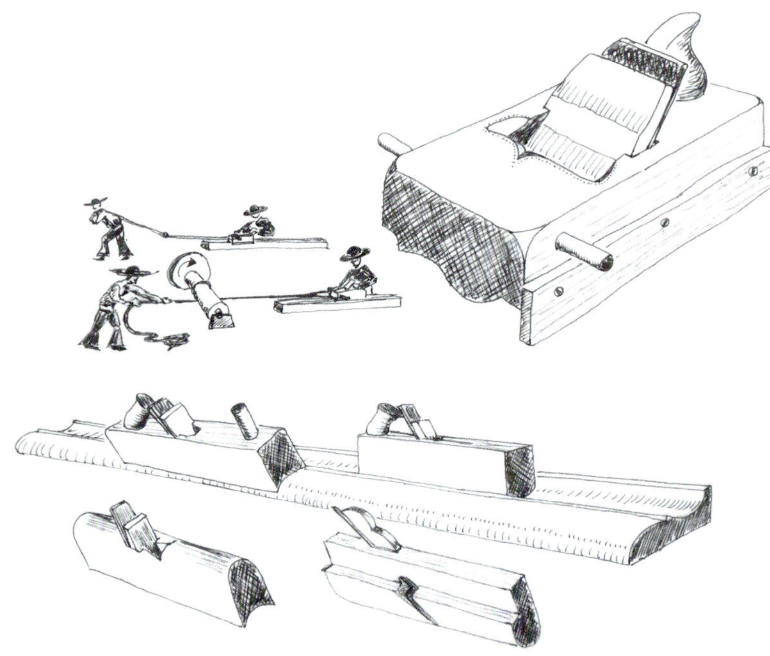

Abb. 5.42: Der Profilhobel wird von einer Hilfsperson, einem Wasser- oder Göppelrad gezogen.

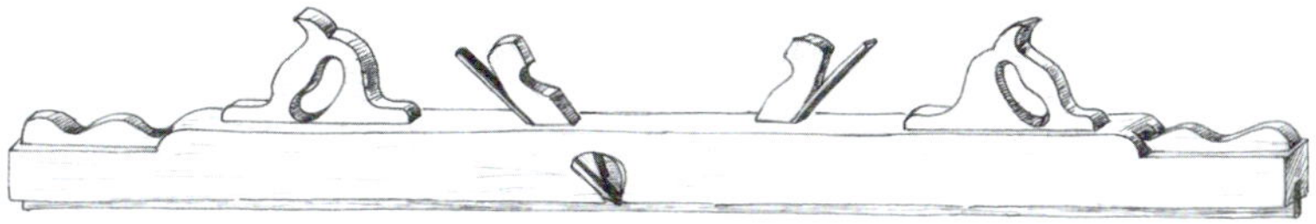

Zweiseitiger Doppelflitschhobel, 112 cm lang, 6 cm breit

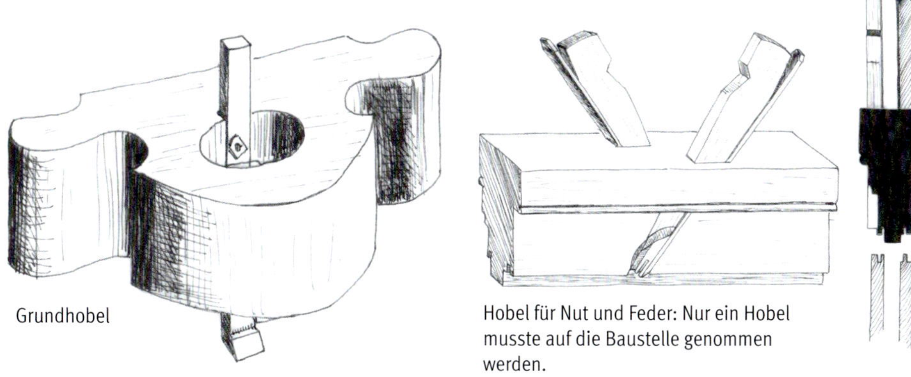

Grundhobel

Hobel für Nut und Feder: Nur ein Hobel musste auf die Baustelle genommen werden.

Abb. 5.43: Unterschiedliche Hobel

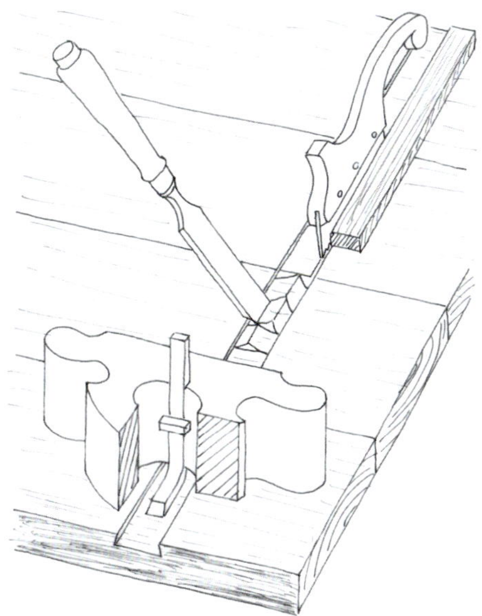

Abb. 5.44: Die Gratnut und ihre Herstellung

5.4 Schlagen

Erst mit der maschinellen Herstellung von Nägeln wurden diese in großen Mengen eingesetzt. Dadurch gewann der gewöhnliche, einhändig geführte Hammer aus Metall an Bedeutung. Schon vorher waren große Schlägel zum Rammen von Pfählen nötig, ebenso zum Holzspalten oder zum Richten der Balken beim Aufschlagen eines Gebäudes. Sie waren aus hartem Holz, vielleicht ein verwachsener Knüppel, ein Wurzelansatz, eine unregelmäßig gewachsene Stelle eines kleinen Stammes. Als härteste einheimische Holzart ist auch heute noch die Weißbuche gefragt. Nur das Stemmeisen darf mit der Rückseite des Handbeils geschlagen werden. Alle anderen Beitelarbeiten besorgte man mit kleineren Holzhämmern, das Stemmen von kleineren Löchern mit dem Stechbeitel zum Beispiel.

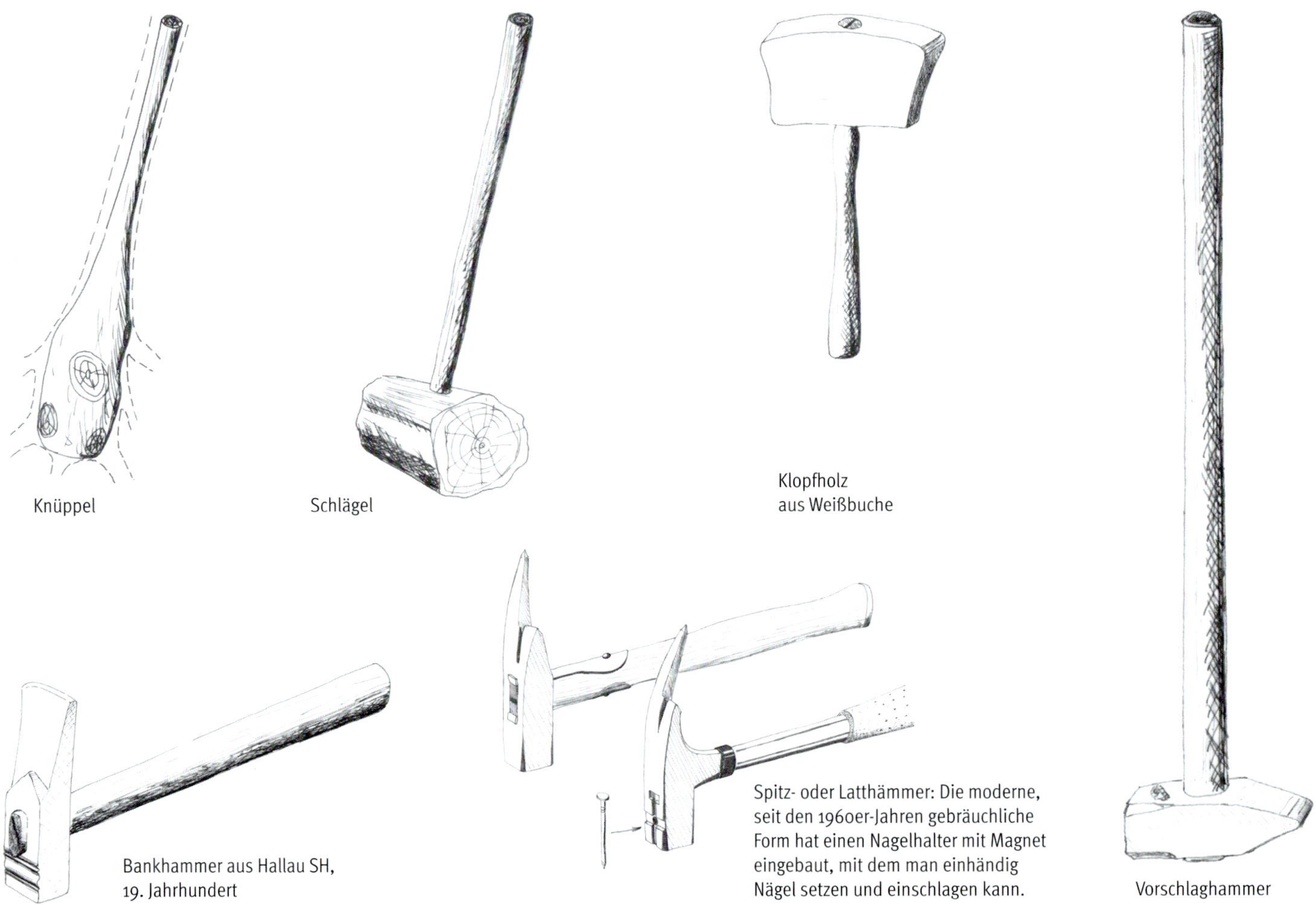

Abb. 5.45: Unterschiedliche Hämmer aus Holz und Metall

5.5 Weitere Werkzeuge und Geräte

Unter den häufig verwendeten Werkzeugen sind verschiedenste Zangen, Feilen und Raspeln, aber auch das ganze Sortiment von Hebewerkzeugen zu finden. Kompliziertestе Flaschenzüge, schiefe Ebenen, Ketten, Seile, Keile und Hebel sind im europäischen Raum spätestens durch die Römer bekannt geworden.

Häufig wurden diese Geräte von Menschenhand betrieben. Wo sich eine feste Installation lohnte und die Möglichkeiten vorhanden waren, kamen aber auch tierbetriebene Göpelwerke oder gar Wasser- oder Windkraft zum Einsatz. Weil gerade die Zimmerleute diese Techniken beherrschten, fehlte auf keiner mittelalterlichen Baustelle der Zimmermeister als »leitender Bauingenieur«.

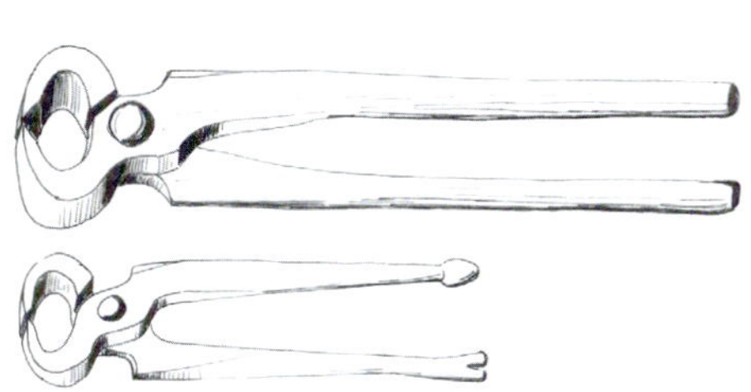

Abb. 5.46: Große und kleine Beißzange

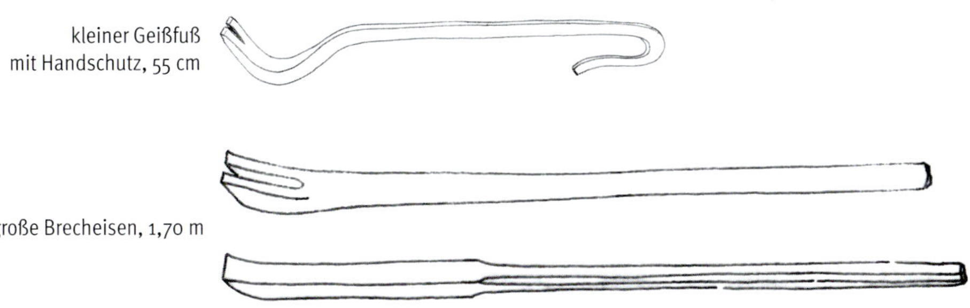

Abb. 5.47: Geißfuß und Brecheisen

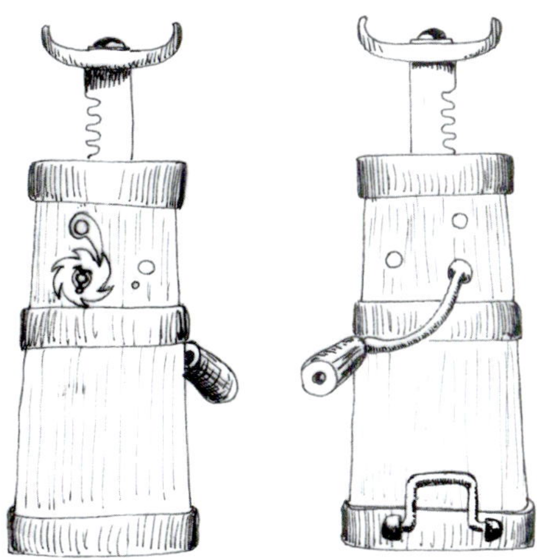

Abb. 5.48: Stockwinde

Abb. 5.49: Um 1950 wurde in Unterstammheim ZH der letzte mehrstöckige Fachwerkbau im Dorfzentrum aufgerichtet. Auffallend ist das Fehlen eines Gerüsts. Die Hölzer wurden ausschließlich mithilfe des daneben stehenden Mastes und einer Umlenkrolle aufgezogen. Ein Gerüst benötigte erst der Maurer für die Ausfachungsarbeiten. (Foto: Museum Stammertal / Walter Schwendimann)

5.6 Bearbeitungsspuren

Nach der Vorstellung der wichtigsten Handwerkzeuge ist es spannend, an alten und neuen Balken nach Spuren der Bearbeitungsart zu forschen.

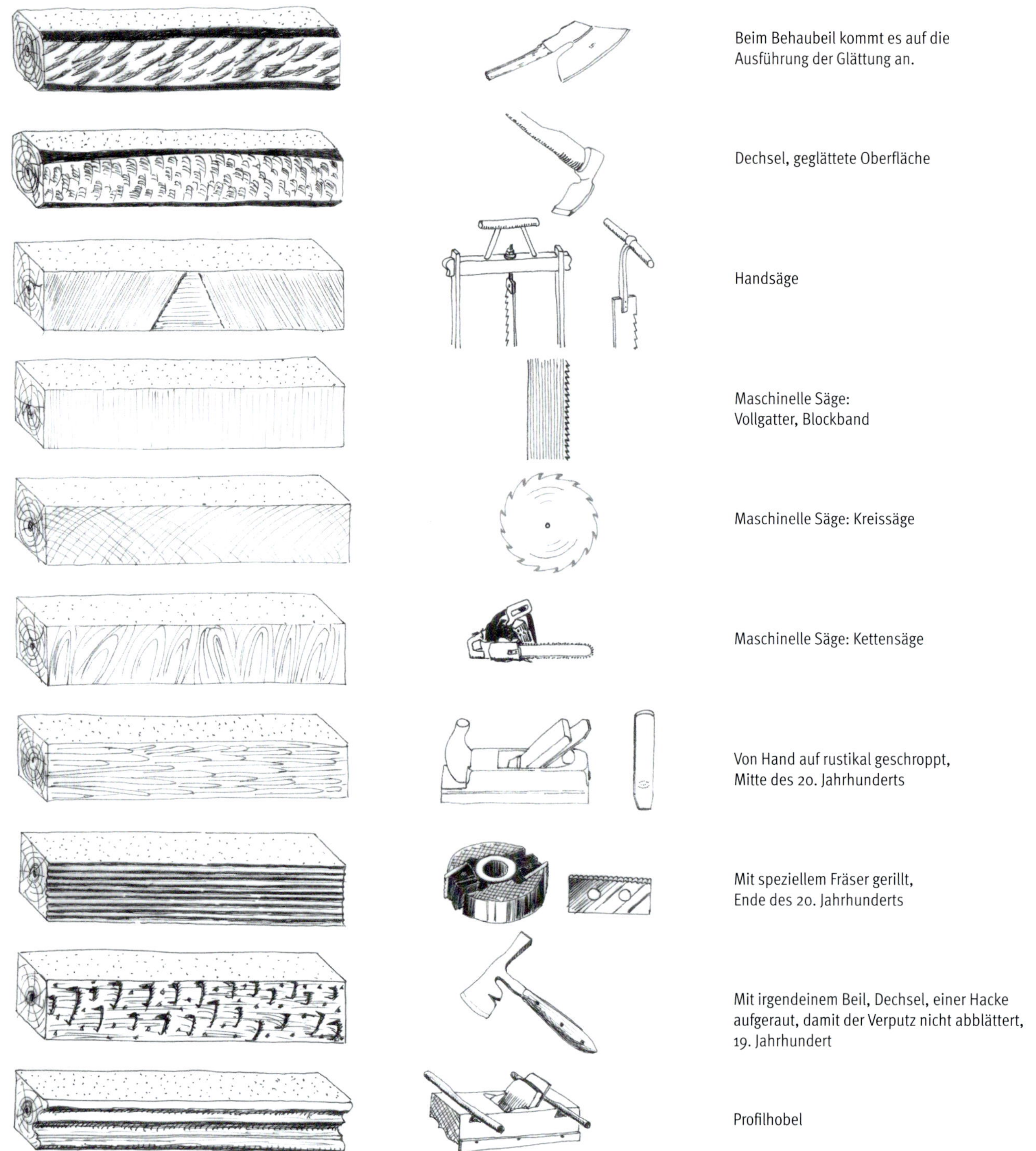

Abb. 5.50: Je nach Werkzeug unterschiedliche Bearbeitungsspuren

6 Holzverbindungen

6.1 Geschichtlicher Rückblick

Seit den frühesten Anfängen des Holzbaus muss die Menschen das Problem beschäftigt haben, wie zwei oder mehr Hölzer zusammengesetzt werden können. Die jeweils gefundenen und angewandten Lösungen hingen in jeder Epoche sehr eng mit der Entwicklungsstufe und dem Material der einsetzbaren Werkzeuge zusammen. Mit dem Steinbeil war es möglich, neben einfachsten Fäll- und Spitzarbeiten auch Kerben zu schlagen. Zum Spalten von gerade gewachsenen Hölzern war nicht unbedingt sehr scharfes Werkzeug nötig.

Ein im steinzeitlichen Moordorf Dullenried / Baden-Württemberg nachgewiesener Bastseilknoten zeigt, wie große Teile der Konstruktion zusammengehalten wurden. Der Knoten ist nicht mehr bekannt und auch nicht so gut wie die heute üblichen Knoten. Funde aus der Frühbronzezeit in Zürich zeigen, dass auch Tannenäste als Material für Verbindungen verwendet wurden.

Es ist zwar noch nicht genau bekannt, wie die so konstruierten Häuser ausgesehen haben, man kann sich jedoch ein Bild von den verwendeten Verbindungstechniken machen. Die technisch anspruchsvolle Stelzbauweise wurde nach der Erforschung der neolithischen Siedlung in Thayngen-Weiher bekannt. Durch das senkrechte eichene Spaltholz war eine Stange gesteckt, die auf einem hölzernen Unterzug lag. In einigen Fällen verhinderten unterlegte Schwellhölzer ein ungleiches Absinken in den weichen Untergrund.

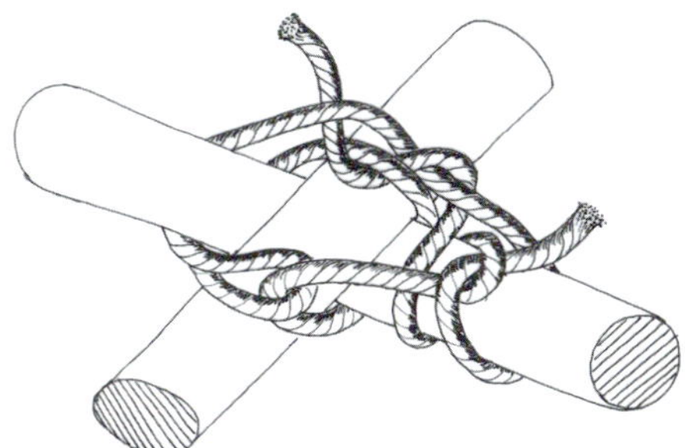

Abb. 6.1: Der aus Bastseilen bestehende Steinzeitknoten (nach F. Kress [59])

Die Verzapfung ist eine wesentliche Erfindung der neolithischen Holzbautechnik und ist bis zum heutigen Tag als sichere Verbindung zwischen waagrechten und senkrechten Hölzern nicht wegzudenken. Erst diese Verbindung ermöglichte die Entwicklung zum Ständerbau. Erste Spuren davon sind neolithische Schwellenhölzer mit der Funktion, den Druck senkrechter, tragender Hölzer aufzunehmen.

Eine zweite Möglichkeit, eine Wand mit Holzstämmen zu errichten, ist die Technik des Blockbaus, die nach den bisherigen Untersuchungen erst nach dem Pfostenbau entstanden ist.

Eine Vorform der Blockverbindung findet man in der jungsteinzeitlichen Siedlung Taubried am Federseemoor in Süddeutschland vor, wo Stangen / Stämme ohne Überkämmung mit einem einfachen Stoß aufeinandergelegt und durch beidseitig eingerammte Pfähle gesichert wurden. Die großen Zwischenräume mussten mit weiteren Stämmen und Stopfmaterial geschlossen werden.

Im Greifensee ZH sind Fundamente in einer Art Blockbautechnik bis zur Höhe von etwa vier Hölzern für die späte Bronzezeit nachgewiesen. Die Wände darüber hängen beim Blockbau von den Eckverbindungen ab, die höhere Anforderungen sowohl an die Werkzeuge als auch an das handwerkliche Geschick der Erbauer stellen. Mit dem Einsatz von Metallwerkzeugen seit Beginn der Bronzezeit war diese Bedingung erfüllt. Der in Abb. 6.8 gezeigte Typ war der früher gebräuchlichste: Unweit des Stammendes schlug man

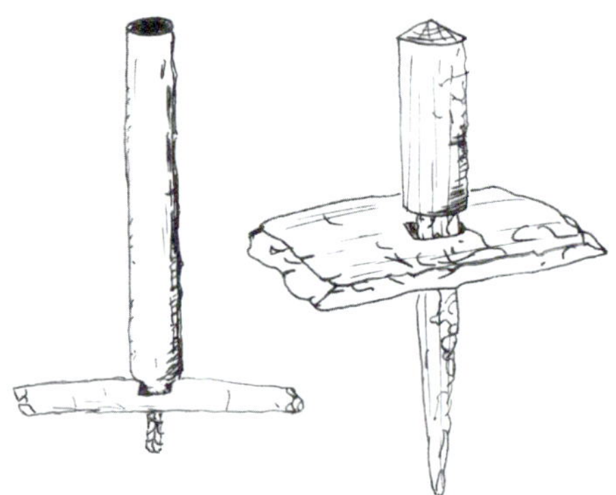

Abb. 6.2: Weitere Pfahlschuhe sind uns aus der Bronzezeit (2 000 v. Chr.) am Bodensee, am Zugersee und in der Seeufersiedlung am Baldeggersee erhalten, wo bis zu 7 m lange und mit zwei Löchern versehene Fundamentplatten die Last aufnahmen.

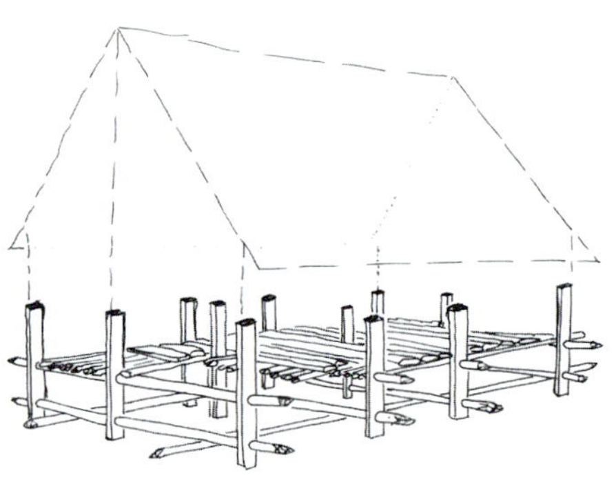

Abb. 6.3: Rekonstruktionsversuch der jungsteinzeitlichen Stelzbauten aus Thayngen-Weiher SH

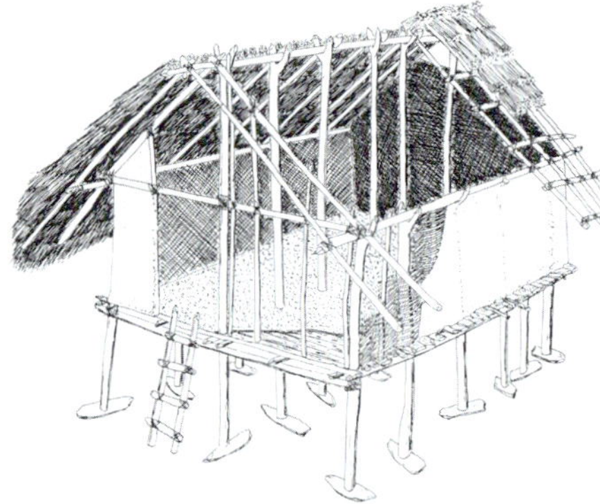

Abb. 6.4: Rekonstruktionsversuch eines Hauses mit Pfahlschuhen aus Hornstaad-Hörnli in Baden-Württemberg gegenüber von Steckborn TG am Untersee. Die Pfähle des Gebäudes waren am Fuß durch ein liegendes, etwa 15 cm dickes Holz gesteckt oder in dieses eingezapft. Diese etwa um 4 000 Jahre vor Christus ausgeführten Holzverbindungen zählen zu den ältesten in unserer Landesgegend.

eine einseitige Vertiefung als Wiege für den Stamm darüber aus. Weil das Zopfende bei natürlich gewachsenen Stämmen im Querschnitt kleiner ist als das untere Stammende, muss man, um in der Waagrechten zu bleiben, die Stammrichtung in jeder Lage wechseln.

Abb. 6.5: Seit Jahrzehnten bauen italienische Fischer mit großem Improvisationsgeschick unter Verwendung von Schwemmholz Pattformen in die Adria hinaus. Mit vielen Schraubverbindungen, Ketten und Stahlseilen entsteht so eine Art Fachwerk. Marina San Vito, Abruzzen (📷 2001)

Abb. 6.6: Initiative Mitglieder der experimentellen Archäologie versuchten sich am Aufbau eines Seeuferhauses. Sie mussten allerdings – gemäß heutiger Bauvorschriften – stärker dimensionierte Hölzer und Schraubverbindungen, versteckt unter Bastseilen einsetzen. Fischerhaus-Museum, Wangen am Untersee, Baden-Württemberg (📷 2016)

Abb. 6.7: Die Eckverbindung ohne Kerben muss durch seitliche Pfähle gesichert werden.

Abb. 6.8: Halbholztiefe Kerben für die Eckverbindungen am Fundamentrahmen in Blockbauweise; Greifensee-Böschen ZH

Abb. 6.9: Drei Möglichkeiten komplexer Bodenverankerungen

Der Blockbau hat sich naturgemäß vor allem im Alpengebiet durchgesetzt und erhalten, wo das benötigte lang- und geradwüchsige Nadelholz zur Verfügung stand. Erstaunlich spät wurde die Blockbautechnik in Skandinavien bekannt. Wohl das älteste ganz erhaltene Blockhaus Europas wurde um 1250 im norwegischen Numedal errichtet und steht nun im Norwegischen Freiluftmuseum in Oslo. Lange Zeit galten die 1907 gefundenen, ineinander gestellten Brunnenkästen von St. Moritz GR aus der späten Bronzezeit als ältester urgeschichtlicher Hinweis auf die Blockbautechnik. Hier kommt gleichzeitig zum ersten Mal eine Anblattung in Form des Schwalbenschwanzes vor. Inzwischen wurde diese Technik mehrmals als Grubenausfachung von der Bronze- bis in die Römerzeit nachgewiesen, ohne dass allerdings Hinweise auf eigentliche Blockhäuser im gleichen Zeitraum gefunden wurden. Das zurzeit älteste bekannte Blockhaus der Schweiz ist das Haus »Bethlehem« in Schwyz SZ, dessen Kernbau um das Jahr 1287 erstellt wurde. Jahresringuntersuchungen zeigten, dass die Hölzer dieses Hauses zwischen 1279 und 1287 gefällt wurden. Namentlich im Schwyzer Dorfbachquartier und im Nachbarort Steinen SZ sind ab 2001 weitere Häuser aus der gleichen Epoche entdeckt worden, die – obwohl sie zu den ältesten Blockbauten Europas zählen – keinen Schutzstatus erhielten und teilweise Neubauten weichen mussten.

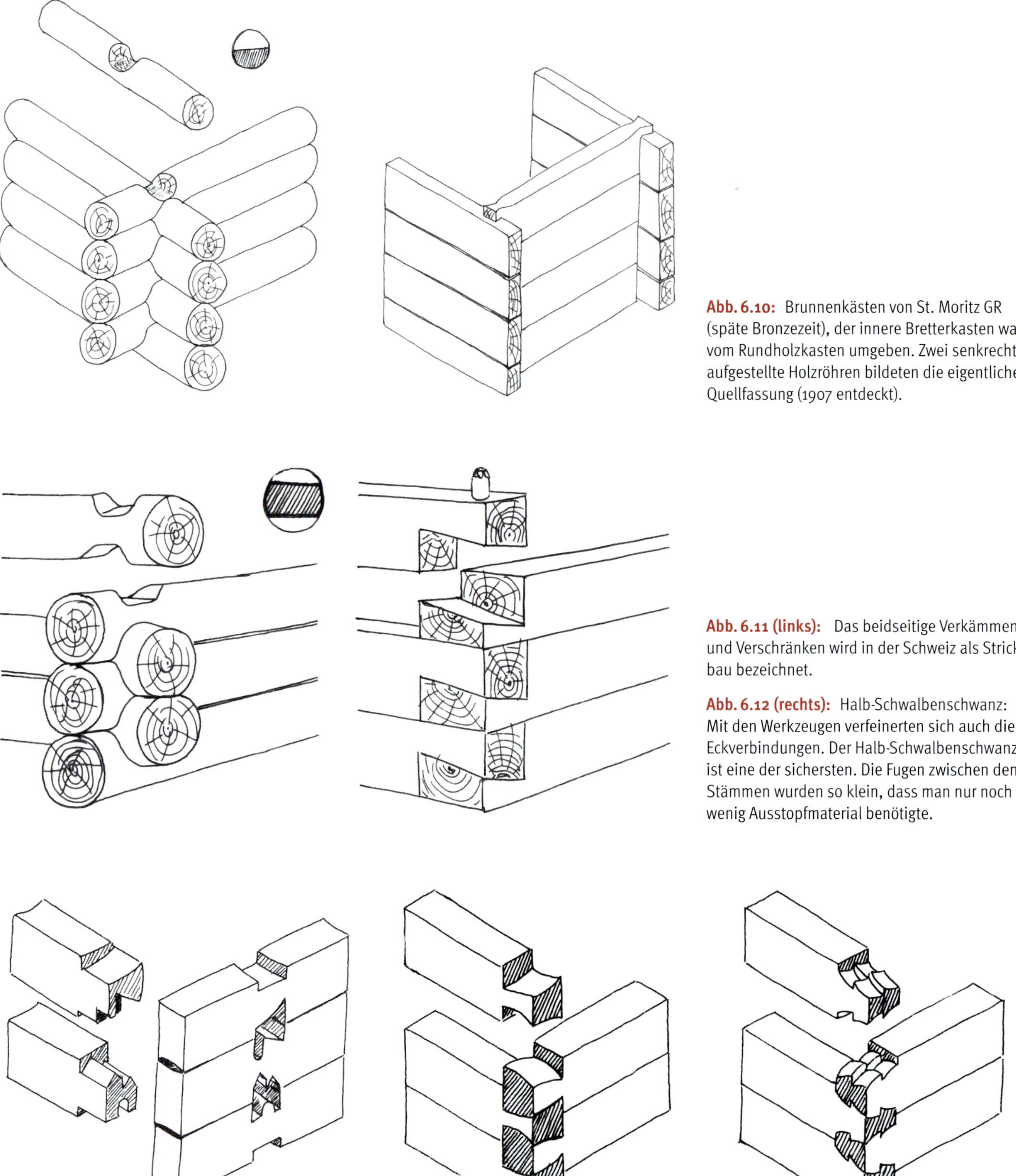

Abb. 6.10: Brunnenkästen von St. Moritz GR (späte Bronzezeit), der innere Bretterkasten war vom Rundholzkasten umgeben. Zwei senkrecht aufgestellte Holzröhren bildeten die eigentliche Quellfassung (1907 entdeckt).

Abb. 6.11 (links): Das beidseitige Verkämmen und Verschränken wird in der Schweiz als Strickbau bezeichnet.

Abb. 6.12 (rechts): Halb-Schwalbenschwanz: Mit den Werkzeugen verfeinerten sich auch die Eckverbindungen. Der Halb-Schwalbenschwanz ist eine der sichersten. Die Fugen zwischen den Stämmen wurden so klein, dass man nur noch wenig Ausstopfmaterial benötigte.

Abb. 6.13: Höhepunkt der sichtbaren Blockverbindungen sind die Formen in den Ostalpen: komplizierte Zierformen und mit einem speziellen Werkzeug ausgeführter »Klingenschrot« aus Oberbayern und Österreich.

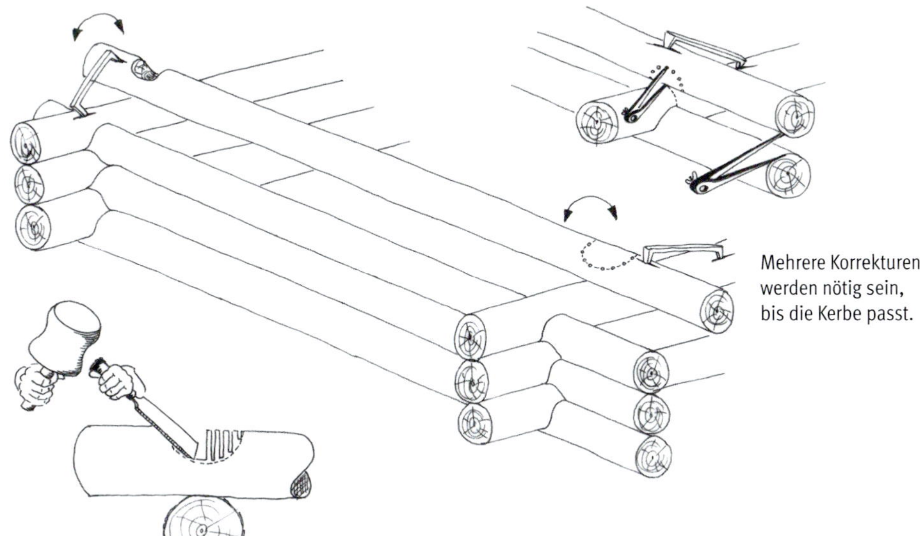

Abb. 6.14: Wie heute die Eckkerben angezeichnet und ausgeschlagen werden:
1. Der Stamm wird auf den vorgesehenen Platz gelegt.
2. Der Abstand zwischen den Stämmen wird mit dem Reißzirkel gemessen.
3. Der obere Stamm wird mit dem Zirkel markiert und vorgezeichnet.
4. Der Stamm wird um 180° zurückgerollt und wieder festgeklammert.
5. Die Kerbe wird mit Motorsäge, Stemmeisen und Schlägel ausgeschnitten.
6. Der Stamm wird wieder an seinen Platz gerollt.

Abb. 6.15: Besonders aufschlussreich ist diese Türschwellenpartie: Im Zapfenloch steckte der senkrechte Ständer. Die vordere Leiste der Nut ist so abgearbeitet, dass an der hinteren die Türe angeschlagen werden kann. In der Nut steckten die hölzernen Wandfüllungen (Stabbau).

Auch die Blockbautechnik entwickelte sich weiter – vom Rundholz zum Kantholz, mit und ohne vorstehende Balkenenden am Eckverband. Professor H. Phleps zeigt in seinem Werk »Holzbaukunst. Der Blockbau« über 50 Varianten von Eckverbänden [73].

Die Kelten verfeinerten die Holzverbindungstechnik weiter. Nördlich der Alpen wurde auch zur Zeit der Römerherrschaft hauptsächlich mit Holz gebaut. Die dank günstiger Bedingungen erhaltenen Spuren solcher Holzbauten in Vitudurum/Oberwinterthur zeigen denn auch im 1. Jahrhundert n. Chr. eine meisterliche Beherrschung der verschiedenen Holzbautechniken. Obwohl – wie bei den meisten Ausgrabungen – hauptsächlich die untersten Schwellenkränze erhalten zum Vorschein kamen, ergibt sich ein klares Bild über die Hausgerüste, die aus handbehauenen Balken und Bohlen erbaut, mit Anblattungen und Verzapfungen verbunden sowie mit Holznägeln fixiert wurden. Im Innenausbau wurden bei Böden und Möbeln gesägte, genutete, gekämmte, gefälzte, gebohrte und zu Tafeln verdübelte Bretter gefunden.

Physikalische Eigenschaften von verschiedenen Baumaterialien prägten lange Zeit auch unser Geschichtsbild. Holz verfault, Eisen rostet; Stein, Edel- und Buntmetalle haben dagegen Jahrhunderte überdauert. Es ist darum kaum verwunderlich, dass wir über den Hausbau und die Werkzeuge gewöhnlicher Leute des frühen Mittelalters nur wenig wissen. Dagegen wissen wir verhältnismäßig viel über die ersten Steinbauten jener Zeit (Kapellen, Burgen) und die Schmuckstücke, die als Beigaben in frühmittelalterlichen Gräbern gefunden wurden. In diese Lücke springen die vielen Freiwilligen der experimentellen Archäologie. Unter Berücksichtigung gesicherter Befunde tasten sie sich beharrlich und mit großem Eifer in Arbeitstechniken vor, die man schon längst vergessen glaubte. Besonders hier sind Kontakte und der Austausch von Erkenntnissen über alle Grenzen hinweg besonders wichtig.

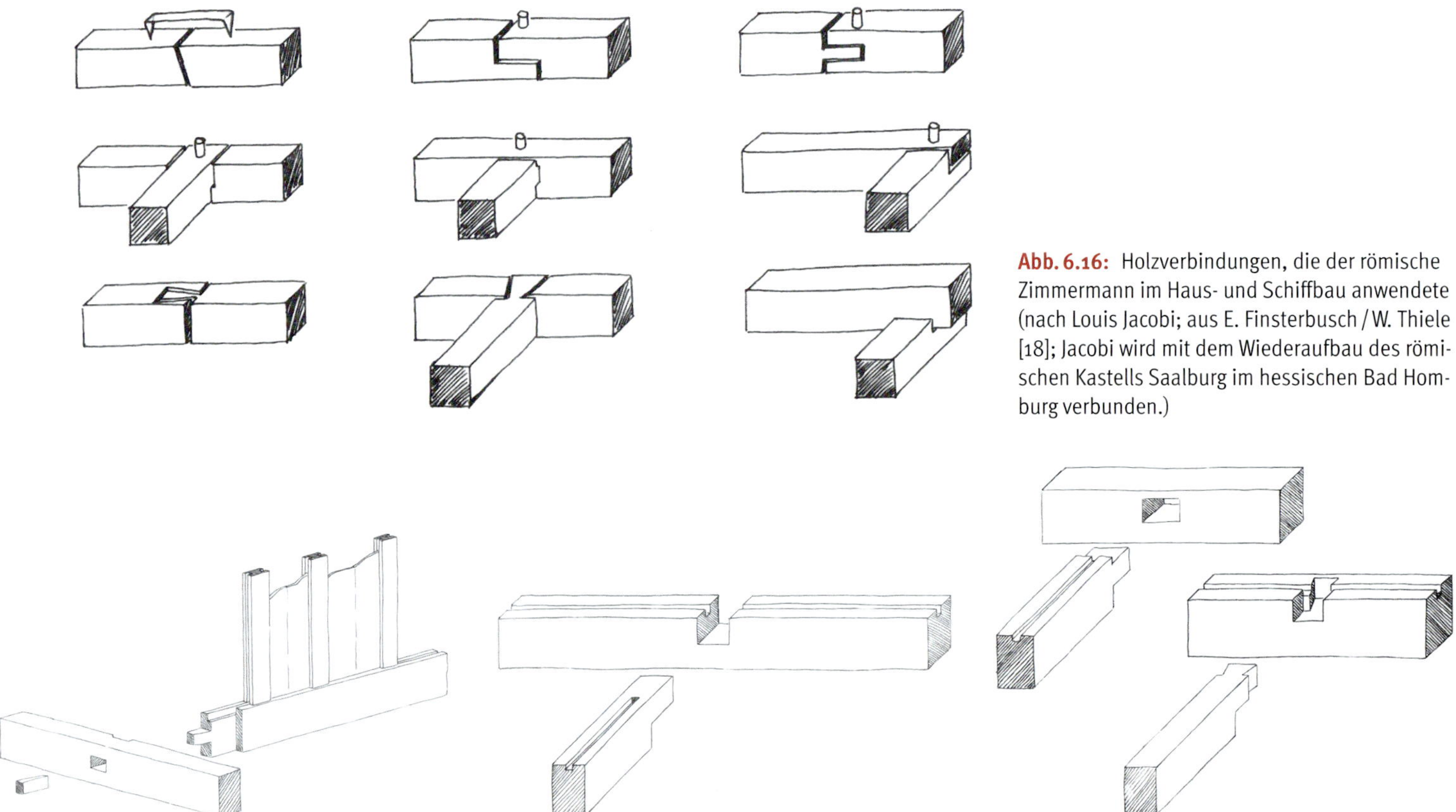

Abb. 6.16: Holzverbindungen, die der römische Zimmermann im Haus- und Schiffbau anwendete (nach Louis Jacobi; aus E. Finsterbusch / W. Thiele [18]; Jacobi wird mit dem Wiederaufbau des römischen Kastells Saalburg im hessischen Bad Homburg verbunden.)

Abb. 6.17: Einige Beispiele der Holzverbindungen, die am Petersberg in Basel gefunden wurden. Dort wurde ein Handwerkerquartier ausgegraben.

Untersuchungen in Basel (Petersberg, 1937–1939) und Zürich (Münsterhof, 1980) zeigen deutlich, dass in Städten Stein- und Holzbauten nebeneinander vorkamen. Da je nach Platzbedürfnis der Bewohner die Häuser ständigen Veränderungen unterworfen waren, kann oft am selben Ort die Baugeschichte des Hauses abgelesen werden. Häufig kommen auch heute noch bei Sanierungen mittelalterliche, bis dahin versteckte Bauteile zum Vorschein. Hausreste aus dem 11. und 12. Jahrhundert in Basel und aus dem 9. bis 13. Jahrhundert in Zürich zeigen, dass sich die Holzbautechnik seit der Römerzeit (Vitudurum – Oberwinterthur ZH) nicht wesentlich verändert hat. Es sind Ständerbauten, deren Schwellenkränze meist direkt auf der Erde liegen. Wohnbereiche sind häufig mit Holzbohlen ausgefacht.

Besonderes Interesse verdienen die in Basel gefundenen Fragmente von Holzverbindungen. Die Balkenverbindungen sind äußerst exakt gearbeitet und erstaunlich vielfältig.

Auch hier sind hauptsächlich die untersten Teile der Häuser, die Schwellenkränze, übrig geblieben. In Basel brannte übrigens der Großteil der Häuser nach dem großen Erdbeben 1356 ab, sodass nur sehr selten Holzkonstruktionen aus der Zeit vor dieser Katastrophe entdeckt werden.

Die ältesten noch im Originalzustand erhaltenen Fachwerkhäuser im großen Umkreis des Bodensees stammen aus der ersten Hälfte des 15. Jahrhunderts. Dort kann abgelesen werden, dass gegen Ende des Mittelalters das Anblatten von Streben (Fuß- und Kopfhölzer) ein fester Bestandteil der Zimmererkunst war. Auf Zug und Druck ausgeführte Anblattungen sind durch die an einem Haus vorkommenden mechanischen Kräfte kaum zerstörbar, haben aber durch den enormen Holzverbrauch einen großen Nachteil. Da die Blattsasse großflächig das Konstruktionsholz schwächt, muss dieses größer dimensioniert werden.

Ab dem 16. Jahrhundert wurde die Anblattung beim reinen Fachwerkbau zuerst von der Überblattung, später von der Verzapfung abgelöst. Natürlich ging diese Veränderung je nach Zimmermann und Region verschieden langsam vor sich. In eher gebirgigen Zonen und im Gebiet der Ständerbauten konnte sich die angeblattete Strebe bis ins 20. Jahr-

Abb. 6.18: Rekonstruktionsversuch in Königsfelden bei Brugg: Das römische Heerlager von Vindonissa ist museumspädagogisch den vorgefundenen Befunden von 90 n. Chr. entsprechend nachgebaut worden. Windisch AG (📷 2009)

Abb. 6.19: Rekonstruktionsversuch einer Holzkirche des 9. Jahrhunderts im Experimentalpark Campus Galli Meßkirch (Baden-Württemberg), wo versucht wird, ein karolingisches Kloster gemäß der damaligen Bautechnik und mit der früheren Arbeitsmethode nachzubauen (📷 2017).

Abb. 6.20: Häuser des fertiggestellten Heerlagers im Vindonissapark, Windisch AG (📷 2018)

hundert behaupten. Eine Besonderheit stellen das Gebiet rund um den Zürichsee und der Bezirk Affoltern am Albis dar, wo angeblattete und verzapfte Streben nebeneinander am gleichen Gebäude als doppelte Sicherung verwendet wurden.

Meist waren auch die Zapfenverbindungen durch Holznägel gesichert. Sie verhinderten das Herausgleiten der Zapfen bei einer Zugbelastung und trugen wesentlich zur Sicherheit bei Erdbeben bei.

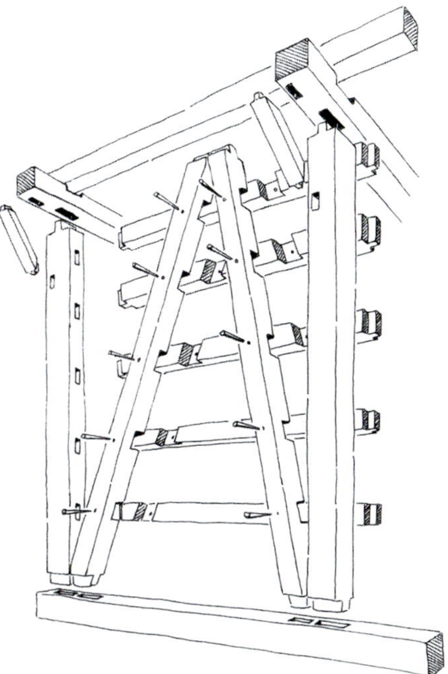

Abb. 6.21: Überblattungen: Die Holznägel zur Sicherung sind in der Mitte der Strebe eingesetzt. Ossingen ZH

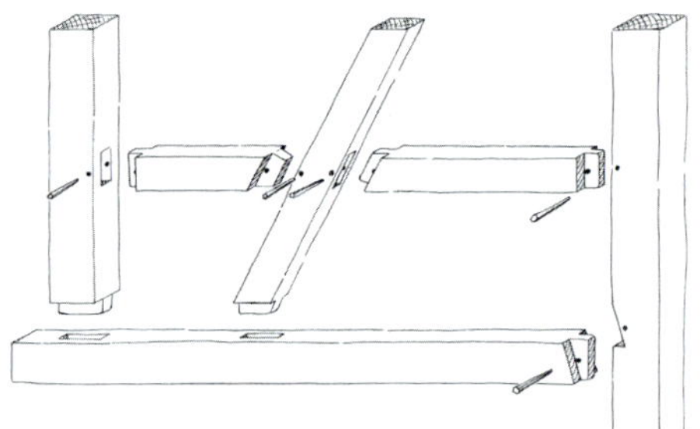

Abb. 6.22: Mit Holznägeln gesicherte Riegel von 1797, Boncourt JU

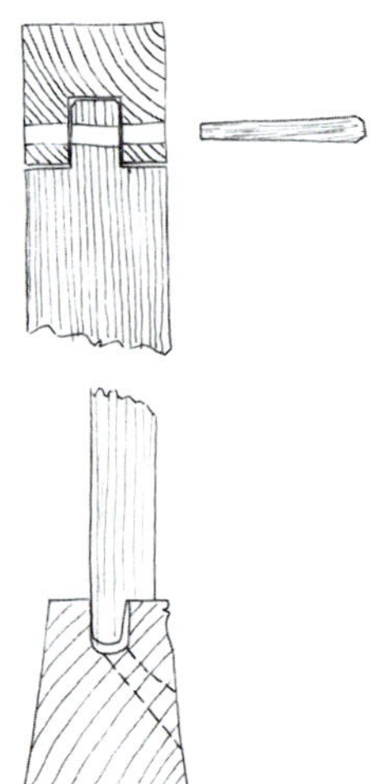

Abb. 6.23 (oben): Wird das Loch für den Holznagel etwas schräg gebohrt, wird die Verbindung fester.

Abb. 6.24 (unten): Nur an wenigen Fachwerkhäusern, aber besonders an den norwegischen Stabkirchen sind Wasserableitungen aus den Zapfenlöchern der Schwellen bekannt.

Abb. 6.25: Doppelte Verstrebungen: zugleich angeblattete Kopfhölzer und wandhohe Streben im Eglihaus in Lutikon / Hombrechtikon ZH von 1665 (📷 2017)

6.2 Die traditionellen Holzverbindungen

Unter traditionellen Holzverbindungen werden alle reinen Holz-Holz-Verbindungen verstanden. Im Unterschied zum Schreiner verwendete der Zimmermann dazu keinen Leim. Heute werden auch Klebstoffe, allerdings sehr beschränkt neben dem vorherrschenden Metall, eingesetzt. Die meisten reinen Holzverbindungen sind leider in Vergessenheit geraten, darum finden sie hier besondere Beachtung.

Die Holzverbindungen werden durch die statischen Verhältnisse des Bauwerks, durch die Materialeigenschaft des zur Verfügung stehenden Bauholzes und durch den Ort der Verbindung bestimmt. Es kommt darauf an, ob eine Verbindung Schub oder Zug aufnehmen muss, ob Eichen- oder Fichtenholz verbaut wird oder ob die Holzverbindung im Außenbereich dem Wetter ausgesetzt sein wird. Dies alles zu entscheiden, setzt fundierte Materialkenntnisse, das sichere Gefühl für die Verarbeitbarkeit des Holzes und das Kennen des Repertoires der Holzverbindungen voraus. Darum gibt es für die einzelnen Gruppen unzählige Lösungsmöglichkeiten, von denen hier nur eine kleine Auswahl berücksichtigt werden kann.

Winkelverbindungen

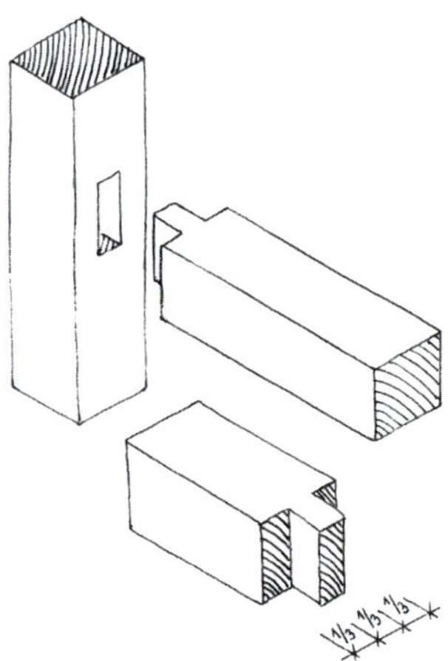

Abb. 6.26: Der einfache Zapfen ist neben der geraden Überblattung auch heute noch die häufigste Verbindung, kann sie doch sehr leicht mit Maschinen ausgeführt werden.

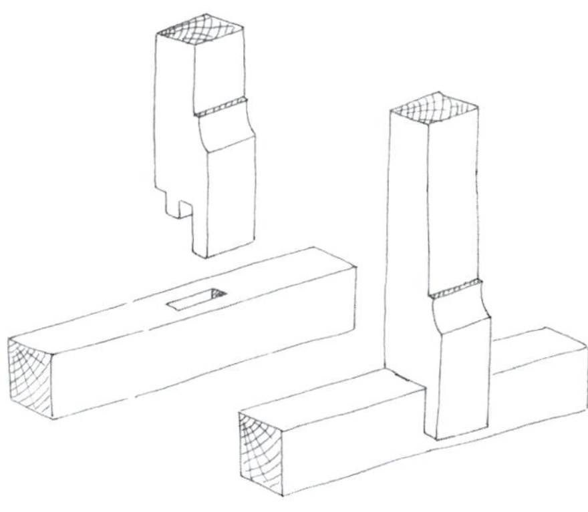

Abb. 6.27: Das Ständerfußblatt – übers Eck ausgeführt auch Ständerschale genannt – ist eine der vielen Spezialformen. Sie schützt die Verbindung vor dem Regen. Das Blatt ist aus dem vollen Stamm herausgearbeitet. Ständerschalen sind in Burgau SG oder in Stein am Rhein SH zu sehen.

Abb. 6.28: Ständereckblatt oder Ständerschale in Stein am Rhein SH (📷 2013)

Abb. 6.29: Dreifaches Zapfenschloss in Affoltern am Albis ZH (📷 1989)

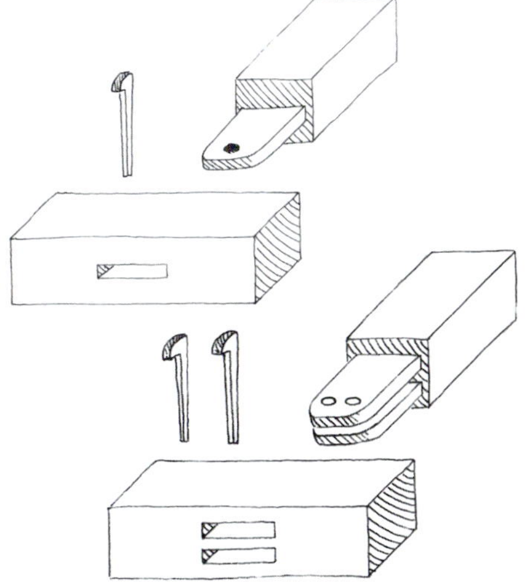

Abb. 6.30: Das Zapfenschloss verhindert das Herausgleiten und wird in der Schweiz meistens an Schwellen angetroffen. Sie sind als waagrecht hervorstehende Bauteile durch die Witterung gefährdet. Beim Überputzen von Fachwerk wurden sie meist kurzerhand abgesägt.

Abb. 6.31: Dreifaches Zapfenschloss und Keilladenöffnung an der erneuerten Schwelle eines Speichers in Horben im Emmental BE (📷 2016)

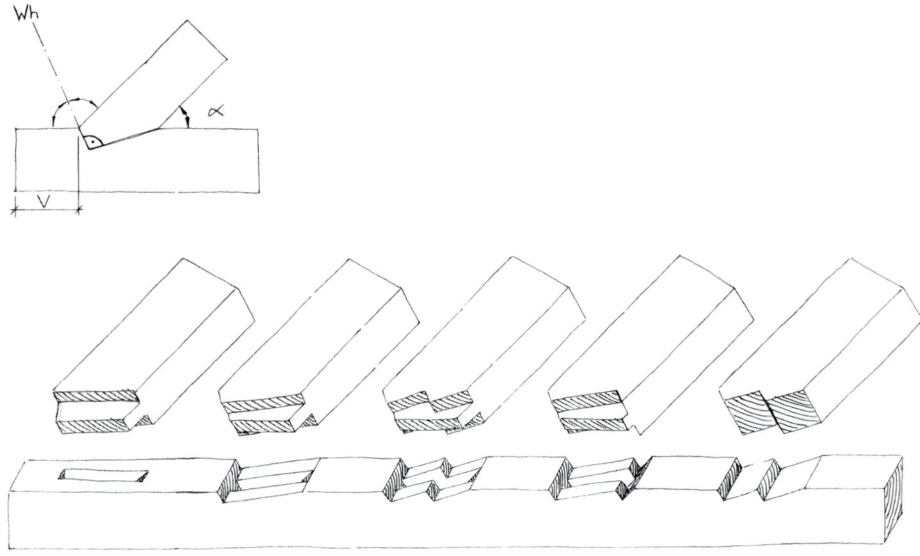

Abb. 6.32: Müssen in einer Schrägverbindung starke Schübe aufgenommen werden, genügen gewöhnliche Zapfen nicht mehr. Sie werden durch Versätze verstärkt. Dabei ist unbedingt auf genügend Vorholz (V) zu achten.

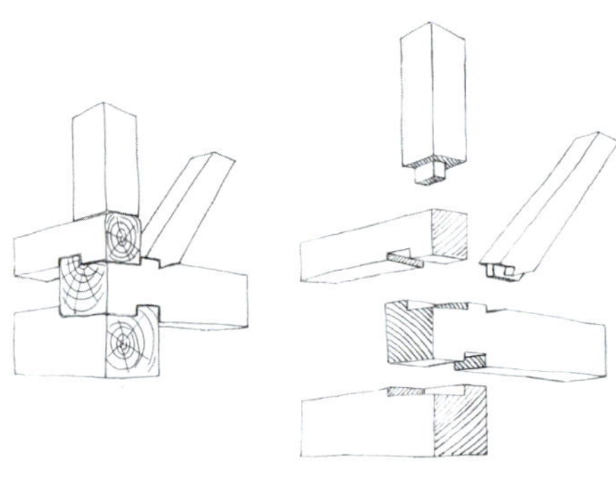

Abb. 6.33: Da hier wegen der Eckverbindungen zu wenig Vorholz bleibt, wird der Schub durch die Versatzung in der Mitte der Strebe aufgenommen. Waltalingen ZH (📷 2014)

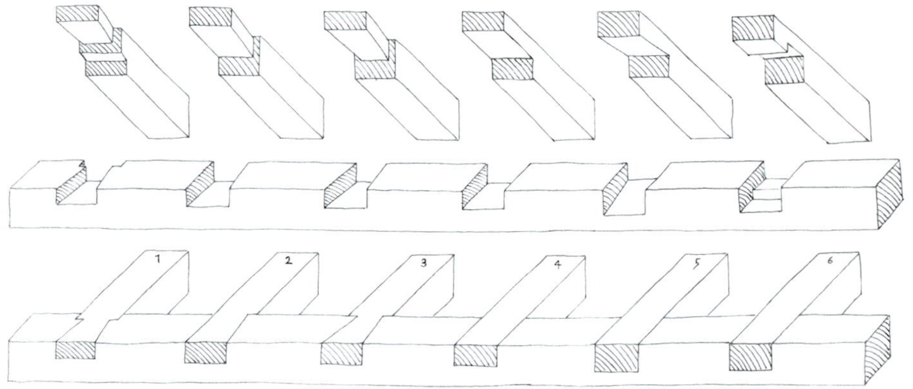

Abb. 6.34: Überblattungen gehören auch zu den Winkelverbindungen. Ihr Aufwand ist in der Regel recht groß, zudem wird das Holz beträchtlich geschwächt.

1 Schwalbenschwanz mit Brüstung
2 Einseitiger Schwalbenschwanz
3 Schwalbenschwanz
4 Einfache Überblattung
5 Schräge Überblattung
6 Hakenblatt

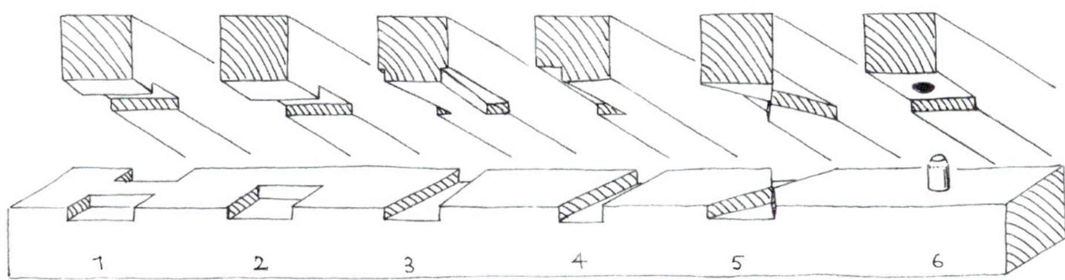

Abb. 6.35: Bei den Verkämmungen werden die Hölzer weniger geschwächt, weil sie an der Oberkante nicht bündig sind, sondern übereinandergelegt werden.
1 Zweiseitiger, gerader Kamm
2 Einseitiger gerader Kamm
3 Schwalbenschwanzkamm
4 Halber Schwalbenschwanzkamm
5 Kreuzkamm
6 Balken mit Obholz und Dübel

Längsverbindungen

Längsverbindungen können ähnlich wie die bereits vorgestellten Verbindungen mit Zapfen, Schwalbenschwänzen oder Überblattungen hergestellt werden.

Ursprünglich eine Spezialität des Holzbrückenbaus sind die verschiedenen Bogenschlossvarianten, die Anfang des 19. Jahrhunderts auch beim Fachwerkbau angewendet wurden. Diese hervorragenden Holzverbindungen belohnen den großen Arbeitsaufwand, da die so verbundenen Holzteile nach keiner Seite ausweichen können. Die Keile wurden nach dem Austrocknen des Holzes nachgeschlagen. Es verwundert nicht, dass diese Verbindung meist an leicht sichtbaren Stellen eines Fachwerkhauses eingesetzt wurde – als Beweisstück des Könnens des ausführenden Zimmermanns.

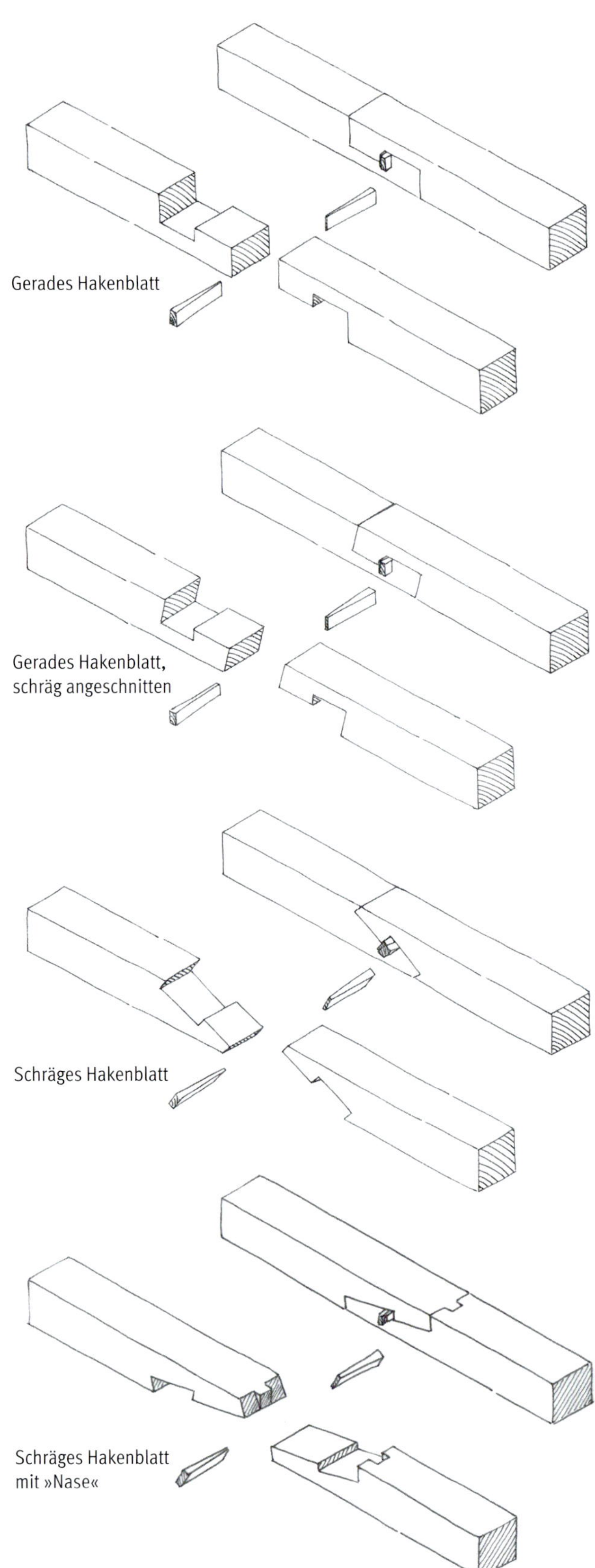

Abb. 6.36: Unterschiedliche Hakenblatt-Verbindungen

Abb. 6.37: Schräges Hakenblatt mit »Nase«; Kehlhof-Scheune (ca. 1820) in Unterstammheim ZH (📷 2016)

Abb. 6.38: Gerades Bogenschloss in Unterstammheim ZH (📷 2016)

Abb. 6.39: Das schräge Bogenschloss, ein Höhepunkt der traditionellen Holzverbindungen in Zihlschlacht TG (📷 1989)

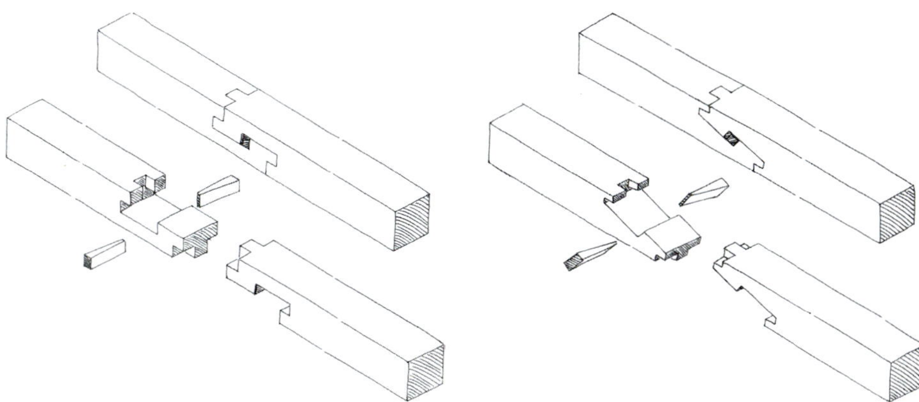

Gerades Bogenschloss mit kreuzförmigen Zapfen

Schräges Bogenschloss mit kreuzförmigen Zapfen

Abb. 6.40: Bogenschlossvarianten

Eckverbindungen

Es darf nicht vergessen werden, dass meist nicht nur zwei, sondern mehrere Hölzer an einem Punkt zu einem eigentlichen »Knoten« verbunden werden müssen.

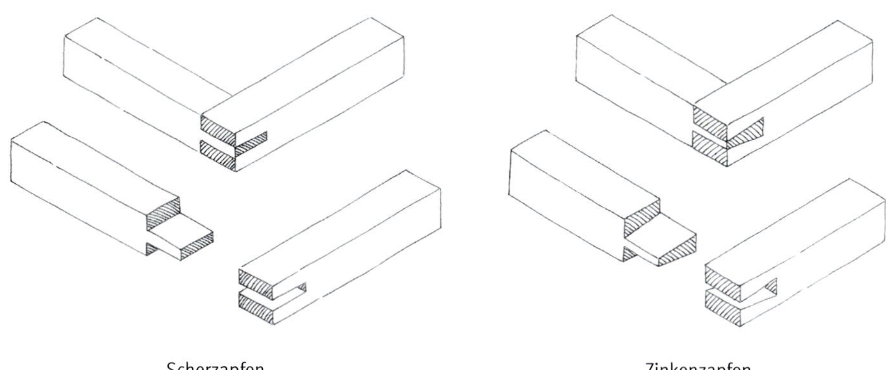

Scherzapfen

Zinkenzapfen

Abb. 6.41: Eckverbindungen mit Zapfen

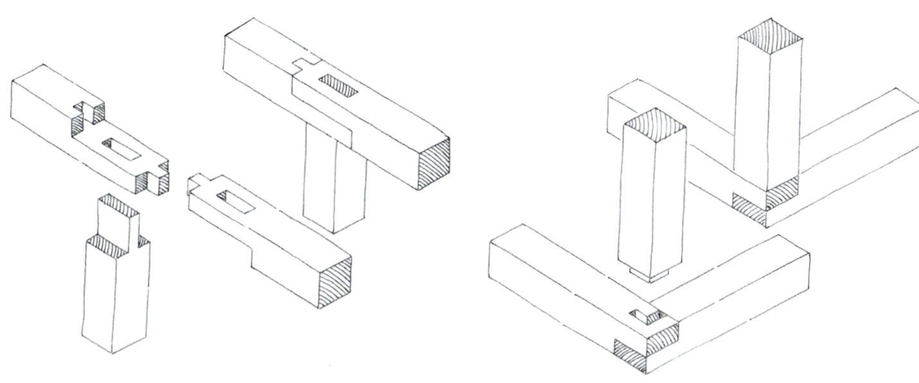

Kombinierte Zapfenverbindung

Ecküberblattung mit Winkelzapfen

Abb. 6.42: Knotenpunkte, Kombination unterschiedlicher Verbindungen

Fachwerk-Hausecke

Eine traditionelle Fachwerk-Hausecke ist komplizierter, als man auf den ersten Blick denkt. Was zusammengesetzt so schön bündig passt, zeigt auseinandergenommen seine ganze Kompliziertheit, denn es muss den verschiedensten Zugkräften entgegenwirken können.

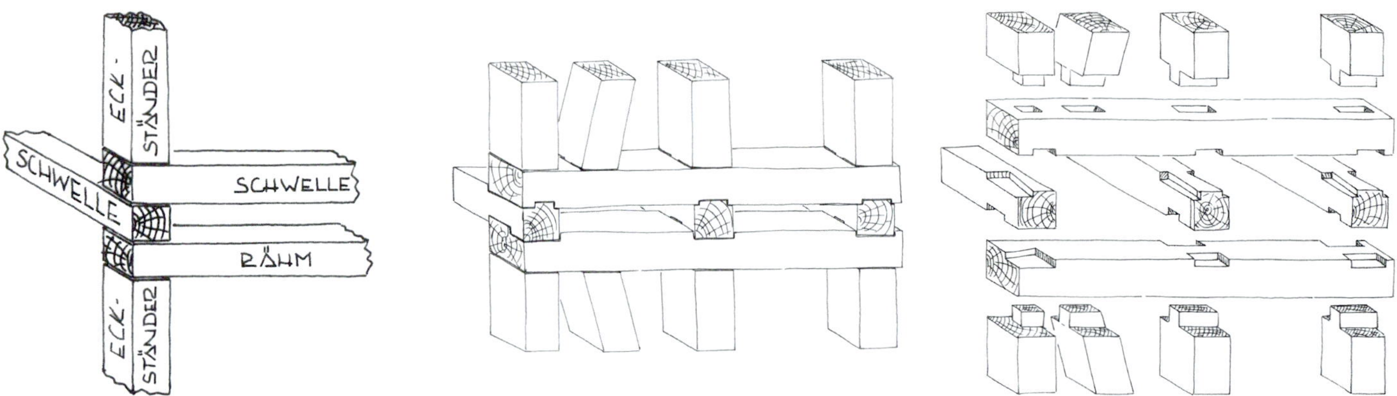

Abb. 6.43: Einzelteile einer Fachwerk-Hausecke

6.3 Verzahnte Balken

Manchmal kommen auch an Fachwerkhäusern verzahnte Balken vor. Bei großen Spannweiten ergaben sich zunächst unlösbare Probleme mit durchgebogenen oder sogar mit geknickten Balken. Aus der Römerzeit sind uns die ältesten Darstellungen von verzahnten Brückenkonstruktionen bekannt. Auch von Leonardo da Vinci sind Skizzen überliefert.

Eigentlich handelt es sich um durch Mehrfachversatz verbundene, übereinandergelegte Hölzer. Unverbunden übereinandergelegte Balken können nicht mehr Belastung aufnehmen, als wenn sie nebeneinander eingebaut werden. Werden sie jedoch fest miteinander verbunden, so nehmen sie mehr als das Dreifache an Belastung auf.

Die berühmten Brückenbauer und Zimmerer der Familie Grubenmann aus Teufen AR verwendeten im 18. Jahrhundert verzahnte Balken für ihre weitgespannten Holzbrücken, die heute noch selbst dem Schwerlastverkehr standhalten. Nicht nur im Brückenbau, sondern auch bei Sägemühlen, Vordächern von gewerblichen Werkstätten (Schmieden, Wagnereien, Küfereien) und über breiten Scheunentoren war die Verzahnung nötig.

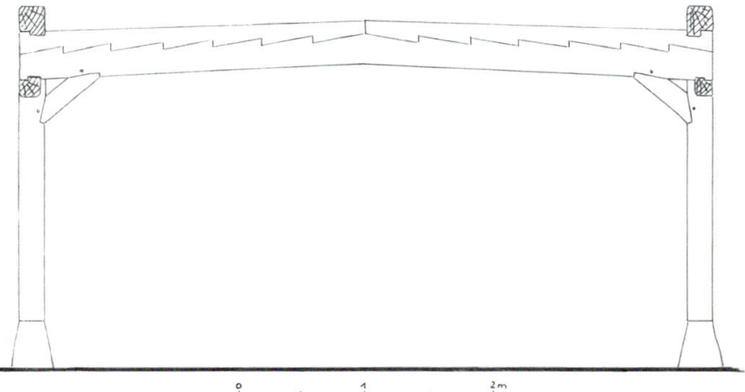

Abb. 6.44: Die drei eichenen Balken sind »vorgespannt« und satt verschraubt. Wagenschopf (Einstellplatz für Kutschen) in Unterstammheim, 1828

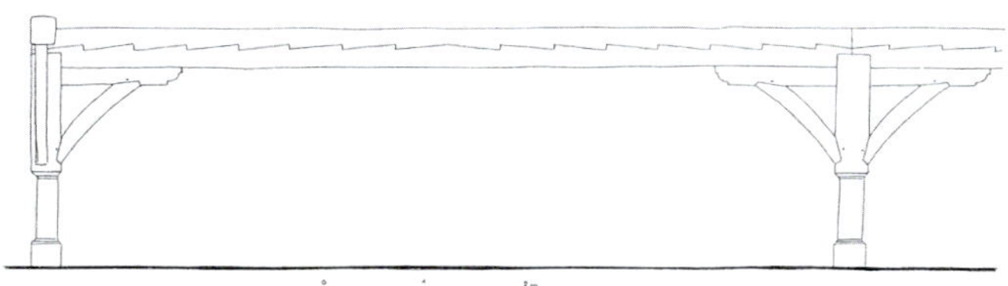

Abb. 6.45: Sechs Meter frei von Stützen: Reismühle-Säge in Winterthur-Hegi ZH

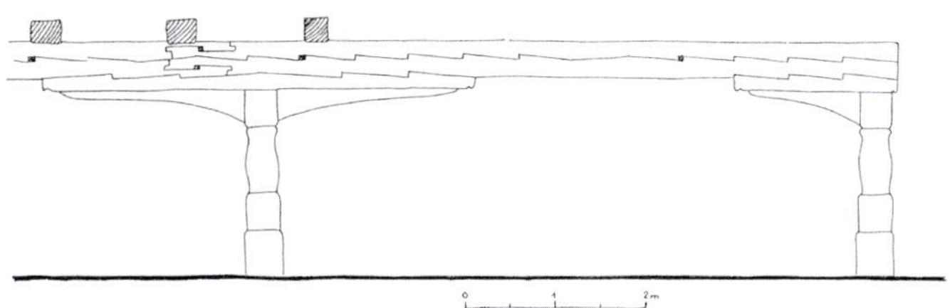

Abb. 6.46: Kompliziertere Verhältnisse herrschen bei diesem ehemaligen Sägewerk der Rietmühle Waltalingen ZH, wo die verzahnten Balken durch Bogenschlossverbindungen verlängert wurden.

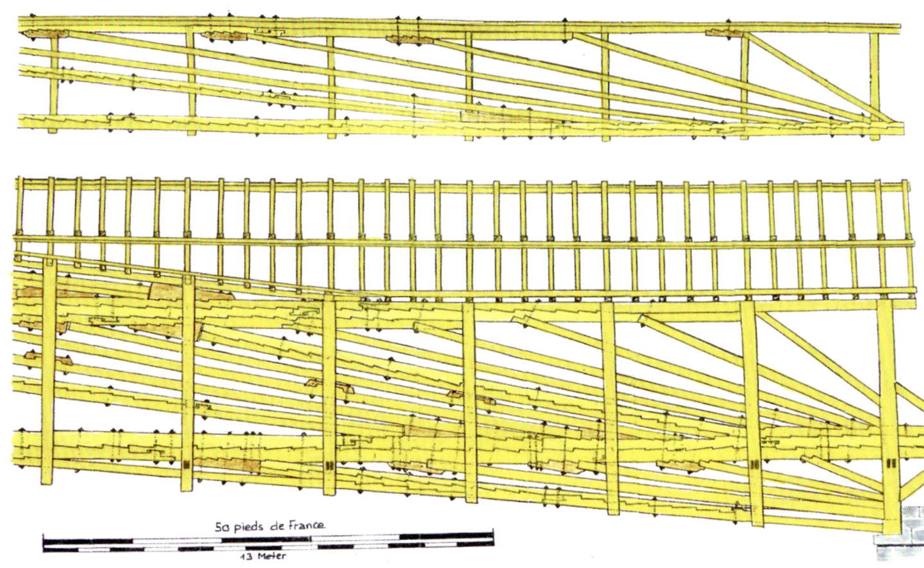

Abb. 6.47: Ulrich Grubenmann, um 1756: Der Ausschnitt vom ersten Entwurf für die Schaffhauser Rheinbrücke zeigt die mit großem Aufwand gefertigten Verzahnungen. (Bild: Nach dem Plan von Christian Mechel, Basel 1803)

6.4 Spezielle Verbindungen

Je nach Bestimmung und Ort sind auch aufwendigere und daher selten angewandte Holzverbindungen die einzig richtige Lösung.

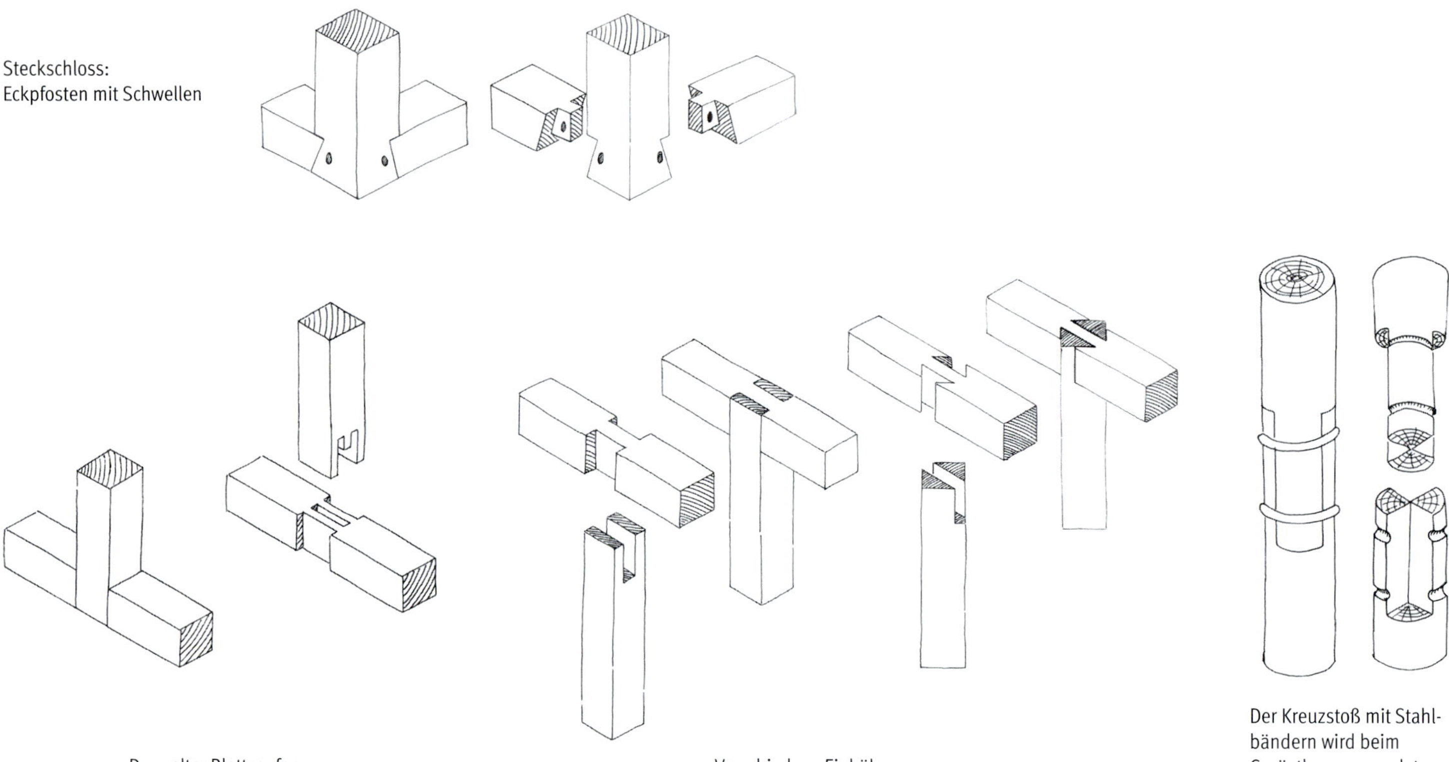

Abb. 6.48: Spezielle Holzverbindungen

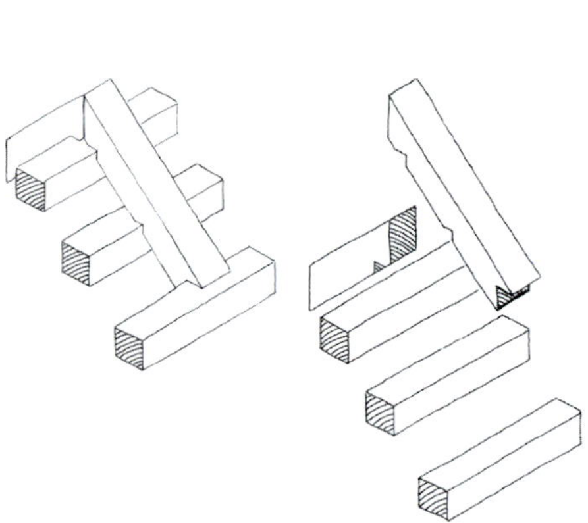

Abb. 6.49: Klauen: Zur Auflage auf den Pfetten werden Kerben in die Sparren geschnitten. Die untere Klaue dient zur Abstützung auf dem Balken. Die Klauen müssen auf alle Fälle mit (Metall-)Nägeln gesichert werden. Der Sparrenstoß ist auf Gehrung geschnitten.

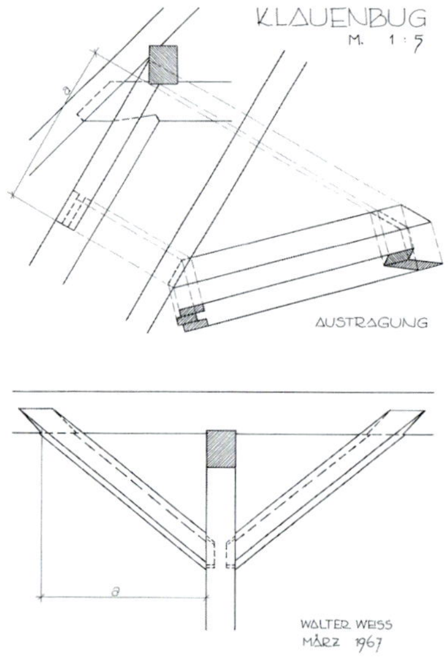

Abb. 6.50: Zeichnung von 1967 aus der Gewerbeschule Wetzikon ZH

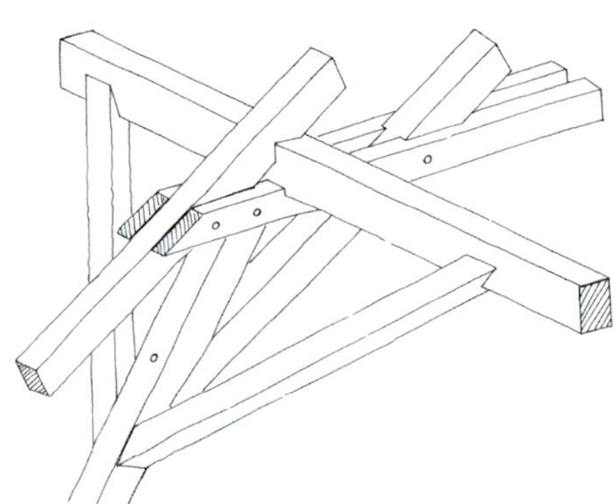

Abb. 6.51: Das Reißen und Abbinden eines Klauenbugs verlangt vom Zimmermann gutes räumliches Vorstellungsvermögen, daher wird dieser Arbeitsvorgang in der Lehre sorgfältig eingeführt und häufig geübt. Auch der Klauenbug wird mit Nägeln fixiert.

Abb. 6.52: Gerillter Kammnagel speziell für die Ausnagelung von Metall-Holzverbindern; allerdings werden diese Verbindungen heute häufiger mit speziellen Schrauben fixiert, weil sich diese ohne Holzverlust auch wieder lösen lassen.

6.5 Metall-Holzverbinder

Erst mit der Industrialisierung vieler Arbeitsabläufe kamen gegen Ende des 19. Jahrhunderts auch große Mengen industriell hergestellter – und daher auch billiger – (Metall-) Nägel und Schrauben in den Handel. Dankbar wurde dieses nun erschwingliche Hilfsmaterial im Holzbau eingesetzt. Mit Metall-Holzverbindern konnten die Vorteile des Baumaterials Holz genutzt werden, ohne dabei den Nachteil von aufwendigen und zudem die Statik schwächender Holzverbindungen zu haben. Erste Ausführungen dieser Art sind zum Beispiel in den aus dem späten 19. Jahrhundert stammenden Fabrikhallen der Schweizerischen Lokomotivfabrik und den Sulzerwerken – beide in Winterthur – zu betrachten. Dort kamen noch schön verzierte gusseiserne und schmiedeeiserne Winkelkonsolen aus der eigenen Produktion zum Einsatz. Heute werden die Metall-Holzverbinder wegen ihrer für die Ausnagelung bestimmten Löcher auch Nagelbleche genannt. Sie werden in unzähligen Formen und Dimensionen geliefert. Gute Qualität erkennt man an ihrer engen Lochung und der sorgfältig ausgeführten Verzinkung, denn es besteht die Gefahr, dass zwischen Holz und Blech Wasserdampf kondensiert und dadurch ein Fäulnisherd entsteht.

Bei Fachwerkhäusern sollte auch bei Sanierungen nur im äußersten Notfall auf die traditionellen Holzverbindungen verzichtet werden, denn Nagelbleche und Klebstoffe haben den Nachteil, dass sie bei einer später sicher wieder notwendigen Sanierung nicht ohne großen Verlust an ursprünglicher Bausubstanz zu lösen sind. Daher ziehen Zimmerleute heute meist die Schraube dem Nagel vor.

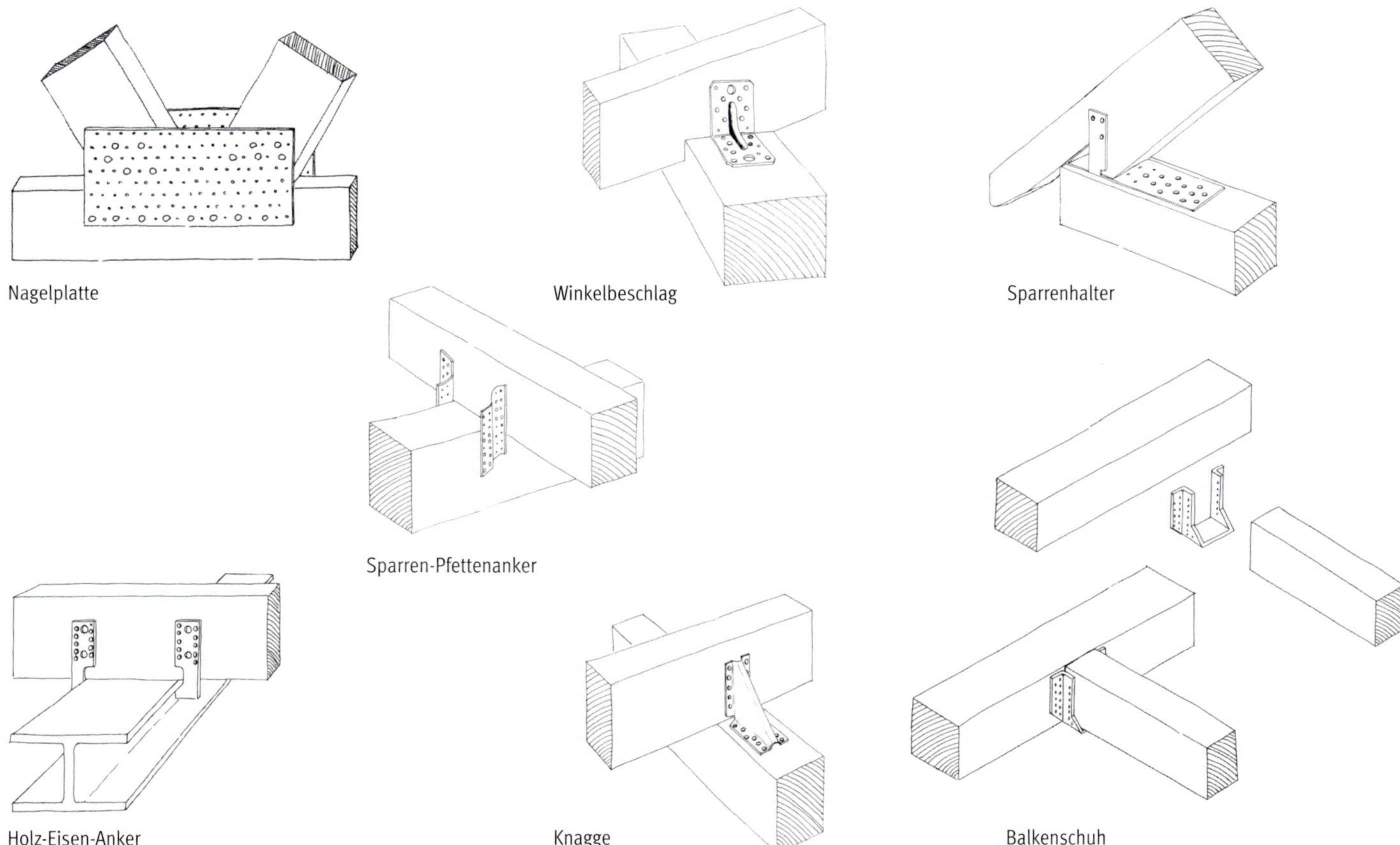

Abb. 6.53: Kleine Auswahl aus dem Angebot im Handel

6.6 Spiel und Wirklichkeit

Viele sehr reizvolle Gebilde wecken weniger das technische als das ästhetische Interesse. Ihre verblüffende Wirkung auf den Betrachter entsteht dadurch, dass sie zunächst so erscheinen, als könnte man sie weder auseinandernehmen noch zusammenfügen.

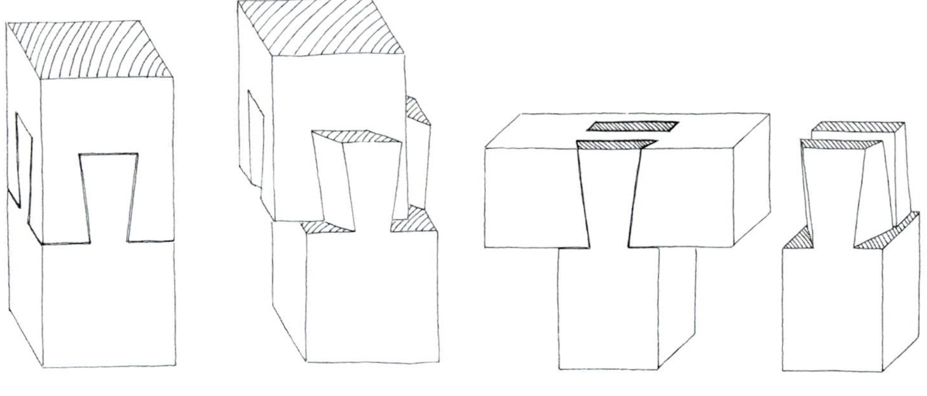

Abb. 6.54 (links): Der vierfache Schwalbenschwanzzapfen muss über Eck zusammengeschoben werden.

Abb. 6.55 (rechts): Bei genauester Einpassung – was sehr großes handwerkliches Geschick voraussetzt – erscheint der Schwalbenschwanz mit (schrägem!) Schlitzzapfen unlösbar. Er ist nur als Ausstellungsstück empfehlenswert, da die Holzschwächung des waagrechten Holzes beträchtlich ist.

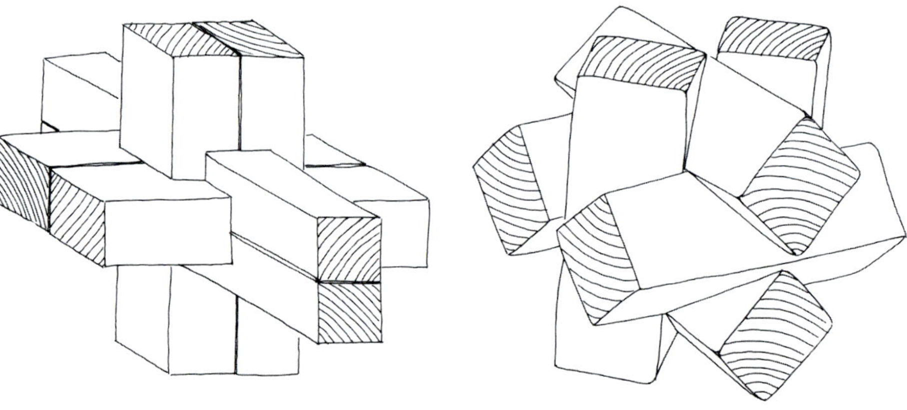

Abb. 6.56: Der Zimmermannsknoten besteht wie auch der Amerikanische Knoten aus sechs Teilen. Beide Knoten existieren, immer dem gleichen Prinzip folgend, in unzähligen Varianten auch mit zusätzlichen Bauteilen.

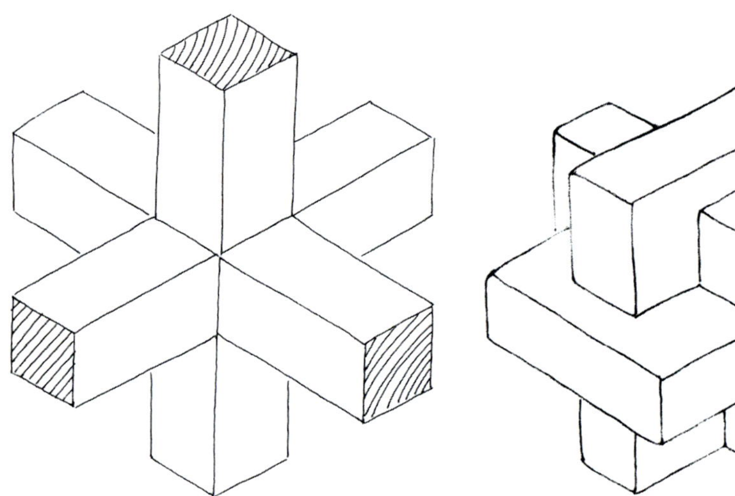

Abb. 6.57: Diese beiden Holzknoten bestehen aus je drei Teilen.

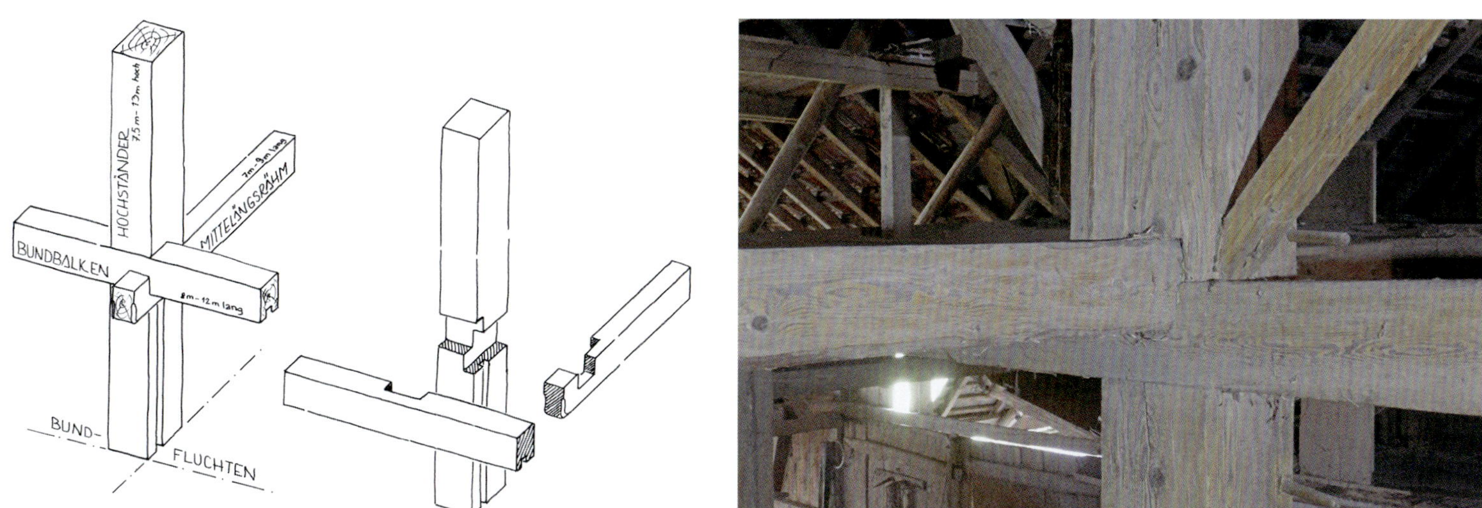

Abb. 6.58: Während bei manchen Spielen die Verbindung mit Hohlräumen erzeugt wird, muss hier an diesem Firstständerknoten absolute Kraftschlüssigkeit herrschen. Wenn man zudem bedenkt, dass an allen Enden der durchdringenden waagrechten Balken zweigeschossige Wandkonstruktionen mit im Verbund sind, wird das Rätsel der Einbaureihenfolge zum gehüteten Geheimnis des Zimmermeisters. Kölliken AG, nach M. Hoffmann [51]

6.7 Gesellenstücke und Meisterwerke

Abb. 6.59: Philippe Kieffer hat dieses Modell im Maßstab 1:15 des Oberstammheimer Gasthofs zum Hirschen 1994 in Genf während 1970 Arbeitsstunden ausgeführt. Ehrensache ist, dass jede Holzverbindung authentisch ausgeführt und die Waldkirschen- und Eschenhölzer nicht einfach stumpf zusammengeklebt wurden. Der französische Wandergeselle wurde 1995 als »Alsacien Cœur Sincère« in die Zunft der »Compagnons Du Devoir du Tour de France« aufgenommen. Leihgabe im Museum »Fachwerkerleben« in Unterstammheim (📷 2018)

Abb. 6.60: 1957 hat Yves Lapellegerie mit seinem Meisterwerk in Bordeaux die Aufnahme bei den »Compagnons Charpentiers du Devoir de Liberté« gefeiert und den Zunftnamen »Limousin la Vertu des Devoirs« angenommen. Für dieses Meisterwerk hat er keine Schwierigkeit im Dachwerk ausgelassen, alle Anschlüsse geometrisch abgetragen und in hoher Präzision ausgeführt. Musée Librairie du Compagnonnage, 10, rue Mabillon, Paris (📷 2018)

7 Abbund und Aufrichte

Abbund und Aufrichte

Fachwerkbauten gehören streng genommen zu den ältesten vorfabrizierten Häusern. Sie wurden auch manchmal bei Güterteilungen versetzt. Eher selten wird der Fall des heutigen Idsteiner Heimatmuseums im Taunus sein, das ursprünglich 1615 im 200 km entfernten Straßburg im Elsass erbaut wurde. Der Besitzer Johann Konrad Killinger ließ es nach einem lukrativen Stellenwechsel kurzerhand abtragen und am neuen Arbeits- und Wohnort wieder errichten, da sich seine Gattin nicht von dem schönen Haus trennen wollte (siehe Abb. 1.4).

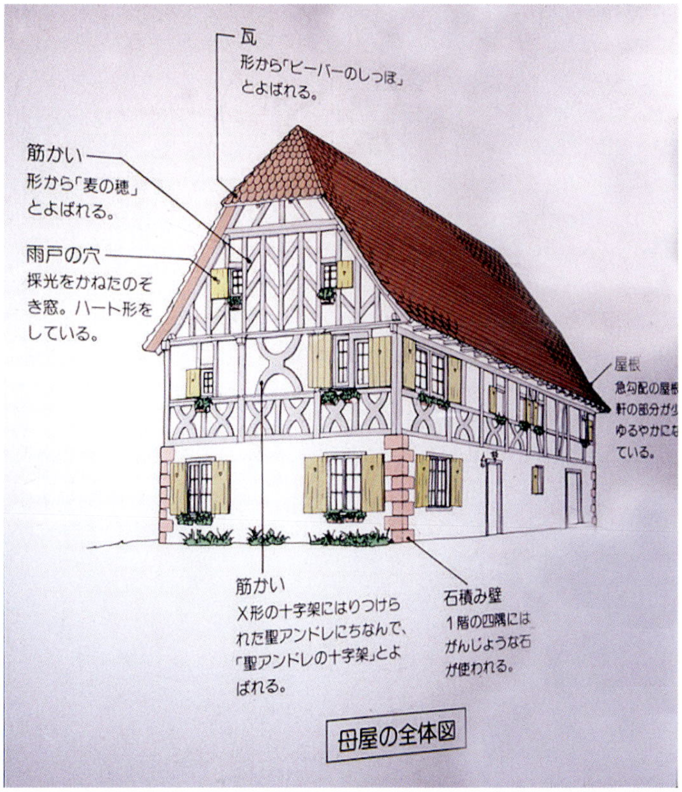

Abb. 7.1: Fachwerkjapanisch, Little World Museum of Man, Inuyama/Japan (📷 1997)

Es muss bereits im 16. und maßgeblich Mitte des 17. Jahrhunderts – für den Wiederaufbau nach dem Dreißigjährigen Krieg – sogenannte Hausmanufakturen gegeben haben. Im elsässischen Sundgau wurden ganze Häuserzeilen identisch errichtet. Das heißt, dass auf demselben Reißboden mehrere Häuser in gleicher Größe und Form abgebunden wurden. Das Haus aus Häsigen (Hésingue), das im Elsässer Ecomusée den Hauptplatz beherrscht, wurde 1574 in einer Blotzheimer Zimmermannswerkstatt abgebunden und hatte mehrere Schwestern im Umkreis von 30 km. Da mussten, wenn man sich die damaligen Transportmittel und Holzmengen vor Augen hält, große Distanzen zurückgelegt werden. Die letzte große Reise hat eines dieser Häuser von 1582 Mitte der 1980er-Jahre nach Japan gemacht, wo es im internationalen Völkerkunde- und Freilichtmuseum »Little World« in Inuyama, im Hinterland von Nagoya wiederaufgebaut wurde.

Abb. 7.2: Das Elsässer Fachwerkhaus von 1582 wurde mit den alten Balken in Japan neu aufgebaut. Jeder Ziegel stammt aus dem Elsass (📷 2003). Little World Museum of Man, Inuyama/Japan

Abb. 7.3: Ein heute seltenes Bild: in traditioneller Bautechnik errichtetes Fachwerkhaus noch ohne Ausfachungen. Bettwiesen TG (📷 1993)

Abb. 7.4: Versetzung mit dem Holzvergasertraktor: 1942 wurde das 1823 erbaute Feuerwehrdepot Hettlingen ZH aus der Dorfmitte an den Dorfrand versetzt. (Foto: Bildersammlung der Winterthurer Bibliotheken)

Auch in der Schweiz gibt es fast identische Häuser, denen man die »Handschrift« eines Zimmermeisters ansieht, so zum Beispiel im Unterstammheimer Ortsteil Möhe, wo von einem Standpunkt aus vier beinahe identische Giebelwände zu betrachten sind. Aber wie bei Tausenden von Fachwerkhäusern, die in den letzten Jahrhunderten erstellt wurden, besitzt man kaum noch Hinweise über den Auftrag und die Einzelheiten der Ausführung. Nur Behörden, Lehensherrschaften, vor allem Kirchen und Klöster, führten Archive, in denen noch Bauverträge und Bauzeichnungen erhalten sind. Verträge zwischen dem Bauherrn und dem Zimmermann, der ohne Zweifel die Funktion des Baumeisters innehatte, regelten das Bauprogramm: Anzahl der Stockwerke, der Fenster- und Türöffnungen, die gesamte Länge und Breite des Bauwerks und dessen Inneneinteilung. Eingeschränkt durch das zur Verfügung stehende Baumaterial und die je nach Epoche üblichen Bauweisen und Techniken galt alles Weitere als stillschweigende Übereinkunft. Diese Angaben übertrug der Zimmermeister direkt in wirklicher Größe auf den Reißboden.

7.1 Das einfache Bemessungsverfahren der Zimmerleute

Projektpläne von Fachwerkbauten sind uns erst aus dem 18. Jahrhundert und nur von eher herrschaftlichen Häusern im Original erhalten. Entweder wurden erst gar keine Pläne angefertigt oder aber nach Vollendung des Bauwerks vernichtet. Gestaltungsfreiheit im Bauen, wie sie die heutige Architektur kennt, bestand für die damaligen Handwerker nicht. Wie die Harmonielehre zur Musik gehörte, gehörte eine klare Maßordnung zum Bauen, die nicht dem rein ästhetischen Begriff der Bauproportionen gleichgesetzt werden darf. Schriftliche Quellen können uns darüber keinen Aufschluss geben, da die handwerklichen Regeln nach alter Bauhüttentradition mündlich weitergegeben wurden. Im 19. Jahrhundert veröffentlichte der französische Architekt Eugène Viollet-le-Duc seine Erkenntnisse über die Anwendung der Baugeometrie im Mittelalter. Als Restaurator vieler Kathedralen kam er bei diesen Bauwerken auf die Anwendung einfacher geometrischer Regeln. In der Folge konnten seine Erkenntnisse über die Triangulatur, Quadratur und weitere davon abgeleitete Maßverhältnisse an Bauwerken in ganz Europa bestätigt werden. Dass aber auch die von der Baugeschichte meist nur am Rande gewürdigten Fachwerkbauten nach den gleichen geometrischen Regeln errichtet wurden, ist erst in letzter Zeit erkannt worden.

Die nachgewiesenen Maßverhältnisse beruhen auf einfachen geometrischen Figuren – auf dem Kreis, dem Quadrat, dem gleichseitigen und dem rechtwinkligen Dreieck.

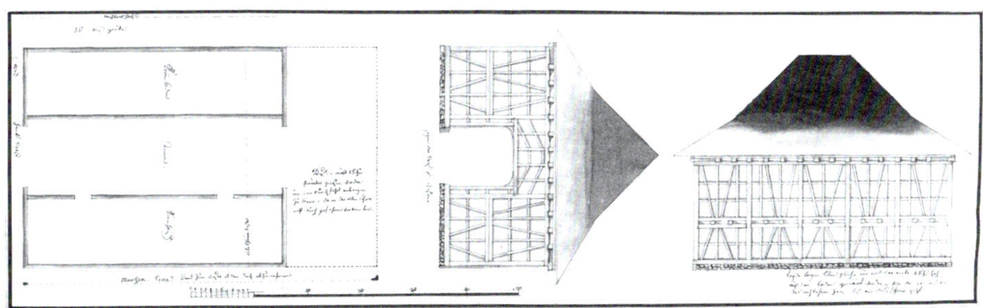

Abb. 7.5: Projekt von Salomon Sulzer für die Pfarr- und Zehntenscheune in Hettlingen ZH, 1792. (Bild: Staatsarchiv des Kantons Zürich)

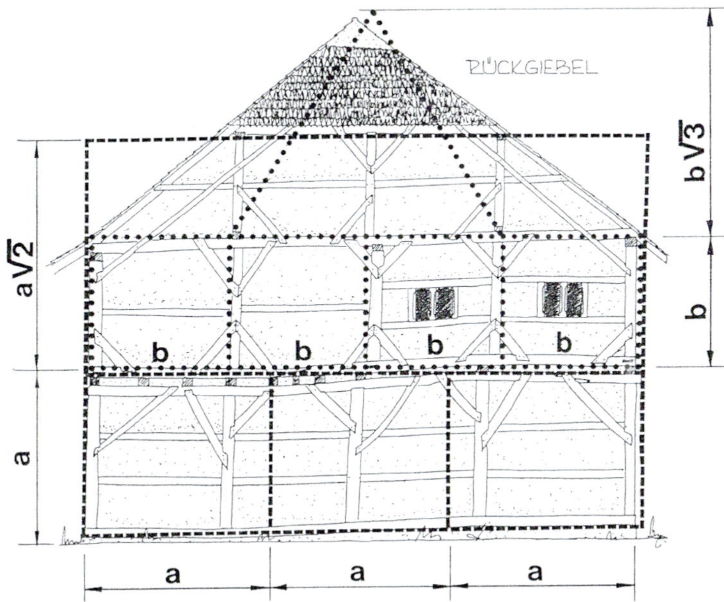

Abb. 7.6: Studien der Maßverhältnisse am Beispiel des Girsbergerhauses in Unterstammheim ZH von 1420, auf der Basis von Plänen der Denkmalpflege des Kantons Zürich

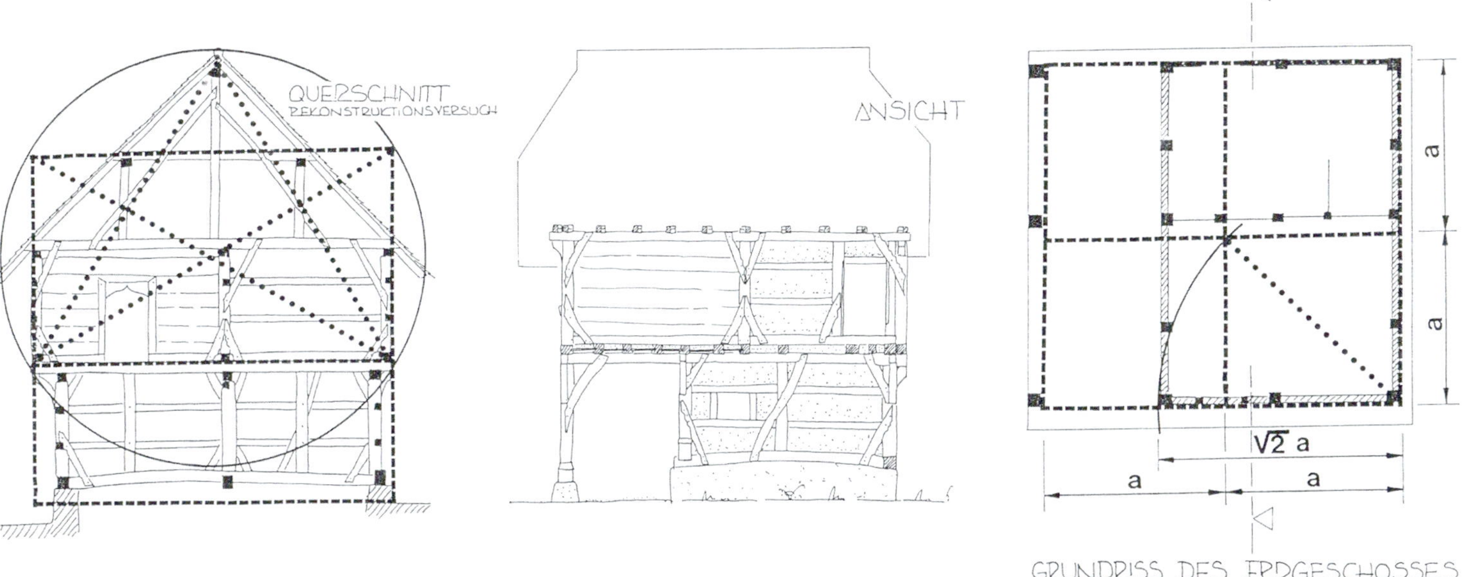

Abb. 7.7: Studien der Maßverhältnisse am Beispiel des Hauses von 1495 an der Untergasse in Unterstammheim; Pläne und Datierung durch die Denkmalpflege des Kantons Zürich

7.2 Eine Fachwerkwand entsteht

In Stichworten wird hier der Arbeitsvorgang beschrieben, wie er bis zu Beginn des 20. Jahrhunderts üblich war. Die Industrialisierung hat im Bauwesen später eingesetzt als im textilen oder metallurgischen Bereich.

Abb. 7.8: Die einzelnen Arbeitsvorgänge bis zum fertigen Fachwerkhaus (Fortsetzung, siehe nächste Seite)

Streben auflegen, reißen, schneiden

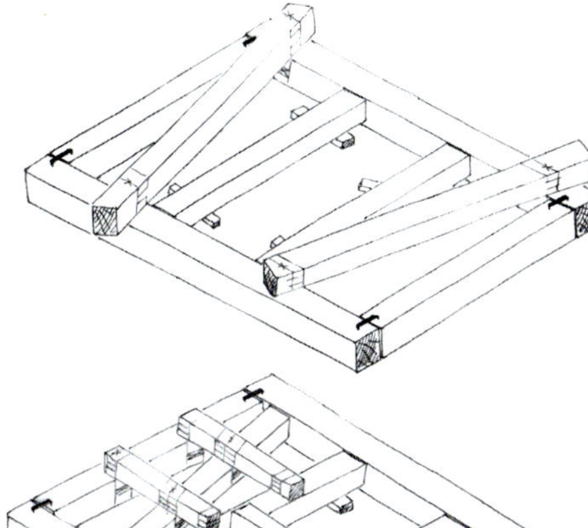

Aufrichten des Bauwerks findet je nach Bauart stockwerkweise von unten nach oben statt: Schwelle, Ständer, Strebe, Riegel, Rähm, Balkenlage; nicht zu vergessen die Zwischenwände und schönen Balkendecken.

Zuletzt Riegel auflegen, reißen, schneiden; Ständer und Streben lochen

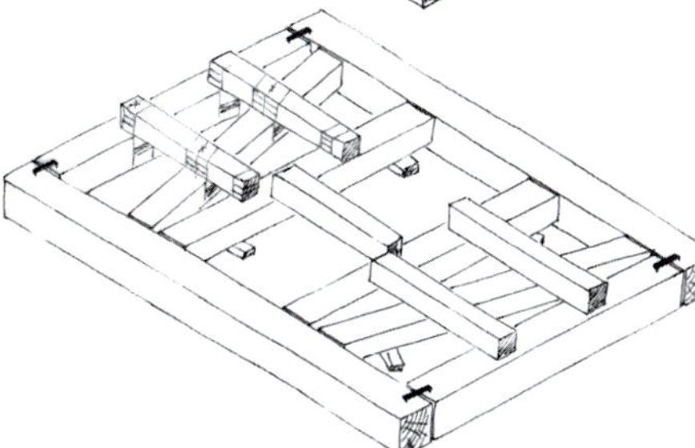

Das Bauwerk muss in jedem Aufrichtestadium durch Hilfslatten verschwenkt (gesichert), gerichtet und gesenkelt werden.

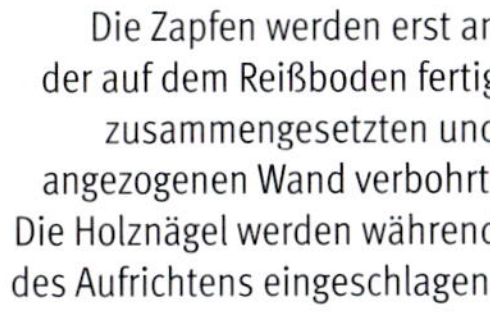
Die Zapfen werden erst an der auf dem Reißboden fertig zusammengesetzten und angezogenen Wand verbohrt. Die Holznägel werden während des Aufrichtens eingeschlagen.

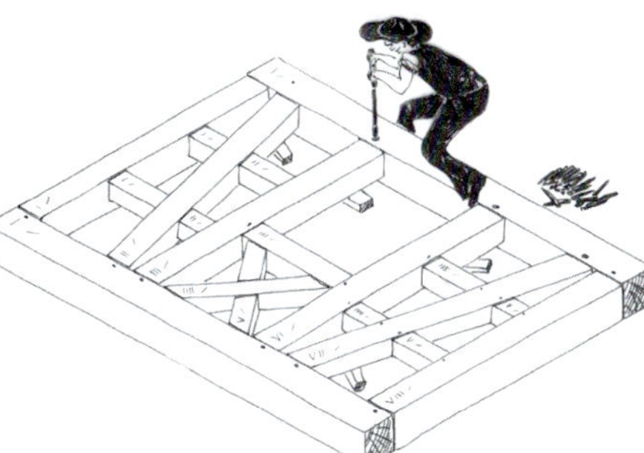

Auch das Aufrichten des Dachstuhls vollzieht sich ohne spezielles Gerüst.

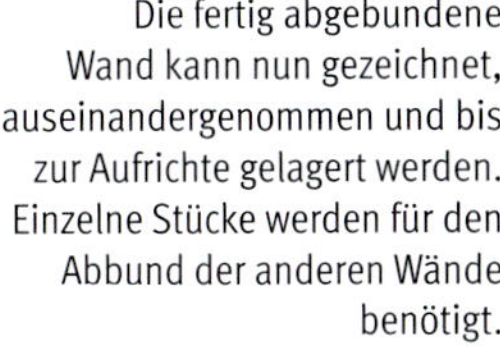
Die fertig abgebundene Wand kann nun gezeichnet, auseinandergenommen und bis zur Aufrichte gelagert werden. Einzelne Stücke werden für den Abbund der anderen Wände benötigt.

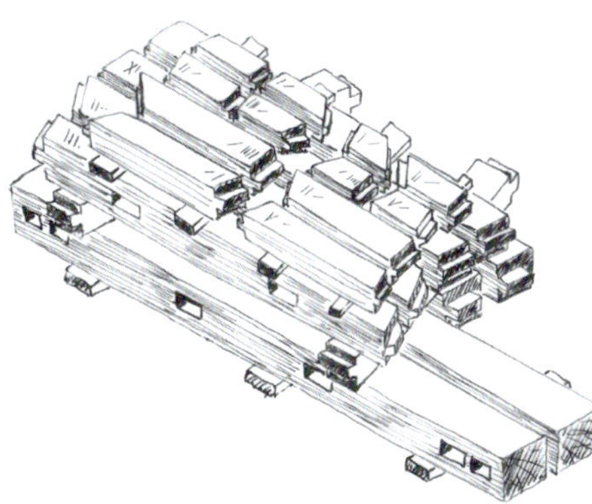

Neben den genau nach Maß abgebundenen Hölzern gibt es auch andere, die erst in der richtigen Position abgelängt werden können.

Beim Aufrichten (oder Aufschlagen) werden viele Hände benötigt. Manchmal hilft die ganze Dorfgemeinschaft. Spezielle Kommandos (z. B. »Holz her!«), Nummerierung und Bezeichnungen der Hölzer sind auch jeder Hilfsperson bekannt.

Am Schluss spricht der Zimmermeister einen zünftigen Richtspruch.

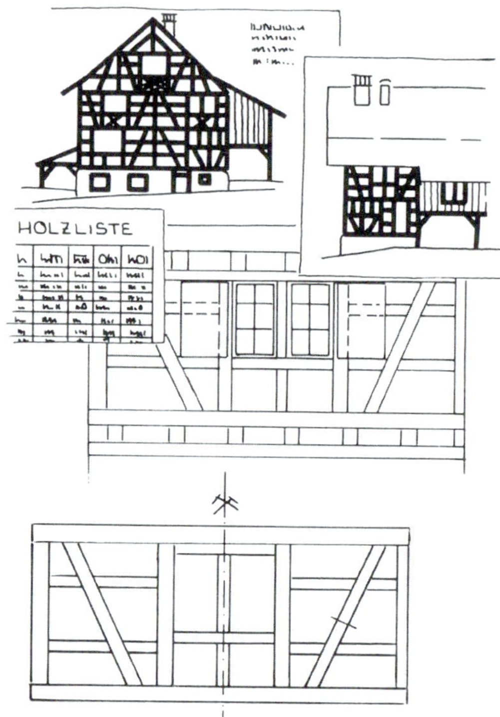

Arbeitsvorbereitung

- Beschaffung der Pläne
- Erstellen der Werkzeichnung
- Materialauszug zur Bestellung von Holz (Sägewerk) und der Eisenwaren
- Maßkontrolle im Bau
- Arbeitsmethode überdenken:
    - Aufreißen 1:1 auf dem Reißboden oder rechnerische Ermittlung der Maße
    - Abbund computergesteuert
      Hand- oder Maschinenarbeit
      Hand- oder Kranmontage
    - Art und Größe des Transportmittels

Arbeitsablauf

- Sortieren, Kontrollieren und Stapeln des angelieferten Holzes
- Aufreißen 1:1 auf Reißboden
- Auflegen der Hölzer, Übertragen der Risse
- Hölzer auf Zimmerböcke legen, fertig reißen und bezeichnen
- Abbinden: Schneiden, Bohren, Stemmen, Ausblatten, Hobeln, Brechen der Kanten
- Imprägnieren
- Stapeln und Abdecken
- Transport zur Baustelle
- Aufrichten: Montage der Schwelle, Aufstellen der Ständer, Verschwenken, Streben, Riegel, Rähm
- Richten, Senkeln

Arbeitsmittel

- Kantholz, Schiftmaterial
- Eisenwaren: Schrauben, Unterlagsplatten, Nägel, Dübel, Metallholzverbinder
- Reißboden (erforderliche Größe, wenn möglich überdacht), Abbundhalle
- Reißlatte, Schnur, Zimmerwinkel, Metermaß, Bleistift, Messband, Schrägmaß
- Zimmerböcke
- Balkenhobler, Bohrmaschine, Kreissäge, Sternmaschine, Handwerkzeuge wie Axt, Stoßaxt, Stemmeisen, Handsäge, Bundsäge
- Imprägniermittel, Spritze, Pinsel
- Deponieplatz mit Unterlagshölzern
- Transportmittel, Spannset, Seile und Ketten
- Sticher, Winde, Seile, Vorschlaghammer

Abb. 7.9: Die Entstehung eines Fachwerkhauses heute; diese Zusammenstellung entstand unter Verwendung verschiedener Lehrbücher für Zimmerleute, insbesondere des Buches von Hugo Ruch, *Berufskunde für Zimmerleute* [81]

7.3 Wie heute eine Fachwerkwand entsteht

Einen Riesenschritt machten die Holz verarbeitenden Betriebe dank der durch Computer gesteuerten Abbundmaschine, die jeden Winkel in zwei Richtungen sägt, bohrt, Zapfenlöcher stemmt, Kerben, Zapfen und Nuten fräst, das zu bearbeitende Holz wie von Geisterhand transportiert und dreht. Die mit solch teuren Maschinen ausgerüsteten Betriebe stoßen mit ihren immensen Bearbeitungskapazitäten jedoch bald an die Grenzen der Beschaffung von geeignetem Bauholz aus den umliegenden Wäldern, wodurch Holz-Ferntransporte nötig werden. Geeignetes Fachpersonal zu finden, dem das Zeichnen am Bildschirm und das Programmieren keine Mühe bereitet und das zudem viel Erfahrung im Umgang mit Holz als Baumaterial besitzt, ist nicht immer einfach. Ein weiterer Schritt ist auch das Aufrichten und Zusammensetzen der Einzelteile durch Roboter. Es sprengt den Rahmen dieses Werks, hier die verschiedenen Systeme zu erörtern und vorzustellen. Wer im Internet mit dem Suchbegriff »Robotik« kombiniert mit »Holzbau« auf die Suche geht, wird schnell viele Kurzfilme über den Holzrahmenbau finden können, der eine Weiterentwicklung des traditionellen Fachwerkbaus darstellt.

7.4 Bezeichnungen der Holzbauteile

Nicht in jeder Region werden die gleichen Ausdrücke verwendet. Wird die Schwelle in der Ostschweiz häufig als »Muurlatte« bezeichnet, erwächst daraus keine weitere Schwierigkeit. Wird der Ausdruck »Buëg« aber für jede Art Strebe gebraucht, kann er missverstanden werden, da »Bug« auf hochdeutsch eine ganz spezielle Strebe meint. Generationen von Bauernhausforschern, Bauwissenschaftlern und Volkskundlern haben immer wieder versucht, eine gültige Fachterminologie für den historischen Holzbau zu schaffen, bis eine Gruppe von Hausforschern das wenigstens für die Schweiz und Süddeutschland zusammengefasst und 2012 in der Publikation *»Vorindustrieller Holzbau in Südwestdeutschland und der deutschsprachigen Schweiz — Terminologie und Systematik«* [69] präsentiert hat. Sprache kann man nicht per Dekret verordnen, daher wird es eine Weile dauern, bis sich neue Begriffe durchsetzen. Im vorliegenden Buch ist die vereinheitlichte Terminologie weitestgehend verwendet worden, mit Ausnahme des Dachbereichs, wo sich traditionelle Begriffe zur allgemeinen Verständlichkeit besser eignen.

Abb. 7.10: Eine der ersten durch Computer gesteuerten »Abbundstraßen« der Schweiz in Neftenbach ZH (📷 1989)

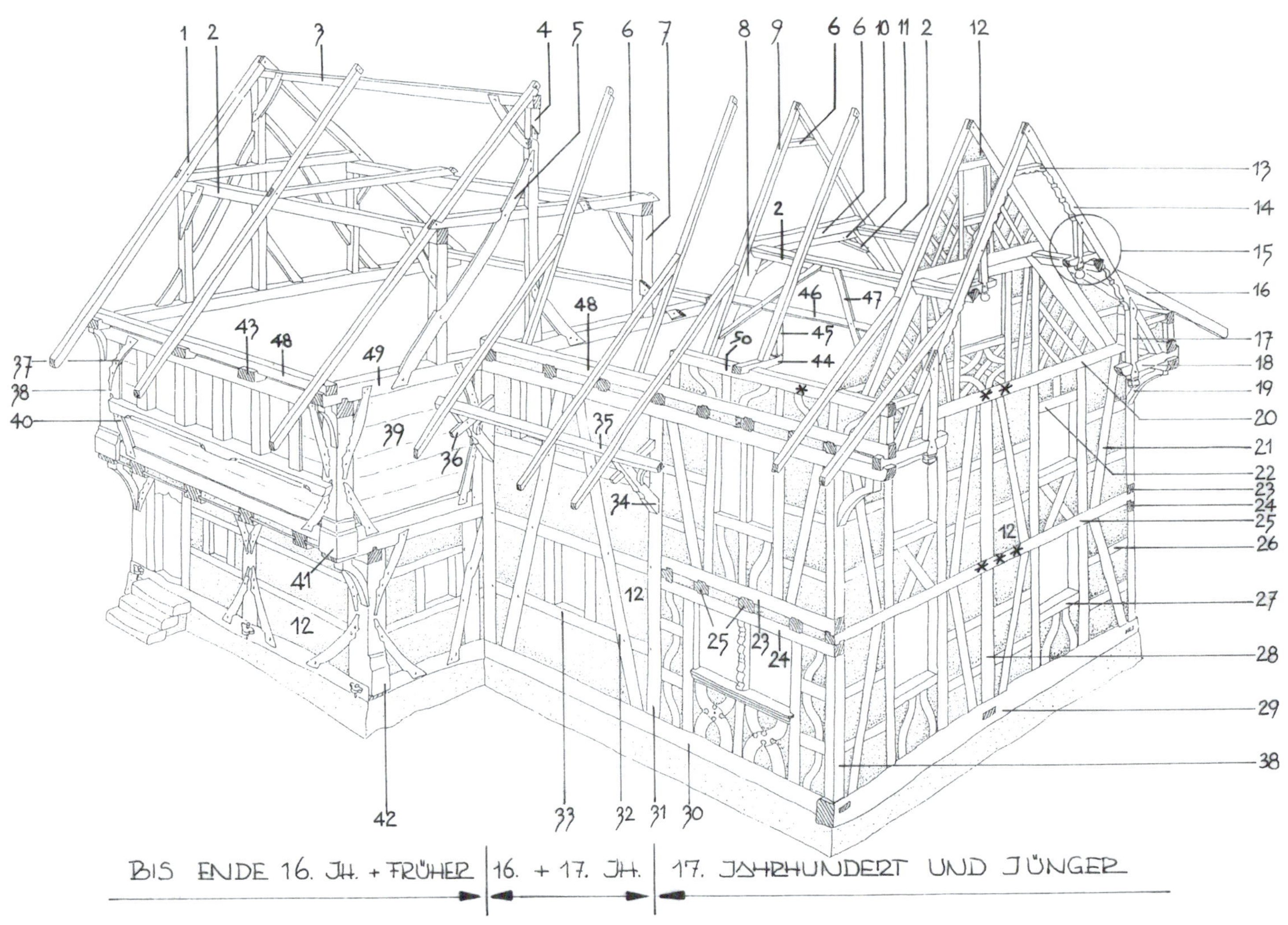

1 Rofen, Rafen
2 Stuhlrähm, Mittelpfette
3 Firsträhm
4 Firstständer
5 Steigband, Sperrafen
6 Kehlbalken
7 Stuhlsäule
8 Stuhlstrebe
9 Sparren
10 Druckriegel
11 Kopfband, Kopfstrebe
12 Gefach
13 Kehlbalken, Hahnenbalken
14 Flugsparren
15 Flugsparrendreieck
16 Aufschiebling
17 Zugholz
18 Stichbalken, Sattelbalken
19 (geknickter) Bug
20 Zugbalken**
21 (Wand-)Strebe
22 Sturzriegel
23 (Stock-)Schwelle
24 (Wand-)Rähm
25 Deckenbalken***
26 (Hals-)Riegel
27 Brustriegel
28 Ständer, Wandstiel
29 (Quer-)Schwelle
30 (Längs-)Schwelle
31 zweigeschossiger Ständer
32 zweigeschossige Strebe, Langstrebe
33 Langriegel
34 Vordachbug
35 Vordachrähm
36 Zugband
37 Kopfband
38 Eckständer
39 Bohlenwand
40 Fußband
41 Ständerschale
42 Ständerfußblatt
43 Balkenkopf
44 Sattelbalken
45 Sparrenfußband, Sparrenknecht
46 Stuhlriegel
47 Stuhlverband, Windverband
48 Dachfußschwelle
49 Bundbalken
50 Kniewandrähm *

* Kniewandrähm, Fußpfette
** Zugbalken, Rähm, Stockschwelle, Bundbalken
*** Rähm, Schwelle, Stock, Deckenbalken

Abb. 7.11: Jedes Holz hat seinen Namen – Bezeichnungen und Begriffe

Es fällt auf, dass viele Bezeichnungen aus zusammengesetzten Wörtern bestehen. Es kommt nicht nur darauf an, welches Holz es ist, sondern auch wo und zu welcher Funktion es eingebaut ist. Interessant ist der Fall dort, wo das gleiche Holz je nach Betrachtungsweise zwei verschiedene Bezeichnungen bekommen kann. Wird in Abb. 7.11 der mit einem Sternchen (*) bezeichnete Balken von der Konstruktion der Wand her angeschaut, handelt es sich um einen Rähm, genauer um den Wandrähm der Kniewand. Aus der Sicht der Dachkonstruktion muss das Holz als Pfette für den Aufschiebling angesehen werden. Weitere Hölzer können sowohl Rähme als auch Schwellen sein, während Begriffe, die mit zwei Sternchen (**) markiert sind, je nach Betrachtungsweise zugleich Zugbalken, Bundbalken, Rähm und Schwelle sind.

Die meisten Zimmerleute nehmen es allerdings mit den Bezeichnungen der Hölzer gar nicht so genau und kommen mit wenigen Grundbegriffen aus: Schwelle, Ständer (auch Pfosten genannt), Strebe, Riegel, Pfette, Bug, Balken, Rähm (Rahmenholz, Rahmenbalken), Sparren und Rofen bzw. Rafen genügen, wobei die letzten beiden Ausdrücke auch von Zimmerleuten nicht immer deutlich auseinandergehalten werden. So fiel mir schon als Lehrling auf, dass der Vorarbeiter aus dem Kanton Luzern immer nur von »Rafen« sprach, während die einheimischen Andelfinger Zimmerleute zum gleichen Holz »Sparren« sagten (siehe Kap. 9.1). Der vermeintliche Dialektunterschied weist auf eine je nach Landesgegend unterschiedliche Art der Dachkonstruktion hin. Auf dem Gebiet des Kantons Luzern sind Rafen-Pfettenkonstruktionen häufig anzutreffen, während im Zürcher Weinland die Sparrenkonstruktion mit Zugbalken üblich ist.

7.5 Modellbau

Da alle in den vorhergehenden Kapiteln beschriebenen Techniken und die am Bauwerk wirkenden Kräfte durch Modelle erlebbar werden, hat schon seit einigen Jahrhunderten der Modellbau seinen festen Platz in der Zimmerei. Nicht nur von Zimmerlehrlingen, auch von Gesellen oder angehenden Meistern wurde das Anfertigen von Holzverbindungs-, Treppen- oder Dachstuhlmodellen verlangt. Sogar gestandene Meister stellten zuweilen in hohem Alter ein besonders aufwendiges und kompliziertes Modell als »maîtrise de prestige« zur Aufnahmeprüfung in eine Ehrenzunft her. Mit Modellen wurde experimentiert, denn für statische Berechnungen fehlten noch bis weit ins 19. Jahrhundert hinein die Grundlagen.

Als sich die Stadt Schaffhausen 1754 entschloss, die eingestürzte Steinbrücke durch eine Holzkonstruktion zu ersetzen und das Bauwerk ausschrieb, wurde sie vor unqualifizierten und unredlichen Baumeistern gewarnt. Daher wollten die Ratsherren mit dem Zimmermeister Hans Ulrich Grubenmann in Schaffhausen verhandeln. Der Appenzeller folgte dem Ruf nach Schaffhausen, wo ihn die Baukommission mit dem Standort und den Vorstellungen des Rats vertraut machte. Die Anekdote [55] berichtet, dass die Besprechung am darauffolgenden Tag nicht habe fortgesetzt werden können, weil Grubenmann schon wieder nach Teufen abgereist sei. Grubenmann soll, über seine schnelle Abreise zur Rede gestellt, geäußert haben: »Was hätte ich da machen sollen? Die Narren haben nur immer gesagt, wie sie es haben möchten, und nie gefragt, wie ich es machen könne.« Mit einem Sack voll Hölzchen sei er nach einiger Zeit nach Schaffhausen zurückgekommen. Sein zusammengesetztes Modell soll beim Rat keine Gnade gefunden haben: Man habe ihn ausgelacht und die Tragfähigkeit der Brücke bezweifelt, die in einem einzigen großen Spreng- und Hängewerk den 119 m breiten Rhein überspannen sollte. Anstelle weiterer Erklärungen habe sich der Brückenbauer mit seiner ganzen Körperfülle aufs Modell gestellt und dazu gesagt: »Wenn das Modell mich trägt, so wird die Brücke auch ein paar Wagen tragen.« Am 2. Oktober 1755 beschloss der Rat den Brückenbau Grubenmann zu übertragen, allerdings unter der Bedingung, dass der

Abb. 7.12: Das Originalmodell von H. U. Grubenmann der Schaffhauser Rheinbrücke wie sie 1755 in zwei Bögen ausgeführt wurde. (Foto: Museum zu Allerheiligen in Schaffhausen)

Mittelpfeiler, der von der alten Brücke stehen geblieben war, mitverwendet werde. Die Brücke mit zwei Öffnungen wurde am 2. Oktober 1758 dem Verkehr übergeben. Die Stadt konnte auf das neue Bauwerk stolz sein, denn es trug ihr viel Lob und Anerkennung ein. Grubenmann wurde mit einer Zugabe bedacht, besonders »wegen Verfertigen des mühsamen und künstlichen Modells«, das heute im *Museum zu Allerheiligen* in Schaffhausen zu sehen ist. Die Brücke selbst wurde im Zuge der Kampfhandlungen zwischen der französischen Revolutionsarmee und den russisch-österreichischen Allianztruppen 1799 durch einen Brand zerstört. Aus der Familie Grubenmann stammen noch weitere berühmte Zimmermeister, deren Werke als Modelle von Brücken und Kirchendachstühlen im Grubenmannmuseum im Zeughaus Teufen AR ausgestellt sind.

An Gewerbeschulen mit Zimmermannsabteilungen finden jedes Jahr im Rahmen von Lehrlingswettbewerben Modellausstellungen statt. Die Zimmereilehrlinge im letzten Lehrjahr konzentrieren sich dabei hauptsächlich auf das Modellieren der komplizierteren Formen des Walmdaches. Die zeichnerische Austragung des Daches und das Erstellen einer Holzliste gehören zu den Wettbewerbsanforderungen. Der Schritt von der zweidimensionalen Zeichnung in die räumliche Welt stellt an jeden Modellbauer hohe Anforderungen, den er mit wenig Material und Kraft, aber sehr viel Zeitaufwand üben kann. Neben dem Sinn für die Statik werden auch die Arbeitsvorbereitung und der Arbeitsablauf trainiert. Der Modellbau wird so zum umfassenden Erlebnis, was seine Beliebtheit auch in anderen Technikbereichen erklärt. Der Holzmodellbau wird aber immer nur eine begrenzte Anzahl von Liebhabern begeistern können, da die Modelle weder beweglich noch fahrbar sind.

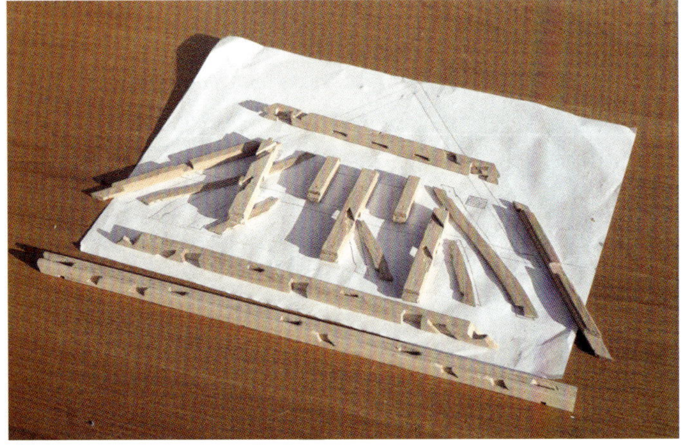

Abb. 7.13: Die Giebelwand des Hauses an der Untergasse 7 in Unterstammheim, fertig abgebunden … (📷 1988)

Der Bau und vor allem das Ausstellen von Modellen haben mit dem Aufbau von Lokal- und Freilichtmuseen neuen Auftrieb erhalten. Anhand von Modellen lassen sich baugeschichtliche Entwicklungen, verschiedene Bauphasen, Rekonstruktionsvarianten und Konstruktionsvergleiche sehr anschaulich zeigen. Im ursprünglichen Sinne des Wortes noch greifbarer wird ein Modell, mit dem Interessierte experimentieren können, das auseinandergenommen und wieder zusammengesetzt werden kann. Die Betrachterinnen und Betrachter werden zu Begreifenden. Das chinesische Sprichwort, in dem es heißt, dass das, was man höre, nur einen Tag, das, was man sehe, nur eine Woche, aber das, was man selbst mache, ein ganzes Leben lang im Gedächtnis bleibe, stellt das eigene Erlebnis auf die höchste Stufe.

Abb. 7.14: … und aufgerichtet. Modell 1:20, Museum Fachwerkerleben in Unterstammheim ZH (📷 1988)

8 Ausfachungen

Ausfachungen

Durch den Zimmermann ist jeder Fachwerkbau so ausgelegt, dass das Holztraggerüst oder »Skelett« alle Kräfte und Lasten aufnimmt und diese durch die Gesamtheit der Konstruktion abgeleitet werden können. Statische Probleme gab und gibt es bei Fachwerkbauten kaum, denn die Holzkonstruktion ist fast immer ausreichend dimensioniert. Probleme treten erst dann auf, wenn Konstruktionsteile ohne fachgerechten Ersatz entfernt oder durch äußere Einwirkungen geschwächt werden.

Ständige Durchfeuchtung an der Luft ist einer der Hauptfeinde jeder Holzkonstruktion, wobei die Schäden nicht nur durch das Wasser entstehen, sondern auch durch Schädlinge und Pilze, die im feuchten Holz einen idealen Nährboden finden. Hat das Holz die Möglichkeit, schnell wieder zu trocknen, halten sich die aus Schlagregen, Spritzwasser und vor allem Feuchtigkeit aus dem Hausinnern resultierenden Schäden in Grenzen.

Die Gefachfüllungen gehören nicht zu den tragenden Elementen am Fachwerkbau. Trotzdem haben sie – wie Erfahrungen im oberelsässischen Freilichtmuseum Ecomusée in Ungersheim gezeigt haben – eine wichtige statische Funktion. Im erwähnten Museum wollte man den Besuchern aus didaktischen Gründen ein Haus unausgefacht als Holztraggerüst mit Ziegeldach präsentieren. Schon bald gab es Probleme mit dem Gewicht des Daches und dem seitlich angreifenden Wind. Das Haus begann sich zu verdrehen und zu neigen, sodass sich die Museumsleitung gezwungen sah, Metallzugstangen diagonal und raumdiagonal einzuziehen.

Die älteste Ausfachungsart ist das Flechtwerk. Biegsame, geschmeidige Äste wurden um Stakhölzer gewunden, daher auch der Name »Wand«.

Die Wahl des Ausfachungsmaterials richtete sich schon immer nach dessen Verfügbarkeit. Die Ausfachungen müssen viele bauphysikalische Bedingungen erfüllen: Wärmeschutz, Schallschutz, Dichte und Beständigkeit gegenüber witterungsbedingter, mechanischer und thermischer Beanspruchung, mancherorts sogar gegenüber Feuer.

Abb. 8.1: Bachkiesel und Feldlesesteine unter Verputz, Rheinau ZH (2018)

Abb. 8.2: Bruchstein und Bachkiesel: Ein Hilfsbrett unterteilt und stabilisiert das Gefach zusätzlich. Trimmis GR (1988)

Feines Rutengeflecht: vor allem Weiden- und Haselruten, oft halbiert

Waagrecht eingesetzte Stakhölzer

Spaltholzgeflecht: Holz von Laubbäumen, längs halbiert

Strohlehmwickel um waagrechte Stakhölzer

Senkrecht verlaufendes Geflecht bei engem Stand der Ständer

Verputzte Bretter, Bohlen oder Flecklinge: Füllhölzer stehend oder liegend und als Putzträger eingeschlagene Kerben, Nägel, Drahtgeflechte oder »Gipserlatten«

Strohzöpfe, senkrecht eingeflochten

Unverputzte Bohlen bei Bohlenständerbauten

Strohlehm, durch Holzspänegeflecht gehalten

Kanthölzer bei Ständerbauten oder Stallwänden

Strohlehmkugeln, zwischen den Stakhölzern aufgeschichtet

Große Bachkiesel bedingen kleine Gefache und viel Füllmaterial.

Verputzte Stakhölzer

Kleinere Kiesel im Fischgratmuster und stabilisierende Dachziegelschichten verkleinern die kleinen Gefache zusätzlich.

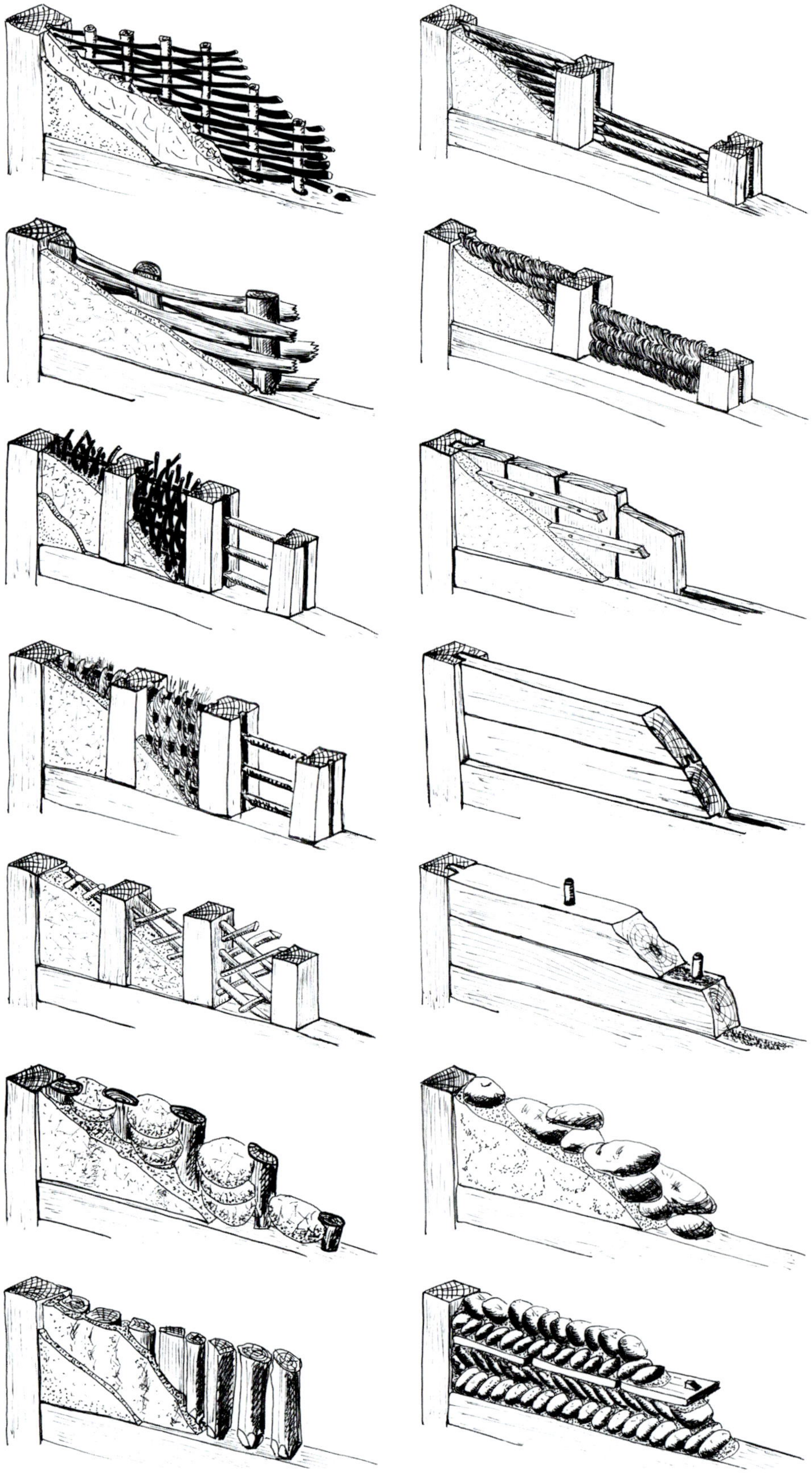

Abb. 8.3: Unterschiedliche Ausfachungsarten/Gefachfüllungen (Fortsetzung, siehe nächste Seite)

Bruchstein: Der »hintere Meierhof« von 1750 in Höngg bei Zürich hat Ausfachungen aus unverputzten Verrucanoblöcken der nahen Moräne.

Verschiedene Backsteinverbände

Bearbeitete Sandsteinblöcke

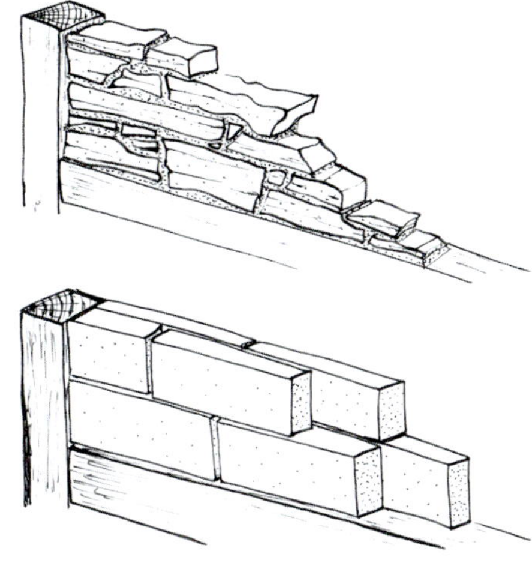

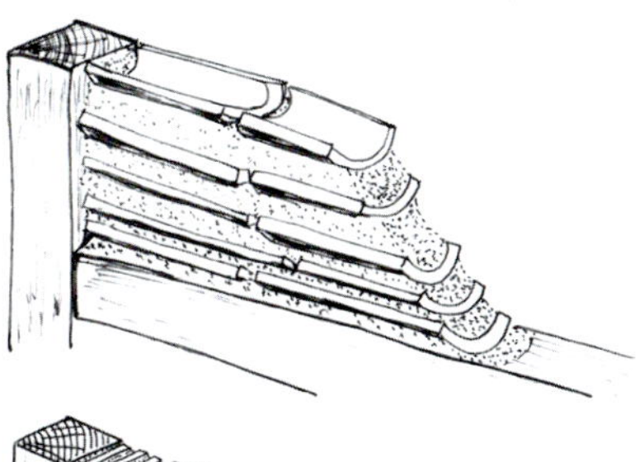

Bruch-Hohlziegel mit viel Füllmaterial: Es werden alte, durch »Bieberschwänze« ersetzte Dachziegel wiederverwendet.

Aufgestellte Backsteine

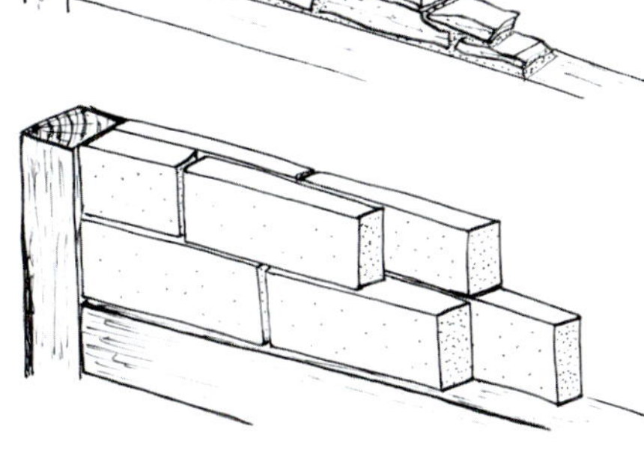

Bruchziegel in vielen Ziermustern

(Fortsetzung von Abb. 8.3)

Abb. 8.4: Verputzte Stakhölzer in Horizontallage in Gächliwil SO (1988)

Abb. 8.5: Diese Ausfachung garantiert eine gute Durchlüftung des Lagerguts. Rüdlingen SH (2018)

Abb. 8.6: Diese gesunde Flechtwerkwand wurde in mühsamer Handarbeit abgebrochen und durch eine Backsteinausfachung ersetzt. Unterstammheim ZH (1983)

Abb. 8.7: Große Gefache sind nur mit Flechtwerk möglich. Auch diese rekordverdächtige Innenwand (5 m lang und 3,50 m hoch) von 1436 ohne jegliche Unterteilung durch Ständer oder Riegel wurde ersetzt. Unterstammheim ZH (1991)

An der Größe der Gefache kann das Ausfachungsmaterial erkannt werden. Flechtwerkwände erlauben viel größere Gefache als mit Steinen ausgefachte. Im Jura, aber auch in der Ostschweiz wurden die für Steinausfachungen zu großen Gefache manchmal zusätzlich mit zwischen den waagrechten Hölzern eingeklemmten Brettern unterteilt.

An verschiedenen Orten fällt das Fehlen von Riegeln im Fachwerk auf. Besonders viele Häuser ohne Riegel kommen im Tösstal und im Knonauer Amt des Kantons Zürich vor, aber auch rund ums Berner Seeland. Die Ausfachung dieser Häuser besteht aus mit Stroh umwickelten Holzstaken, die horizontal in die Nuten der Ständer eingeschoben sind. Waagrechte Riegel würden den Einbau der Staken nur unnötig behindern, weshalb sie weggelassen wurden.

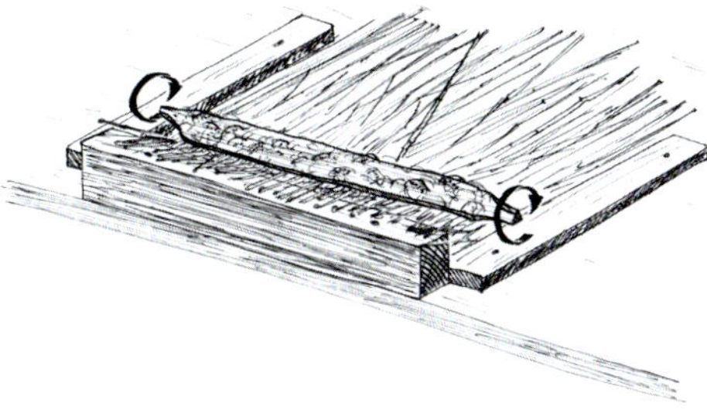

Auf dem Wickeltisch wird zwischen den beiden angenagelten (Dach-)Latten das Stroh in Parallellage gleichmäßig verteilt. Die Halmenden ragen geknickt ungefähr 10 cm über die aufgestellte Kopflatte hinaus. Beim Knick der Halme soll etwas Lehm angehäuft und das Stakenholz mit Lehm eingerieben werden.
Das Stakenholz wird danach in den Lehm bei der Kopflatte gedrückt und auf den Führungslatten in das Stroh eingerollt. Den fertigen Wickel verklebt man je nach Bedarf nochmals mit Lehm.

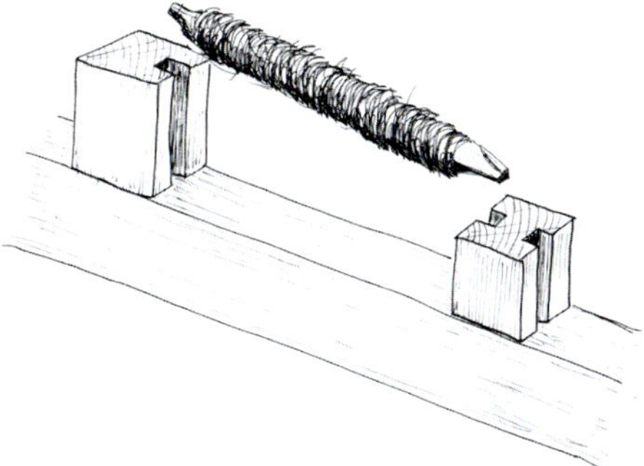

Der so vorbereitete Wickel kann nun in die Nute der Ständer oder Deckenbalken eingeschoben werden, denn auch Decken wurden zuweilen so gefertigt.

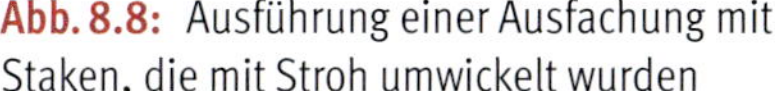

Abb. 8.8: Ausführung einer Ausfachung mit Staken, die mit Stroh umwickelt wurden

Abb. 8.9: Strohlehmwickel im Berner Seeland in Ins BE (1992)

8.1 Strohlehm

Die wichtigste Art der Ausfachung war von den Anfängen des Fachwerkbaus bis ins 19. Jahrhundert hinein das Holzflechtwerk mit Strohlehmbewurf. In ländlichen Gebieten konnte sich diese Ausfachungsart länger halten als in den Städten, wo man aus Gründen des Feuerschutzes Steinausfachungen bevorzugte. Die Kombination von Geflecht mit Strohlehm hat aber auch gewaltige Vorteile durch ihre klimatischen und plastischen Eigenschaften. Dank ihrer Elastizität wird diese Technik vermehrt in Mittel- und Südamerika angewendet – ihre Erdbebenbeständigkeit bis Stärke 7 auf der Richterskala ist beträchtlich. Zudem ist die Technik leicht anzuwenden. Als gegen Ende des Zweiten Weltkriegs die letzte Panzerschlacht zwischen amerikanischen und deutschen Truppen bei Hatten im Unterelsass ausgefochten wurde, hielten lediglich die Ausfachungen aus Strohlehm-Holzgeflecht den enormen Druckwellen der Geschützfeuer stand. Fensterscheiben ganzer Dörfer, Ziegeldächer und unzählige Kiesel- und Backsteinausfachungen mussten danach ersetzt werden.

In die Kerben werden gespaltene, bis zu 5 cm dicke Holzstaken eingeschlagen. Meist sind im oberen Konstruktionsholz (z.B. Riegel) Löcher vorgebohrt.

Das Gefach wird mittels Weidengeflecht, Haselruten oder gespaltenen Fichtenästen geschlossen.

Das Geflecht wird von beiden Seiten mit Strohlehm beworfen und gefüllt. Der noch feuchte Lehm wird holzbündig abgezogen. Der Strohhäcksel bewirkt die gleichmäßige Schrumpfung des Lehms. Das Aufbringen des Lehms muss in einer Schicht erfolgen.

Auf der mit dem Holzkamm gerillten Oberfläche hält der später aufgetragene Kalkputz besser, mit dem im gleichen Arbeitsgang die unvermeidliche Trocknungsfuge ausgestrichen wird. Für Kalkputz werden neben gelöschtem Kalk scharfer Sand und Kies in einer Korngröße bis 4 mm für Unterputz bzw. bis 7 mm für den Oberputz verwendet. Wichtig ist der Kaseinzusatz, z.B. Magerquark. Der Kalkputz wurde früher zudem mit Haaren oder Borsten armiert.

Abb. 8.10: Das Einbringen eines Holzflechtwerks mit Strohlehmbewurf

Abb. 8.11: Die als Putzträger gedachten Rauten wirken dekorativ. Flurlingen ZH (📷 2018)

Abb. 8.12: Staken am Ständer und an der Strebe geben dem Geflecht den nötigen Halt. Oben stecken die Staken in Bohrlöchern. Der Kalkverputz und der Strohlehm fehlen. Die geflochtene Ausfachung ist ungeschützt. Das Haus gleicht einem Korb. Dorf bei Andelfingen ZH (📷 1982)

Abb. 8.13: Strohlehm-Flechtwerkwand mit Vertiefungen als Putzträger, darüber eine dünne Kalkschicht; Marthalen ZH (📷 2018)

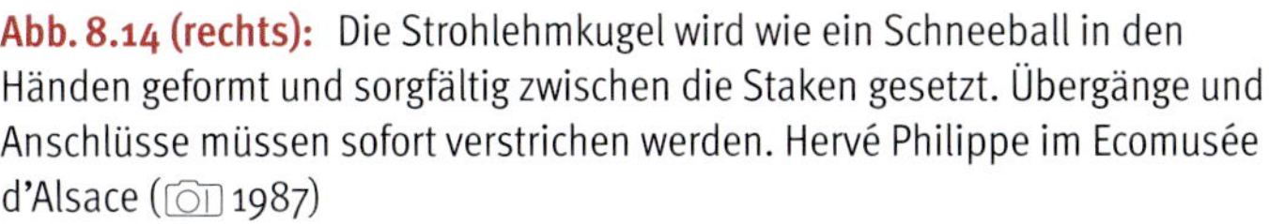

Abb. 8.14 (rechts): Die Strohlehmkugel wird wie ein Schneeball in den Händen geformt und sorgfältig zwischen die Staken gesetzt. Übergänge und Anschlüsse müssen sofort verstrichen werden. Hervé Philippe im Ecomusée d'Alsace (📷 1987)

Strohlehmrezept für Ausfachungen aus Nordfrankreich

250 l Lehm
150 l Flusssand der Aisne, Korngröße 6 mm (wie Grieß)
50 l Sand, gewaschen, Korngröße < 2 mm (wie feines Salz)
35 kg Strohhäcksel, 10 cm, von Frühgerste

8.2 Lehm

Lehm kommt als Bodenart unter der oberen Humusschicht in den meisten Gebieten der Erde vor. Durch erdgeschichtliche Vorgänge entstand eine Mischung aus Ton als Bindemittel und Sand als füllendem Korngerüst. Das Mischungsverhältnis ist von Fundort zu Fundort verschieden, was den Gebrauch etwas erschwert. Verschiedenste, von Generation zu Generation weitergegebene Prüfverfahren ermöglichen den Einsatz dieses kostengünstigen Baumaterials, das meist unmittelbar neben der Baustelle gewonnen werden kann. Je nach Testergebnis muss die Mischung ergänzt werden. Es ist daher schwer, allgemeingültige Rezepte aufzustellen oder zu übernehmen.

In Lehmrezepten für Grund- und Deckputz werden zusätzlich feiner Sand und als Armierung feingehäckseltes Stroh, entfettete Haare oder Borsten empfohlen. Die Konsistenz der Putzmischungen ist kartoffelbreiähnlich.

Solche Rezepte können nicht ungetestet übernommen werden. Sie sollen jedoch anregen, diese alte Technik selbst auszuprobieren und sie auch im größeren Stil wieder einzusetzen. Im Übrigen ist Lehm nicht nur hautverträglich, sondern äußerst angenehm zu verarbeiten. Alter Baulehm lässt sich nach dem Abriss wiederverwenden. Lehm, der nicht erneut verwendet wird, geht zurück in die Erde, ohne sie zu belasten – ein wirklich nachhaltiges Baumaterial!

Strohlehmrezept für Ausfachungen aus Deutschland (nach [62])

1 Fass (ca. 30 l) gemagerter Lehm,
(Für eine Haftprobe wird eine 2 cm dicke Lehmschicht auf einen trockenen aufgestellten Ziegelstein aufgetragen; nach 48 h dürfen sich kleine Schwundrisse und an den Rändern nur leichte Ablösungen bilden.)
½ Eimer (ca. 6 l) Kuhdung,
2 Fässer (ca. 60 l) gehäckseltes Stroh, Halmlänge bis 15 cm.
Kuhdung in Sand-Lehm-Gemisch einrühren, nach und nach Stroh dazumischen. Falls nötig erneut Wasser zugeben.
Konsistenz der fertigen Mischung: steif, plastisch formbar, immer noch klebrig

8.3 Kalk als Mörtel und Verputz

Vor der Einführung des Zements war Kalk beim Mauern das beinahe einzige Bindemittel. Sollen Steine lose aufeinandergeschichtet eine stabile Mauer ergeben, müssen diese sehr genau ineinander- und aufeinanderpassen.

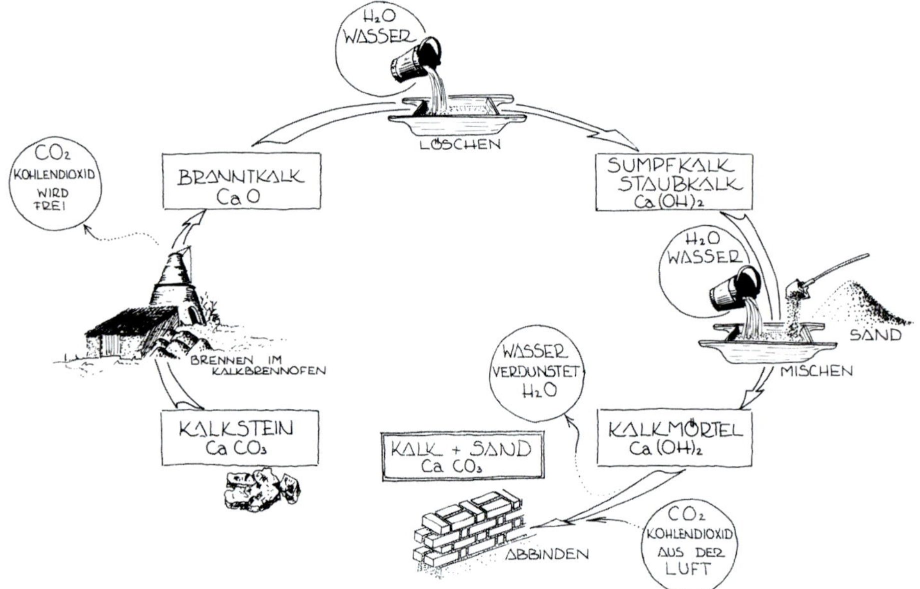

Abb. 8.15: Kreislauf Kalkstein

Kleine Chemie des Kalkbrennens

Kalkstein entstand vor Jahrmillionen im Meer durch Ablagerung von Schalen und Skeletten lebender Organismen, die allmählich durch das Gewicht darüber lagernder jüngerer Schichten zu festem Gestein wurden. Riesige Bauwerke (Cheopspyramide, um 2500 v. Chr.; die Chinesische Mauer, 3. Jahrhundert v. Chr.) bezeugen die Verwendung von Kalkgestein durch den Menschen seit Jahrtausenden.
Der Jura und weitgehend auch der Nordrand der Alpen bestehen aus Kalkgestein, dem Calciumcarbonat ($CaCo_3$).
Im Ofen wird der Kalkstein bis zur Weißglut bei ca. 1000 °C erhitzt. Dadurch entweicht das Kohlendioxid (Co_2), die sogenannte »Kohlensäure«. Fast die Hälfte seines Gewichts verliert der Kalkstein beim Entsäuern. Zurück bleibt reiner, weißer »Branntkalk«, Calciumoxid (CaO), der so nicht lagerfähig wäre, weil er aus der Luft sofort Feuchtigkeit aufnähme und dabei zu Kalkstaub zerfallen würde.
Beim Löschen (Übergießen mit Wasser) nimmt der gebrannte Kalk so viel Wasser auf, wie er chemisch binden kann. Unter großer Wärmeentwicklung (bis 100 °C) vergrößert sich sein Volumen um das Zweieinhalbfache und es entsteht das »Kalkhydrat« Calciumhydroxid ($Ca(OH)_2$). Der in der Löschgrube »eingesumpfte« Kalk ist abgedeckt nun beliebig lagerfähig. Guter »Sumpfkalk« sollte mindestens ein Jahr eingelagert sein.
Aus praktischen Gründen wird dem heute industriell hergestellten Kalk nur so viel Wasser zugeführt, dass er als Pulver in Papiersäcken zum Verbraucher transportiert werden kann. Maler, Restauratoren und Stuckateure bevorzugen aber nach wie vor den echten Sumpfkalk.
In bestimmtem Verhältnis mit Wasser und Sand vermischt wird der Kalk (»Kalkhydrat«) zu Mauer- oder Putzmörtel. Beim Abbinden (= Festwerden) des Mörtels nimmt er aus der Luft Kohlendioxid (Co_2) auf und gibt beim Austrocknen des Mauerwerks Wasser ab. Auf diese Weise entsteht wieder das ursprüngliche Ausgangsprodukt Calciumcarbonat ($CaCo_3$) – der Kreis ist geschlossen.

Altes Rezept für Kalkputzmischungen aus Deutschland (nach Leszner/Stein: Lehm-Fachwerk [62])

Grundputz
3 Eimer Sand (0–2 mm)
3 Eimer Kies (0–7 mm)
1 Eimer Sumpfkalk
250 g Magerquark
¼ Eimer Haare oder Borsten

Deckputz
3 Eimer Sand (0–2 mm)
3 Eimer Kies (0–4 mm)
1 Eimer Sumpfkalk
250 g Magerquark

Sumpfkalk und Quark mit wenig Wasser im Mischer verflüssigen, dann Sand und Kies dazumischen, zuletzt Haare oder Borsten dazustreuen.
Konsistenz der fertigen Mischung: dünner als Kartoffelbrei, trotzdem nicht fließend, aber leicht von der Kelle abrutschend

Abb. 8.16: Maurer bei der Arbeit: Die Erbauung Karthagos. Grisaillemalerei (um 1515/16) von Thomas Schmid und Ambrosius Holbein im Festsaal von Kloster St. Georgen in Stein am Rhein SH (📷 1989)

Der Kalkmörtel kann Unebenheiten ausgleichen und ist für alle Steine ein hervorragendes Bindemittel. Er entsteht durch Brennen von Kalksteinen bei ca. 1000 °C im Kalkofen. Die ältesten Öfen sind in Mesopotamien aus der Zeit um 2400 v. Chr. ausgegraben worden. Über die Griechen kam die Technik durch die Römer nach Mitteleuropa. Von ihnen übernahmen zunächst die Kelten, dann die Alemannen die Kalkverarbeitung. Der Mauerwerksbau und damit die Verwendung von gebranntem Kalk beschränkten sich lange Zeit auf Burgen, Klöster, Kirchen, Stadtbefestigungen sowie auf Bauten des Stadtadels und reicher Bürger. Erst ab dem 14./15. Jahrhundert wurden die Städte Großabnehmer von gebranntem Kalk, da sich dort aus Gründen der Feuersicherheit Steinmauern langsam durchsetzten.

8.4 Anschlüsse ans Konstruktionsholz

Der Verputz soll weder mit der Latte abgezogen noch scharfkantig gefast werden. Er darf zwar unregelmäßig den Bachkieseln folgen, muss aber gegen die Kanten bündig auslaufen. Der Grund dafür ist das abfließende Wasser des Schlagregens, das sich sonst an der Kante sammelt und dort durch Ritzen in die Wand eindringen kann.

Da die Fachwerkhäuser in Bezug auf ihr Material eine Mischbauweise darstellen, ist die kritische Stelle am Übergang vom Holz zur Ausfachung zu suchen. Setzungsschäden, wie Ritzen und Verputzabsprengungen, sind je nach Ausführung oder Witterung unvermeidbar. Damit sich aber nicht ganze Gefache lösen und damit diese winddicht sind, wird das Ausfachungsmaterial durch Nuten oder Leisten an den Ständern gehalten.

Bei der Ausmauerung der Gefache mit kleineren, unbehauenen Steinen war es gar nicht einfach, beidseitig senkrechte Wandfluchten zu erhalten. Um zudem das Ausknicken der noch nicht verfestigten Wand zu verhindern, nagelte man auf der einen Wandseite (meist innen) provisorisch Bretter über die Gefache, mauerte sie aus und entfernte die Bretter nach dem Antrocknen der Wand.

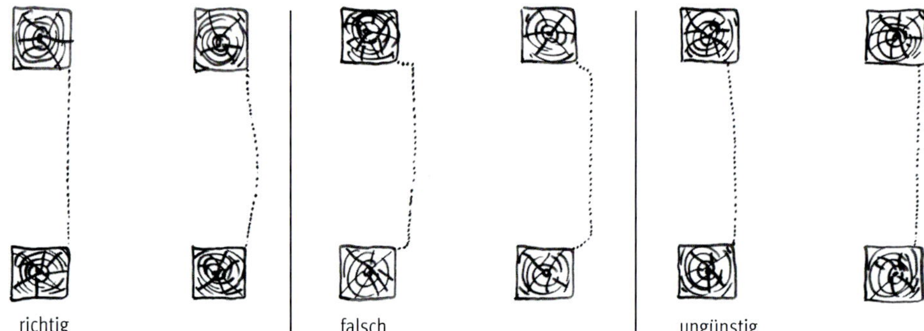

Abb. 8.17: Ausführung des Anschlusses Putz – Holz

Abb. 8.18: Die senkrecht montierten Schalbretter fürs Ausmauern hinterließen deutliche Spuren. Schmitten GR (📷 1989)

Abb. 8.19: Allzu scharfkantig gestaltete Anschlüsse in Buch bei Ramsen SH (📷 1987)

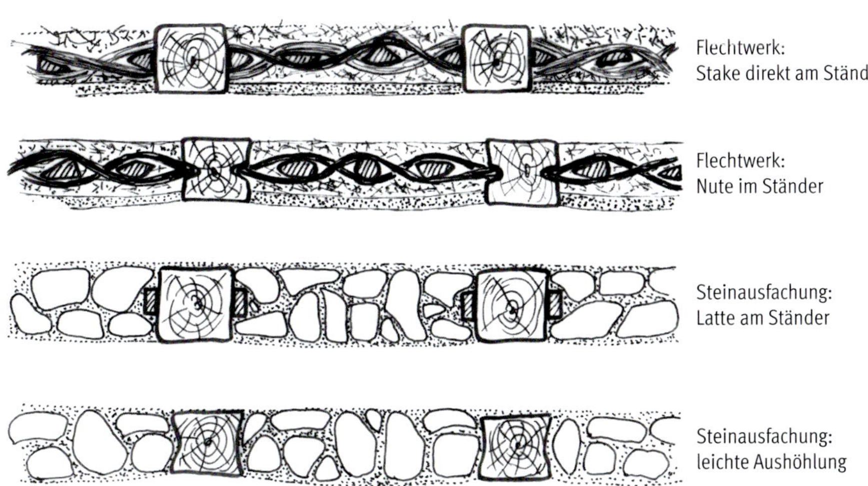

Abb. 8.20: Unterschiedliche Anschlüsse der Ausfachungen an die Ständer

9 Dachkonstruktionen und Bedachungen

Dachkonstruktionen und Bedachungen

9.1 Dachwerke

Aus der Vielfalt der möglichen Dachkonstruktionsarten werden hier nur die grundlegendsten vorgestellt. Der Unterschied zwischen Rafen (oder Rofen) und Sparren lässt sich anhand von stuhllosen Kleinbauten erklären. Viele Zeitgenossen, darunter nicht wenige Zimmerleute, denken bei Rafen oder Sparren an je nach Region mundartliche Unterschiede, was in gewissen Fällen stimmen mag, wird doch je nach Region in der Schweiz hauptsächlich die eine oder andere Konstruktionsart angewendet. Allerdings handelt es sich dabei eigentlich um zwei unterschiedliche Konstruktionsarten. Im französischen Sprachgebiet werden sie bisher nicht unterschieden; beide werden »le chevron« genannt. Um zu unterscheiden und vermutlich auch durch die ostrheinischen Bauforschungskollegen beeinflusst, wird neuerdings im Elsass (2015) das Sparrendach mit »charpente à chevrons-portant-fermes« und der Sparren mit »chevron-arbalétrier« umschrieben.

9.1.1 Stuhlloses Rafen- oder Pfettendach

Die Rafen – in Deutschland Rofen genannt – liegen auf den Pfetten, die ihrerseits auf den Giebelmauern oder auf Ständern ruhen. Die Beschaffenheit der Mauern spielt dabei keine Rolle. Die Rafen können, leicht über die Längswände hinausragend, das Vordach bilden. Sie müssen entweder am First gegenseitig oder mit den Pfetten verbunden sein, damit sie nicht abrutschen können. Sie übertragen die Dachlast auf die Pfetten, darum wird diese Konstruktion als Pfettendach bezeichnet.

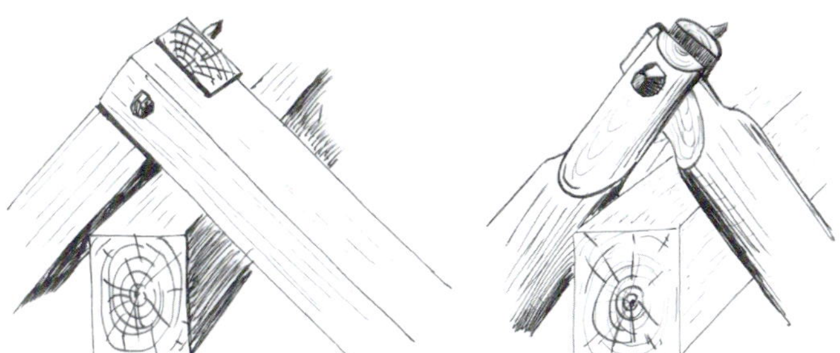

Abb. 9.1: Rafenverbindungen am First verhindern das Abrutschen.

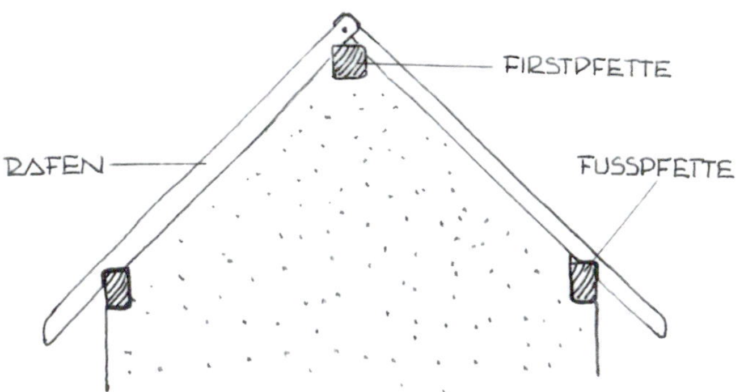

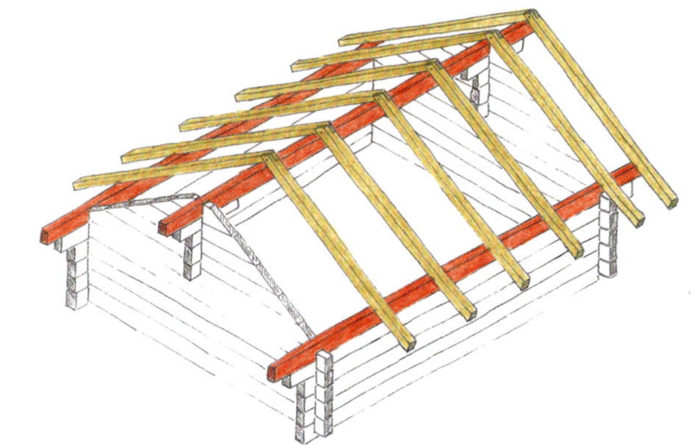

Abb. 9.2: Stuhlloses Rafendach

9.1.2 Balkendach

Um die Grundsysteme der Dachgerüste vollständig darzustellen, wird hier auch das in den Alpensüdtälern vorkommende Balkendach erwähnt. Es schützt in der Regel Blockbauten mit schweren Steinplattendächern. Das Balkendach ist in der Moderne die übliche Konstruktion bei Flachdächern.

Abb. 9.3: Aufgesetzter Keil an einer Scheune in Coinsins VD (📷 2018)

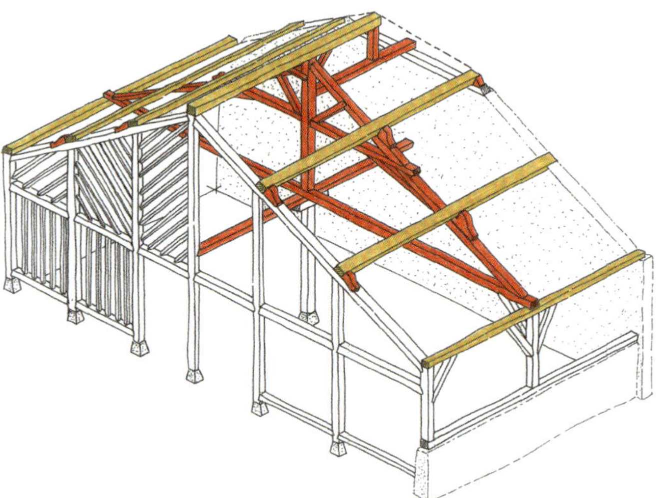

Abb. 9.4: Die in Coinsins an der Waadtländischen La Côte stehende gut durchlüftete Scheune kann auch als Balkendach bezeichnet werden. Die von Wand zu Wand gespannten Balken längs zum First werden durch ein Sprengwerk in der Mitte des Gebäudes unterstützt und durch aufgesetzte Keile getragen, wie sie in Frankreich üblich sind. Solche Dachstühle sind bereits von Vitruv im ersten Jahrhundert vor unserer Zeitrechnung in ähnlicher Weise beschrieben.

Abb. 9.5: Balkendach mit Steinplattendeckung

9.1.3 Stuhlloses Sparrendach

Zwei Sparren und der waagrecht liegende Zugbalken bilden ein fest miteinander verbundenes Dreieck. Damit diese hintereinandergestellten Elemente nicht wie Dominosteine umkippen, sind sie durch Rispen (oder Windverbände) miteinander verbunden und in ihrer Stellung gesichert. Die Firstpfette kann weggelassen werden. Sie wurde häufig trotzdem von Wand zu Wand gespannt, um die Aufrichte- und Dachdeckerarbeiten zu erleichtern. Die Sparren leiten die Last direkt auf die Längswände, geben zudem Schub nach außen. Am First sind die Sparren miteinander verbunden. Die Sparren sperren und auch der Zugbalken ehrt seinen Namen. Am unteren Ende der Sparren, am Sparrenfuß, muss der Schub durch den Zugbalken aufgefangen werden. Damit die Zapfen und Versatzungen gut sitzen, braucht der Zugbalken gewisses Vorholz, was das Vorspringenlassen der Sparren für ein Vordach verhindert. Zum Wetterschutz der Zapfenverbindung und des Zugbalkenvorholzes befestigt man einen Aufschiebling, der über die Längswand ragt und damit das gewünschte Vordach bildet (siehe Kap. 9.5). Von außen wird ein Dachknick sichtbar.

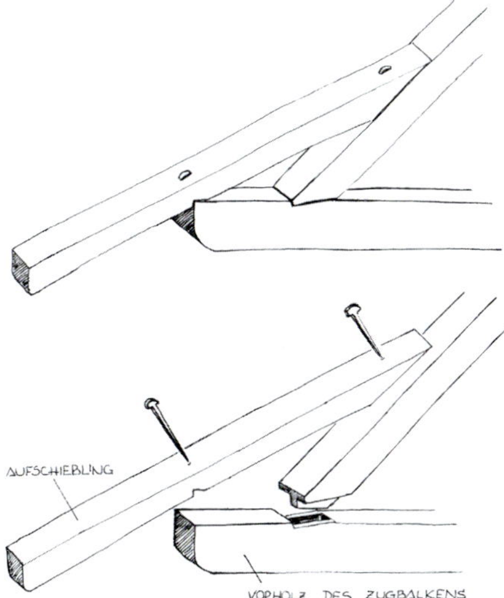

Abb. 9.6: Bei späteren Sparrendächern wurden die Aufschieblinge durch große Sparrennägel gesichert, während heute Schrauben bevorzugt werden.

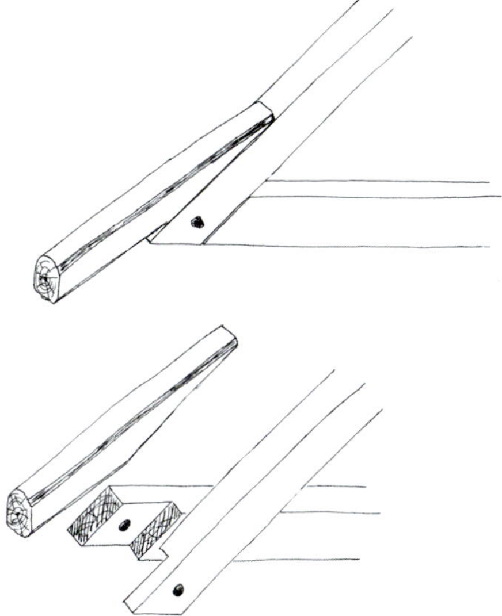

Abb. 9.7: Verblattungen sicherten bei frühen Sparrendächern die Verbindung zwischen Sparren und Zugbalken.

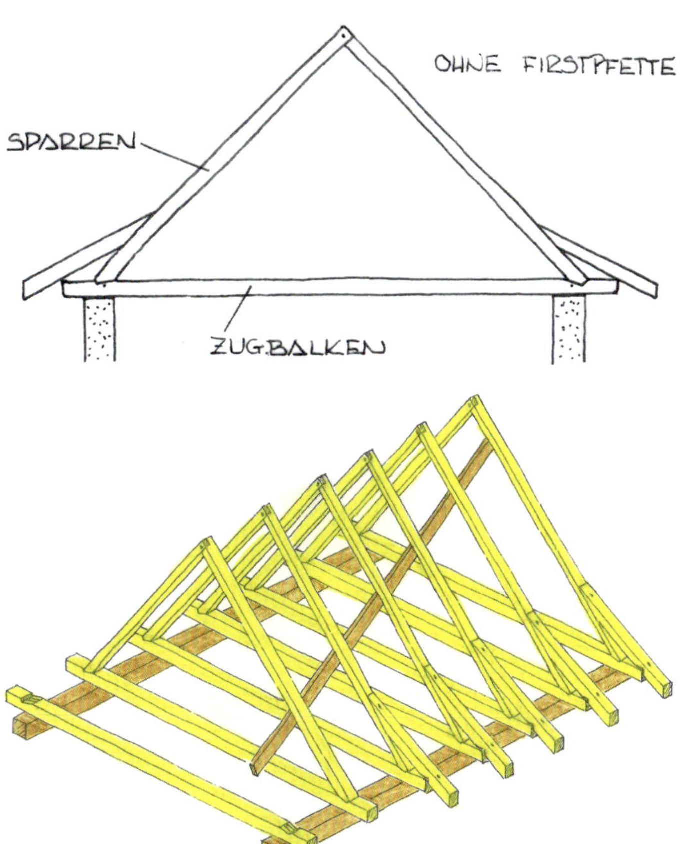

Abb. 9.8: Das Sparrendach wird durch Rispen gesichert und von Aufschieblingen geschützt.

9.1.4 Das Kehlbalkendach – Gespärre ohne Zugbalken

Das Kehlbalkendach gehört nördlich der Alpen zu den ältesten noch erhaltenen Dachkonstruktionen. Vor allem in Stadtzentren, an Klosterbauten und Kirchen sind einige wenige Kehlbalkendächer erhalten geblieben.

Die Konstruktion kommt ohne spezielle Binder aus (siehe Kap. 9.2.1). Es werden ausschließlich gleichwertige Dachdreiecke hintereinander in einer Reihe aufgerichtet und mittels Rispen gegenseitig verstrebt und damit als Ganzes gegen das Umkippen gesichert. Die Kehlbalken verhindern das Durchbiegen der Sparren. Gekreuzte Scherbänder können das Kehlbalkendach zusätzlich versteifen.

Die beiden systemgleichen Basler Konstruktionen aus Abb. 9.10, 9.12 und 9.13 waren ursprünglich nur durch die Dachlatten versteift. Beim Erdbeben von 1356 neigten sie sich um ca. 4° und mussten fortan durch Rispen gesichert werden. Das Gewölbe über dem Langhaus des Freiburger Münsters (Baden-Württemberg) ist übrigens durch ein praktisch identisches Dachwerk von 1256 und 1301 überdacht, das für Basel als Muster gedient haben könnte.

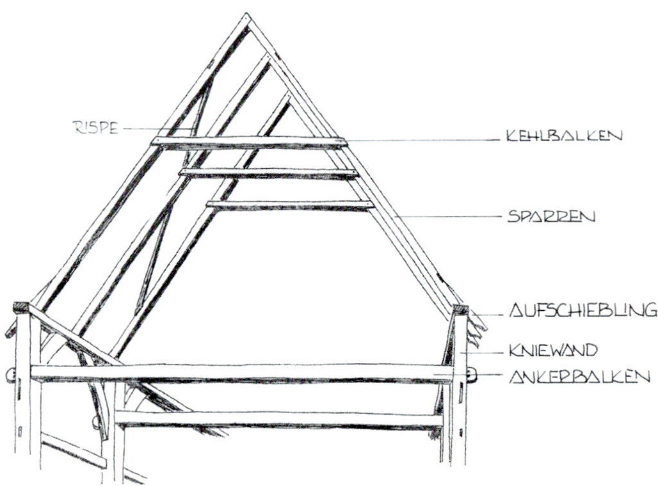

Abb. 9.9: Mittelalterliches Haus (Deutschland) mit einfachem Kehlbalkendach

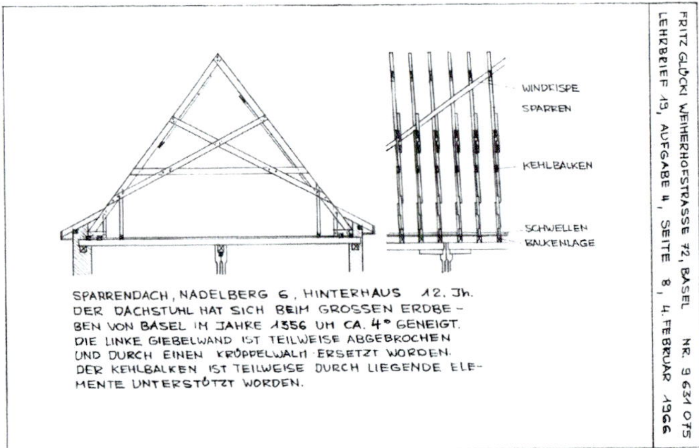

Abb. 9.10: Aus dem *Skizzenbuch* von F. Glücki von 1966 [36]

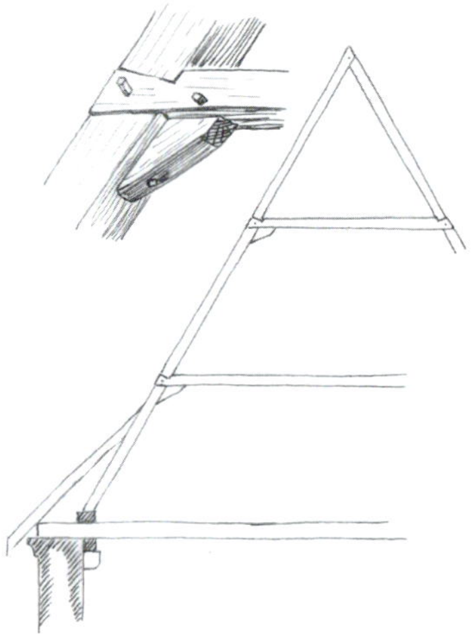

Abb. 9.11: Das Dach in Regensburg (Bayern) hat zwei Kehlbalken.

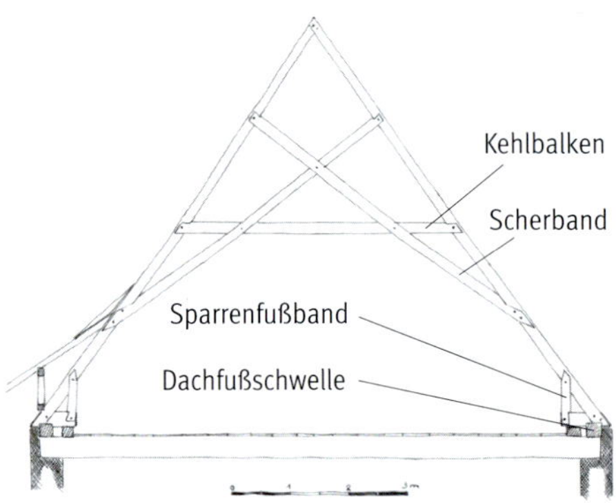

Abb. 9.12: Praktisch identisches Dachwerk: Das 70 Meter lange Kehlbalkendach wurde um 1274 errichtet. Ohne jegliche innere Abstützung reihen sich 67 Sparrenpaare auf. Basel, Kleines Klingental

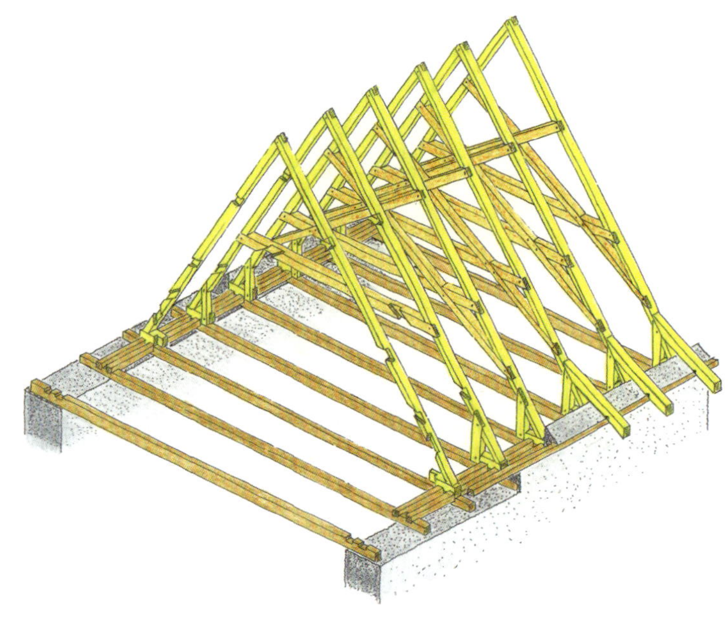

Abb. 9.13: Kehlbalkendach mit gekreuzten Scherbändern von 1271 in Basel, am Nadelberg 6, nach der Aufnahmeskizze von F. Glücki [36]

Abb. 9.14: Dachwerk von 1236/37 über dem Mittelschiff des Marienmünsters auf der Insel Reichenau, Baden-Württemberg (📷 2012): Das Meisterwerk aus dem Mittelalter ist seit 1964 wieder sichtbar und nur durch 14 % neues Bauholz ergänzt.

9.2 Der Dachstuhl

Der Belastbarkeit von Sparren und Rafen sind Grenzen gesetzt. Bei größeren Dächern wird ihre Spannweite so groß, dass sie sich durchbiegen und sogar brechen können. Daher müssen sie – je nach Größe des Daches – einmal oder mehrmals unterstützt werden.

9.2.1 Stehender Stuhl – mit und ohne Firstständer

Senkrecht stehende Stuhlständer tragen die Stuhlrähme, denen die Sparren oder Rafen aufliegen. Sie können auf dem Gebälk stehen oder, wie im Jura, bis zum Boden reichen. Ständer, Dachrähme und Kehlbalken müssen gegenseitig durch Streben versteift werden. Die im Hausquerschnitt dargestellte Konstruktion mit Stuhlständer, Kehlbalken usw. nennt man Binder. Zwischen den Bindern werden etwa drei Sparren- oder Rafenlagen angeordnet. Der Dachstuhl kann um weitere Binder verlängert werden.

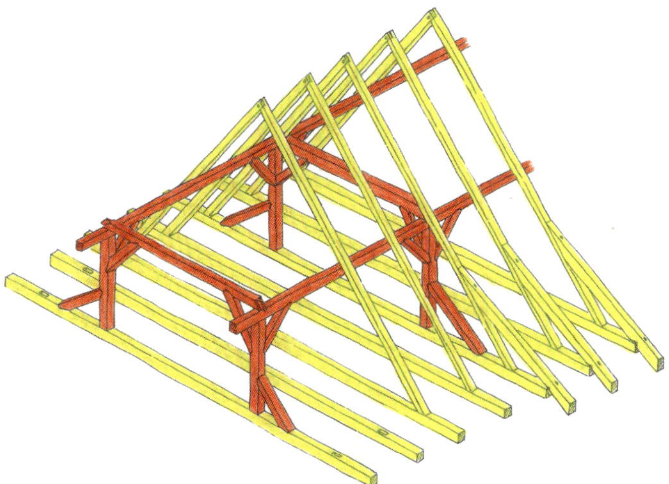

Abb. 9.15: Stehender Stuhl mit Gespärre

Der stehende Stuhl mit Gespärre hat sich vor allem an mittelalterlichen Häusern in der Nordostschweiz erhalten. Oft kann durch Untersuchungen festgestellt werden, dass die Sparren spätere Änderungen darstellen, wo vorher Rafen vorhanden waren. Die Sparren waren mit den Zugbalken nicht verzapft, sondern verblattet. Die Konstruktion zeigt sich auch deutlich an den Giebelwänden.

Abb. 9.16: Stehender Dachstuhl von 1436: Der Firstständer steht auf einem hier unsichtbaren Überzugriegel, der in Firstrichtung quer auf den Zugbalken liegt. Die Fußbänder wurden wohl wegen der Behinderung weggenommen. Das schwarze Gebälk zeigt an, dass der Rauch während Jahrhunderten ohne Kamin durch den Dachraum ins Freie gelangte. Die Steigbänder verlaufen vom Zugbalken bis zum Firstständer und sind zudem mit Stuhlständer und Kehlbalken überblattet. Die Konstruktion zeigt sich von außen auch am Giebel. Unterstammheim ZH (📷 1988)

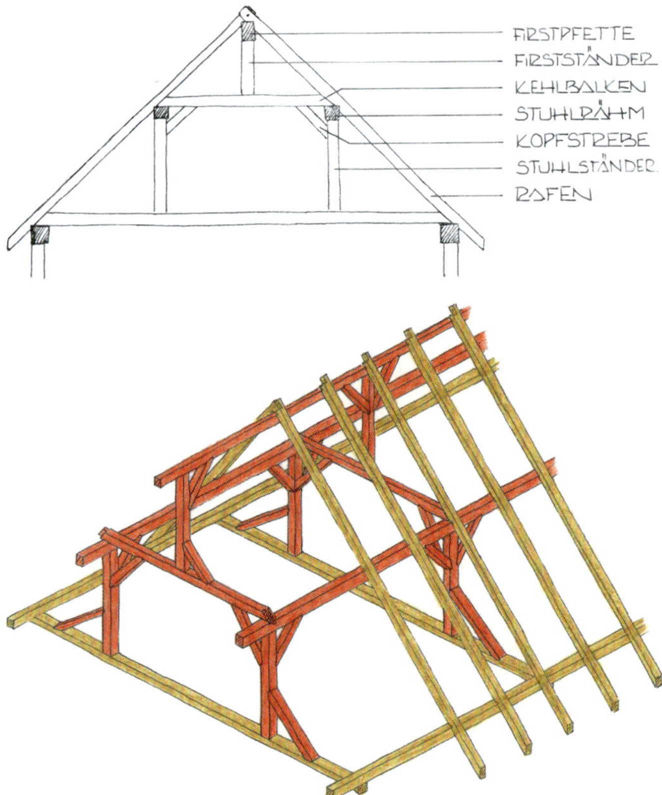

Abb. 9.17: Stehender Stuhl mit Rafenlage

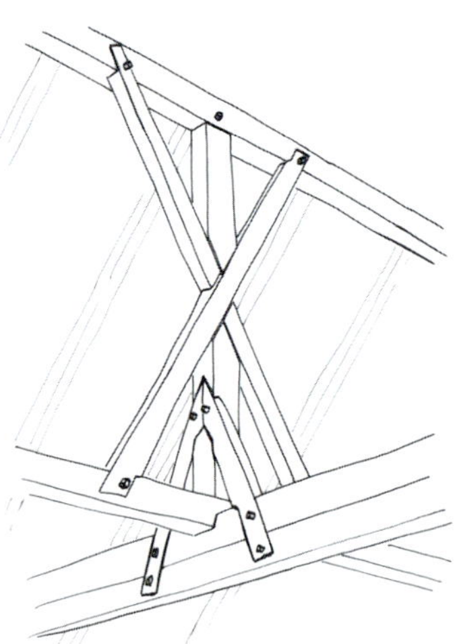

Abb. 9.18: Firstständerverstrebung im offenen Dachwerk des Kirchengemeindehauses von Ins BE

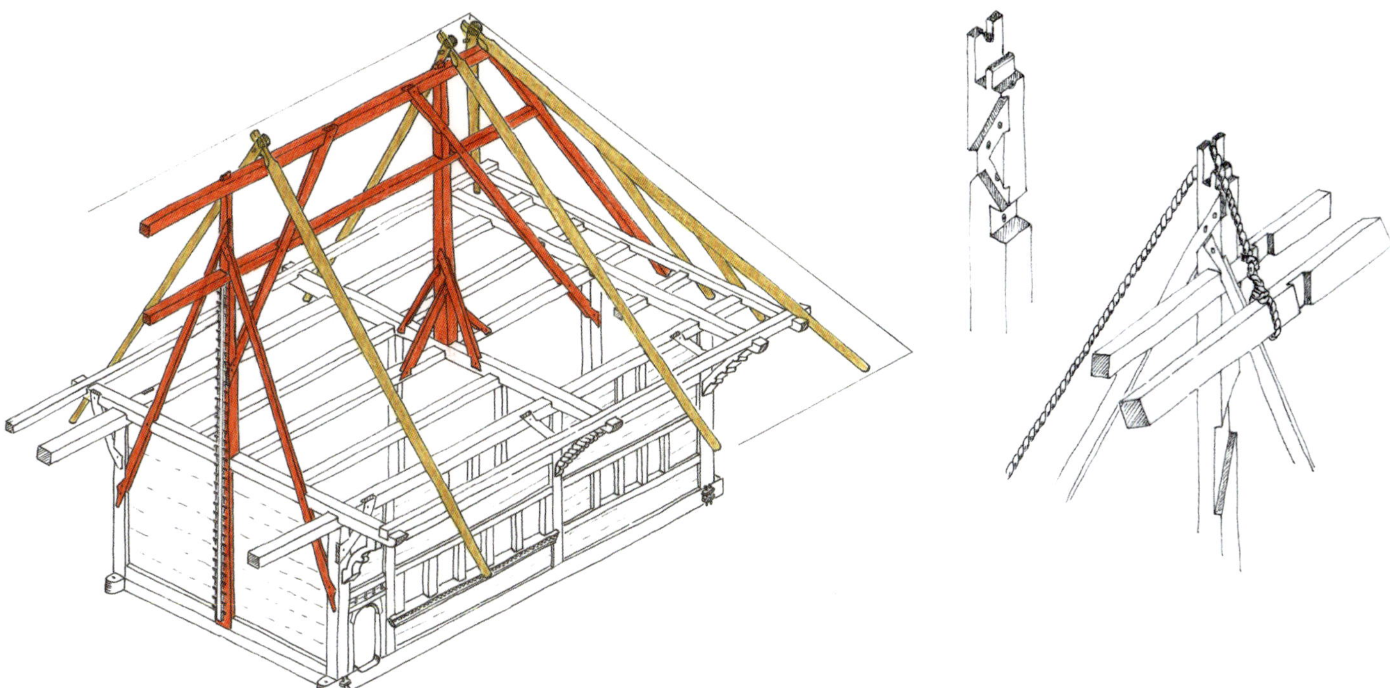

Abb. 9.19: Auch das Firstständer-Rafendach kennt mehrere Spielformen seiner Konstruktion: Hochständer von der Grundschwelle oder erst vom Bundbalken her. Herzogenbuchsee BE

Abb. 9.20: Das obere Ende des »Hochstuds« mit der Seilkerbe für den Aufzug der Firstpfette

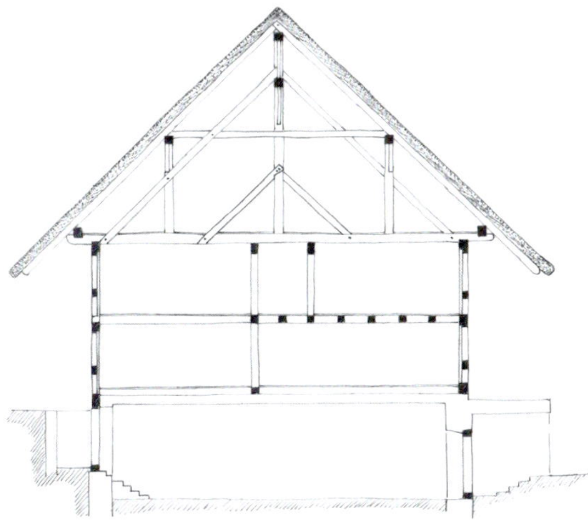

Abb. 9.21: Die Dachkonstruktion des »Strohdachhauses« von 1652 in Hüttikon ZH zeigt, dass der Firstständer nicht immer ein »Hochstud« sein muss. Hier steht er auf dem Gebälk des Dachgeschosses.

Eine Spezialform, die vom Hügelland der Voralpen über das Mittelland und den Jurabogen bis in den südlichen Schwarzwald vorkommt, ist die Firsthochständerkonstruktion.

Die älteren der großen Vielzweckbauten des Mittellandes mit Firstständerkonstruktion sind hier als Hochstudhäuser, im Schwarzwald als Hochständerhäuser bekannt. Die Firstpfette liegt auf einem oder bis zu sieben Ständern, die vom Boden bis zum First durchgehend sind. Der lange Firstständer muss durch Streben vor dem Einknicken gesichert sein. Auf der Längsseite werden die über Kopf eingehängten Rundholzrafen gefächert montiert, um mit großem Aufwand konstruierte Schifterrafen zu verhindern.

9.2.2 Das Sprengwerk oder der liegende Stuhl

Der stehende Dachstuhl hatte den großen Nachteil, dass die Stuhlständer die Dachraumeinteilung vorbestimmten und den Bewegungsspielraum des Menschen behinderten. Im dunklen Dachraum musste man aufpassen, nicht gegen die Ständer zu stoßen. So fanden die Zimmerleute ab dem 16. Jahrhundert die Lösung darin, die Ständer durch Stuhlstreben zu ersetzen, die wie die Sparren im Zugbalken verzapft ihren Halt fanden. Die Stuhlstrebe ist an ihrem Fuß geringer dimensioniert als oben, wo die Schwächung für die Aussparung des Stuhlrähms und für die Zapfenlöcher ganz beträchtlich ist. Unter dem Kehlbalken ist der Druckriegel zwischen die Stuhlstreben geklemmt. Zusätzlichen Halt kann den Stuhlstreben eine im Querschnitt dreieckige Stuhlschwelle geben.

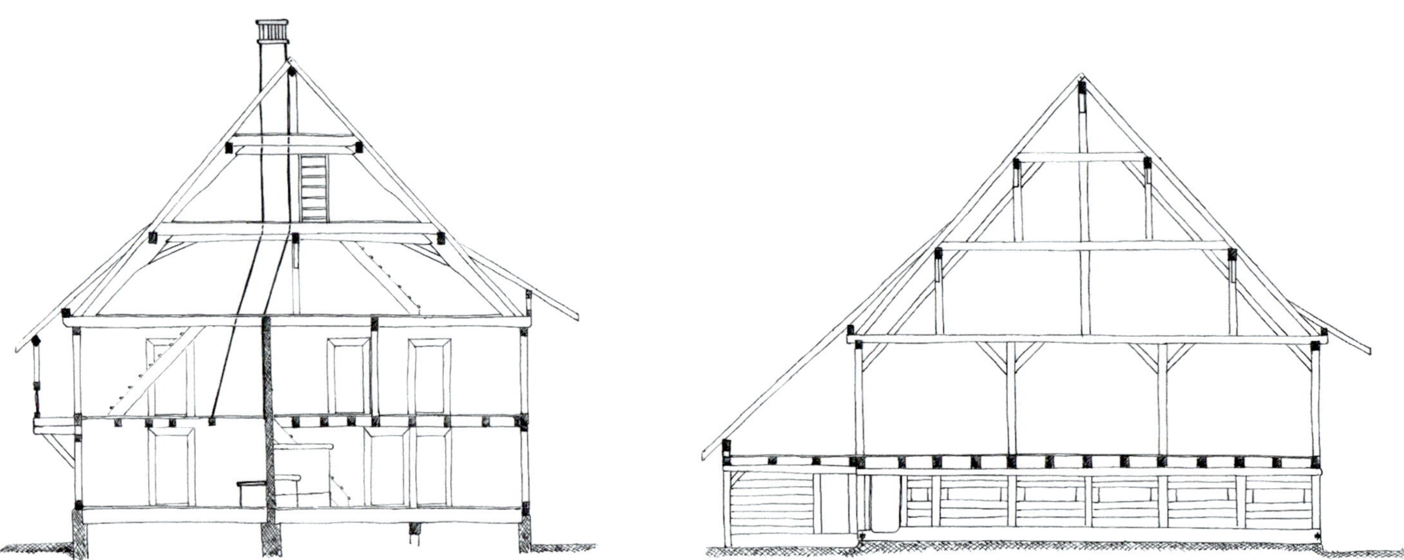

Abb. 9.22: Das Untervogthaus von 1692 in Ohringen ZH: Während der Wohnbereich mit einem liegenden Stuhl versehen wurde, ist der Ökonomieteil mit einem stehenden Stuhl konstruiert.

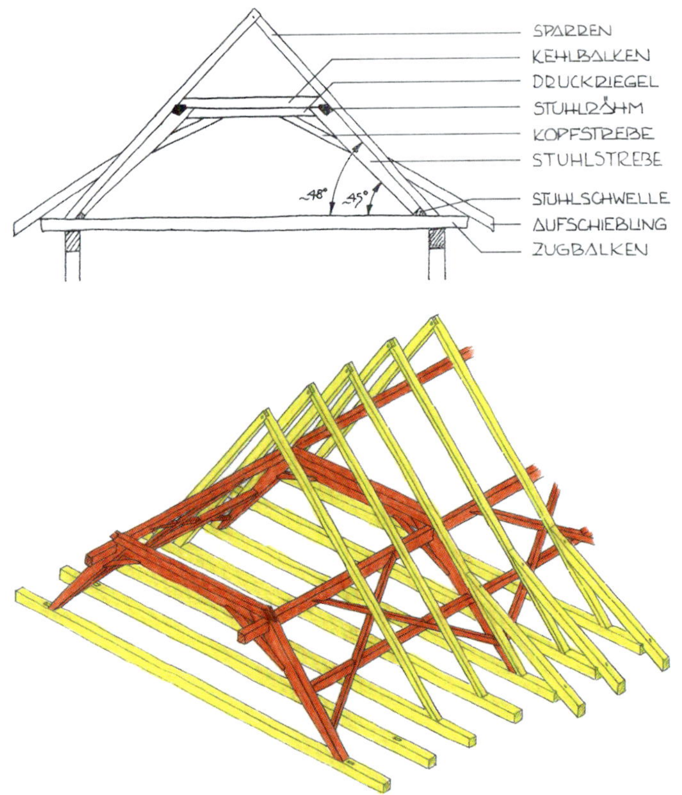

Abb. 9.23: Liegender Stuhl mit Gespärre

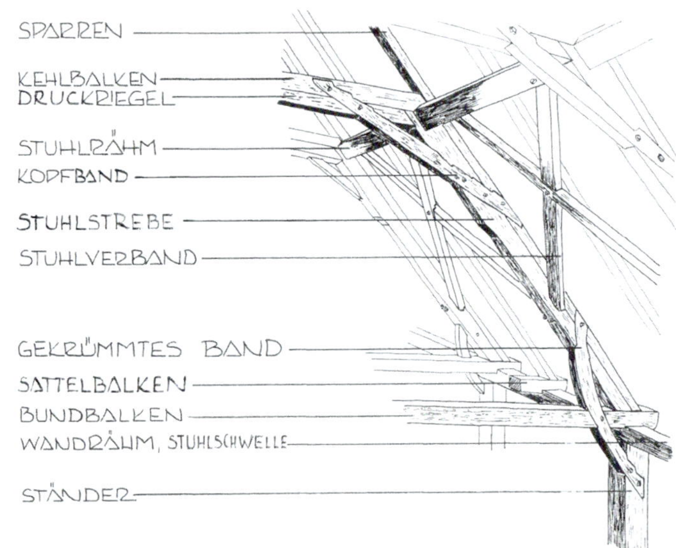

Abb. 9.24: Detail aus dem Kirchengemeindehaus Ins BE: Ursprünglich stand das aus der zweiten Hälfte des 15. Jahrhunderts stammende Gebäude als Zehntenscheune am Aargauerstalden in Bern. Der liegende Dachstuhl des mächtigen Walmdachs schließt heute den Kirchengemeindesaal großartig ab. Der Stuhlrähm ist in der gleich geneigten Lage wie die Dachfläche. Das gekrümmte Band am Fuß der Stuhlstrebe versteift diese zusätzlich mit dem Zugbalken und überträgt Kräfte auf die Gebäudewand.

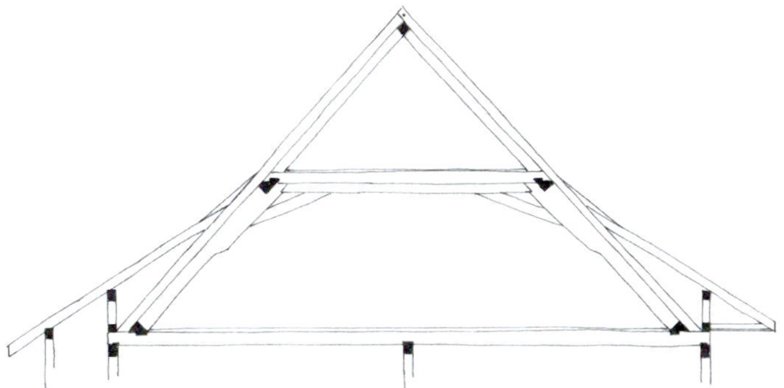

Abb. 9.25: Beim doppelt liegenden Dachstuhl des Vielzweckbaus in Unterstammheim ZH sind die oberen Stuhlstreben mit einem Firsträhm verbunden (um 1820).

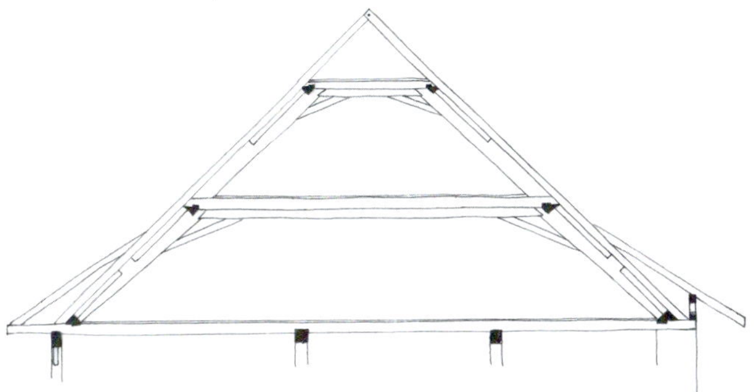

Abb. 9.26: Speicher- und Keltergebäude des gleichen Hofes: doppelt liegender Dachstuhl ohne Firsträhm

9.2.3 Sonderformen von Sprengwerken und Firstständerkonstruktionen

Diese Sonderformen von Sprengwerken haben regionale Verbreitung. Gelten sie als reine Sprengwerke oder können sie als Konstruktion mit verkürztem Firstständer betrachtet werden?

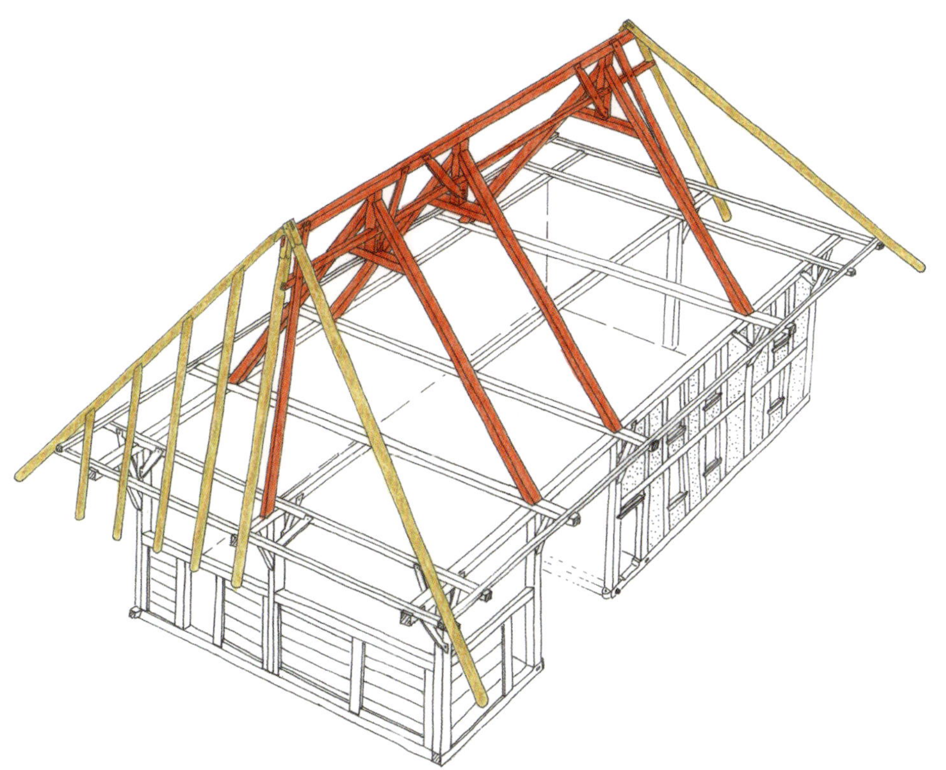

Abb. 9.27: Taglöhnerhaus in Riken-Murgenthal AG: Diese Art eines mächtigen Sprengwerks kommt auch in Kombination mit Firstständerkonstruktionen vor.

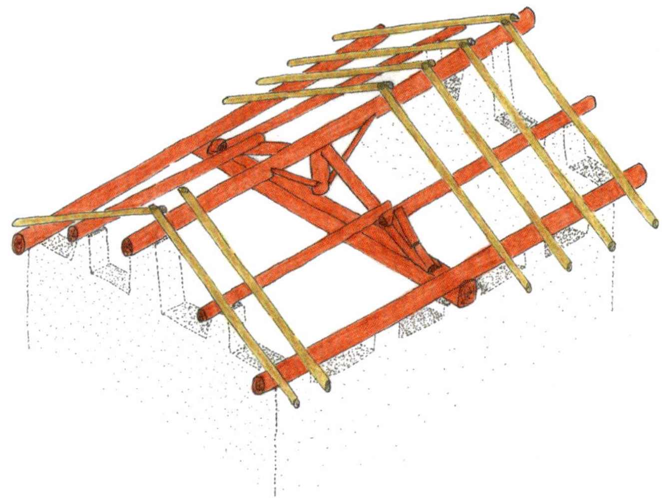

Abb. 9.28: Situation im Gutshof aus Novazzano TI im Freilichtmuseum der Schweiz Ballenberg bei Brienz BE: Als urtümliche Kombination von Sprengwerk und Balkendach erstaunen die in Rundholz konstruierten Dächer des Südtessins. Das Druckholz unterstützt die Firstpfette.

Das Mansarddach

Das Mansarddach kommt als Spezialform eines Sprengwerks sowohl in städtischer als auch in ländlicher Umgebung vor. Es gibt auch Mansarddächer mit stehendem Stuhl.

Der französische Architekt François Mansart (1598–1666) hat als Schloss- und Hofbaumeister Ludwigs XIV. die barocke Architektur entscheidend geprägt. Auf ihn geht die Dachform mit steilerer Neigung des unteren Dachflächenteils zurück, die den Einbau von Dachräumen mit geraden Wänden ermöglicht. Die Konstruktion wird praktisch immer mit einem liegenden Dachstuhl verwendet und kann auch als französischer Dachstuhl bezeichnet werden. Die eingebauten Dachräume werden Mansarden genannt.

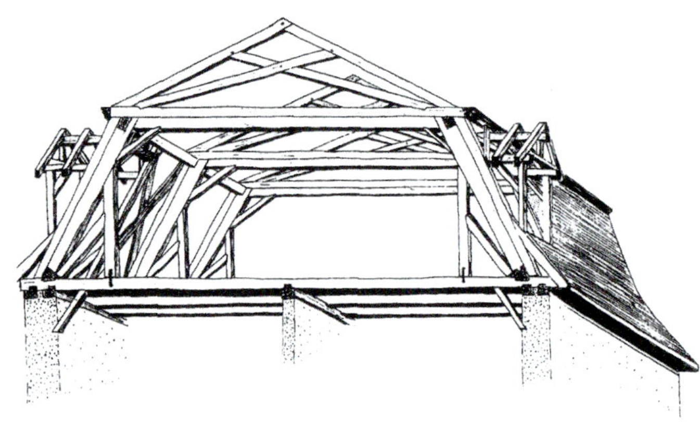

Abb. 9.30: Konstruktionsprinzip des Mansarddaches: Dank dem gebrochenen Dach und dem liegenden Stuhl wird die Raumausnutzung des Dachstocks beträchtlich vergrößert.

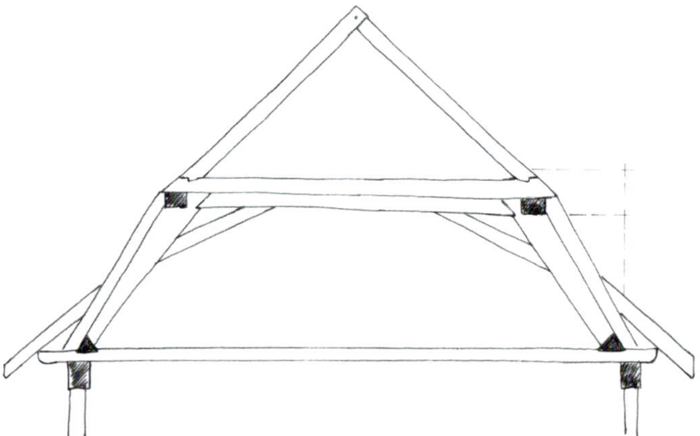

Abb. 9.29: Mansarddach mit liegendem Stuhl: Die Stuhlschwelle gibt der Stuhlstrebe zusätzlichen Halt.

Abb. 9.31: Haus zum Metzgerrain in Hallau SH von 1802: Mansarddach mit dreifach liegendem Stuhl (📷 2018)

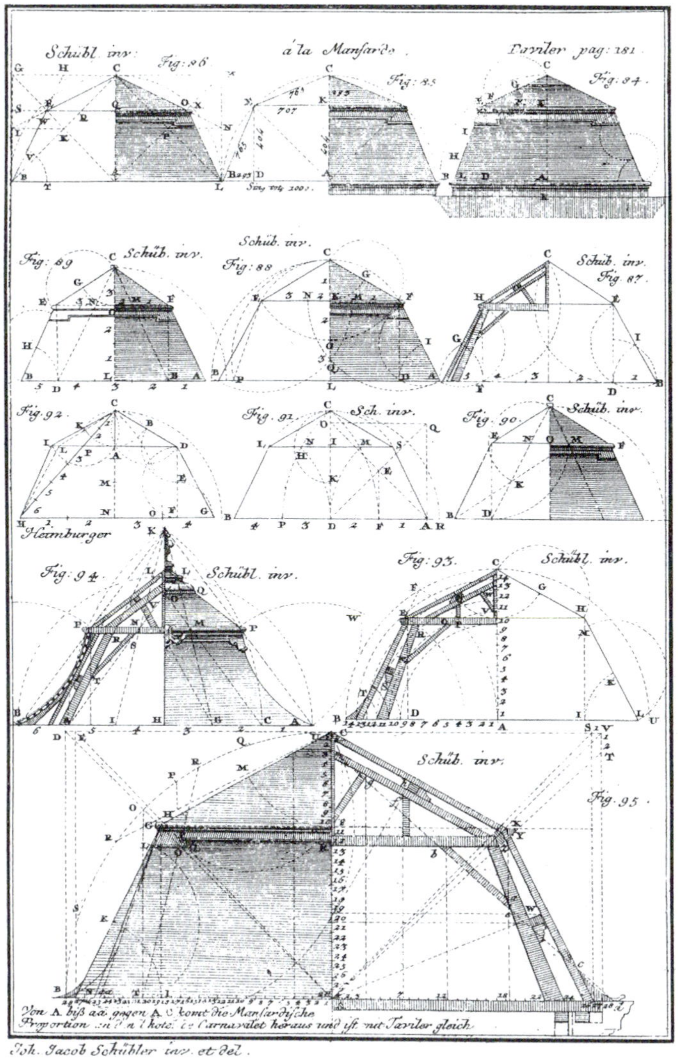

Abb. 9.32: Mit der richtigen Proportionierung von Mansarddächern beschäftigten sich viele Architekten und Zimmermeister seit dem 17. Jahrhundert. Eine Seite aus *»Zimmermannskunst«* von Johann Jacob Schübler aus dem Jahr 1731 [87]

Das Walmdach

Das Walmdach wird wie das Mansarddach vor allem durch sein Äußeres wahrgenommen und erfordert zum Abbinden der Grat- und Schiftersparren auch von den heute tätigen Zimmerleuten viel räumliches Vorstellungsvermögen. Die Abbildungen aus der *»Zimmermannskunst«* [87] *aus dem Jahr 1731* zeigen die Abbundmethode 1 : 1 auf unterlegten Kanthölzern als Reißboden.

Ist das Walmdach nicht als Firstständer-Rafendach, sondern als Sparrendach mit liegendem Stuhl konstruiert, muss der First erst recht gegen seitliches Verschieben gesichert werden.

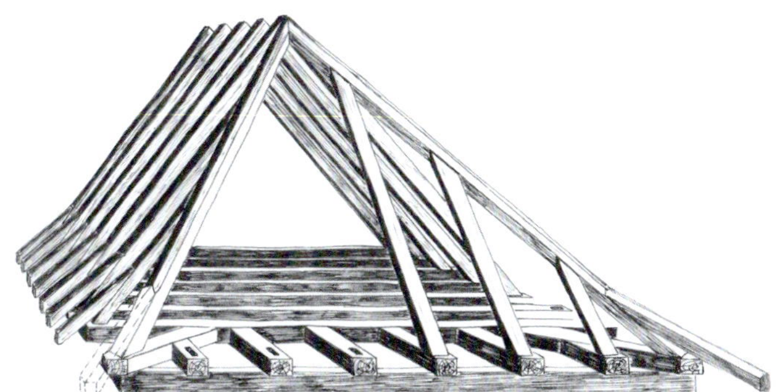

Abb. 9.33: Konstruktionsprinzip des Walmdachs

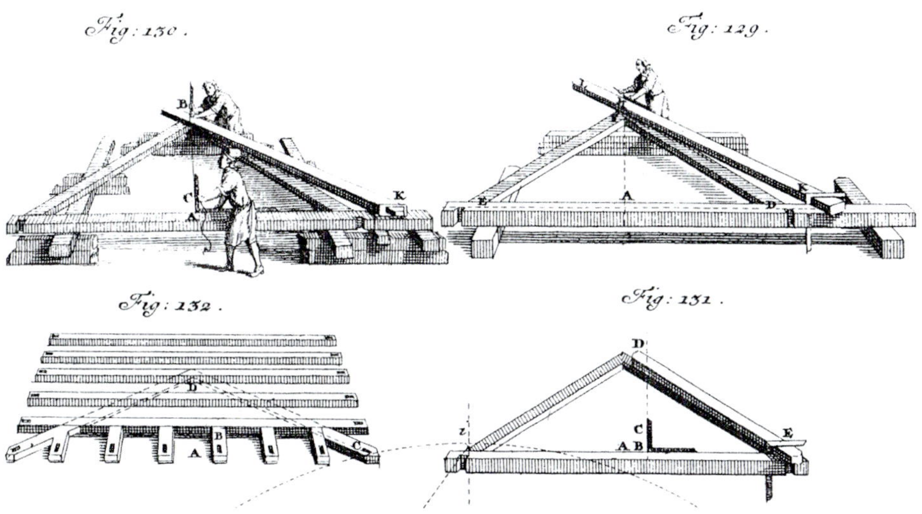

Abb. 9.34: Abbundmethode eines Walmdachs, aus Johann Jacob Schüblers *»Zimmermannskunst«* von 1731 [87]

9.2.4 Kniestock / Kniewand

Eine weitere Möglichkeit, den Dachraum besser nutzen zu können, ist die Kniestockkonstruktion. Anstelle einer ganzen Wandhöhe wird das Dach um eine ungefähr 1 m hohe Kniewand angehoben und so die aufrecht begehbare Dachraumfläche beträchtlich erweitert. Beim Einbau von Dachkammern ist die Dachschräge allerdings unvermeidbar. Diese Konstruktion hat, wie die der Aufschieblinge, den Nebeneffekt, mehr Licht durch die Fenster des unmittelbar darunterliegenden Stockwerks zu lassen. Besonders stattliche Fachwerkhäuser fallen durch hohe und zudem gestaltete Kniewände auf.

Abb. 9.35: »Hirschen« in Marthalen ZH, von 1715: Gestaltete Kniewand

Abb. 9.36: Verputztes Fachwerkhaus mit Kniestockkonstruktion in Rheinau ZH

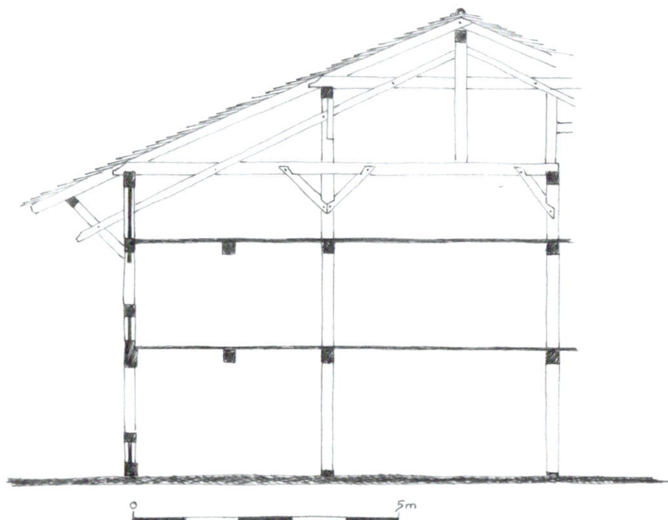

Abb. 9.37: Der heute ins Freilichtmuseum Ballenberg übertragene Bohlenständerbau von 1680 aus Wila ZH hat einen Kniestock.

9.2.5 Aufgehängte Decken

Auf dem doppelt liegenden Dachstuhl der Alten Kaserne in Winterthur liegen nicht nur die Sparren auf, sondern es sind die Böden von den drei darunterliegenden Stockwerken zusätzlich daran aufgehängt. Das im Jahre 1765 erstellte Gebäude gilt als eines der größten Fachwerkbauten der Schweiz und erhielt durch diese einmalige Hängekonstruktion ein stützenfreies Erdgeschoss. In einem im Jahr 1649 erschienenen Zimmermannsbuch [109] wurde zum ersten Mal ein ähnlicher Dachstuhlentwurf veröffentlicht und besonders für die schweren, weit gespannten Stuckdecken von Barockkirchen empfohlen. Nach dem durch unvorsichtige Diebe ausgelösten Brand von 1987 ist die einmalige Konstruktion nur noch im Eingangsbereich erhalten.

Abb. 9.38: Alte Kaserne in Winterthur ZH (📷 2017)

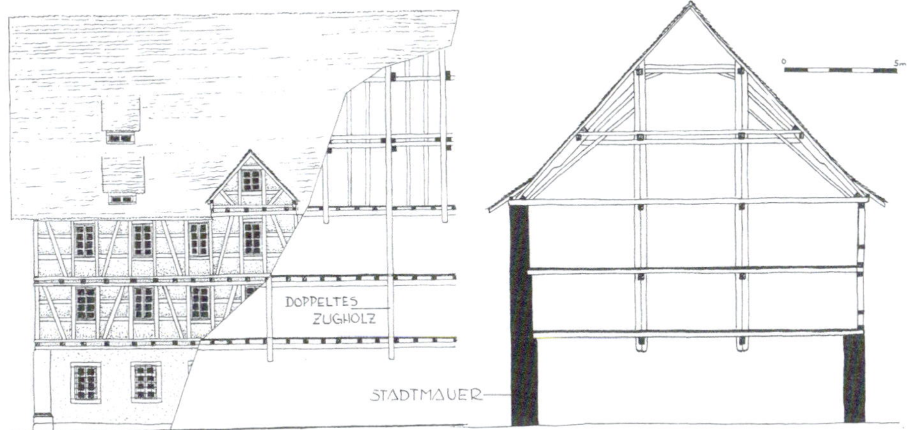

Abb. 9.39: Schnitte durch die Alte Kaserne Winterthur, 1765 (vor dem Brand 1987)

Abb. 9.40: Zweiter Stock der Alten Kaserne Winterthur: Hier sind die Enden jeder zweiten Hängesäule sichtbar.

Haubendach (Bohlenbogenkonstruktion)

Im Jahr 1561 veröffentlichte der französische Bautheoretiker Philibert De l'Orme ein bautechnisch äußerst bedeutungsvolles Traktat. In *»Nouvelles Inventions«* [13] beschrieb er ein kostensparendes Holzgewölbe, mit dem er große Räume mit durchgehenden Oberlichtbändern überdecken wollte. Erst im 19. Jahrhundert wurde sein Vorschlag, dann allerdings vor allem in Metallfachwerk, bei Maschinen- und Bahnhofshallen verwirklicht.

Aufsehenerregend sind dabei seine Bohlenbogenkonstruktionen, die erst 1790 durch den Berliner Oberbaurat David Gilly wieder empfohlen wurden. Es handelt sich dabei um hochkant nebeneinanderliegende, durch Holzkeile oder Bolzen miteinander verbundene Bohlen. In der Schweiz sind solche durch ihre geschweifte Dachform auffallenden Großscheunen erst ab der ersten Hälfte des 19. Jahrhunderts bekannt: in Stäfa als Pferdescheune des Kehlhofs am Zürichsee (1845) und zwei Beispiele in Arlesheim BL beim Andlauer Hof (1822, 1989 abgebrannt) und in der Renggersmatt (1821). Die einige Kilometer voneinander entfernten Gebäude gehörten damals zum selben Besitztum. Die rund geschweifte Dachform erleichterte die Raumausnutzung beträchtlich. Der Abstand der Bohlenlamellen voneinander beträgt 110 cm. Sie sind aus 2 m langen, 20 cm breiten und 5 cm dicken Hölzern zusammengesetzt, deren rationelle Herstellung ein nahe gelegenes, leistungsfähiges Sägewerk bedingt.

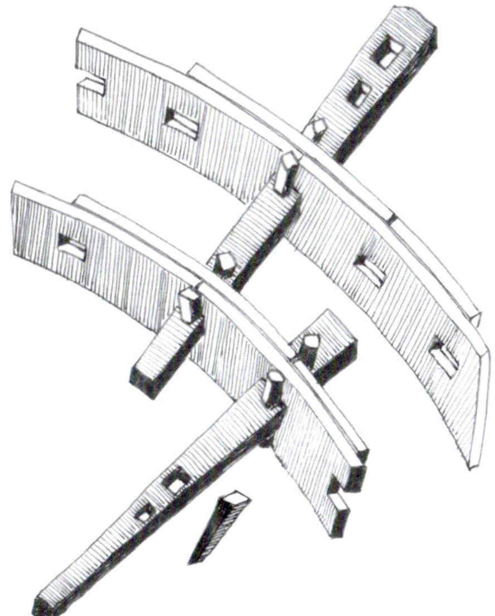

Abb. 9.41: Nach den *»Nouvelles Inventions«* von P. De l'Orme, 1561 [13]

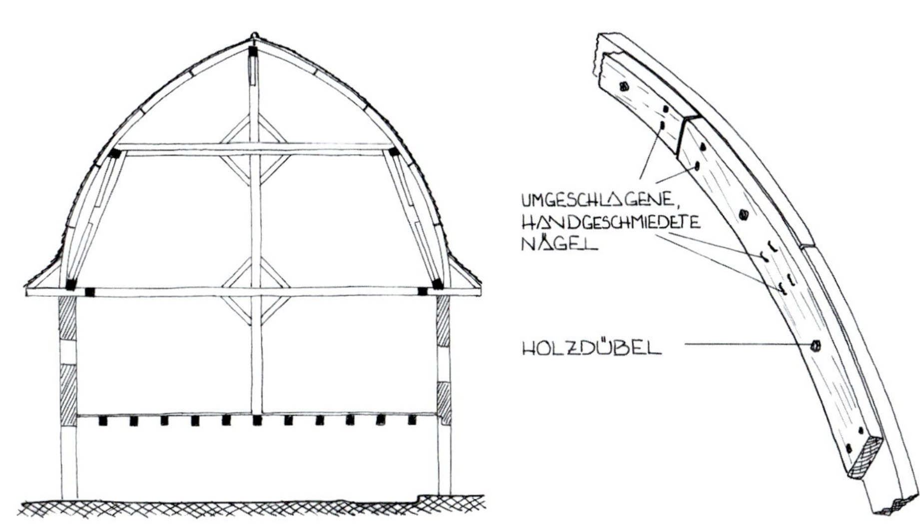

Abb. 9.42: Andlauer Hof in Arlesheim BL: Schnitt und Sparrendetail (1822); das 1989 abgebrannte Dach ist mit einer modernen Konstruktion unter Beibehaltung der runden Dachform neu aufgebaut worden.

Abb. 9.43: Im Dach der Pferdescheune, Kehlhof in Stäfa ZH, 1845 (📷 1990)

9.3 Bedachung

Wie die schweizerischen Dächer vor über 500 Jahren ausgesehen haben, wissen wir nicht. Die ersten deutlichen Bilder, denen wir schlüssige Informationen entnehmen können, sind uns mit der Schillingschen Chronik von 1513 im Archiv von Luzern erhalten geblieben [57]. Da sind Legeschindeldächer an ihren großen Steinen zum Beschweren erkennbar, steilere Schindeldächer, Biberschwanz- und Hohlziegeldächer und natürlich die großen Flächen der Strohdächer, also alle bis ins 19. Jahrhundert gebräuchlichen Dachmaterialien.

9.3.1 Dachformen

Da sich die Konstruktion eines Hauses immer streng nach dem vorhandenen Material richtet, bilden auch Dachkonstruktion und Dachneigung mit dem verwendeten Material eine Einheit.

Auf Fachwerkhäusern können erstaunlich viele Dachformen beobachtet werden. Auf Industriebauten des 19. Jahrhunderts sind auch Shed-, Tonnen- und Flachdächer anzutreffen, sie werden aber für den traditionellen Fachwerkbau als unpassend empfunden.

Abb. 9.44: Erstaunliche Vielfalt an Bedachungsmaterialien, Dachformen und Hauskonstruktionen in den Dörfern des frühen 16. Jahrhunderts. *»Eidgenössische Chronik des Luzerners Diebold Schilling«*, 1513 [57]

Satteldach, auch Giebeldach

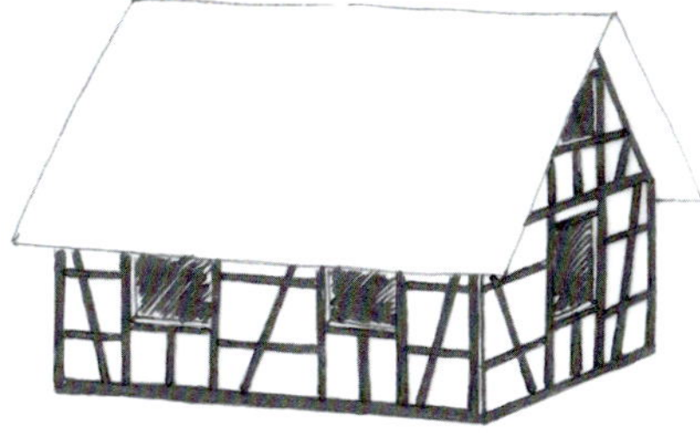

Satteldach mit Aufschiebling; alle weiteren Dachformen können auch mit Aufschieblingen vorkommen

Viertelwalm, Satteldach mit kleinem Walm

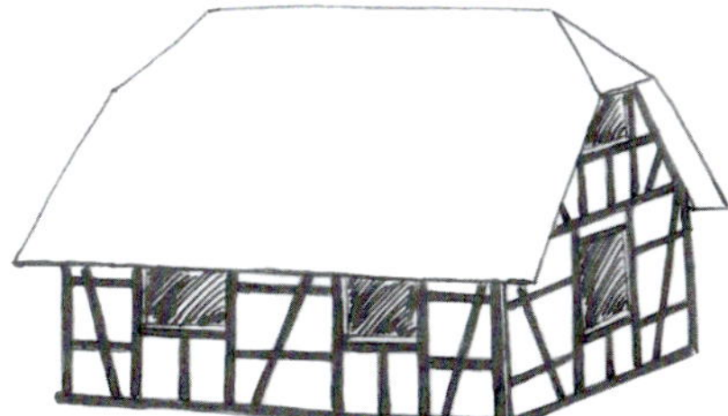

Der Halbwalm, wirkt etwas schwerfälliger als die kleinen Walme.

Schopfwalm mit Schutz- oder Klebedach

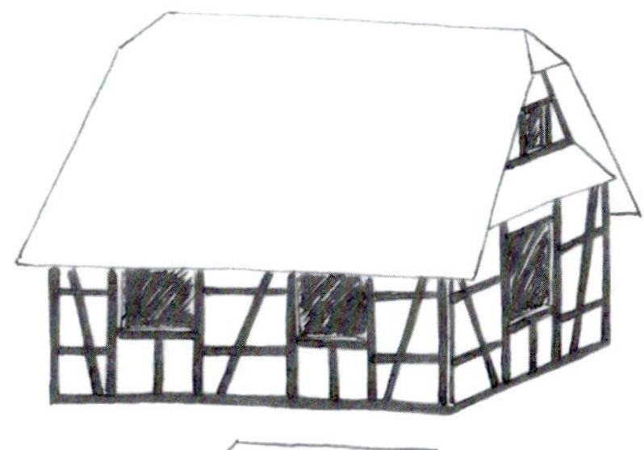

Satteldach mit Gehrschild und Rauchöffnung; sehr alte Dachform, ursprünglich mit Stroh gedeckt

Walmdach / Vollwalm, ideal für »Weicheindeckung« (Stroh, Schilf oder Schindeln)

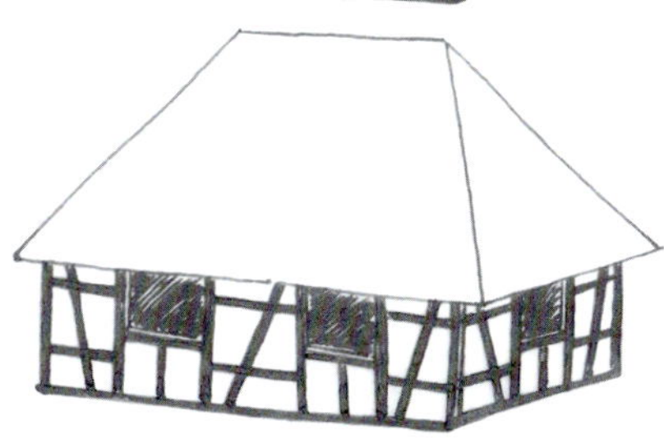

Pyramidendach: selten auf Wohnhäusern; eher als Turmabschluss

Mansarddach / französischer Dachstuhl: Durch diese Form ist eine bessere Raumausnutzung möglich.

Mansarddach mit Walm, je nach Landesgegend seltenere Dachform für repräsentative Fachwerkbauten

Haubendach

Kuppeldach

Abb. 9.45: Unterschiedliche Dachformen

Abb. 9.46: Schloss Pratteln BL (📷 1987): Verschiedenste Dachformen an einem Gebäude

9.3.2 Bedachungsmaterialien

Zweifellos sind die frühesten Dächer mit weichen Materialien wie Stroh, Schilf und Holz eingedeckt gewesen. Erst die Römer führten in der Schweiz die Ziegelbedachung ein. Was sich die Legion und die reichen Kolonisatoren leisten konnten, war für die Mehrheit der keltischen Urbevölkerung und der nachfolgend eingewanderten Alemannen zu aufwendig, sodass Schindeln und Stroh trotz ihrer leichten Brennbarkeit weiterhin verwendet wurden. Schindeln halten länger als Stroh, bedingen aber gerade gewachsenes, astfreies Nadelholz, was im Mittelland nicht genügend vorhanden war. Zudem standen auch Ziegel nicht überall zur Verfügung, Transporte waren umständlich und teuer. So blieb in den kornreichen Gegenden nur noch das Stroh als günstigste Bedachung. Als im Jahr 1588 das Pfarrhaus in Wilchingen SH renoviert werden musste, nahm man selbstverständlich Stroh. Die Rechnung lautete: »2 Pfund 12 Schilling umb 26 burdi Schaub, so uff das pfarrhuss verbraucht worden. 1 Pfund 12 Schilling dem Straudecker für syn besoldung samt zehrung, wyl er das huss gedeckt mit schaub.«

Das Strohdecken erforderte große Exaktheit und Geschicklichkeit. Während des Winters bereitete der Bauer schönes, gut gereiftes Roggenstroh besonders vor. Die mit dem Flegel von Hand gedroschenen Garben wurden sortiert und zu kleinen Bündeln zusammengebunden. Fünf dieser Bündel ergaben einen sogenannten Schaub. Die Rafen des Daches, in der Regel entrindete Kiefernstämme (Föhre, Dähle), dienten als Träger des in unzähligen Strohbünden geschichteten und aufgebundenen Strohdaches.

Besonders schwierig war es, den First des Hauses wind- und wetterdicht zu machen. Dieses Problem hat zu den unterschiedlichsten Ausformungen geführt. Die einfachsten sind wohl die »Stoßlage« und der »genähte First in Parallellage«, die sich beide nach der Wetterseite des Hauses orientieren.

Abb. 9.47: Verschiedene Firstverschlüsse mit Stroh / Schilf

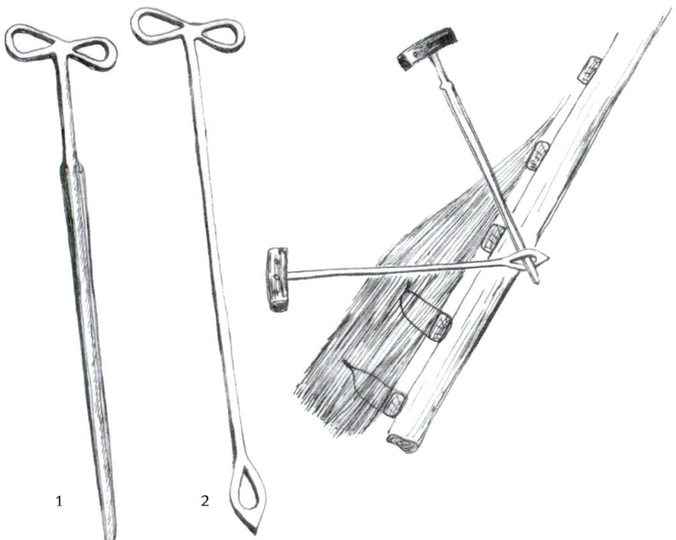

Abb. 9.48: Diese Werkzeuge erleichtern heute das Binden mit verzinktem Draht. Das Hohlrinneneisen (1) wird oberhalb der Dachlatte ins Schilf gesteckt. Mit der Öse des Nadeleisens (2), das unterhalb der Dachlatte durch das Strohbündel gestoßen wurde, fasst der Dachdecker geschickt das Ende des Hohlrinneneisens. Durch die Hohlrinne geleitet, wird der bereits abgelängte Draht durch die Öse gestoßen und danach das Hohlrinneneisen herausgezogen. Den Draht am einen Ende haltend zieht der Dachdecker das Nadeleisen mit dem anderen Ende des Drahtes sorgfältig aus dem Schilf. Die beiden Drahtenden werden jetzt miteinander verdreht.

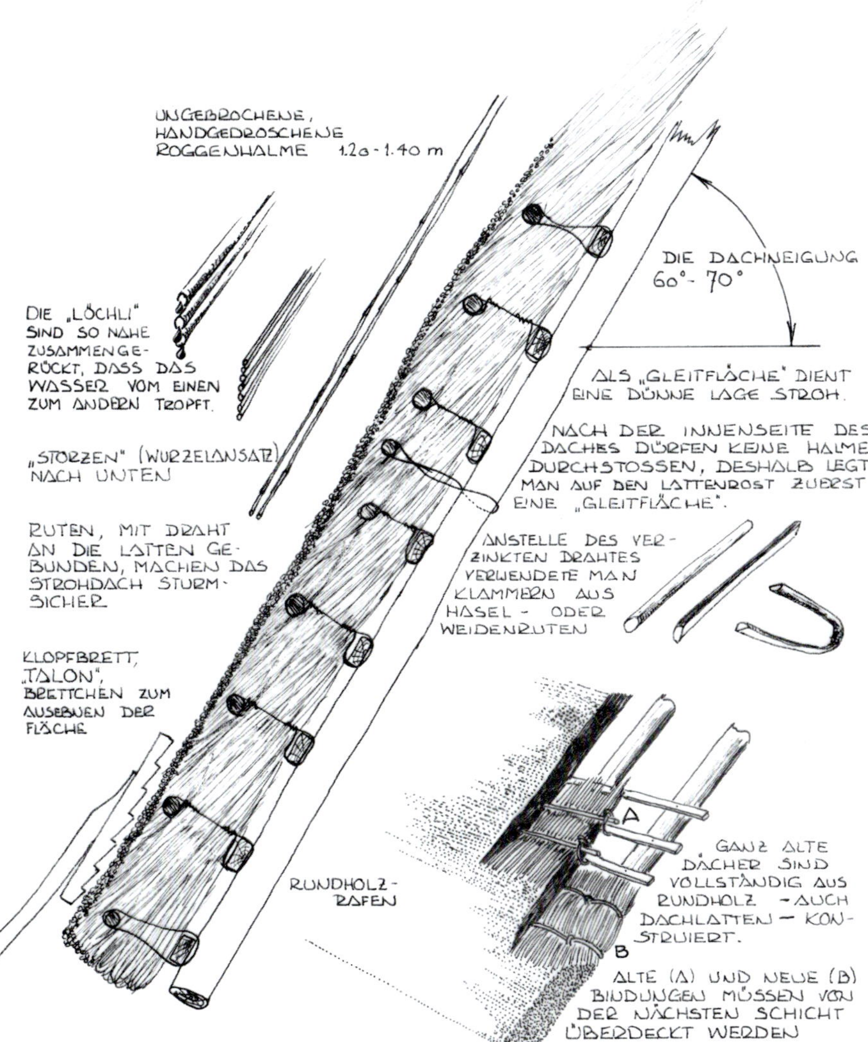

Abb. 9.49: Aufbau eines Strohdachs

Abb. 9.50: Wie ein großer Berg mitten im Dorf: Das Museum Strohdachhaus in Kölliken AG, 1802 (📷 2018) (siehe auch Abb. 9.102)

Abb. 9.51: Schilfdachdecker 1990 in Muhen AG bei der Arbeit: Unter dem Schilf wird eine Lage Roggenstroh ausgelegt, um in der Untersicht ein authentisches Bild zu wahren.

Die Dauerhaftigkeit wird natürlicherweise durch das Klima und die Witterung bestimmt, zudem können die Bedingungen durch die Dachneigung und die Rauchimprägnierung verbessert werden. Je steiler das Dach und je weniger Sonnenbestrahlung, desto länger seine Lebensdauer, die zwischen zwanzig und fünfzig Jahren liegt. Fünfzig Jahre waren allerdings nur möglich, wenn der Rauch imprägnierend wirken konnte, indem er aus der »Chemihurd« (Rauchfang) offen durch das Dach entwich. Die schattenseitig ansetzenden Moosbeläge schadeten zwar der Dachhaut wegen der ständigen Feuchte, schützten diese aber auch vor Funkenwurf, starkem Hagelschlag und intensivem Sonnenschein. Die Beliebtheit der Strohdächer erklärt sich auch durch ihre wärmedämmende Wirkung.

Der schon im 14./15. Jahrhundert begonnene Kampf der Obrigkeit gegen die Stroh- und Schindeldächer in den Städten wurde nach der Reformationszeit auch auf dem Lande weitergeführt. Jeder Brandfall gab den Regierungen Anstoß zu einem neuen Erlass. Die Bestimmung, dass bei Neubauten keine Strohdächer erlaubt seien, ließ die Weichdachhäuser nur langsam verschwinden, wohnten doch gerade die sozial schwächsten Schichten in den alten Häusern und

Abb. 9.52: Wohnhaus aus dem 17. Jahrhundert aus Erstfeld UR heute im Freilichtmuseum Ballenberg: Große Legeschindeln mit »Schwarhölzern« und Steinen gesichert (📷 1988)

Abb. 9.53: Selten werden Schindeln zum optimalen Schutz der Konstruktionshölzer verwendet. Dieses Haus im Berner Mattequartier behält den Charakter eines Fachwerkhauses. (📷 2018)

Abb. 9.54: »Taglöhnerhaus« von 1775 im Büel bei Hendschiken AG: Strohdach weit außerhalb des Dorfes (📷 2018)

konnten sich keine neue Bedachung leisten. Im Jahr 1704 brannten Anfang Oktober in Schleitheim SH 30 Häuser ab. Man half den Betroffenen reichlich beim Wiederaufbau, verbot ihnen aber, auf ihre neu zu bauenden Häuser Strohdächer zu machen. Da es aber trotzdem immer noch viele Schindel- und Strohdächer gab, verbrannten schon 1747 bei der nächsten Brandkatastrophe des Randendorfes wieder 42 Häuser. Ein Drittel der Bevölkerung wurde obdach- und güterlos. In der Folge wurden alle Holzhäuser – auch die Fachwerkbauten – steuerlich höher belastet als Massivbauten. Im 19. Jahrhundert übernahmen die in den meisten Kantonen gegründeten Brandversicherungen den Kampf gegen die Strohdächer.

So auch im Kanton Aargau, wo die Errichtung von brennbaren Dächern erst 1865 verboten wurde. Im Jahr 1923 gab es dort noch über 1100 Strohdächer. Die wenigen übrig gebliebenen Exemplare – meist etwas abseits der Dorfzentren – sind heute übrigens nicht mehr mit Stroh, sondern mit Schilf gedeckt. Dies wurde nötig, weil für die gewaltigen Dächer (900 m² Dachfläche beim Dorfmuseum Kölliken machten 40 t Schilf nötig!) nicht mehr genügend von Hand gedroschenes Roggenstroh in richtiger Länge gefunden werden konnte.

Flach geneigte Legeschindeldächer aus Nadelholz auf Fachwerkbauten gab es bis in unser Jahrhundert entlang des ganzen Alpennordrandes. Im Kanton Uri wurden Stube

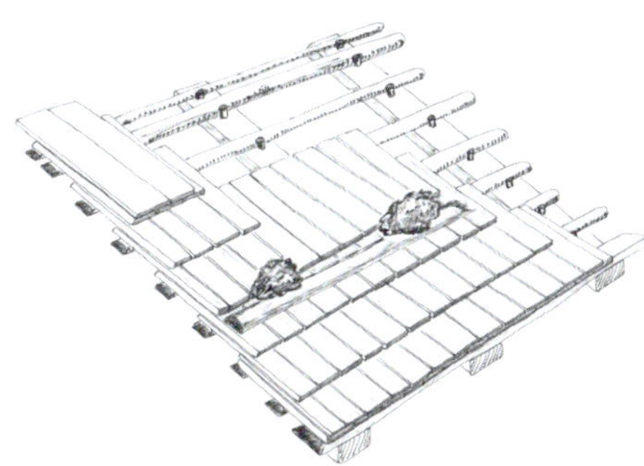

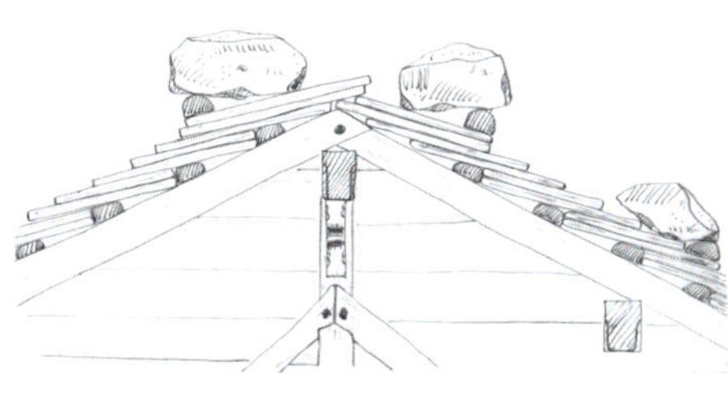

Abb. 9.55 (links): Die Schindeln werden schuppenartig übereinandergelegt.

Abb. 9.56 (rechts): Eine Möglichkeit unter vielen, den First zu decken

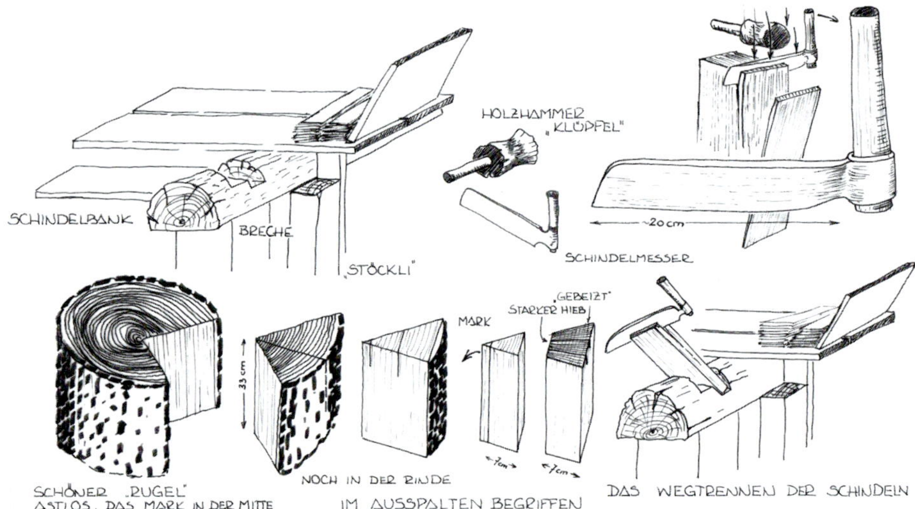

Abb. 9.57: Herstellung einer Schindel nach H. Waller [104]

Abb. 9.58: »Hirschen« 1684/1730, Oberstammheim ZH: In der Ostschweiz konnten sich die Schindeln nur für speziell geformte Dächer halten (📷 2018).

Abb. 9.59: Ob Grat, Kehle oder Kaminanschluss, alles passt. Broc FR (📷 1990)

und Kammern in Block-, die Küche eher in Massiv- oder Fachwerkbauweise errichtet. Lange, schmale Schindeln wurden ohne Befestigung durch Metallnägel auf die Dachschalung gelegt und mit schweren Steinen und Schwer- oder Schwarhölzern, die die Last der Beschwerungssteine verteilen, beschwert, damit die häufigen Föhnstürme sie nicht wegtrugen. Schindeln sind, wie andere Bedachungsmaterialien auch, zur Abdeckung von Wänden eingesetzt worden.

Zur Herstellung der Schindeln werden nach dem Ablängen Scheite aus dem noch frischen Block herausgespalten, weil sich das frische Holz leichter spalten lässt. Wenn die Scheite genügend getrocknet sind, folgen die weiteren Spaltschnitte, die die abgetrennten Scheite so lange zerteilen, bis das im Mittel 6 bis 10 mm starke Schindelholz erreicht ist. Das Lärchenholz lässt man in der Rinde trocknen. Um beim Verlegen dichte Fugen zu erhalten, werden die Schindeln am besten so aneinandergereiht, wie sie dem Schnitt entwachsen sind. Dadurch fügen sie sich, trotz Unebenheiten, besser aneinander.

Die kleineren, auf steilere Dächer genagelten Schindeln mussten in großen Mengen sehr sorgfältig hergestellt werden. Das Dach des Hauses von Madiswil BE im Freilichtmuseum Ballenberg ist mit 257 000 (!) Schindeln gedeckt.

Den ersten uns bekannten Ziegel aus Ton fanden Wissenschaftler auf Kreta, gebrannt etwa 4500 Jahre vor unserer Zeitrechnung. Die Römer brachten den Tonziegel durch ihre Eroberungen auch zu uns nach Mitteleuropa. Neuere archäologische Untersuchungen zeigen allerdings, dass das römerzeitliche Ziegeldach bei uns viel seltener ist als bisher angenommen. Für ganz Vitudurum (heute Winterthur, ZH) sind nur wenige Quadratmeter Ziegeldach nachgewiesen, was auch für verschiedene genauer untersuchte Gutshöfe gilt. Ziegel wurden auch für andere Zwecke verwendet: für Herdstellen und Wasserkanäle. Mit dem Zusammenbruch des Römischen Reiches geriet auch die Kunst des Ziegelbrennens in Vergessenheit. Erst im Hochmittelalter nahmen Zisterziensermönche dieses Handwerk wieder auf. Sie brannten den Hohlziegel, der zuweilen auch Klosterziegel genannt wird.

Durch die Erfindung der Stempelpresse in der Mitte des 19. Jahrhunderts wurde es möglich, die ersten Formen des Falzziegels herzustellen, der heute den überwiegenden Teil der industriellen Produktion ausmacht. Weitere Materialien wie Blech und Zementfaserplatten kamen erst in den letzten hundert Jahren auf, konnten aber den Ziegel als meist verwendetes Bedachungsmaterial nicht vom ersten Platz drängen. An den Dachformen können wir in vielen Fällen die ursprüngliche Bedachungsart erraten.

Abb. 9.60: Althuus in Jerisberghof BE: Jede Lage ist anders gerichtet.

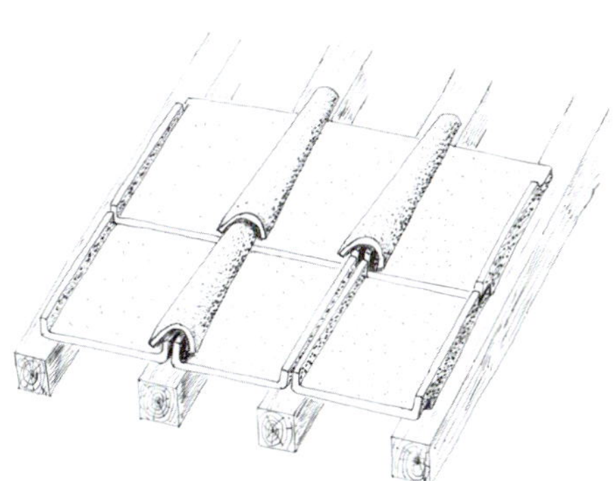

Abb. 9.61: Römische Leistenziegel: Vorläufer der mittelalterlichen Hohlziegel

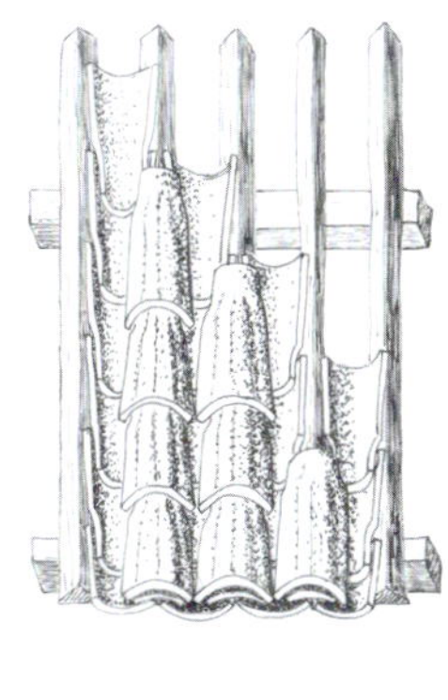

Hohlziegeldach, wie es in der französischsprachigen Schweiz üblich ist

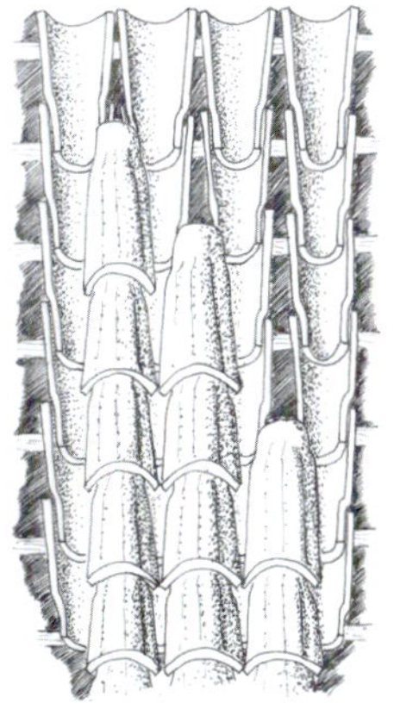

Hohlziegel haben einen halbkreisförmigen Querschnitt und sind leicht konisch. Sie werden auch »Mönch und Nonne« genannt und in zwei Lagen verlegt.

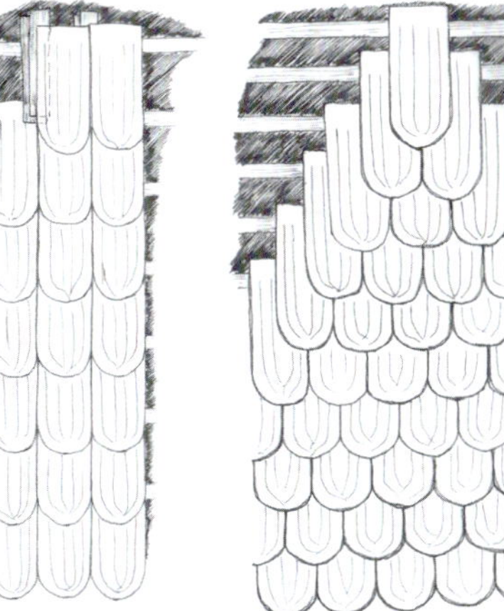

Biberschwanzziegel in Einfachdeckung mit den an den Ziegelrändern untergeschobenen Holzschindeln; in der Ostschweiz eher Rund-, im westlichen Mittelland eher Spitzschnitt

Biberschwanzziegel in Doppeldeckung ohne Schindeln: Der Dachstuhl muss die doppelte Last tragen.

Abb. 9.62 (rechts): Unterschiedliche Ziegeldächer

Abb. 9.63: Der Blick in einen Hinterhof in der Altstadt von Winterthur zeigt drei verschiedene Bedachungsarten: Hohlziegel, Biberschwanzziegel in Einfach- und Doppeldeckung.

Abb. 9.64: In den alemannischen Gebieten – vom Elsass bis Vorarlberg – heißt es, dass ein kleiner Hauswurzteppich auf dem Dach vor Blitzschlag und andern Unglücksfällen schütze. Ecomusée d'Alsace (📷 1988)

Abb. 9.66: Ton-Firstfigur in Berlingen TG (📷 2018)

Abb. 9.65: An die Kirche angelehnte Pultdächer in Andelfingen ZH (📷 1989)

Abb. 9.67: Vollwalm der Gaststätte »Zur Traube« in Dietingen TG (📷 1988)

Abb. 9.68: Reiche Dachlandschaft in Laupen BE (📷 1988)

Abb. 9.69: Speicher mit Mansard- und Waschhaus mit Walmdach in Oberneunforn TG (📷 2018)

Abb. 9.70: Das Haus »Amilcar« in Savognin GR wurde 1638 erbaut. Die Fachwerkaufstockung stammt aus dem 18. Jahrhundert. Die Schleppgauben sind alt, während das Blechdach sicher jüngeren Datums ist.

Abb. 9.71: Pultdächer treten in verwinkelten Ortschaften häufig nicht als solche in Erscheinung, weil der unmittelbare Nachbar auch ein Pultdach drangesetzt hat. Buchthalen SH (📷 2010)

Abb. 9.72: Am Claragraben steht solch ein markantes Häuschen mit Pyramidendach, das man schon in einem Plan aus dem Jahr 1642 von Matthias Merian (1592–1650) abgebildet sehen kann. Basel (📷 2014)

9.4 Dachaufbauten

Vor allem in städtischen Gebieten litten die Bewohner unter Raumknappheit, daher wurden die Häuser bis unters Dach intensiv genutzt. Manchmal sind die Dachaufbauten sogar mehrstöckig und bilden einen Quergiebel (»Zwerchhaus«). Vorkragungen haben hier vor allem den Sinn, Aufzüge ohne Gefährdung der Fassaden und Fensterscheiben bedienen zu können. Mansarddächer wurden nur zur besseren Dachraumausnutzung erbaut, daher ist dort der Einbau eines bewohnbaren Zimmers, eben eine »Mansarde« selbstverständlich. Geschlossen einheitliche Dachlandschaften sind selten geworden. Der Neubau von Dachgauben bei historisch gewachsenen Häusern kann schnell wie ein Fremdkörper wirken, weshalb bei Neubauten viel Einfühlungsvermögen und ein ausgeprägter Sinn für Proportionen erforderlich sind.

9.5 Dachvorsprünge

In der niederschlagsreichen Schweiz müssen die Fassaden aus Holz vor schädlichen Witterungseinflüssen geschützt werden. Da Farbe und Faserzementplatten erst spät aufkamen, konnte man sich früher nur mit Vordächern behelfen. Diese konnten aber weder an der Trauf- (Längs-) noch an der Ortseite (Giebel) unbeschränkt weit über die Wand hinaus verlängert werden. So entstanden in der ganzen Schweiz und den angrenzenden Gebieten reich verzierte Stützkonstruktionen, die manchmal für reine Zierelemente gehalten werden.

Abb. 9.73: Giebelgauben auf dem dreistöckigen Mansarddach der Galizianmühle im St. Albantal, Basel (📷 1987)

Abb. 9.74: Reich verzierte Stützkonstruktionen der trauf- und ortseitigen Vordächer in Wädenswil ZH

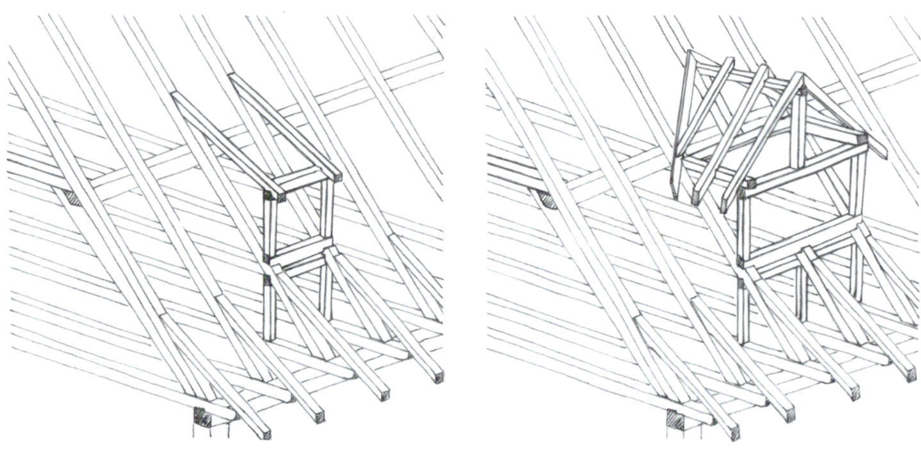

Abb. 9.75: Die Konstruktion der zwei häufigsten Dachaufbauten, die verschiedene Breiten erlauben; links: Schleppgaube; rechts: Giebelgaube

Abb. 9.76: Bei den beiden oberen Vorkragungen ist der Dachrand gestaffelt, wodurch die Aufteilung des Giebels stärker betont wird. Natürlich erhöht die Staffelung gleichzeitig den Wetterschutz. Diese Bauweise ist im Neckargebiet in Baden-Württemberg häufig anzutreffen. Hofen SH (📷 2014)

Abb. 9.77: Lutikon/Hombrechtikon ZH, 1665: Zweifache Verstrebung der Wand sowie Vordachkonstruktionen längs und quer zum First (📷 2017)

9.5.1 Schwebegiebel

Der Schwebegiebel, auch Freibinder oder Flugsparrendreieck genannt, dient neben dem Schutz der Giebelwand wesentlich als Schmuck, sodass ohne Rücksicht auf die Herkunft und statische Bedeutung auch von namhaften Bauforschern kurzerhand von »Ziergiebeln« gesprochen wird und die Vielfalt dieses Konstruktionselements in der deutschen Literatur kaum Beachtung findet. Flugsparren und Büge haben ein gesägtes Ornament, Sattelbalken- und Zugholzenden werden zu kunstvollen Figuren. Zunächst werden die technischen Aspekte betrachtet:

Das Sparrenpaar bildet mit dem Zugbalken ein fest verbundenes Dreieck. Der Sparren sperrt nach außen, sodass der Zugbalken die Spannung übernimmt (siehe Kap. 9.1.3).

Abb. 9.78: Hier bildet der Zugbalken als Überbleibsel einer giebelseitigen Laube mit dem Zugholz die Vordachkonstruktion. Gottmadingen, Baden-Württemberg (📷 1994)

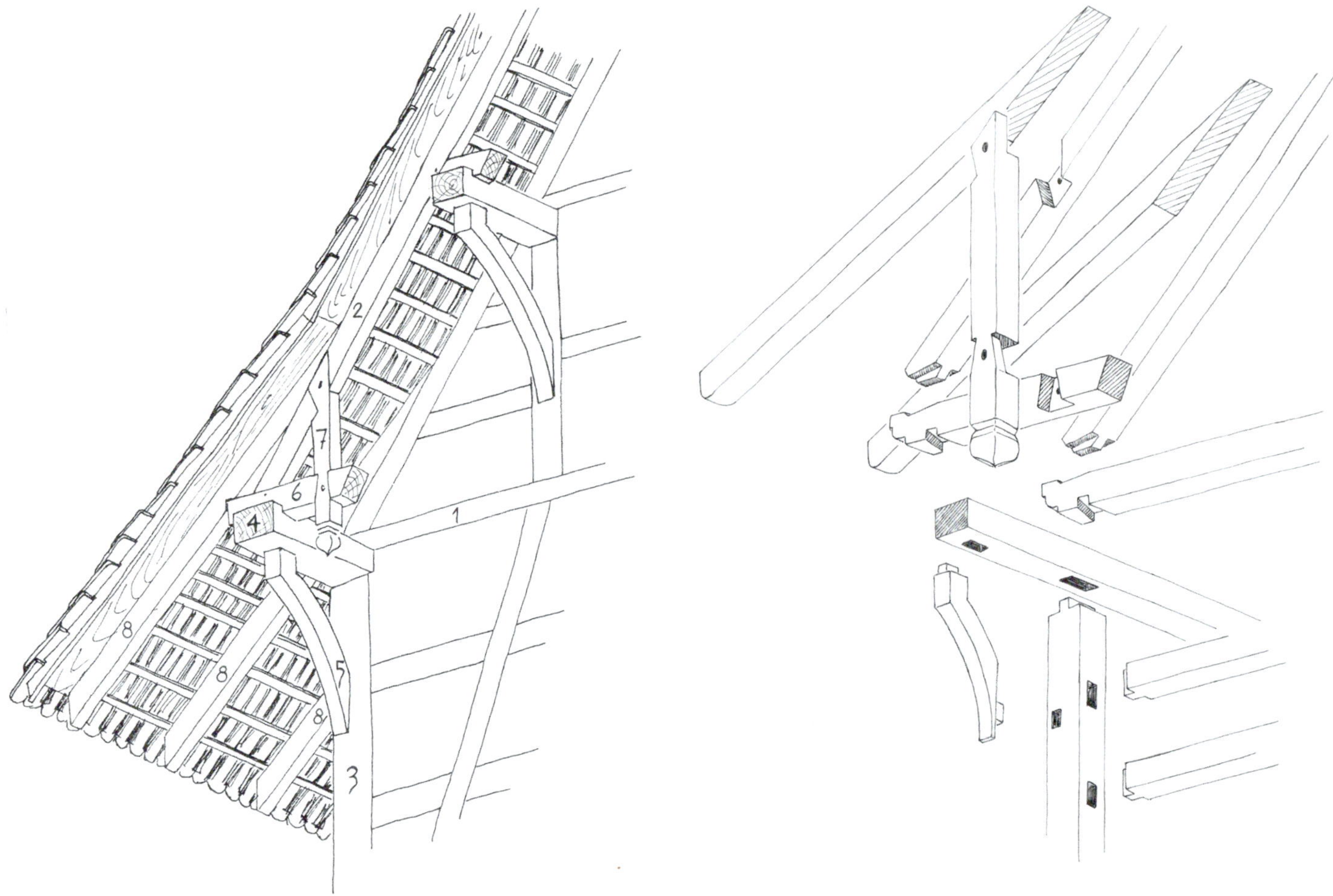

Abb. 9.79: Schwebegiebelkonstruktion
1 Zugbalken
2 Flugsparren
3 Eckständer
4 Wandrähm
5 Bug
6 Sattelbalken
7 Zugholz
8 Aufschiebling

Der Sparren ist im Zugbalken verzapft, manchmal sogar mit einer zusätzlichen Versatzung und Verdübelung. Es muss genügend Vorholz vorhanden sein. Der Zugbalken ist in der Regel mit dem Wandrähm verkämmt oder verdübelt. Die Rähme stehen über die Wand hervor und werden durch die Büge auf die Eckständer abgestützt. Der Flugsparren fußt verzapft im Sattelbalken, der mit dem Wandrähm verkämmt ist. Damit der Sattelbalken durch den Schub des Flugsparrens nicht kippt, sind die beiden Hölzer mit dem Zugholz durch Schwalbenschwanzverblattungen zu einem steifen Dreieck verbunden. Die Aufschieblinge ziehen das Sparrendach über die Längswand hinaus und schützen so den statisch wichtigen Konstruktionsknoten von Wandrähm, Zugbalken und Sparren. Wie die Bilder aus Abb. 9.80 von Grüningen und Unterstammheim zeigen, kann häufig auch gar nicht mehr von einem Dreieck gesprochen werden, wenn das Auflager des Flugsparrens durch einen kurzen Sattelbalken ohne senkrechtes Zugholz vergrößert wird.

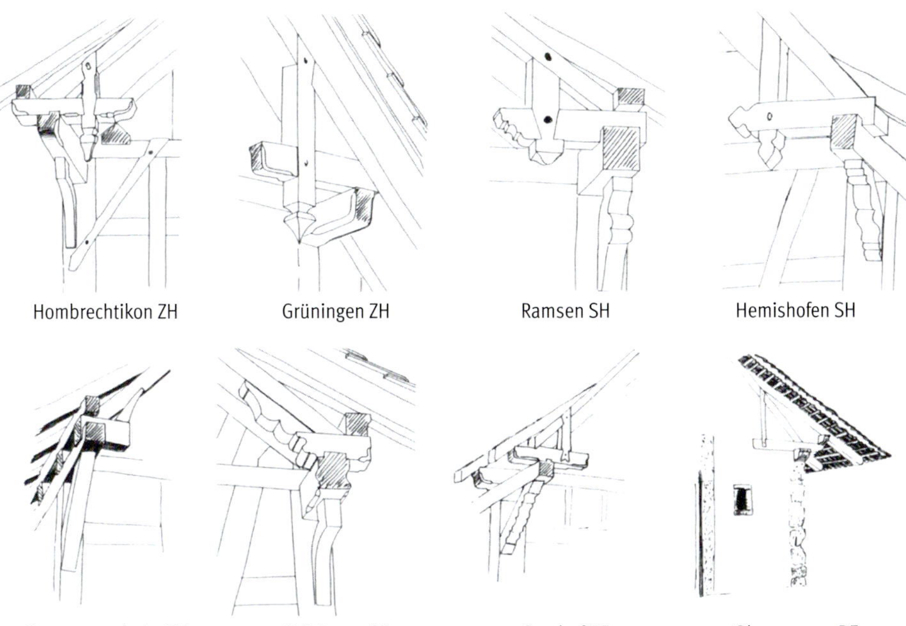

Abb. 9.80: Verschiedene Formen von Schwebegiebeln

Abb. 9.81: Mansarddach mit zwei verschieden ausgebildeten Flugsparrendreiecken in Roggwil TG (📷 1989)

Abb. 9.82: Die Giebelbogen (Les dômes) an der ehemaligen rue des Allemands wurden 1829 entfernt. Sicht von der Place de la Fusterie in Genf, 1826; (Bild: Bibliothèque de Genève)

Abb. 9.83: Fünf Flugsparren am Maison de Berne in Moudon VD (📷 2018)

Abb. 9.84: Doppelte Flugsparrenkonstruktion an einem modernen Einfamilienhaus in Aspi BE

Abb. 9.85: Doppelte Flugsparrenkonstruktion am Rathausplatz von Stein am Rhein SH (📷 2011)

Zur Versteifung des Schwebegiebels ist das Flugsparrendreieck nötig. Es sichert den Flugsparren durch Auflage auf jedem Rähm vor dem Wegrutschen. Die Sattelbalken stellen nichts anderes dar als verkümmerte Zugbalken, die ihrerseits durch die Sparrenfußbänder versteift sind.

Manchmal scheinen die Sattelbalken Waagen zu sein, auf der einen Seite den Aufschiebling tragend, auf der anderen Seite durch Zugband oder Sparrenfußband im Gleichgewicht gehalten.

9.5.2 Weitere Erscheinungsformen von Schwebegiebeln

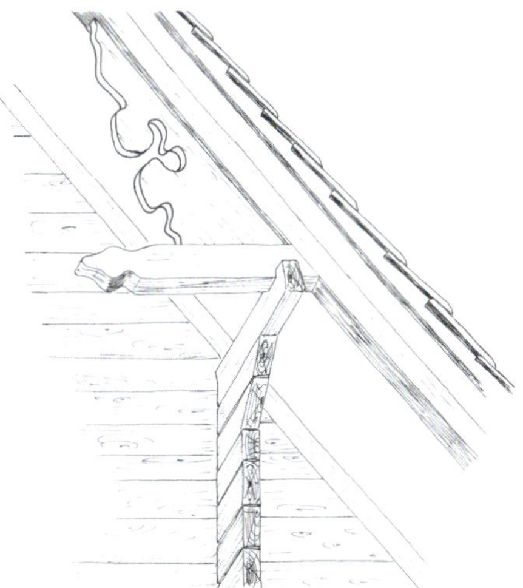

Abb. 9.86: Das reich bemalte »Schlangenhaus« aus der 1. Hälfte des 18. Jahrhunderts ist hauptsächlich in Blockbauweise errichtet. Die Versteifung des Schwebegiebels wird hier dem noch vom Barock geprägten Zeitgeist entsprechend mit nur einem verzierten Brett erreicht, das zwischen Flugsparren und Sattelbalken eingepasst wurde. Werdenberg SG

Abb. 9.87: Kehlbalken dienen zur Unterstützung und Verbindung von langen Sparrenpaaren. Den obersten, durch keinen Boden belasteten Kehlbalken nennt man auch Hahnenbalken. Hier ist er zwischen den Flugsparren eingespannt und zusätzlich durch Hängesäulen gesichert. Amriswil TG

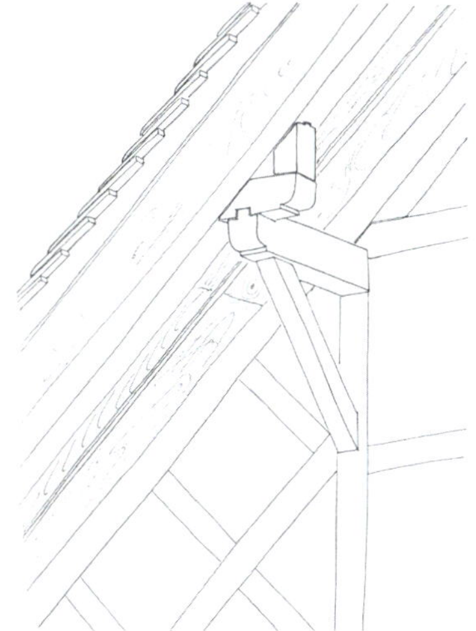

Abb. 9.88: Dieses Fußband nimmt keine Zugkräfte auf.

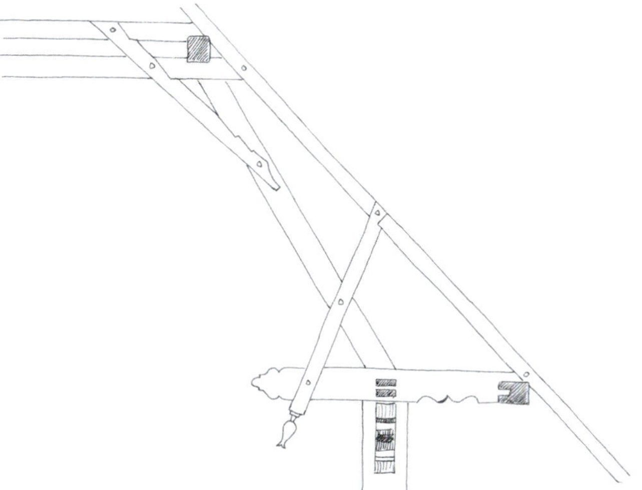

Abb. 9.89: Schräge Hängesäule in Marbach LU

Abb. 9.90: Einzigartige Konstruktion in Kröschenbrunnen bei Trubschachen BE (📷 2004)

Soll der Dachvorsprung über das übliche Maß von einem Meter gehen, müssen zwei oder mehr Flugsparren hintereinander konstruiert werden. Wohl der größte Schwebegiebel ist mit fünf Flugsparren für einen Vorsprung von vier Metern um 1646 in Moudon VD am Maison de Berne (siehe Abb. 9.83) oder Maison d'Arnay gebaut worden.

Abb. 9.91: Aus der Zeit vom ausgehenden 19. Jahrhunderts bis zum Ersten Weltkrieg stammen diese mit Laubsägearbeiten verzierten Konstruktionen am Kutscherhaus einer Fabrikantenvilla in Boncourt JU.

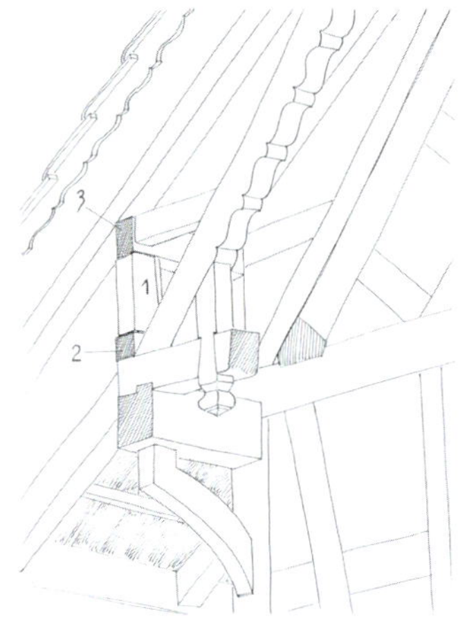

Abb. 9.92: Kniewand am »Unteren Hirschen« in Marthalen, ZH

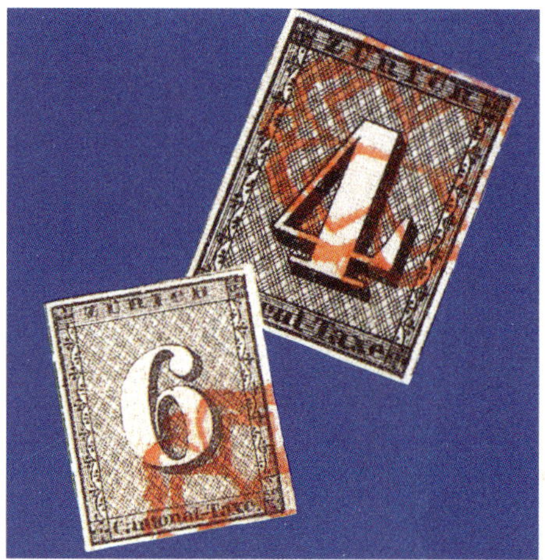

Abb. 9.93: Erste Briefmarken Zürichs von 1843: »Zürich-Vier« und »Zürich-Sechs«

Schwebegiebel mit vorgezogener Kniewand

Die Kniewand begünstigt die Raumausnutzung im Dachgeschoss und hebt die Aufschieblinge, wodurch mehr Licht in die Räume gelangt (siehe Kap. 9.2.4). Mit in den Schwebegiebel einbezogen sind nun auch noch Kniewandständer (1), Kniewandschwelle (2) und der Kniewandrähm (3), der mit einem Verbindungsholz zum Flugsparren gesichert ist (siehe Abb. 9.92). Manchmal ist die Kniewand auch im Bereich des Vordachs ausgefacht, wie das Beispiel des »Hirschen« in Marthalen ZH zeigt.

»Zürich-Vier« und Berner »Ründi«

Auch im Innern von Gebäuden wird die Schwebegiebelkonstruktion angewandt. Dadurch können beispielsweise größere Fuhrwerke die Holzbrücken queren oder der Heustock wird in der Scheune nicht durch Zugbalken behindert. Die älteste Abbildung einer Sparrenfußkonstruktion ist in dem zwischen 1220 und 1230 entstandenen Skizzenbuch von Villard de Honnecourt als Anleitung zum Kathedralenbau enthalten.

Wann der Schwebegiebel oder das Flugsparrendreieck in der Ostschweiz zum ersten Mal als »Zürivieri« bezeichnet wurde, ist nicht bekannt. Die Vier kann offen (4) oder als geschlossenes Dreieck (4) geschrieben werden. Die Konstruktion hat in der Tat im Erscheinungsbild Ähnlichkeit mit der ersten Briefmarke des Staates Zürich aus dem Jahre 1843. Die gesuchte und teure Briefmarke nennt man noch heute wie auch die geschlossene Vier »Zürich-Vier«

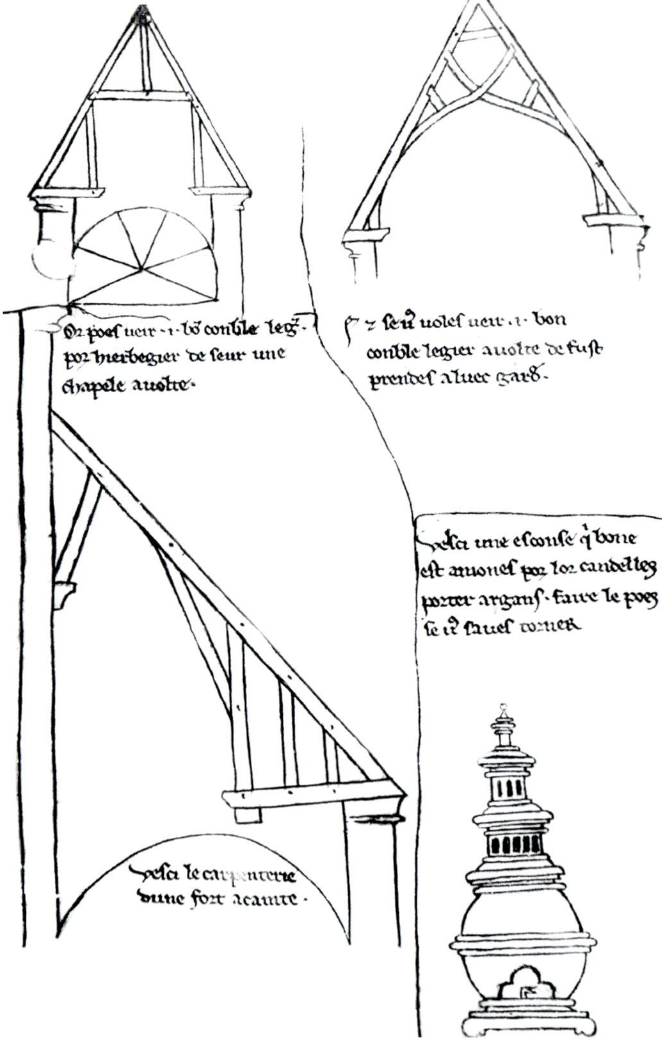

Abb. 9.94: Älteste Abbildung einer Sparrenfußkonstruktion von Villard de Honnecourt (Bild: Paris, Bibliothèque nationale de France, MS Fr 19093)

Abb. 9.95: Bei den Giebelbogen aus dem 14. und 15. Jahrhundert in der französischen Fachwerkstadt Troyes (Aube) handelt es sich um verschalte Schwebegiebel.

und könnte so als Namensgeberin gedient haben. Diese Bezeichnung ist aber in punkto Herkunft und Verbreitungsgebiet lokal allzu einschränkend, weil deren Ursprung ja weit weg von Zürich liegt.

Der Schwebegiebel hat seine Ursprünge vermutlich in den französischen Städten, wie die Beispiele aus dem 15. Jahrhundert in der Fachwerkstadt Troyes zeigen. Besonders die Städte in den Tälern von Seine und Loire weisen auf eine weitere Besonderheit hin, die in der Schweiz im westlichen Mittelland als urtypisch angesehen wird – umschrieben als Ründi (BE, AG, SO, LU), Bogu / le pignon lambrissé FR, le dôme GE oder in Deutschland als Giebelbogen.

Bekommt das Flugsparrendreieck eine Verschalung mit Brettern, wird dies als konstruktiver Holzschutz bezeichnet. Wird die ganze Schwebegiebelkonstruktion mit Brettern umhüllt, ist der Giebelbogen komplett. Sogar die in Stein gebauten Jurahäuser kennen ihn. Während rund verschalte Schwebegiebel in Frankreich bereits ab dem frühen 15. Jahrhundert in Abbildungen gezeigt wurden, sind die ältesten Giebelbogen in der Schweiz erst von 1591 und 1595 in den Städten Burgdorf und Bern erhalten. In der Landschaft verbreitete sich der Giebelbogen zunächst an Mühlen, Pfarr-, Handels- und Gasthäusern, um dann ab 1745 zum ersten Mal in Fahrni ob Thun BE an einem Bauernhaus zu erscheinen. Der Giebelbogen wird in der Folge schnell in vielen Varianten zum typischen Berner Bauelement schlechthin, das ins ganze westliche Mittelland ausstrahlt.

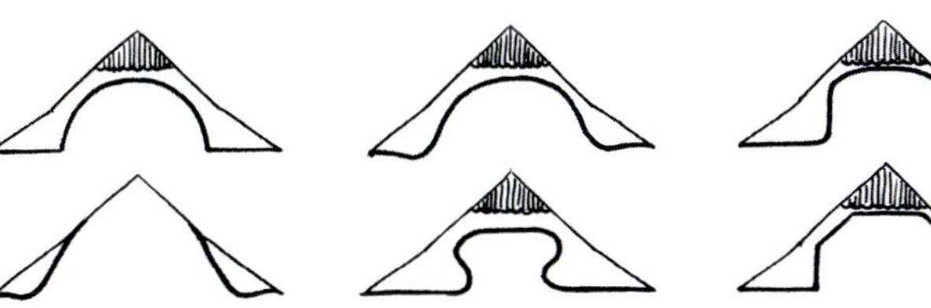

Abb. 9.96: Erscheinungsformen der »Ründi«

Die Entwicklung vom unverschalten Schwebegiebel zum Giebelbogen kann leicht anhand der folgenden Beispiele nachvollzogen werden: Während beim Haus in Bremgarten AG der Winkel zunächst nur durch einen schwebenden Bug gebrochen wird, fragt man sich beim Betrachten der Häuser in Baggwil BE und Attelwil AG, warum der perfekt vorbereitete Giebelbogen nicht fertiggestellt wurde.

Abb. 9.99: Verschalter Schwebegiebel in Thundorf TG (📷 2014)

Abb. 9.97: »Ründi« mit zwei Lauben und einer Säule in der Mitte: Diese Konstruktion mit meist reich verzierten (gedrechselten) Säulen ist zwischen Bern und Luzern häufig anzutreffen.

Abb. 9.100: »Ründi« in strahlenförmiger Schalung in Safnern BE (📷 2018)

Bremgarten AG Baggwil BE Attelwil AG

Abb. 9.98: Schwebegiebel und »Ründi«

9.5.3 Vordach parallel zum First

Nicht nur zum Schutz der Fassade ist eine weite Ausladung längs des Hauses wichtig, sie dient auch dazu, Gerätschaften, Holz, in der Landwirtschaft Erntegut, ja sogar ganze Heufuder unterzustellen. Auch hier sind die Möglichkeiten der Ausladung statisch beschränkt, nicht zuletzt wegen des eingeschränkten Lichteinfalls in den oberen Räumen. Die einfachste Lösung ist das Vorstehenlassen der Zugbalken, die mit gestalteten Bügen und Konsolen abgestützt werden. Oft bilden diese Büge in den Gebieten des westlichen Mittellandes die einzigen Schmuckelemente an diesen sonst eher strengen Fachwerkbauten.

Vordachrähme, die mittels Zugband und Streben abgestützt werden, sind sehr alt, wie ein Beispiel von 1579 im Tösstaler Hinterrikon ZH zeigt.

Das Zugband, mit einem halben Schwalbenschwanz an den Wandpfosten angeblattet, hält den Vordachbug, mit dem es überblattet ist. Dieser ist – häufig mit Versatzung – im Wandpfosten eingezapft und verdübelt. Seitlich ist der Vordachbug durch kleine Büge zum Vordachrähm gesichert. Die Zugbandköpfe sind vor allem im Zürcher Oberland mit magischen Schmuckformen gestaltet. Beliebt sind da verschiedene Ungeheuer, wie Schlangen-, Echsen- und Drachenköpfe. Sollten diese Fabelwesen offensichtlich böse Geister abhalten, so wurde mit Pferde-, Kuh- und anderen Nutztierköpfen eher »Glück im Stall« herbeigewünscht. Daneben sind aber auch geometrische Ornamente – möglicherweise auch mit magischer Bedeutung – anzutreffen.

Abb. 9.101: Zweifache Verstrebung, Schwebegiebel und Vordach parallel zum First; der Vordachrähm trägt einen Balkenspruch. Lützelsee/Hombrechtikon ZH, 1709 (📷 2017)

Abb. 9.102: Das Vordach entsteht durch die vorstehenden Deckenbalken und wird durch verzierte Büge abgestützt (siehe auch Abb. 9.50). Kölliken AG, 1802 (📷 2018)

O Her, durch deine gnad und güete. Daß Haus vor unglück woll behüete. Gib allen, die dorinen sein. Und gehen werden ...

... aus und ein, Deinen Friden Heill und segen. Bleib mit deiner Hilff zugegen Durch deine Hend sie führ und leit. Von nun an ...

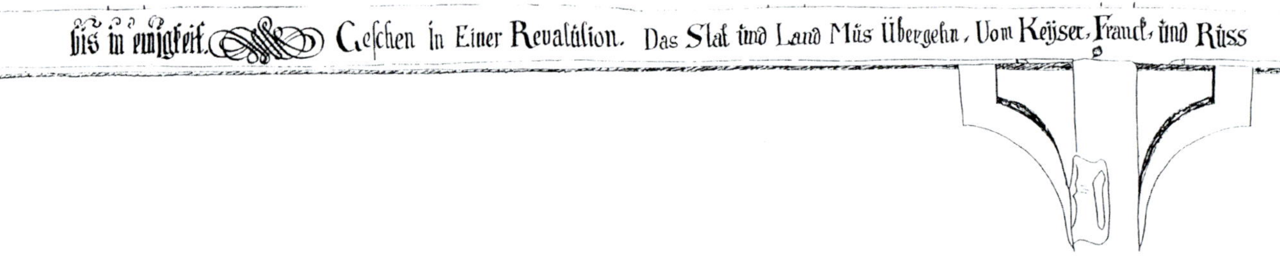

... bis in ewigkeit. Gesehen in Einer Revalution. Das Stat und Land Mus Übergehn. Vom Keijser, Franck und Russ ...

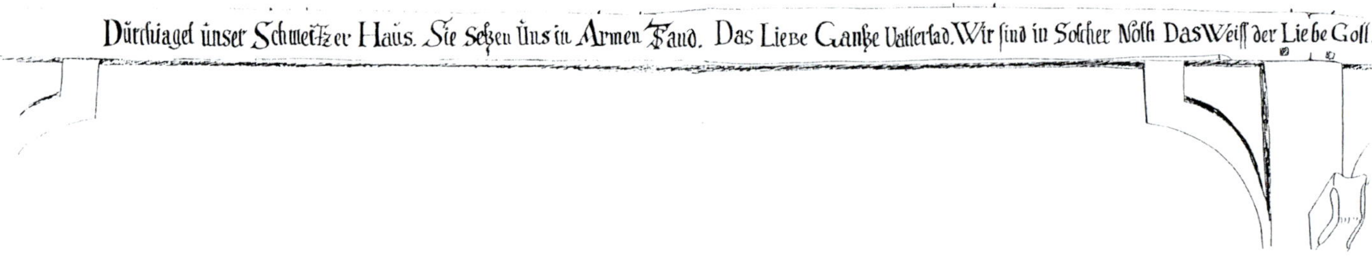

... Durchiaget unser Schweitzer Haus. Sie setzen uns in Armen Stand. Das Liebe Ganze Vatterla[n]d.
Wir sind in solcher Noth das Weiss der Liebe Gott. ...

… uns Menschen zgut ist gmacht das Haus, Wil wir thun zeitlich Streben Gott führ und leit uns ein und aus Geb zletzt das ewig Leben …

… und hat es lassen bauen Rudolf Rüegg und Dorenthea Wintsch. beiide zu Horben und war Baumeister Hs Heinrich Brüngger von Illau und …

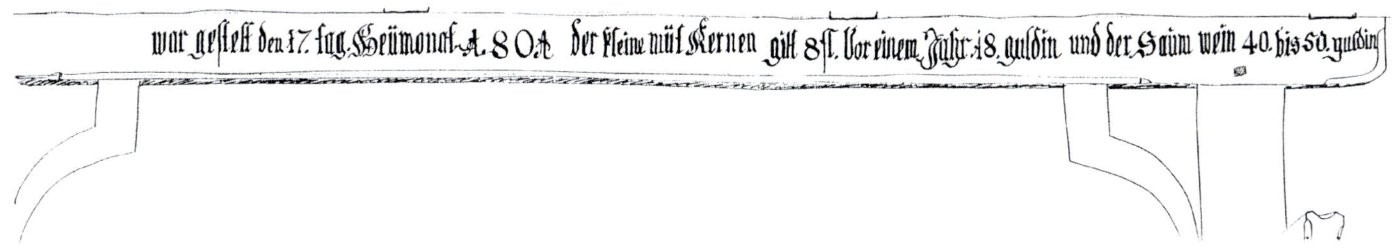

… war gestellt den 17. tag Heümonat 1801 der kleine müt Kernen gilt 8 fl. Vor einem Jahr 18. guldin und der Saum wein 40. bis 50. guldin.

Abb. 9.103: Ein schönes Beispiel eines Balkenspruchs findet sich im Weiler Horben in der Gemeinde Illnau ZH: Der treffliche Wechsel der Schrift von Fraktur zur weltlicheren Antiqua je nach Inhalt illustriert die Stimmung während der europaweiten bürgerlichen Revolution, die 1789 von Frankreich ausging.

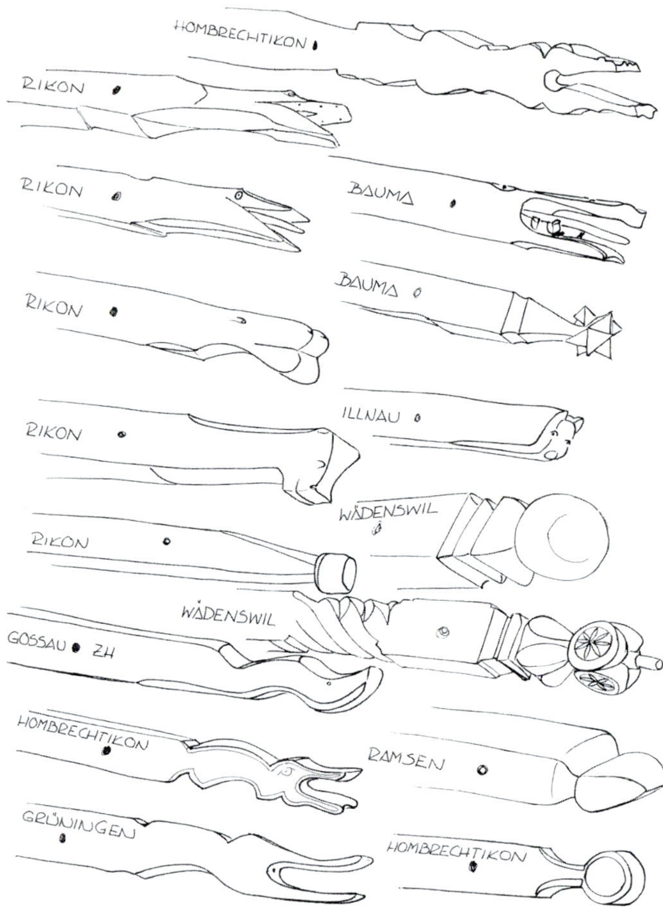

Abb. 9.104: Verschiedene Zugbandköpfe des Zürcher Oberlandes

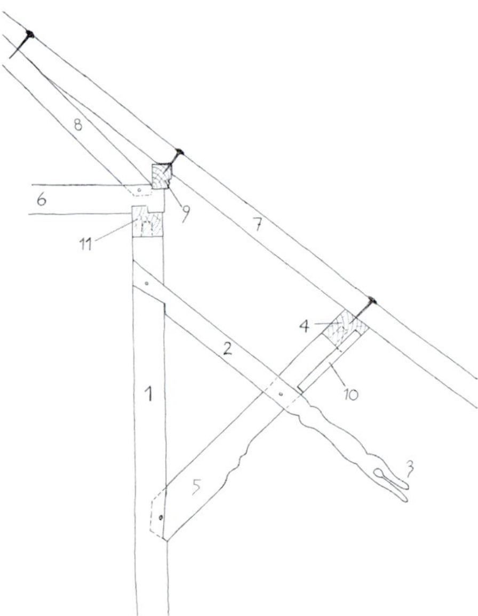

Abb. 9.106: Bauteile der Vordachkonstruktion

1 Wandständer
2 Zugband
3 Zugbandkopf
4 Vordachrähm
5 Vordachbug
6 Bundbalken
7 Aufschiebling
8 Sparren
9 Fußschwelle
10 Kopfband
11 Wandrähm

Abb. 9.105: Große Ausladungen können nur durch Vordachrähme erreicht werden. Laupen BE (📷 2018)

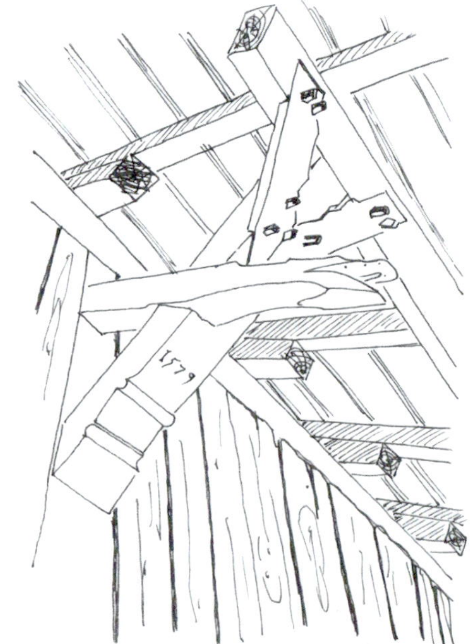

Abb. 9.107: Abstützung und seitliche Verstrebung des Vordachrähms. Hinterrikon ZH, 1579

Der lange, waagrechte Vordachrähm unter Dach bietet sich als Untergrund für einen schönen Hausspruch geradezu an. Meist wurden neben einem mahnenden Wort oder einem Bibelzitat auch der Bauherr und der Zimmermeister mit Jahreszahl verewigt. Manchmal erfahren wir zudem etwas über die Umstände des Baus (beispielsweise »aufgerichtet in fünf Tagen«) und den damals gültigen Kurswert (»Ein Mütt Kernen...«) und die Teuerung. Akribisch ist der Lehrer Peter Surbeck aus Uster allen Inschriften an den Bauernhäusern im Zürcher Oberland nachgegangen und hat sie in einem fünfbändigen Werk [95–99] von 1999 bis 2004 dokumentiert.

Viele Sprüche sind verblasst, die Farbe ist abgeblättert; über deren Existenz wissen manchmal nicht einmal mehr die Hausbesitzer Bescheid. Möglicherweise könnten lesbare Sprüche leicht bei Nacht entdeckt werden, wenn der Vordachrähm von der Seite her beleuchtet würde. Schon mancher Balken hat so sein gut gehütetes Geheimnis im Streiflicht preisgegeben. Da er sich unter der Farbe weniger abnutzte als rundherum, entstand ein Relief mit vorstehendem Schriftbild.

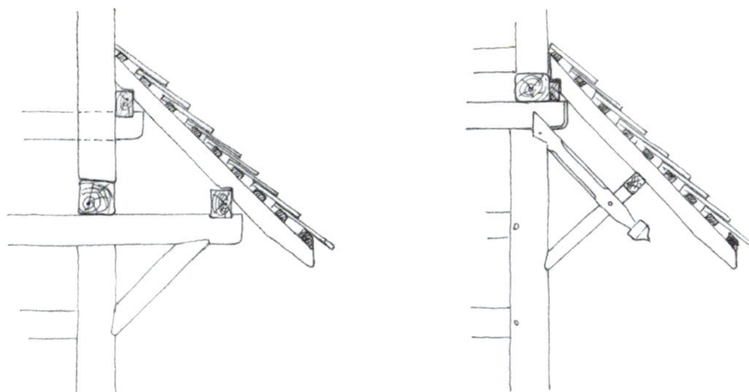

Abb. 9.108: Vordächer

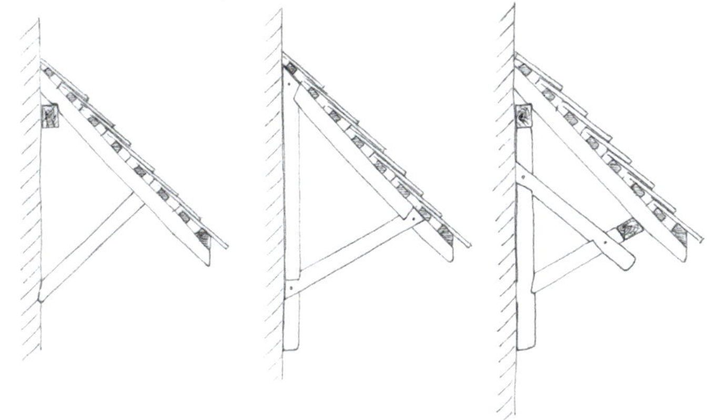

Abb. 9.109: Klebedächer

9.6 Schutzdächer

Nicht nur rund um den Vierwaldstättersee trifft man auf Fachwerkhäuser mit schmalen Schutzdächern, die an der Hausfront zwischen den Fenstern angebrachten wurden, sondern in allen Landesgegenden der Schweiz. Je nach Stützkonstruktion unterscheidet man zwei Arten dieser Dächer:

Das Vordach stützt sich auf aus der Hauswand hervorstehenden Balken ab und war somit vom Errichten des Hauses an fest mit diesem verbunden.

Das Klebedach ist häufig erst nachträglich an der Hauswand angebracht worden. Schlechte Erfahrungen mit dem Schlagregen brachten die Bewohner dazu, die Fassaden und die teuren Fenster zu schützen. Dass das für die Lichtverhältnisse in den Kammern nicht unproblematisch war, zeigt ein Beispiel aus Oberstammheim ZH, wo ein Hausbesitzer bestehende Schutzdächer entfernte. Nun hatte er endlich Licht in den Räumen. Da aber dadurch der Wetterschutz fehlte, entschloss er sich nach kurzer Zeit, neue Schutzdächer zu montieren.

Abb. 9.110: Klebedächer an einem der wenigen Appenzeller Fachwerkbauten von 1630 in Herisau-Schwänberg AR (📷 2014)

9.7 Die Vorbrugg

Um den Raum unter dem weit heruntergezogenen Vordach des Aargauer Strohdachhauses besser nutzen zu können, wurden vor den Tenn- und Stalleingängen sogenannte Vorbrücken (Vorbrugg) eingebaut, die verschalt als weitere Speicherräume für leichte Gegenstände genutzt werden konnten. Die Vorbrugg ist an der Vordachschwelle durch ein mit Holzkeilen gesichertes Zugholz aufgehängt, was weiterhin einen stützenfreien Bewegungsraum unter dem Vordach gewährleistet.

Abb. 9.111: Vorbrugg am Aargauer Bauernhaus (Gelb: Der Rafenvorsprung ist durch die Vordachkonstruktion abgestützt. Rot: Die Vorbrugg ist mit Zughölzern »aufgehängt«.)

Abb. 9.112: Das Vordach täuscht einen Mansard-Dachstuhl vor. Frauenkappelen BE (📷 1988).

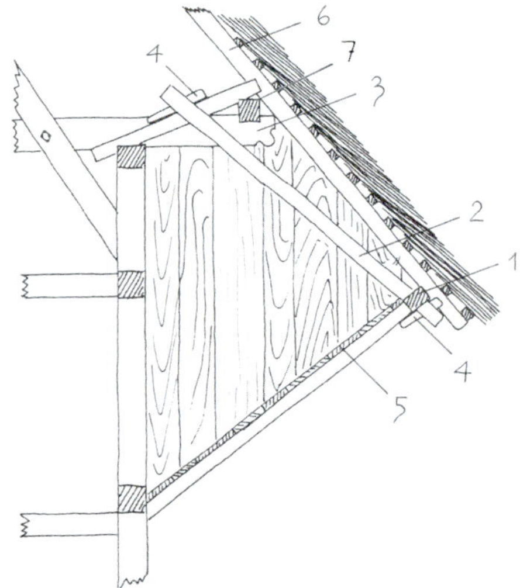

Abb. 9.113: Schnitt durch eine Vorbrugg

1 Vordachrähm
2 Zugholz
3 vorspringender Bundbalken
4 Keile
5 Verschalung
6 Rafen
7 Vordachschwelle

9.8 Treppengiebel

Der Treppengiebel ist ein typisches Element von Steinhäusern. Da sich noch im ausgehenden Mittelalter nur begüterte Bauherrschaften (weltliche oder kirchliche Grundherren, reiche Kaufleute, Amtsträger oder Städte) die Massivbauweise und damit den Treppengiebel leisten konnten, haben diese Häuser ein besonders herrschaftliches Gepräge. Der Treppengiebel wird darum zuweilen auch von den einstigen Zinnen der Burgtürme abgeleitet. Daneben dürfte es aber auch noch ganz praktische Gründe geben. Obwohl er kein Vordach bildet, hat ein Treppengiebel mehrere Schutzfunktionen. Häufig trennt er zusammengebaute Häuser als eine über das Dach geführte Brandmauer.

Auch bei Einzelbauten, weit weg von Stadt- und Burgmauern, krönen »Treppen« freistehende, meist nach Westen gerichtete Giebelwände. Das hat mit dem früheren Bedachungsmaterial, dem Stroh, zu tun. Die günstigste Dachform dafür ist das auf allen Seiten tief hinabreichende Walmdach. Ab etwa dem 17. Jahrhundert wurden Fachwerkbauten mit einer massiven »Wetterwand« erstellt. Um der nach wie vor auf dem Lande üblichen Stroheindeckung seitlich einen guten Halt und Schutz zu geben, wurden die Giebelwände übers Dach hinaus hochgezogen. Die treppenartigen Absätze wurden nach dem Umbau zum Ziegeldach nicht mehr entfernt, sondern selbst durch Ziegelabdeckung geschützt.

Abb. 9.114: Ein aus Stein gemauerter Treppengiebel besteht hier nur in westlicher Richtung, woher hauptsächlich Wind und Wetter kommen. Im Osten schloss das Dach früher mit einem Viertelwalm über dem Fachwerkgiebel ab. Bibermühle SH, 1529 (📷 2018)

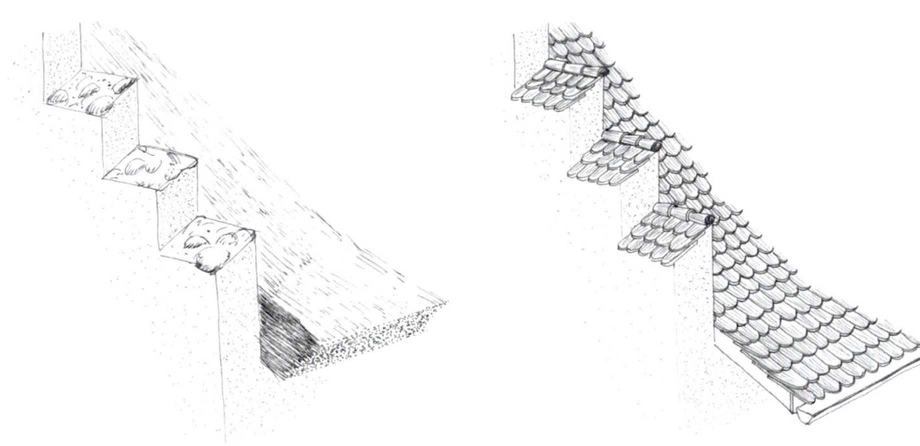

Abb. 9.115: Ursprünglich schloss der Treppengiebel ein Strohdach seitlich ab. Ab dem frühen 16. Jahrhundert schützen Ziegel den Treppengiebel.

10 Feuer und Rauch

Feuer und Rauch

Feuerungsanlagen zeigen besonders deutlich die Probleme, die sich bei der Datierung und damit der Zuordnung zu einer bestimmten Zeitepoche ergeben. Es wurden nicht nur alte Anlagen aus Sparsamkeitsgründen möglichst lange benutzt, auch wurden alte Techniken beibehalten, weil sie dem Bauherrn und Handwerker vertraut und zudem noch kostengünstiger waren, obgleich im gleichen Ort schon »moderner« gebaut wurde. Bei der Erneuerung wurden die alten Anlagen gewöhnlich möglichst ganz abgetragen, man ersetzte die alte Anlage eher, als dass man sie erweiterte. Zeitangaben stellen also keine Datierungen dar, sondern eher Zeiträume, in denen sich ein Wandel vollzog.

Die sesshaft werdenden Menschen entwickelten die Zelte zu Wohnhütten und diese zu festen Häusern. Die Feuerstellen befanden sich auf dem Boden, entweder in leichten Vertiefungen oder durch Randsteine eingefasst. Der Rauch zog zum Eingang oder durchs Dach hinaus.

10.1 Der Rauchabzug

Die Eindeckung, meist Stroh, Schilf oder gespaltene Bretter, wurde durch eine gewölbte »Hurd« aus lehmverputztem Flechtwerk vor dem gefährlichen Funkenflug geschützt. Der Rauch zog bei diesem zunächst einräumigen Haus, das keine Decke besaß, immer noch durchs Dach oder durch kleine Öffnungen über der Eingangstür ab. Ein solches Haus, das keinen übers Dach führenden Kamin besitzt, nennen wir »Rauchhaus«. Der Rauch hatte die gute Nebenwirkung, dass er den Dachstuhl und die Eindeckung konservierte, das Haus war jedoch stark feuergefährdet.

Damit auch der obere Teil des Hauses für Schlafkammern nutzbar wurde, musste er rauchfrei gemacht werden. Ein Rauchkanal aus lehmverstrichenen Brettern oder Flechtwerken führte den Rauch unter den First, wo meist dreieckige kleine Öffnungen den Abzug ins Freie erleichterten. Der Herdraum blieb zwar zugig und raucherfüllt, aber man gewann einen heizbaren und trotzdem rauchfreien Raum, die Stube. In ihr spielten sich von nun an die wichtigsten Momente des Familienlebens ab: Essen, Gespräche und Verhandlungen, gemeinsame Bibellese und Heimarbeit.

Die Küche und mit ihr die Hüterin des Herdfeuers, die Hausfrau, büßten ihre zentrale Rolle ein. Der Stubenofen wurde von der Küche her beheizt. Dass der Ausdruck »Herd« in einigen Schweizer Dialekten auch für »Erde« gebraucht wird,

Abb. 10.1: Die Entwicklung der Feueranlagen verlief gleichzeitig mit der Entwicklung der Behausung.

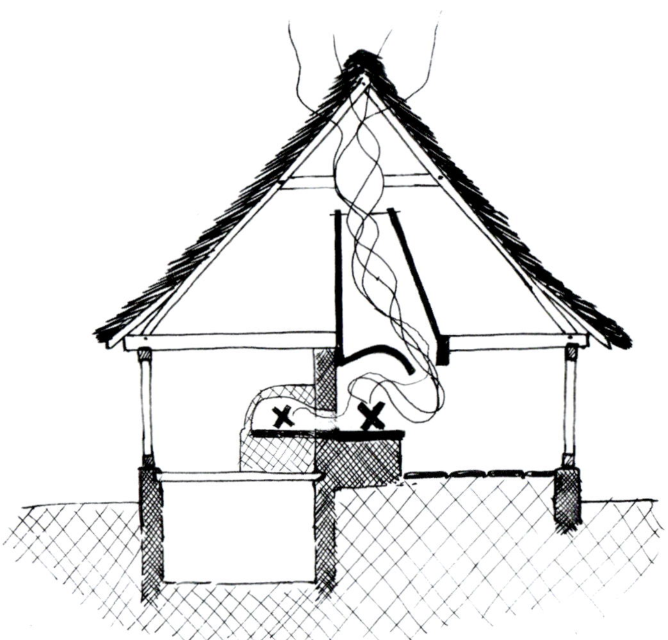

Abb. 10.2: Rauchfreie Stube und Rauchkanal in den Dachraum, wie es bis Mitte des 19. Jahrhunderts im ländlichen Europa noch üblich war

ist kein Zufall. Viele Keller sind erst nachträglich eingebaut worden, die Herdstelle als lebenswichtige Hauseinrichtung wurde möglichst lange nicht unterkellert. Beim Abbruch eines Hauses kann es vorkommen, dass nach dem Abräumen des alten Bauholzes die Küche wie ein kleiner Turm allein auf dem Grundstück stehen bleibt. Erst vor zweihundert Jahren wurden die meisten Häuser des Mittellandes mit Kaminen versehen. Riesige Mengen an Brennholz verschlangen die offenen und zudem ungesunden Feuerstellen. Durch Gesetze wurden Sparherde und -öfen von der Obrigkeit gefördert. Trotz aller Anstrengungen geschah die Umstellung auf Rauchführungen und Kaminzüge übers Dach nur langsam. Noch bis ins 19. Jahrhundert blieben im Mittelland – auch in den Städten – unkomfortable Rauchküchen in Gebrauch. Im Alpenraum sind sie heute noch anzutreffen.

Erst seit Mitte des 19. Jahrhunderts setzte sich die rauchlose, durchzugsfreie Küche mit Sparherd durch. Die Pfannen wurden in die Löcher der zuerst aus Stein, später aus Eisen bestehenden Herdabdeckungen eingelassen, eine Technik, bei der weniger Wärme verloren ging als bei den heute üblichen Gas- oder Elektroherden, die nur

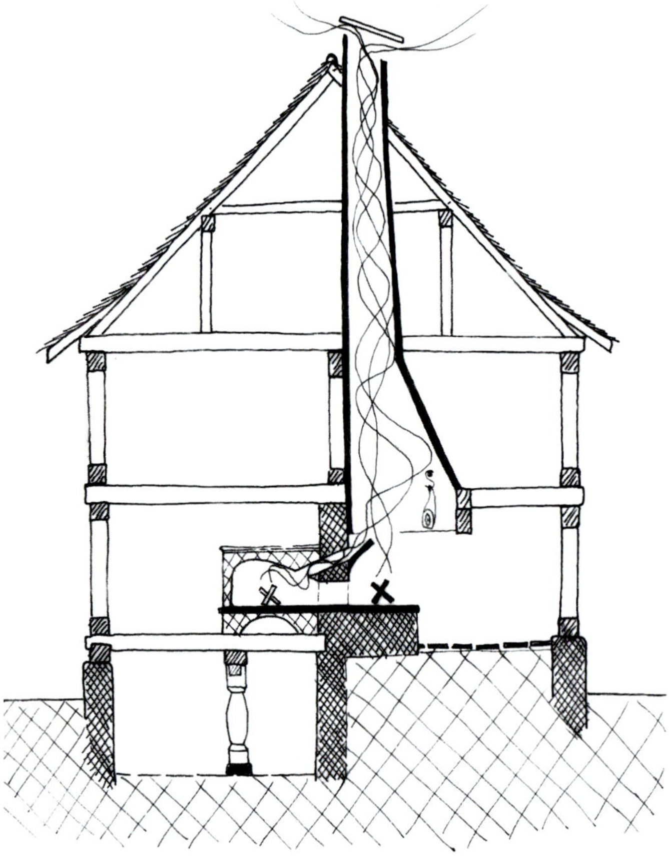

Abb. 10.3: Ab dem 16. Jahrhundert wurden in den Städten, auf dem Land erst rund einhundert Jahre später die Kamine übers Dach geführt.

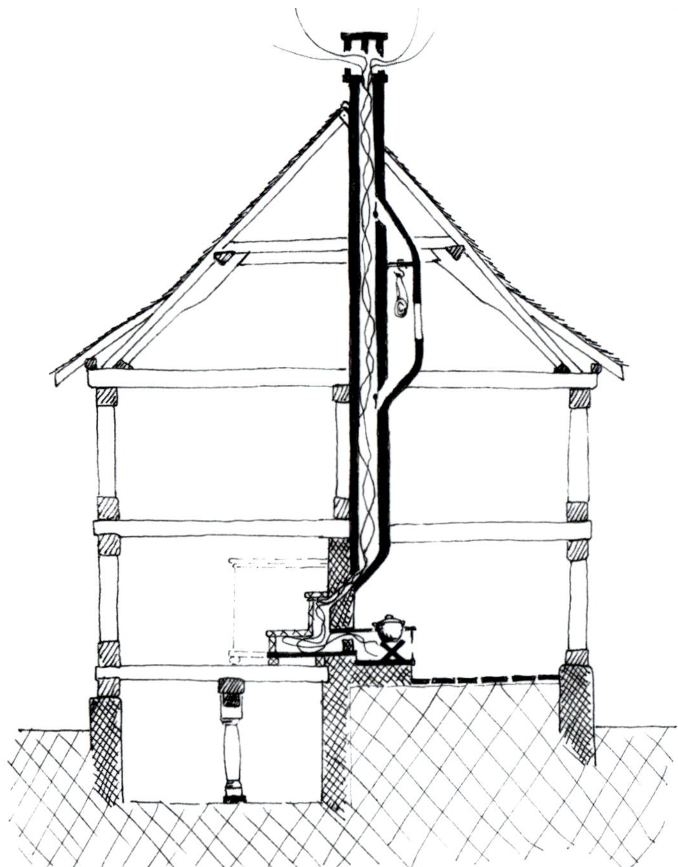

Abb. 10.4: Mit dem geschlossenen Herd wurde auch die Küche rauchfrei.

den Pfannenboden wärmen. Neben den Pfannenlöchern befand sich das »Wasserschiff«, in dem jederzeit warmes Wasser zur Verfügung stand. Bei manchen Sparherden fällt ein übergroßes, im Durchmesser mindestens 50 cm messendes Loch für den »Seechthafen« auf, in dem neben der Kochwäsche auch das Schweinefutter zubereitet wurde. Nicht gebrauchte Pfannenlöcher wurden mittels Gusseisenringen abgedeckt.

Der noch warme Rauch des Herdfeuers wurde vor dem Abziehen durch den Kamin zuerst durch die in der Stube stehende beheizbare Sitzbank, die sogenannte Kunst (Chouscht, Chuuscht), geschickt. Die durchs Kochen immer warme Kunst wurde zum bevorzugten Aufenthaltsort, meist dem Familienältesten vorbehalten.

Der eigentliche Stubenofen hat sich inzwischen vom einfachen Lehmofen zum ausgeklügelten Kachelofen entwickelt. Nach wie vor von der Küche her beheizt, wird er auch als Backofen genutzt. Er hat ein beträchtliches Gewicht, das durch wunderbar geschnitzte Jochsäulen im Keller aufgenommen werden muss.

Der weit ausladende Rauchfang fällt weg, daher wird im Dachgeschoss eine Räucherkammer, manchmal auch nur eine Erweiterung im Kamin notwendig. Durch Klappen wird nur der günstige Rauch in die Räucherkammer umgeleitet, denn nicht jeder Rauch von jedem Brennmaterial eignet sich gleichermaßen für das Räuchern von Speck, Schinken und Würsten.

Abb. 10.6: Kaminabschlüsse, Unterstammheim ZH (📷 2010)

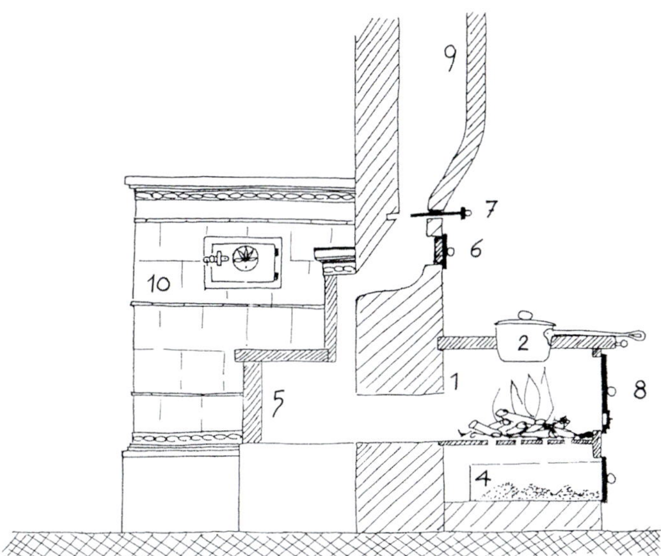

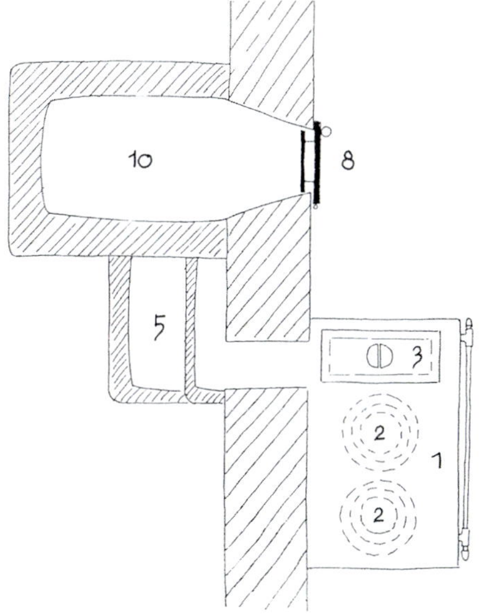

Abb. 10.5: Sparherd und Kachelofen im Schnitt und Grundriss

1 Sparherd
2 Pfannenloch
3 Wasserschiff
4 Asche
5 Ofenbank/Kunst
6 Rußtüre
7 Schieber
8 Ofen-/Herdtüre
9 Kamin
10 Kachelofen

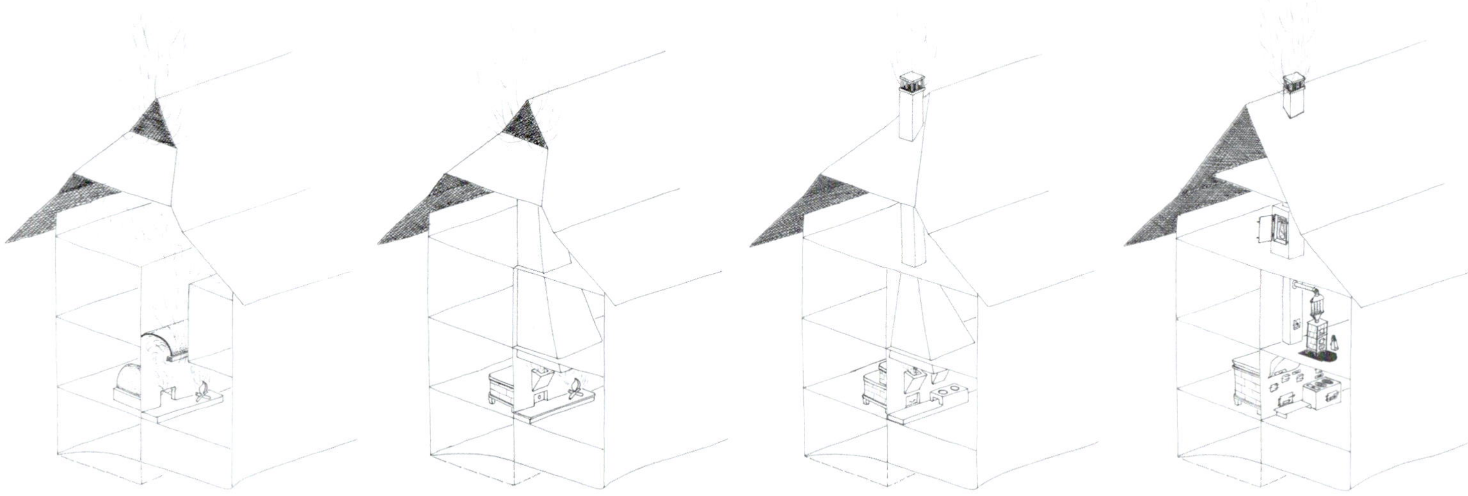

Abb. 10.7: 500 Jahre Entwicklung der Feuerungsanlage im Haus Oberdorf 14 in Unterstammheim ZH

Abb. 10.8: 200 Jahre ohne Kamin: Die nicht verrußte Flechtwerkwand stammt von 1619, der rauch- und rußgeschwärzte Dachstuhl im Girsbergerhaus von 1420, Unterstammheim ZH (📷 1989)

Abb. 10.9: Wohl das letzte durch Kalkmörtel verputzte »Ruëtechämi« im Zürcher Weinland: Rauchfang im ersten Stockwerk über der Küche aus Holz konstruiert und mit Flechtwerk ausgefacht. Unterstammheim ZH, 17. Jahrhundert (📷 2017)

10.2 Der Kachelofen

Der Kachelofen war lange Zeit eine Errungenschaft der herrschaftlichen Schicht. Erst ab 1600 ist er allmählich auch in Bauernhäusern zu finden. Waren die Ofenkacheln ursprünglich auf der Drehscheibe rund hergestellt (Schüsselkacheln), so wurden sie ab dem 14. Jahrhundert quadratisch hergestellt. Die nun flachere Kachel erhielt zudem den sogenannten Kachelrumpf, einen auf der Rückseite ringsum laufenden Steg, der die Fläche stabilisiert und die Verbindung der Kacheln miteinander durch Klammern ermöglicht. Der so durch den Hafner / Ofensetzer aufgesetzte Ofen bestand nun ausschließlich aus Kacheln, die dem jeweiligen Zeitgeschmack entsprechend gestaltet wurden. Obwohl die Öfen in den verschiedensten Formen erstellt werden konnten, blieb der einfache, kubische Kachelofen die Regel. Neben tatsächlichen Ofenmanufakturen (z. B. Familie Pfau in Winterthur, ZH) bestimmten viele örtlich tätige Hafner die regionaltypischen Öfen.

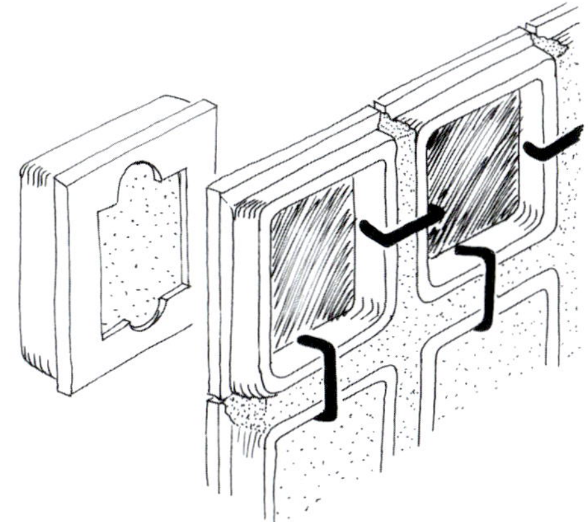

Abb. 10.10: Zusammenfügen der Keramikkacheln

10.3 Der Backofen

Der Backofen wurde, weil er zu viel Platz einnahm und nicht so gut zu handhaben war, in einigen Gegenden der Schweiz – nicht nur bei Fachwerkhäusern – nach außen verlegt, wobei die Außenwand der Küche als Stützwand diente. Entweder besaß er einen eigenen Rauchabzug, oder der Rauch entwich durch die Küche in den Rauchfang. Durch einen »externen« Backofen verminderte sich die Brandgefahr und die – natürlich nur im Sommer – unerwünschte Hitze. Darum wird er zuweilen auch »Sommerbackofen« genannt. Die Anlage wurde durch ein kleines Dach vor der Witterung geschützt.

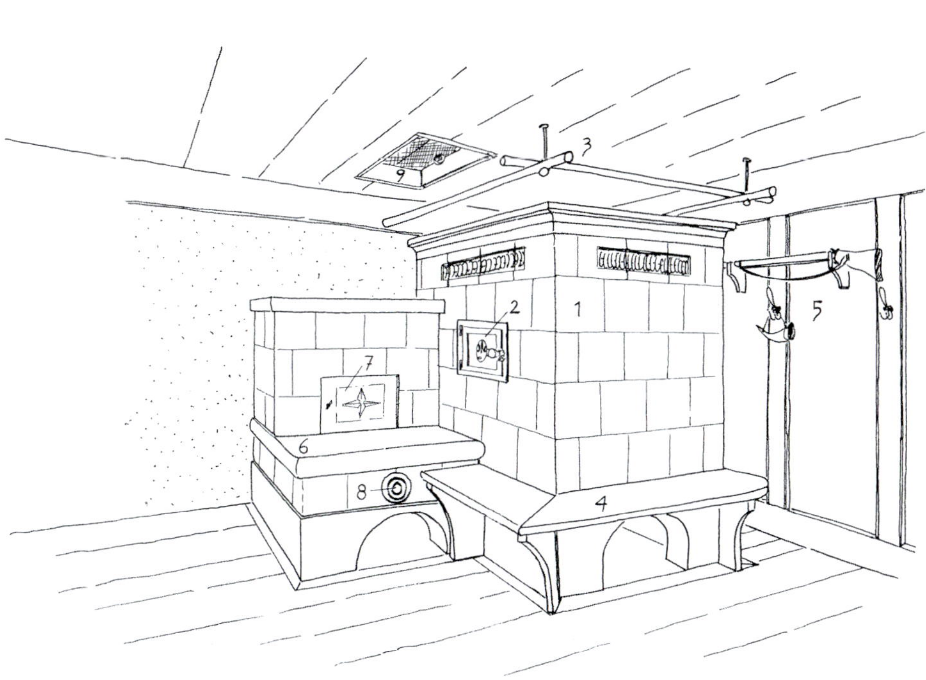

Abb. 10.11: Stubenecke mit Kachelofen

1 Kachelofen
2 Wärmefach nicht zum Feuern, sondern zum Wärmen von Speisen und der beliebten Steinsäcke
3 Aufhängevorrichtung zum Trocknen von Wäschestücken
4 Ofenbank
5 Am trockensten Ort des Hauses wurde das Jagdgewehr samt Pulver kindersicher aufbewahrt.
6 Kunst = beheizbare Sitzbank
7 Wärmefach
8 Rußöffnung
9 Öffnung in der Decke zum »Überschlagen« einer Schlafkammer, d. h. durch diese Öffnung wurde Warmluft in die Kammer gelassen. Manchmal befindet sich hinter dem Ofen ein direkter Treppenaufgang in die Schlafkammer, der nach dem Umkleiden den Umweg durch den ungeheizten Hausflur erübrigte. Diese engen Treppen oder Leitern entpuppen sich bei gründlichen Bauuntersuchungen oft als die ursprünglichen Aufgänge, die nach dem Einbau bequemerer Treppen (teilweise erst im 18. Jahrhundert) bestehen blieben.

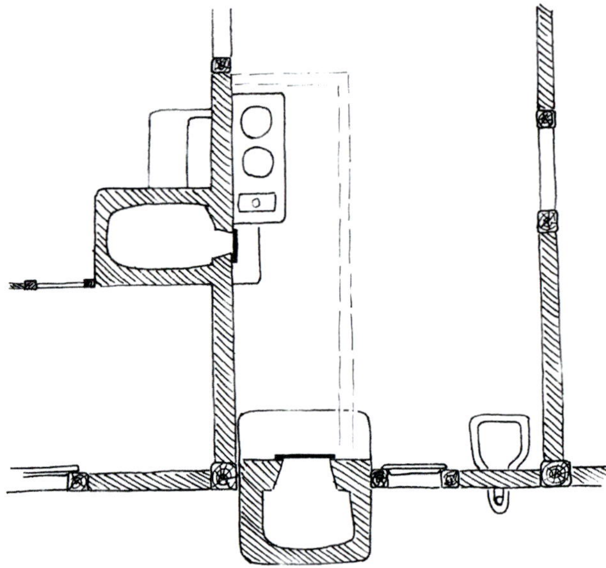

Abb. 10.12: Von der Küche her zu bedienen: der Außenbackofen im Heimatmuseum Allschwil BL (📷 1988)

10.4 Der Bretterkamin

In großen Teilen der westlichen Schweiz – die Haustypen können noch so verschieden sein – fallen konische, mit Holzdeckeln abgeschlossene Kamine auf. Bei all diesen Häusern vom Jura bis in die Gebirgstäler des Berner Oberlandes und ins untere Wallis liegt die Küche zentral und ist meist sogar fensterlos. Die Umfassung der in der Form eines Pyramidenstumpfs geformten Kamine besteht aus dicken Brettern und ist mit einem oder zwei Deckeln versehen, die mittels Eisen- oder Holzstangen geöffnet respektive geschlossen werden können. Nur durch die Kaminöffnung fällt spärliches Tageslicht in die rußgeschwärzte Küche.

Abb. 10.13: Fachwerkhaus mit Westschweizer Bretterkamin in Kleingurmels FR (📷 1988)

Abb. 10.14: Das gleiche Haus 2018: Echte Bretterkamine werden heute kaum mehr toleriert und müssen saniert werden. Der Bretterkamin kann bestehen bleiben. Ein Rauchrohr wird eingesetzt. Der charakteristische Deckel wird entfernt. Das Fachwerk der Giebelwand ist hier lediglich aufgemalt.

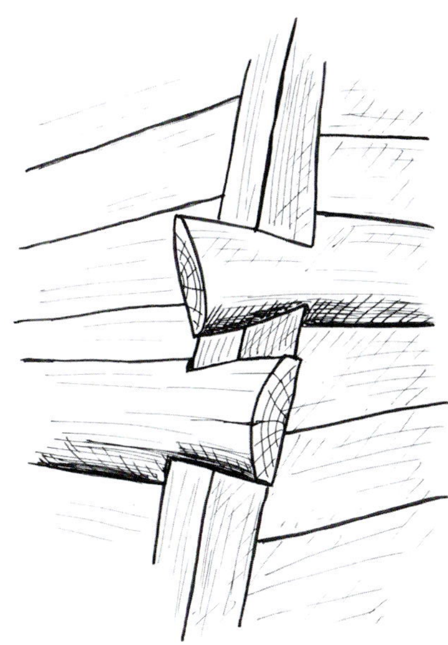

Abb. 10.15: Konstruktionsdetail eines Fribourger Bretterkamins

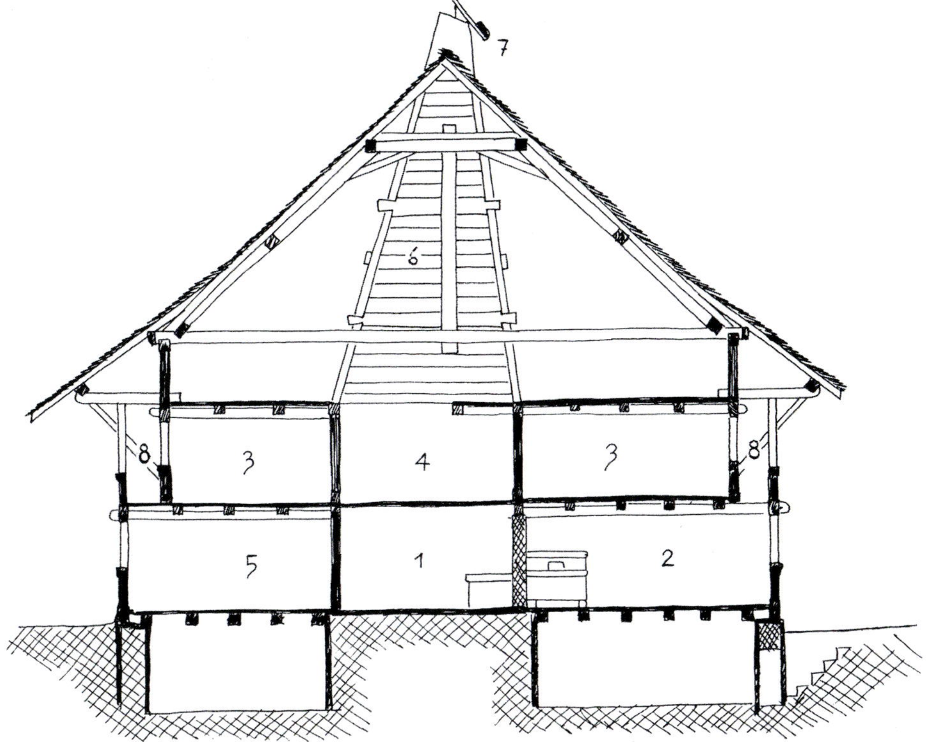

Abb. 10.16: Traditioneller Fribourger Ständerbau im Schnitt

1 Küche
2 Stube
3 Kammern
4 begehbarer Räucherraum
5 Vorratsraum
6 Bretterkamin
7 Deckel mit Gegengewicht
8 Lauben

11 Fenster und Fensterläden

Fenster und Fensterläden

11.1 Fensterglasscheiben

Wie über die Feuerungsanlagen fehlen uns auch über die Fenster an Bauernhäusern vor 1600 genauere Angaben, zudem sind nur wenige Originale erhalten. Die Bilderchronik des Luzerners Diebold Schilling von 1513 kann einige Eindrücke vermitteln, aber auch sie ist in vielen Teilen zu ungenau, um schlüssige Folgerungen zu erlauben. Viele, vor allem ländliche Bauten, haben in der Chronik nur dunkle Fensteröffnungen, während Schilling bei Stadthäusern und Repräsentativbauten eine allgemein grünliche Verglasung der Fenster zeigt. Als Butzenscheiben oder als vier Glastafeln mit einem runden Scheibchen in der Mitte erzielen sie die gewünschte Respekt einflößende Wirkung. Die Verglasung ist wie der Kamin auf dem Dach auch eine Art Auszeichnung für das Haus: Der Tagsatzungssaal (Tagsatzung vom 18. Dezember 1481) im Rathaus zu Stans hat Fenster mit farbigen Wappenscheiben, die von Butzenscheiben umgeben sind, während die Ettiswiler Bauernkammer von innen die Fensteröffnung ohne Verglasung, nur mit einem Holzladen verschlossen zeigt. Bemerkenswert sind auch jene Darstellungen, bei denen die Haupträume (z. B. im ersten Stock) eine Verglasung haben, während die darüber liegenden Kammern unverglaste, aus wärmetechnischen Gründen weniger und kleinere Fenster besitzen.

Sicher konnten sich in ländlichen Gegenden die aus Basler Bauabrechnungen aus dem 15. Jahrhundert bekannten Fensterabschlüsse aus Schweinsblasen oder ölgetränkter Leinwand länger halten als in den Städten. Der Gewinn an Komfort war unvorstellbar groß, als sich im 17. Jahrhundert das verglaste Fenster langsam überall durchsetzte. Dies geschah etwa zur gleichen Zeit, als die offenen Rauchabzüge durch gemauerte, übers Dach hinausführende Kamine ersetzt wurden. Natürlich brachten die Glasfenster eine beträchtliche Bauverteuerung mit sich. Fensterläden schützten die teuren Glasfenster, die vorerst als Butzenscheiben in Blei gefasst, dem Winddruck kaum standhielten.

Abb. 11.1: Zeichnung nach D. Schilling, 1513 [57]: Haus an einem Platz in der Stadt Zug

Abb. 11.2: Bleiverglasung im Alten Rathaus von 1639, Flawil-Burgau SG (📷 1988): Nur die größte, in der Mitte eingesetzte geschliffene Scheibe ist klar transparent.

Abb. 11.3: Die älteste Wappenscheibe von 1531 im Gemeindehaus, Unterstammheim ZH – ein Geschenk der Stadt Diessenhofen TG; (Foto: Gemeinde Unterstammheim)

Abb. 11.4: Untervogthaus von 1692 in Oberohringen ZH: Reihenfenster auf zwei Stockwerken ohne Fensterläden, aber mit Schutzdach (📷 1989)

Dass Glasscheiben ein Statussymbol waren, zeigt sich auch an dem im 16. Jahrhundert einsetzenden Brauch, Scheiben zu schenken: Freunde schenkten dem Bauherrn eine bemalte Scheibe für seine neu eingerichtete Wohnung. Ein besonders schönes Beispiel dafür ist das Gemeindehaus von Unterstammheim, wo noch heute 25 zwischen 1531 und 1680 geschenkte Wappenscheiben die Oberlichter der »Gmaandstube« zieren. Die Stifter waren der Rat von Zürich, Landvögte, der Abt von St. Gallen, Nachbarstädte und Nachbardörfer, Ritter, Pfarrherren, Private und einheimische Bauerngesellschaften. Alle Spender standen in einer bestimmten Beziehung zu Unterstammheim, sodass die Scheiben auch die Ortsgeschichte illustrieren.

Viel mehr Tageslicht und Helligkeit in den Räumen konnte mit Reihenfenstern erreicht werden. Reihenfenster waren in der Schweiz in spätmittelalterlicher Zeit am Bohlenständerbau sowie am bürgerlichen Steinbau sehr gebräuchlich. Sie wurden auch beim Fachwerkbau des 17. Jahrhunderts übernommen und sind heute noch häufig mit den später dazugekommenen Falllädenreihen anzutreffen. Die Fensterreihen sind seit Ende des 18. Jahrhunderts mit dem Aufkommen der Sprossenfenster verschwunden.

Fensterglasscheiben wurden über lange Zeit durch verschiedene Mundblasverfahren hergestellt. Die maximale Größe der mundgeblasenen Tafeln war begrenzt, weil der Glasbläser nicht ein beliebig großes Gewicht in der Hand halten konnte. Außerdem war die Optik der Scheiben, in die die Tafeln aufgeteilt wurden, etwas ungleichmäßig, da weder die Schmelze noch der Schmelz- und Verarbeitungsprozess ganz gleichmäßig ausfielen.

11.1.1 Das Mondglasverfahren

Mit der Glasmacherpfeife wird eine große Kugel aufgeblasen, die dann an der Gegenseite an das Hefteisen geheftet wird. Diese Kugel sprengt man von der Pfeife ab, treibt die kleine vorhandene Öffnung ein Stück auf und dreht das Hefteisen mehrmals schnell herum. Durch das Schleudern, die entstehende Fliehkraft, formt sich das flüssige Glas zu einer flachen, runden Scheibe. Diese wird gekühlt und zerschnitten. Die runden, verdickten Mittelstücke fanden Verwendung als sogenannte »Butzen«, die mithilfe von Bleistegen reihenweise verbunden zu »Butzenscheiben« vereinigt wurden, wobei die Zwickel zwischen den runden Formen durch entsprechend zugeschnittene Glasteilchen ausgefüllt werden mussten. Den Rest der Scheibe zerlegte der Glaser in halbmondförmige Segmente, eben in das sogenannte Mondglas. Auch diese Scheiben wurden mit Bleistegen zu Tafeln zusammengesetzt.

11.1.2 Das Walzverfahren

Bei diesem, übrigens bis Anfang des 20. Jahrhunderts üblichen Verfahren bläst man mit der Glasmacherpfeife eine Walze von 25 bis 30 cm Durchmesser und mindestens 1 m Länge, öffnet sie an beiden Enden und schneidet den Zylinder der Länge nach auf. Im Streckofen wird dieser aufgeschnittene Zylinder zu einer Tafel ausgebreitet, die mit verkohlendem Holz gebügelt und danach nur noch gekühlt zu werden braucht.

Eine besondere Schwierigkeit boten das Zerlegen der flachen Glasteile und das Zuschneiden in passende Formate. Lange Zeit musste das durch eine linienförmige Erhitzung mit einem glühenden Eisen erfolgen. Längs dieser erhitzten Stelle erfolgte eine Sprengung des Glases durch Abschrecken mit Wasser.

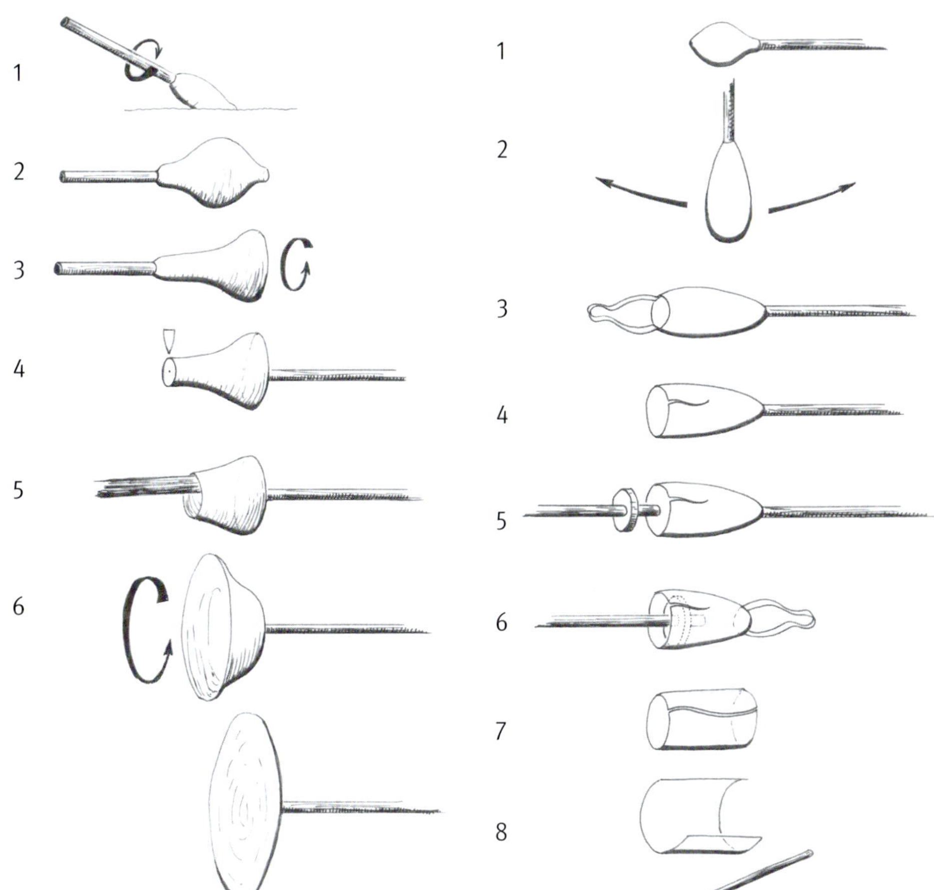

Abb. 11.5 (links): Das Mondglasverfahren
1 Der Glasmacher taucht die Pfeife in das flüssige Glas und holt unter drehenden Bewegungen den ersten Glasposten heraus.
2 Durch vorsichtiges Blasen entsteht ein Hohlkörper.
3, 4, 5 Öffnen des Hohlkörpers
6 Schleudern und Zerlegen der Scheibe

Abb. 11.6 (rechts): Das Walzglasverfahren
1 Das Külbel (der Glashohlkörper) wird angeblasen.
2 Die zylindrische Walze entsteht durch Blasen und Schwenken.
3, 4 und 6 Kuppe und Boden werden abgesprengt.
5 Die Walze wird gleichmäßig geformt.
7, 8 und 9 Die Walze wird geöffnet, gestreckt und gebügelt.

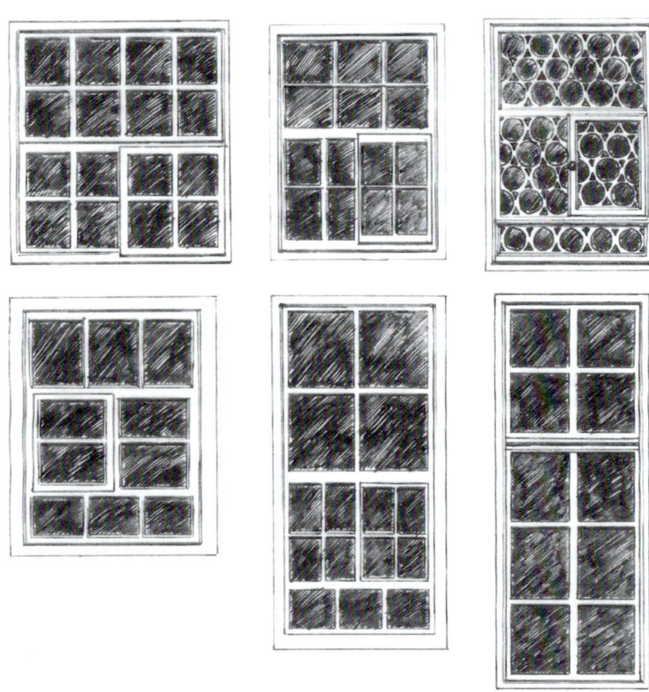

Abb. 11.7: Historische Fensterteilungen

Die Ausrüstung von Privathäusern mit größeren Fenstern galt lange Zeit als ausgesprochener Luxus. Besonders in Frankreich führte man eine empfindliche Fenstersteuer ein. Sie hatte dort zur Folge, dass viele Hausfassaden nur schmal gebaut und mit relativ kleinen Fenstern ausgerüstet wurden. Im Elsass soll zudem ein Landesfürst die Idee gehabt haben, jedes Gefach der Fachwerkhäuser als Fenster zu besteuern, worauf viele Elsässer zur Kelle gegriffen und ihre Häuser schleunigst verputzt haben sollen.

Abb. 11.8: Lebendiges Spiegelbild durch alte Gläser. Unterstammheim ZH (📷 1990)

Abb. 11.9: Nur noch selten trifft man auf bombiertes Fensterglas. Es verhindert bei Tageslicht durch das Einfangen von Reflexen den Einblick in den Raum. Dieses Beispiel aus Unterstammheim ZH ist inzwischen durch energiesparende Fenster ersetzt worden (📷 1990).

11.1.3 Gewölbtes Glas

Fensterverglasungen aus kleineren Scheiben, die in beheizte Formen »gesenkt« wurden und dadurch eine gewölbte Form erhielten, wurden früher mehr verwendet als heute. Die bombierten Scheiben fangen, von außen betrachtet, lebhafte Reflexe ein und hindern dadurch den Einblick in den Raum, ohne den Ausblick zu verzerren.

Erst mit der Möglichkeit, Flachglas billiger und größer herzustellen, kamen die uns vertrauten Fenster auf.

Abb. 11.10: Diesem Haus von 1618 wurde mit der Sanierung in verschiedenster Weise Gewalt angetan. Es hat nichts mit »Heimatstil« oder Kleinkariertheit zu tun, wenn die fein gegliederte Fachwerkfassade wieder Sprossenfenster erhielte. Gailingen am Hochrhein, Baden-Württemberg (📷 2018)

Abb. 11.11: Während in der Schweiz bombierte Fensterscheiben an historischen Häusern inzwischen gänzlich verschwunden sind, wird die Tradition im Unterelsass weiter gepflegt. Hunspach, Bas-Rhin (📷 2012)

Abb. 11.12: Diese kleinen Fensterchen erlauben eine freie Sicht auch bei geschlossenen Fensterläden. Sie werden daher »Spion« genannt. Die Vorfenster werden im Sommerhalbjahr zugunsten von Klappläden ausgebaut. Unterstammheim ZH, 1820 (📷 2018)

Die Sprosseneinteilung, kleine Schieber oder Oberlichter zum separaten Öffnen wurden von den alten Butzenfenstern übernommen. Das Glas wurde ohne Kitt rundum in einer Nut des Fensterrahmens gefasst. Bei Glasbruch musste also das an den Ecken verzapfte und verdübelte Fenster auseinandergenommen werden, bevor das neue Glas eingesetzt werden konnte.

Im 18. Jahrhundert verstärkte sich ganz allgemein das Bedürfnis nach mehr Zierde auch am Fachwerkbau. Aus der Steinarchitektur übernommen wurde der gewölbte Fenstersturz (siehe Abb. 11.14). Häufig bildet auch nur die äußerste Vertiefung für die Fensterläden einen Bogen, was die zierliche Form nicht beeinträchtigt.

Der »Spion«, ein kleines Fenster, das einen Einblick über die Straße vom Esstisch und vom Schlafzimmer aus erlaubt, wie auch andere besonders kleine Fensterchen werden häufig Seelenfensterchen (»Seelebalggä«) genannt (siehe Abb. 11.12). Das kleine Fensterchen wird während der Aufbahrung eines Leichnams in der Stube geöffnet, damit die Seele in den Himmel kann. Dass das Zimmer so zugleich gelüftet wird, ist sicher nicht nebensächlich. Was für die inneralpinen, katholischen Gebiete der Schweiz gelten mag, muss nicht für reformierte Gegenden des Mittellandes Gültigkeit haben.

Abb. 11.13: Verschiedene Fenstergrößen und Teilungen können auf die Veränderungen im Laufe der Hausgeschichte hindeuten. Mettschlatt TG, 1778 (📷 1989 und 2018)

Abb. 11.14: Bestimmt waren ursprünglich auch die Fenster der Rundung im Sturz angepasst. Büsingen, Baden-Württemberg (📷 2018)

Abb. 11.15: Webkellerfenster am Bohlenständerbau von 1539 in Schrofen-Amriswil TG (📷 2018)

11.2 Fensterläden

Wie das Bild aus der Schillingschen Chronik [57] zeigt, waren schon 1513 verschiedenste Klappläden gebräuchlich. Sie ließen sich nach oben, zur Seite und nach unten öffnen. Im Erdgeschoss nach unten geöffnet und am Boden abgestützt, ergab der Fensterladen eine Tischfläche für die Auslage eines Ladengeschäfts. Dies ist der Ursprung unseres Ausdrucks »Laden«, obwohl Verkaufsläden mit einer solchen Geschäftsauslage nur noch selten vorkommen.

Abb. 11.16: Schützenhaus von 1785 in Marthalen ZH (📷 1989): An der Schießöffnung lässt sich der eine Flügel nach oben, der andere nach unten öffnen. Die Schützen können sich beim Schießen auf dem unteren Laden abstützen. Die sechseckige Fenstereinrahmung springt um etwa 3 cm hervor. Dieser und andere Hinweise (schmucklose, holzsparende Fachwerkkonstruktion; Kerben im Holz) deuten darauf hin, dass der Bau von Anfang an verputzt war.

Abb. 11.17: »Hirschen«-Ensemble in Oberstammheim ZH (📷 2018): Barock bemalte Fensterläden und Zierkonsolen wurden aus dem massiven Holz der Fensterständer herausgeschnitzt.

Glasfenster machten einen großen Teil der Baukosten aus. Daher mussten die teuren, repräsentativen Fensterreihen vor Glasbruch geschützt werden. Da seitlich kein Platz für Läden war, mussten diese unter oder über dem Fenster angebracht werden. Wann die ersten Fall- (oben) oder Zugläden (unten) montiert wurden, ist noch unklar. Vor allem aus der Ostschweiz sind viele reich verzierte Fallländenreihen aus dem 18. Jahrhundert erhalten.

Der seitlich angeschlagene Klappladen entwickelte sich vom älteren Brettladen mit gegrateter Einschubleiste zum Jalousieladen des 19. Jahrhunderts mit beweglichen Brettchen.

Abb. 11.18: 1989 wurde diese Fensterreihe mit nach oben zu öffnenden Klappläden rekonstruiert. Arbon TG, 1471 (📷 2018)

Abb. 11.19: Schubladen von innen. So sahen wohl die ältesten Fensterläden im Zürcher Weinland aus: Die Schubläden waren innen angeschlagen und liefen in einer Nut geführt. Unterstammheim ZH (📷 1985)

Das Aussehen eines Hauses kann sich je nach Jahreszeit beträchtlich verändern, wie das Beispiel aus Unterstammheim zeigt. In Abb. 11.12 ist zu erkennen, dass im Winterhalbjahr anstelle der Klappläden die Vorfenster eingehängt werden. Zwischen die Fenster werden dann kleine Spreusäcke zur Abdichtung gelegt, damit die Luft im Hohlraum dazwischen ihre isolierende Wirkung behält.

Abb. 11.20: Mühle Manneberg in Effretikon ZH von 1675: Fallläden (18. Jahrhundert) im Schnitt, nach *E. Gladbach* [34]; das wunderbare Gebäude wurde vom ETH-Professor Ernst Gladbach sorgfältig zeichnerisch aufgenommen und kurz danach, um 1855, dem Bau der Nordostbahn (Zürich – Winterthur) geopfert.

Abb. 11.21: Aarwangen BE, Vorfenster und Fensterläden am »Tierlihus« 1767 (📷 1990): In den unteren Brettläden mit Einschubleiste wurde eine kleine Klappe zum Öffnen eingebaut (siehe auch Abb. 15.14).

Abb. 11.22: Wohnhaus im Sommer, Unterstammheim ZH

Abb. 11.23: Das gleiche Haus im Winter ohne Blumenschmuck

Abb. 11.24: Bemalte Zugläden am Kehlhof von 1694 in Ermatingen am Untersee TG (📷 2001)

12 Anpassungsfähiges Fachwerk – Fachwerk für jeden Zweck

Anpassungsfähiges Fachwerk – Fachwerk für jeden Zweck

12.1 Gebäudetypen

12.1.1 Bauernhäuser und Hofformen

Über die Hofformen, die Einteilung und Funktion von Bauernhäusern, wurde schon viel publiziert. Hier sollen nur die wichtigsten Hofformen an je einem Beispiel vorgestellt werden. Die Hofform und damit auch ein Haustyp ganz allgemein hängen von vielen Faktoren ab. Vor allem sei hier das Klima genannt, das die Betriebsausrichtung und die Beschaffung der Baumaterialien maßgeblich beeinflusst.

Speziell am hier abgebildeten Gruppenhof (siehe Abb. 12.1) ist, dass alle Gebäude in Fachwerk erstellt sind. Die Größe der Gebäude verrät, dass hier keine Kleinbauern, sondern die »Herrenbauern« – wie sie im Dorf zuweilen missgünstig genannt wurden – wirtschafteten. Gastwirtschaft, Herberge, Poststelle mit Pferdewechsel, Metzgerei, Wein- und Viehhandel waren ursprünglich wichtiger als die Viehwirtschaft und der Ackerbau. Das Altenteil, »Stock« oder »Stöckli« genannt, ist im Haupthaus als zweite Wohnung integriert und nicht, wie in anderen Gegenden, ein eigenes Haus. Die Kombination Backofen / Schweinestall dürfte eher selten sein; ebenso ist es ungewöhnlich, dass das Ofenhaus direkt ans Hauptgebäude anschließt, wodurch Letzteres gefährdet werden konnte. Die mächtigen Weinkeller zeigen, worauf der Reichtum des »Bauern« hauptsächlich gründete. In unmittelbarer Nähe des Haupthauses konnte die Stallscheune nicht vergrößert werden. Die Standorte der erst Anfang des 20. Jahrhunderts abgebrochenen Gebäude erklären, warum eine neue, große Scheune schräg über der Straße, auf freiem Felde in einiger Distanz zum Hof errichtet werden musste. Überhaupt ist die Anordnung den Gegebenheiten des Dorfes untergeordnet und bildet keine einheitliche Gesamtheit. Die buchsbaumumrandeten Gartenbeete bilden den letzten traditionellen Bauerngarten aus dem letzten Jahrhundert in Unterstammheim. Der Speicher hat erst seit der Einquartierung von Offizieren während des Zweiten Weltkriegs einen Kamin für den Ofen erhalten. Vorher waren die Knechtekammern unbeheizt.

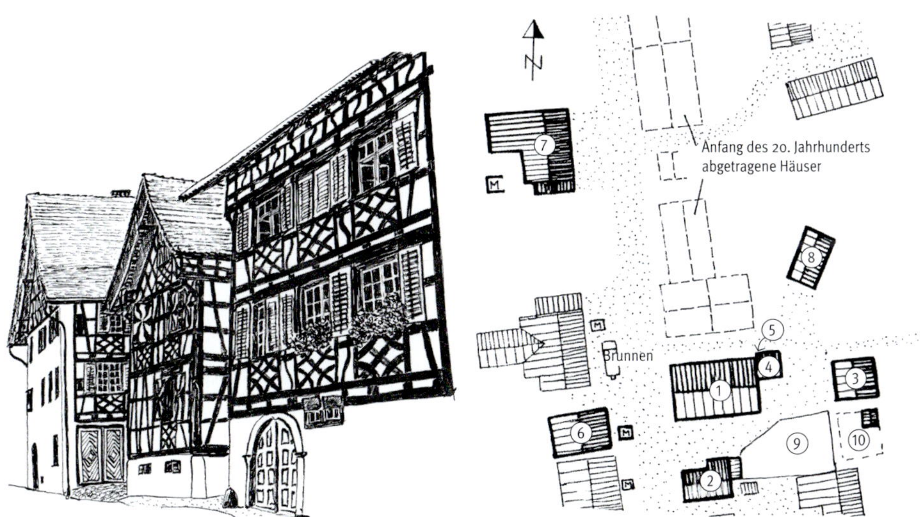

Abb. 12.1: Gruppenhof im Dorf von Unterstammheim ZH: für jeden Zweck ein geeignetes Gebäude

1 Haupthaus: Gasthaus (bis 1890), Wohnung und Altenteil, Weinkeller
2 Speicher: Weinkeller, Kornschütte, zwei Schlafkammern, Taubenschlag, offene Wagenremise, (Garten-)Geräte, Metzgereilokal
3 Schopf: Brennholz, Gemüsekeller, Werkstatt, Geräte
4 Waschhaus mit (Sommer-)Backofen, darüber Brennholz
5 Schweinestall (zwei Tiere)
6 Pferdestall mit Abteil für Kälber, Kaninchen
7 Stallscheune (Kühe und zwei Pferde), Remise
8 Trottgebäude für Wein und Obst
9 Garten mit Buchsbaumumrandung
10 Hühnerhaus

Abb. 12.2: Wodurch wird ein Haustyp bestimmt? Jeder Gebäudetyp steht in einem Beziehungsfeld von verschiedensten Faktoren: Jedes Haus ist einzigartig.

Vielzweckbau

Vielzweckbauten vereinten Wohnen, Lagern, Produzieren (Viehhaltung) unter einem Dach. Dem in Abb. 12.5 gezeigten Hof wurden je nach Bedarf weitere Hausteile in Fachwerkkonstruktion angefügt. Einzig das Bienenhaus war eine Ausnahme. Die Scheune wurde mit einem Querfirst erweitert, der beinahe die Höhe des Hauptfirstes erreicht. Die Landwirtschaft dieses Bauern war klar auf einen Mischbetrieb hauptsächlich aus Ackerbau, etwas Viehwirtschaft, Weinbau und eigenem Wald ausgerichtet.

Im Dachstock wurde das Korn zum Trocknen ausgeschüttet (schweizerisch »Schütti«). Durch das Räuchern in der Räucherkammer wurde das Fleisch konserviert. Dazu durfte man nur Hartholz (z. B. Eiche) für das Schwelfeuer verwenden. In den Schlafkammern gab es nur selten Öfen.

Heizbar war nur der Küchen-/Stubenbereich durch die Feuerungen in Kachelofen und Herd. Steinkamine und damit rauchfreie Obergeschosse setzten sich erst im 18./19. Jahrhundert durch.

Abb. 12.3: Im Speicher des Kehlhofs waren auch Knechtekammern, Taubenschlag, Metzgereilokal, Kutschenremise und Weinkeller untergebracht. Unterstammheim, 1828 (📷 1980)

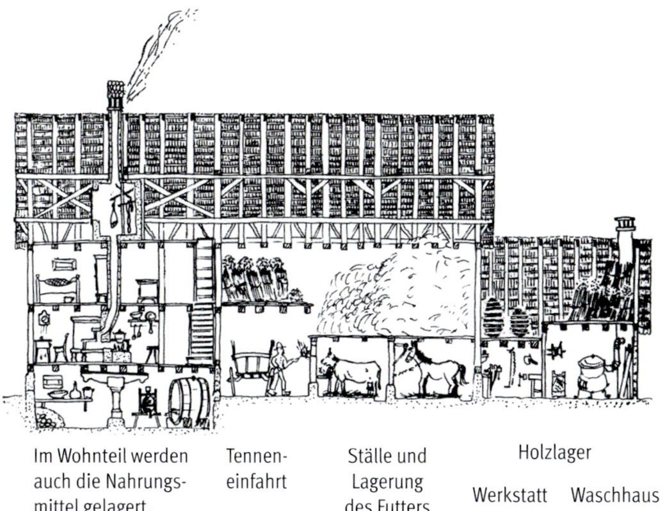

Abb. 12.4: Längsschnitt und Ansicht (siehe auch Abb. 11.22 und 11.23)

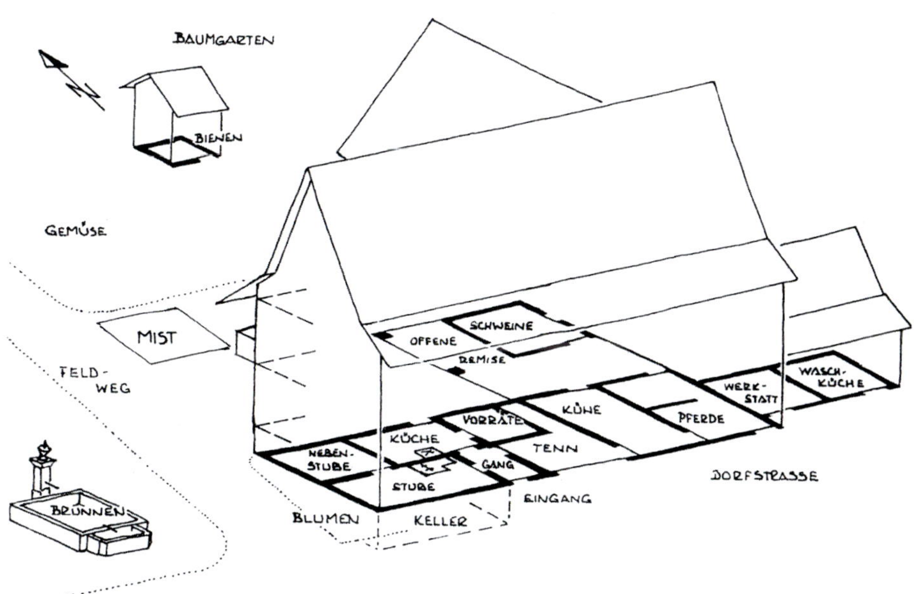

Abb. 12.5: Vielzweckbau in Unterstammheim: Alles unter einem First!

Dreiseithöfe in der Nordwestschweiz

Den geschlossenen Vierseithof kennen wir in der Schweiz nördlich der Alpen nicht. In Allschwil BL, aber auch in Dörfern der Ostschweiz sind vereinzelt zur Straße hin offene Dreiseithöfe zu finden. Der Grund für die offene Anordnung der Gehöfte könnte in der weitgehenden Verschonung vor dem 30-jährigen Krieg (1618–1648) und dem hauptsächlich friedlichen Verlauf der Geschichte nach der Neutralitätsanerkennung (Westfälischer Friede von 1648) der Schweiz zu suchen sein.

Abb. 12.6: Dreiseitiges Gehöft in Oberseebach (Bas-Rhin): In der ganzen Rheinebene von Basel bis ins Elsässer Unterland sind mehr oder weniger geschlossene Hofanlagen zu finden. Der Straße entlang wurde ein stabiler Zaun gebaut.

Ganz der Bautradition des benachbarten Sundgaus im Elsass verpflichtet sind die Bauernhöfe in der äußersten Nordwestecke der Schweiz. Vor allem Allschwil wird als Sundgauer Dorf in der Schweiz bezeichnet. Hier finden sich auch Reste mehrerer offener Dreiseithöfe. Die Wohnhäuser stehen mit dem Giebel zur Dorfstraße, die parallel zum inzwischen unterirdisch geführten Dorfbach verläuft. Deutlich zurückversetzt und im rechten Winkel zum Wohnhaus stehen die Stallscheunen. Die Hofplätze werden auf der dritten Seite mit kleineren Wirtschaftsgebäu-

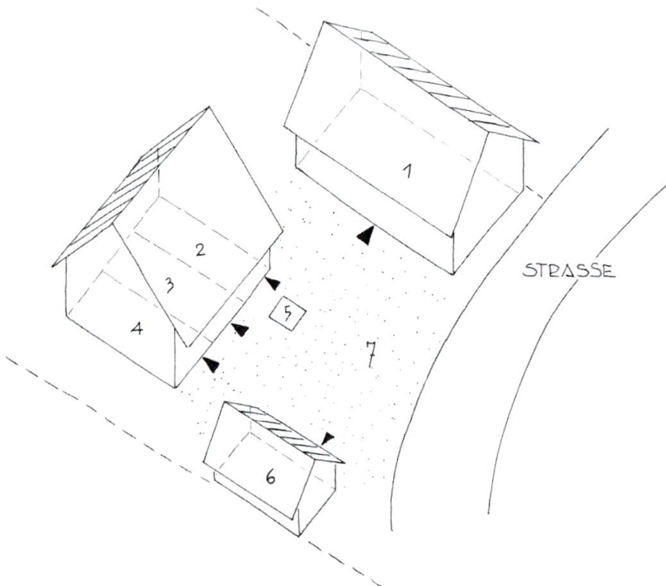

Abb. 12.7: Zur Straße hin offener Dreiseithof in Allschwil BL
1 Wohnhaus
2 Stall
3 Tenne/Heulager
4 Remise
5 Miststock
6 Weinkelter, Waschhaus, Speicher, Schuppen
7 Hofplatz

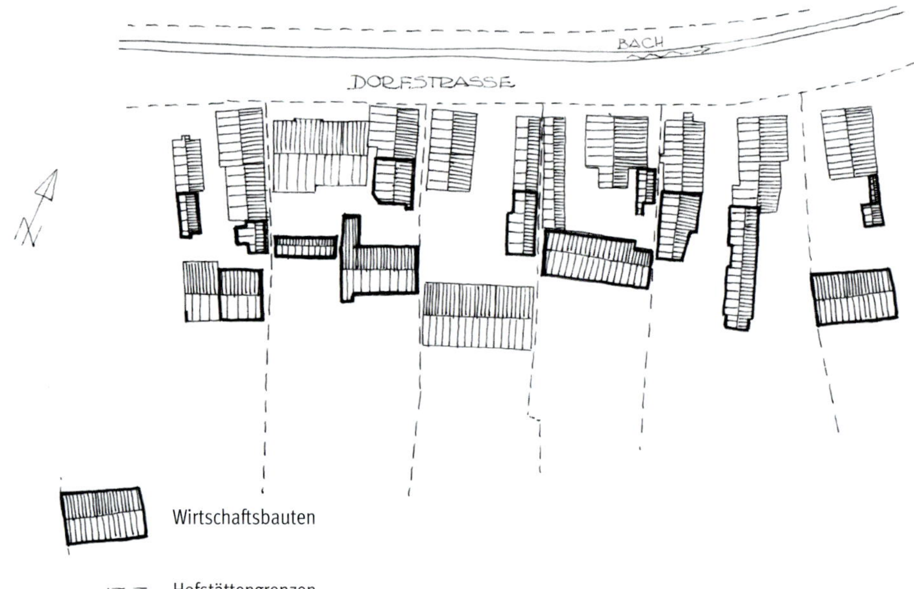

Abb. 12.8: Ausschnitt aus dem Dorfplan von Allschwil BL (um 1940)

den, einem Speicher, einem Waschhaus, einem Schuppen oder einer Weinkelter abgeschlossen. Jedes der drei Häuser steht einzeln um den Hofplatz, der gegen die Straße durch ein einfaches Gatter abgeschlossen werden kann. Auf diesem Hofplatz spielte sich der größte Teil des bäuerlichen Lebens ab: Für das Einbringen der Ernte, für Schlachtfeste, Viehtränke, Kinderspiel und Familienfeste, aber auch als Abbundplatz für weitere Gebäude wurde dieser Hof gebraucht.

12.1.2 Fachwerk in der Stadt

Aus Gründen des Feuerschutzes, aber auch wegen des im Vergleich zu Steinbauten tieferen Prestigewertes von reinen Holzbauten verschwanden diese mehr und mehr aus den Städten. Auch die Fachwerkbauten wurden möglichst durch repräsentativere Steinbauten ersetzt. Wo das aus finanziellen Gründen nicht möglich war, überputzte man ab dem 18. Jahrhundert zunächst in den Städten die Holzkonstruktionen und Ausfachungen, sodass die Häuser wie aus Stein gebaut aussahen. Erst seit etwa 1970 begann man das Fachwerkhaus zu schätzen und entsprechend wieder herzurichten. Nicht nur in den Stadtzentren von Basel und Zürich, sondern vor allem auch in den unzähligen Kleinstädten konnten ganze Gassenzüge ihr ursprüngliches Bild zurückgewinnen (Laupen BE, Stein am Rhein SH, Wiedlisbach BE, Bülach ZH, Eglisau ZH, Rapperswil SG, Arbon TG, Lichtensteig SG, Werdenberg SG).

Vom typischen Stadtfachwerkhaus kann in der Schweiz nicht gesprochen werden. Wenige herausragende Fachwerkgebäude ausgenommen, fällt die Einfachheit dieser hauptsächlich als Handwerkerhäuser genutzten Gebäude auf. Schmale, manchmal recht tiefe Formen, Vorkragungen zur Straße, Dachgauben des Dachaufzugs, Lauben mit den Toiletten zum engen Hof hin, lange Hausgänge im Eingangsbereich und weit hinten dunkle, steile Treppen sind nicht zu übersehen. Beispielhaft sind die Häuser am Rheinsprung in Basel. Die vorkragenden, kleinen Häuschen lehnen sich am Rheinsprung, einer steilen Straße von der ältesten Basler Rheinbrücke zur Hochebene des Münsterhügels, eng an die Stützmauern der Martinskirche an. Ursprünglich auf dem Grund dieses Kirchengutes im 15. Jahrhundert errichtet, haben sie im Erdgeschoss eine Tiefe von nicht mehr als 2,5 m, was die vorkragenden Stockwerke erklärt. Sie sind fast identisch eingeteilt: Im Erd-

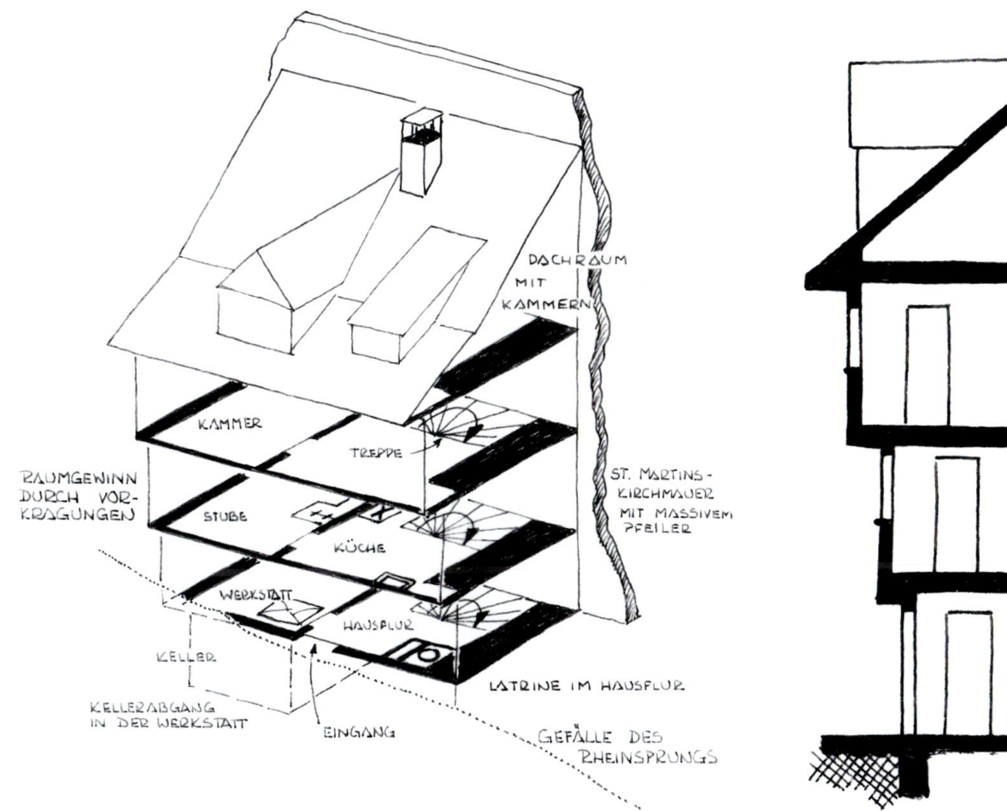

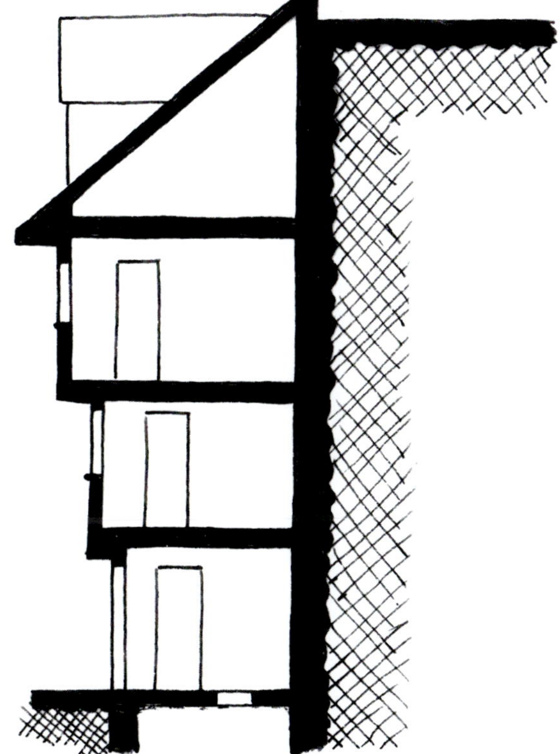

Abb. 12.9: Rheinsprung 8, Basel: Raumaufteilung

Abb. 12.10: An die Stützmauer der Martinskirche angelehnt und zum Platzgewinn mit Vorkragungen versehen: Häuserzeile aus dem 15. Jahrhundert am Rheinsprung in Basel (📷 1990)

Abb. 12.11: Reussbrücke in Bremgarten AG mit Jochkapelle in Fachwerk (📷 2018)

geschoss tritt man in den kleinen Hausflur mit der Treppe, der nur durch ein kleines Fenster neben oder über der Eingangstür beleuchtet ist. Die Toilette ist gleich neben der Treppe. Die kleinen Räume im Erdgeschoss dienten üblicherweise als Läden und Werkstätten für Kleingewerbe. Von hier führt eine durch Deckel abgeschlossene Treppe in den winzigen Keller. Im oberen Geschoss ist der Hausflur gleichzeitig die Küche, der Schüttstein befindet sich über der Toilette. Die oberen Zimmer sind durch die Vorkragungen etwas geräumiger als jene des Erdgeschosses.

12.1.3 Kirchliche Bauten

Gebäude in Fachwerkkonstruktion sind praktisch für jeden nur erdenklichen Zweck möglich und auch wirklich ausgeführt worden. Nur eine Fachwerkkirche fand der Autor auf seinen Streifzügen durch die Schweiz nirgends. Sie müssen schon früh durch massive Steinbauten ersetzt worden sein. Anbauten an Kirchen, Glockentürme, Dachreiter und Brückenkapellen sind hingegen zu sehen.

Abb. 12.12: Fachwerkkapelle an der Holzbrücke über den Rhein zwischen Stein und Säckingen (📷 1987)

Abb. 12.13: Berühmt sind in der »nassen« Champagne westlich von Troyes eine ganze Anzahl von Fachwerkkirchen. Lediglich ein einziges Kirchengebäude in Fachwerktechnik ist dem Autor im Elsass bekannt: Kuhlendorf, Bas-Rhin (📷 2012).

Abb. 12.14: Im Fachwerkturm der Propstei Wagenhausen TG bei Stein am Rhein von 1578 hängt die älteste Glocke der Schweiz aus dem Jahr 1291 (📷 2018).

Abb. 12.15: Fachwerkturm der Kirche Dachsen ZH (📷 2018)

Abb. 12.16: Auch in Süddeutschland sind Kirchtürme in Fachwerk selten. Auffällig am Kirchturm der Marienkirche von Gailenkirchen sind die verschiedenen Fachwerkbilder. Schwäbisch Hall, Baden-Württemberg (📷 1992)

12.1.4 Burgen, Türme und Erker

Hoch überragt der Turm des Munots die Stadt Schaffhausen. Die im obersten Geschoss des nach 22 Jahren Bauzeit 1585 vollendeten Bollwerks eingebaute achteckige Wächterwohnung hat 10 m Durchmesser und ist in Fachwerk konstruiert. Als selbsttragende, leichte Konstruktionsart eignet sich Fachwerk vorzüglich für Türme, Erker aller Art, Treppenhäuser, Aufstockungen, Dachaufbauten, Wehrgänge und Balkone. Gerade der Ausdruck »Balkon« verrät uns die Entwicklung in der Baugeschichte. Das deutsche Wort »Balken« wurde in Frankreich als Lehnwort für die einer Fassade vorgesetzte kleine Plattform gebraucht; französisiert hieß das im absolutistischen Zeitalter »le balcon«. Durch die in jener Zeit von den Franzosen beherrschte Architektur fand das Stilelement vermehrt auch im deutschen Sprachraum an repräsentativen Steinbauten Anwendung, wurde hier aber durch die etwas rauere Aussprache zum »Balkon«.

Erker dienten nicht nur der Verschönerung einer Fassade oder der Stube, sondern fanden auch als Latrinenerker oder Pechnasen ihre Anwendung. In Fachwerk ist auch beinahe jede Grundrissform zu bewältigen, sei es als Anbau oder als Verbindungsbau zwischen bestehenden Häusern.

Türme finden sich sowohl als Glockentürme oder Treppenhausabschlüsse als auch zum Trocknen von Feuerwehrschläuchen oder Tüchern.

Abb. 12.17: 1498 wurde das Rathaus von Steckborn TG zum ersten Mal schriftlich erwähnt. Die Fassade mit dem Turm ist aber sicher jünger (📷 2001).

Abb. 12.18: Treppenturm aus dem 15. Jahrhundert des Bischofshofs in Basel (1988): Häuser mit runden Treppentürmen und Wendeltreppen heißen in der Schweiz häufig »Schneggen« oder »Schneggli«.

Abb. 12.19: Wie ein Kirchturm in Fachwerk ist der »Schneggen« von 1584 beim Muri-Amthof in Bremgarten AG gestaltet. Auch er schließt eine Wendeltreppe ab. (📷 2018)

Abb. 12.20: Güterhof von 1787 an der Schiffsanlegestelle und die Festung Munot in Schaffhausen (1563–1585), erneuert im 19. Jahrhundert (📷 2018)

Abb. 12.21: Das Schloss Hagenwil im Thurgau wie auch die Burg in Zug zeugen davon, dass diese Herrschaftshäuser um einen massiven Bergfried herum ständig erneuert, ergänzt und verändert wurden. Dazu eignen sich Fachwerkkonstruktionen besonders gut.

Abb. 12.22: Sehr selten sind Erker an ländlichen Bauten. Erker von 1741 in Oberstammheim ZH (📷 2017)

Abb. 12.23: Die »Drachenburg« gilt mit ihren zwei Erkertürmen als eines der bekanntesten Fachwerkbauten der Schweiz. Gottlieben TG (📷 1989)

Abb. 12.24: Nach dem Anschluss ans Trinkwassernetz und dem Einbau sanitärer Anlagen meist gleich entfernt: Latrinenerker neben dem Schüttstein von 1686; Obere Ödischwand in Wädenswil ZH (📷 2018)

12.2 Konstruktionsteile / Bauteile

12.2.1 Balkenlage

Im Gegensatz zur Oberrheinischen Tiefebene sind in der Schweiz nur noch ganz wenige eingeschossige Fachwerkbauten erhalten. Die meisten Gebäude sind entweder von Anfang an zweigeschossig errichtet oder später aufgestockt worden.

Abb. 12.25: Das alte Schulhaus von 1808 in Hettlingen ZH hat nur ein Vollgeschoss. (📷 2018)

Der Übergang von einem Geschoss zum anderen ist ein altes Problem, das die Zimmerleute zu immer neuen Lösungen animierte. Da es sich einerseits um den Abschluss, andererseits um den Beginn eines Stockwerks handelte, stellte sich die Frage, wie die Geschosse miteinander verbunden sein müssen. Wenn genügend Holz vorhanden ist, legt man die Schwelle der oberen auf den Rähm der unteren Wand. Liegen Rähm und Schwelle nebeneinander, wie im Bild von Unterstammheim (1495), so entsteht eine Vorkragung. Das Zusammenlegen beider Teile zu einem Holz wurde mit der Zeit die holzsparende Norm.

Eine weitere, in der Schweiz nicht mehr häufig erhaltene Konstruktion ist in Rheinau ZH am Knechtehaus / Wagnerei aus dem 16. Jahrhundert zu sehen (siehe Abb. 12.27): Die Balkenlage des ersten Stocks wurde beim Aufrichten zunächst mit einem Bretterboden versehen, auf dem man danach das nächste Geschoss errichtete. Die Bodenbretter sind von außen zu sehen.

Jede Balkenlage ist Abschluss des unteren und zugleich Beginn des oberen Stockwerks, also Decke und Träger des Bodens zugleich. An das Holz werden also nicht nur statische, sondern häufig auch ästhetische Ansprüche gestellt.

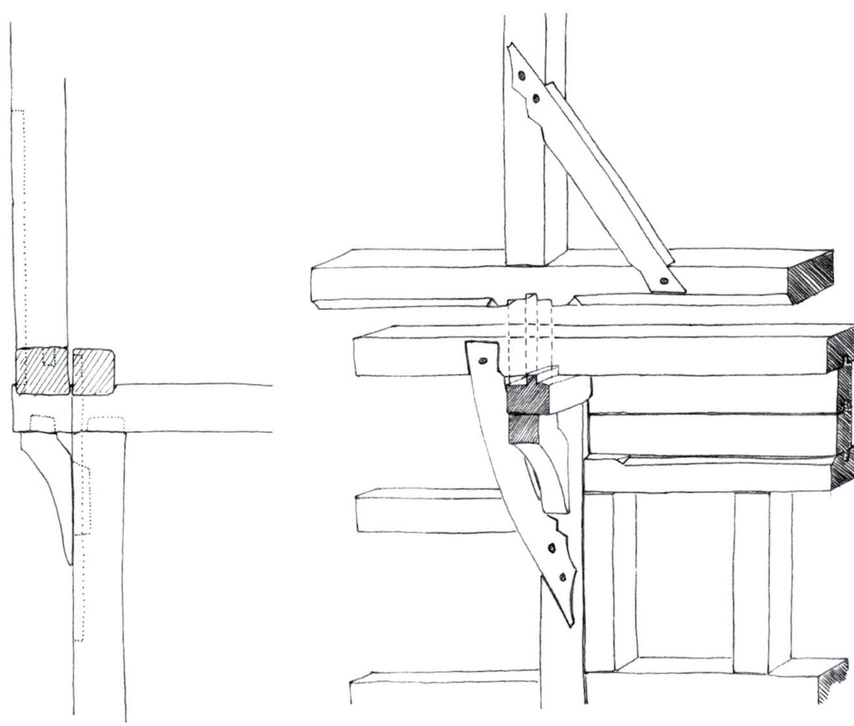

Abb. 12.26: Rähm und Schwelle nebeneinander auf gleicher Ebene platziert; Unterstammheim ZH, 1495

Sollen die Balkenköpfe rund ums Haus an allen vier Fassaden und nicht, wie normalerweise, nur an zwei Wänden sichtbar sein, kann das mit »Wechseln« und »Stichbalken« erreicht werden. Die oberen Wände sind dadurch etwas leichter abzubinden, da Längs- und Querwände auf diese Weise gleich hoch werden.

Für den Aufbau zwischen den Balken sind viele Lösungen bekannt. Am einfachsten ist zweifellos, wenn der Bretterboden von unten als Zimmerdecke sichtbar ist. Im Hinblick auf Schall- und Wärmeübertragung bietet sie den Bewohnern aber nur Ungemach: kalte Füße und viel Lärm. Dagegen wirken nur viel Gewicht und abgeschlossene Luftkammern. Durch das Gewicht werden die Balken am Mitschwingen bei Schall gehindert, während die Luftkammern den Wärmeaustausch hemmen. Zwischen die Balken muss also zuerst ein Zwischenboden, ein sogenannter Schrägboden eingezogen werden, der dann mit Sand oder Schlacke aufgefüllt werden kann.

Abb. 12.27: Bretterboden zwischen den Geschossen des Knechtehauses (Wagnerei) in Rheinau ZH, 16. Jahrhundert (📷 2018)

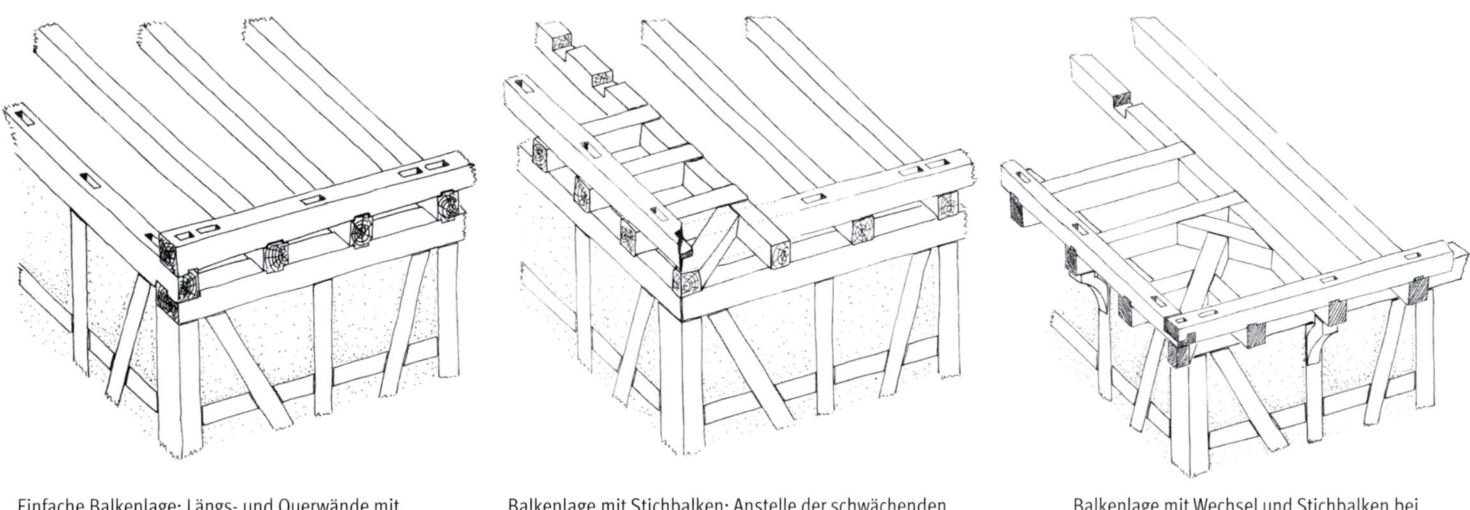

Einfache Balkenlage: Längs- und Querwände mit verschiedener Höhe

Balkenlage mit Stichbalken: Anstelle der schwächenden Überblattungen würden sich Verzapfungen besser eignen.

Balkenlage mit Wechsel und Stichbalken bei vorkragendem Obergeschoss

Abb. 12.28: Unterschiedliche Balkenlagen

Fußboden

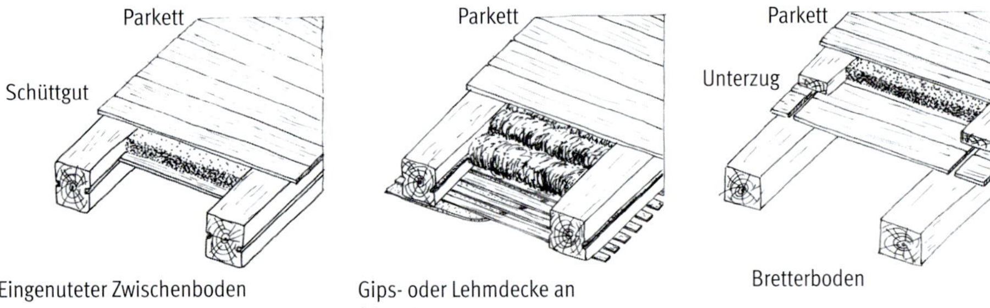

Abb. 12.29: Unterschiedliche Fußbodenaufbauten

12.2.2 Treppen

Das grobe, raue Aussehen älterer Treppen und Geländer erstaunt wenig, wenn man bedenkt, dass alle Arbeitsschritte vom Fällen der Bäume bis zum Hobeln der aufgeschnittenen Bretter und Bohlen von Hand auszuführen waren. Treppen galten als Hobelarbeit und wurden schon immer von erfahrenen Zimmerleuten errichtet. Feiner gestaltete Treppen konnten auch vom Schreiner ausgeführt werden, nur neigte dieser zu Konstruktionen, die im Möbelbau üblich, für Treppen aber zu schwach oder gar falsch sind. Es entstand eine gewisse Spezialisierung innerhalb der Berufe, ohne dass »Treppen- und Geländerbauer« ein eigener, erlernbarer Beruf geworden wäre.

Über die Vorformen der Treppe wissen wir nicht sehr viel. Ob sie als Leiter oder als einbaumige Treppe aus einem einzigen Stamm gemacht wurde, aus dem die Tritte stufenförmig ausgehauen wurden, war wohl vor allem eine Frage der zur Verfügung stehenden Werkzeuge. Beide Arten werden in urgeschichtlichen Freilichtmuseen gezeigt.

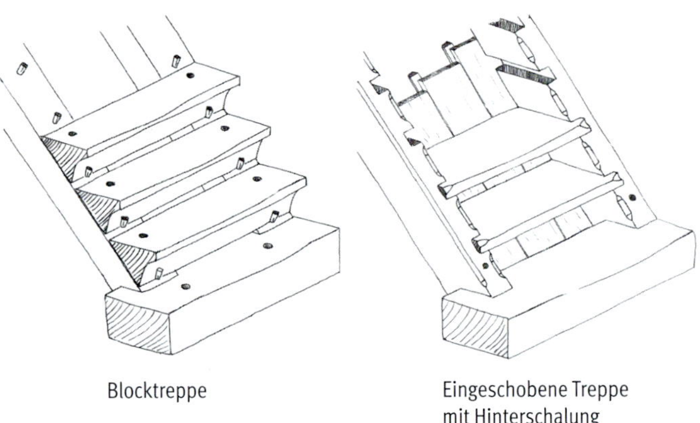

Abb. 12.30: Treppenkonstruktionen

Die Blocktreppen sind die ältesten noch in Gebrauch stehenden Treppen, die bereits um das Jahr 1000 üblich waren. Massive Treppenstufen sind auf schräg liegende Balken gedübelt. Sie wurden auch später, als bereits gestemmte Treppen gebräuchlich waren, wegen ihrer Stabilität für Kellerabgänge bevorzugt. Eine profilierte Blocktreppe kann aber auch höheren Ansprüchen genügen, wie das Beispiel aus Richterswil ZH aus dem 18. Jahrhundert im Freilichtmuseum Ballenberg zeigt. Die Blocktreppe ist auch zur Wendeltreppe variierbar.

Die eingeschnittene oder eingeschobene Treppe kam auch schon frühzeitig auf. Gehobelte dicke Bretter werden als Treppenstufen seitlich in die Wangen eingeschoben. Als leichtere Treppe wurde sie in den oberen Geschossen bevorzugt. Eine unter den Tritten angeschlagene Holzschalung schließt die Treppe ab. Die eingeschnittene Treppe kann als Vorläuferin der gestemmten Treppe betrachtet werden.

Die heute noch übliche Holztreppe ist die gestemmte Treppe. Hier werden die Trittstufen in die Wangen eingestemmt. Die senkrechten Futterbretter werden in die Tritte eingenutet. Sie war schon um 1500 bekannt, wurde damals jedoch nur als gerade und als Podesttreppe vor allem in öffentlichen Gebäuden ausgeführt. 400-jährige Treppen tragen deutlich die Handschrift der Zimmerleute und sind noch sehr stark und massiv dimensioniert. Heute wird nur noch etwa ein Drittel des Holzes früherer Treppen gebraucht, ohne dass die heutigen Treppen den früheren in Konstruktion, Tragfähigkeit und Zweckmäßigkeit nachstehen würden. Vor allem die vielen Formen von gewundenen Treppen stellen höchste Anforderungen ans räumliche Vorstellungsvermögen eines Treppenbauers. Wurden anfänglich die Tritte in den Wangen eingegratet, werden die Treppenläufe seit Ende des 18. Jahrhunderts durch Treppenschrauben zusammengehalten.

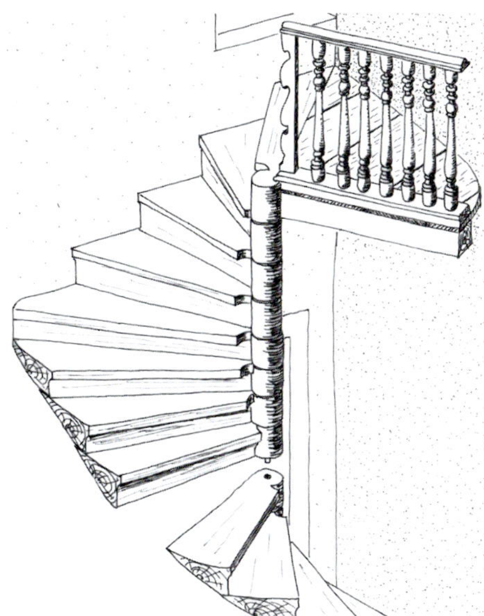

Abb. 12.31: Wendeltreppe mit Blocktritten

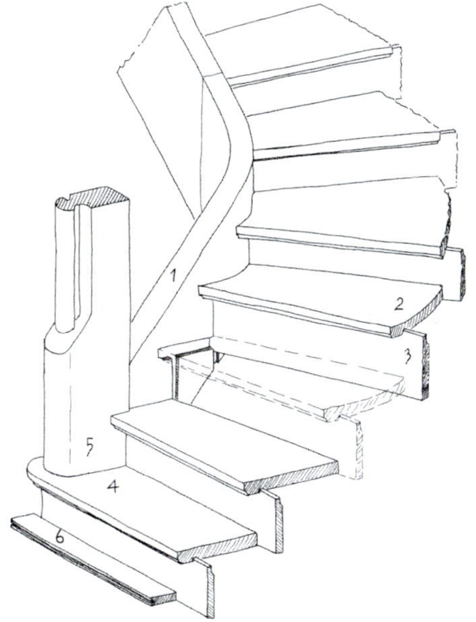

Abb. 12.32: Kropfstück einer gewunden gestemmten Treppe
1 Wange
2 Tritt
3 Futterbrett
4 Antritt
5 Antrittspfosten
6 Fußboden

Abb. 12.33: Antrittsknoten mit Geländer und Treppenschraube im »Hirschen« von Marthalen ZH, 1715

12.2.3 Vorkragungen

Unter Vor- oder Auskragung versteht man das Vorspringen eines Gebäudeteils, z. B. einer Geschosswand, über das darunterliegende Stockwerk. Diese Möglichkeit ist bei allen Holzbauarten eher gegeben als bei Steinbauten, denn nicht jede Gesteinsart ist dazu geeignet. Fachwerkkonstruktionen sind nicht nur wegen des Materials, sondern wegen ihrer statischen Eigenschaften geradezu prädestiniert dazu. Jede Fachwerkwand ist in sich selbst tragend und verteilt die Last gleichmäßig auf ihre Unterlage.

Die praktischen Gründe für vorkragende Geschosse sind vielfältig und müssen bei jedem Bauwerk neu ergründet werden. Sicher ist auch die folgende Auflistung unvollständig.

- **Platzgewinn**
  Vor allem in den engen mittelalterlichen Städten war der Wunsch nach etwas größeren Räumen in den oberen Geschossen ein wichtiger Grund für Vorkragungen.

Wenn beiderseits der Gasse vorgekragt wurde, konnte es sein, dass sich die beiden Hausfassaden bis auf wenige Meter nahe kamen, mit dem Nachteil, dass die Gasse eng und dunkel wurde und auch die obersten Räume kaum Sonnenlicht hatten. Bekannt dafür sind Beispiele in Quedlinburg im Nordharz oder die *»Ruelle des chats«*, die Katzengasse, in Troyes im Nordosten Frankreichs, wo die vorkragenden Fachwerkhäuser schon im ersten Stockwerk nur noch einen Meter Abstand haben. Auf dem Land dürfte dieser Grund für Vorkragungen weitgehend wegfallen.

- **Belastbarkeit der Geschosse**
  Die Vorkragung hat statisch einen wichtigen Effekt: Die obere Geschosswand belastet den vorstehenden Balken. Durch die Biegebelastung wird dieser in der Hausmitte nach oben gewölbt, sozusagen vorgespannt, und kann daher größere Lasten aufnehmen. Diesem Argument wurde bei Speichern und Lagerhäusern (bspw. Hanse in Danzig) und bei Scheunen Rechnung getragen.

Abb. 12.34: Eine der engsten von Fachwerkhäusern gesäumten Gassen Europas ist die »Ruelle des Chats« in Troyes, Aube (📷 2012).

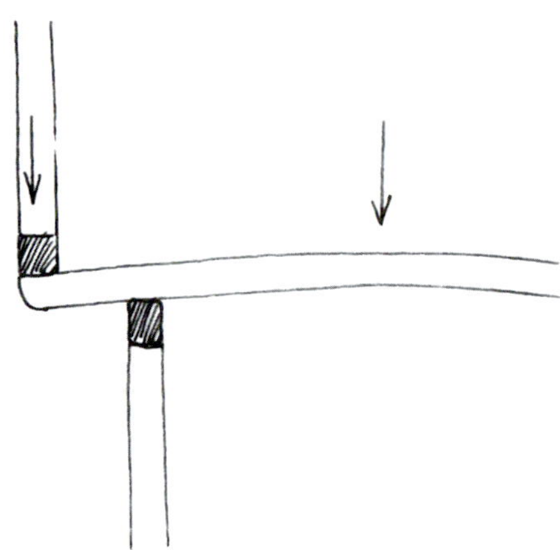

Abb. 12.35: Die Vorkragung erhöht die mögliche Speicherlast.

Abb. 12.36: Vorkragung als Dekoration

- **Wetterschutz**
  Jede auch noch so geringe Vorkragung schützt die darunterliegende Wand vor Schlagregen. Vorstehende Balkenköpfe müssen aber besonders geschützt werden.

- **Vordach**
  Es gibt auch Vorkragungen, die die Funktion eines Vordachs übernehmen. Das ist meist an den großen Überständen, aber auch aus der Funktion des Hauses ersichtlich. Wo Menschen viele Güter ein- und auslagern mussten, bei Meier- oder Zehntenhöfen zum Beispiel, kommen die größten Vordächer vor.

- **Aufzüge**
  Durch Vorkragungen konnte Aufzugsgut frei schwebend, ohne Gefährdung der Hauswand oder der kostbaren Fensterscheiben, hinaufgezogen werden. Die Vorkragung befindet sich in diesem Falle nicht nur an der Fassade, sondern hauptsächlich unmittelbar unter der Öffnung, durch welche die Güter ins Haus gelangen. Der Balken mit der Aufzugsrolle musste dadurch nicht so weit vorstehen.

- **Dekoration**
  Obwohl jedes Gebäude in erster Linie aus praktischen Überlegungen errichtet wurde, diente die Vorkragung auch als zierendes Element. Der in Deutschland gängige Formenreichtum wurde in der Schweiz allerdings nie nachgeahmt.

Jede Vorkragung bringt nicht nur Vorteile, sondern hat auch ihre Tücken vor allem im wärmetechnischen Bereich. Nicht immer einfach gestaltete sich das Bemühen, den kalten Füßen in der vorkragenden Stube beizukommen. Meist wurde der Zwischenboden (Schrägboden) samt Füllung zwischen den Balken bis zur Außenkante der Wand vorgezogen.

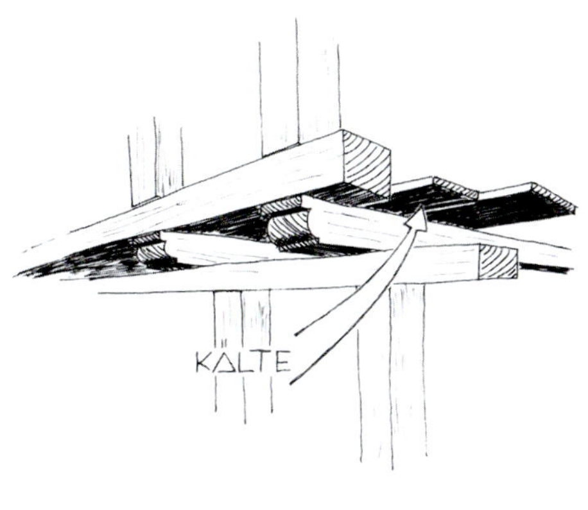

Abb. 12.37: Die Vorkragung als Wärmebrücke

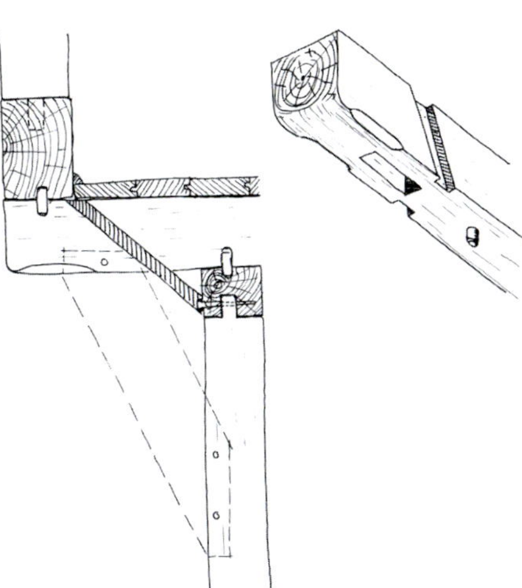

Abb. 12.38: Zwischen den vorkragenden Balken sind zur besseren Wärmedämmung Futterbrettchen eingenutet. Fribourg, Planche Inferieure

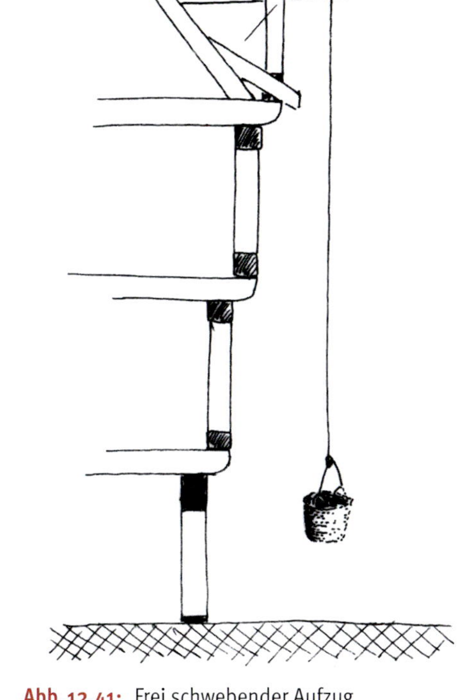

Abb. 12.41: Frei schwebender Aufzug

Abb. 12.39: Weinkelter mit schwenkbarem Aufzug von 1549 in Unterstammheim ZH

Abb. 12.40: Vorkragungen aus verschiedenen Zeiten. Im Vordergrund das jüngste, ganz hinten das älteste Haus. Choligass, Stein am Rhein SH (📷 2013)

Abb. 12.42: Über den Fenstern sind die vorkragenden Hölzer angefast. Allschwil BL (📷 1989)

12.2.4 Laubengänge

Nicht mehr als Vorkragung können Laubengänge gelten, die durch Pfosten abgestützt sind. Auch sie sind aus praktischen Bedürfnissen zum Schutz von Handwerk, Warenumschlag usw. entstanden. Der Ausgestaltung der Säulen wurde dabei besondere Beachtung geschenkt.

Abb. 12.43: Mächtige Vordächer, Balkon und Laubengang in Laupen BE (📷 2018)

Abb. 12.44: Laubengang in Meersburg, Baden-Württemberg (📷 2011)

12.2.5 Lauben und Balkone

In jedem Haushalt, in jedem gewerblichen oder landwirtschaftlichen Betrieb gab es früher vieles zu trocknen, zu dörren oder zu lagern. Die gedeckten Lauben und Balkone schützten gleichzeitig die dahinterliegende Fassade. Ob sie längs zum Haus oder giebelseitig angebracht werden sollten, wurde meist nach der Stellung zur Sonne oder zur Hauptstraße entschieden.

Abb. 12.45: Zweistöckige, giebelseitige Lauben schließen die Hauserweiterung nach oben ab. Die ursprüngliche Fachwerkfassade ist kaum mehr wahrzunehmen. Hallau SH (📷 2018)

Abb. 12.46: Der mächtige Quergiebel ist gleich mit zwei Balkonen ausgestattet. Altes Wirtshaus von 1642 in Flaach ZH (📷 2017)

Abb. 12.47: In Wasterkingen ZH ist fast jedes Haus mit einer Laube am Giebel ausgestattet (📷 2017).

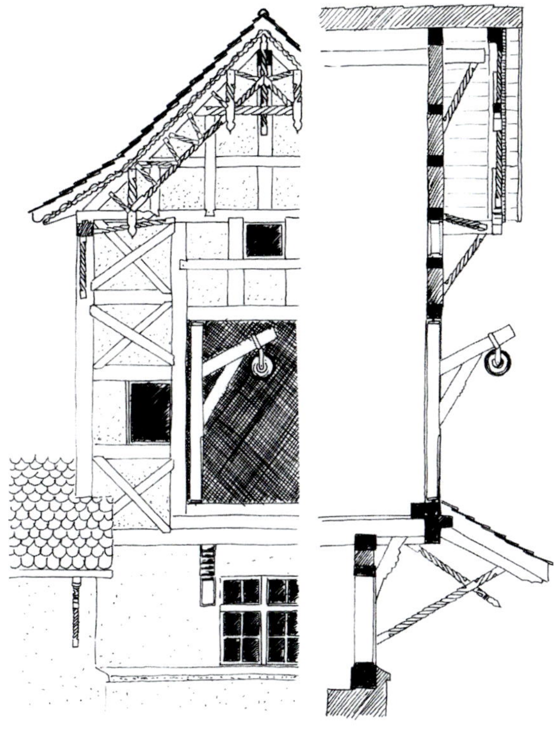

Abb. 12.49: Vorkragende Giebelgaube mit einem schwenkbaren Aufzug; beachtenswert ist hier zudem die dekorative Flugsparrenkonstruktion. Aufzüge der »Krone« in Grüsch GR, 1680

12.2.6 Aufzüge

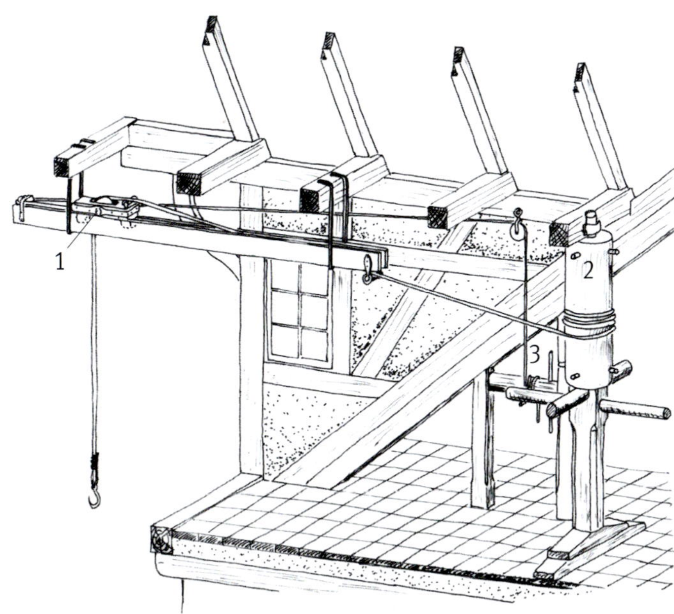

Ist die Last hochgezogen, wird am kleinen Haspel der Hemmmechanismus gelöst. So gleitet der Schlitten unter der Wirkung des Gewichts zurück und setzt das Gut im Dachraum ab. Der Aufzugsbalken ist durch das Vordach ganz geschützt. Beim Aufzug des »Rollerhofs« am Münsterplatz konnte der ganze Balken eingezogen und unsichtbar gemacht werden.

Abb. 12.48: Funktionsskizze eines der vielen Basler Dachaufzüge (Heuberg 20, Basel):

1 verschiebbarer Schlitten
2 großer Haspel mit Aufzugsseil
3 kleiner Haspel für den Schlitten

Abb. 12.50: In Basel haben sich bis heute viele Dachaufzüge erhalten. Sie dienten vor allem zur Einlagerung von Brennholz.

12.2.7 Offenes Fachwerk

Es kann triftige Gründe geben, neben Fenstern und Türen weitere Öffnungen in einer Wand zu haben oder diese erst gar nicht auszufachen. Fachwerk als eine selbsttragende Skelettbauweise bietet sich an für leichte, licht- und gasdurchlässige Wände.

Bekannt sind offene Kleinbauten zum Trocknen und Lagern von Schnitt- oder Brennholz. Auch für Ziegeleien und Kohlenlager wurden ähnliche Gebäude erstellt. Senkrecht eingebaute Stäbe stellten lediglich eine Diebstahlsicherung dar.

Schlecht durchlüftete Heuböden sind äußerst gefährliche Brandherde. Daher gibt es in der ganzen Schweiz verschiedenste Lösungen für die energiesparende Heubodenbelüftung. Weit ausladende Vordächer schützen vor Regen.

Abb. 12.51: Dieses offene Fachwerkhaus wurde ausschließlich als Vorhalle zum Schutz der Kirchgänger vor Schnee und Regen errichtet. Panix GR

Abb. 12.53: Ofenhaus mit Brennholzlager beim Pfarrhaus in Ins BE von 1636 (📷 2018)

Abb. 12.52: Das kleine Schutzdach für ein Ofenhaus in Alvaneu GR lässt den Rauch frei abziehen (📷 1989).

Abb. 12.54: Die alte Säge von Buch SH mit unterschlächtigem Wasserrad (📷 2018)

Abb. 12.55: Das Baujahr des Rathauses in Sempach LU wird mit 1465 angegeben. Die gezeigte Schaufassade dürfte später zugefügt worden sein. Die Öffnungen im ersten Geschoss gehörten zur ehemaligen Tuchlaube (📷 1988).

Abb. 12.56: Scheune in Coinsins VD (📷 2018) (siehe auch Abb. 9.4)

Abb. 12.57: Der offene Anbau in Mollis GL diente vermutlich zum Trocknen bedruckter Textilien (📷 1988).

Abb. 12.59: Backhaus mit charakteristisch diagonal eingesetzten Streben. Anstelle eines Kamins wurde das Giebeldreieck offengelassen. Gumm-Wattenwil bei Thun BE (📷 1990)

Abb. 12.58 (links): Dekorative und bestens durchlüftete Scheune mitten im Städtchen Baden AG (📷 2018)

Die bei der Gärung von Apfel- oder Traubensaft entstehenden Gase sind für die in der Kelter arbeitenden Menschen gefährlich. Sie werden durch die kleinen Lüftungsöffnungen ins Freie gelassen. Die notwendigen Lüftungsöffnungen wurden vereinzelt auch als Zierformen ausgestaltet. Sonnen-, Kreuz- und Herzformen waren besonders beliebt; in Boltshausen TG sind die Lüftungsöffnungen sogar als Jahreszahl 1804 lesbar.

Abb. 12.60: Lüftungslöcher in den Gefachecken für gefährliche Gärgase einer Weinkelter. Unterstammheim ZH (📷 2018)

Abb. 12.62: Das gleiche Gebäude von innen. Ein solcher Anblick ist selten möglich. Unterstammheim ZH (📷 2018)

Abb. 12.61: Die Römerkelter in der Peterschlatt (17. Jahrhundert) und im Hintergrund die Suriskelter stehen heute mitten auf dem Feld weit entfernt von Weinbergen und weisen Lüftungsluken in der Mitte der Gefache auf. Schaffhausen (📷 2018)

Abb. 12.63: Unverzichtbar und zugleich dekorativ sind die Lüftungsöffnungen an der großen »Randegger Trotte« (Weinkelter) von 1564 in Gailingen am Hochrhein, Baden-Württemberg (📷 2018). Spuren im Innern des heute baufälligen Gebäudes zeigen, dass darin zwei hölzerne Hebelpressen, sogenannte Baumpressen, zum Keltern standen. »Trotte, Torkel und Torggel« leiten sich vom lateinischen »torcular« für Presse ab und zeigt an, dass die Alemannen den Weinbau einst von den Römern übernahmen.

13 Fachwerk im westlichen Schweizer Mittelland

Fachwerk im westlichen Schweizer Mittelland

Die in Holz konstruierten Häuser des westlichen Mittellandes (Großregion der Schweiz zwischen Jura und Alpen / zwischen Lac Léman und dem Flusslauf der Reuss) sind in ihrer äußeren Erscheinungsform so eigenständig, dass sie es auch im Zusammenhang mit dem Fachwerk verdienen, speziell besprochen zu werden. Die Übergänge der Hausformen sind von der Sprachgrenze im Kanton Fribourg bis in die Nähe von Zürich fließend. Die großräumige Hauslandschaft umfasst Gebiete der Kantone Freiburg, Waadt, Solothurn, Aargau und Luzern. Auch der Begriff Mittelland muss relativiert werden, denn das Emmental sowie das Entlebuch müssen in diese Hauslandschaft mit eingeschlossen werden. Leider wurden die schweizerischen (Bauern-)Haustypen aus föderalistischer Motivation und aus administrativen Gründen viel zu sehr nur vom Gesichtspunkt der Kantonszugehörigkeit her betrachtet, obwohl es das Aargauerhaus, das Luzernerhaus usw. gar nicht gibt. In Deutschland ist die Einteilung der Hausformen nach »Stammesgebieten« (fränkisches, alemannisches usw. Fachwerk) aus dem gleichen Grund zum Scheitern verurteilt.

Den Höfen im westlichen Mittelland sind neben rechtlichen (z. B. Erbrecht) und formalen Ähnlichkeiten (z. B. Gruppenhöfe mit Hauptgebäude, Speicher, Stöckli = Altenteil, Ofenhaus usw.) vor allem die großen, ausladenden Dächer gemeinsam. Die verschiedensten Walmdachvarianten sind hier anzutreffen. Der Grund dafür ist sicher im Material der Dachhaut zu suchen. Holzschindeln und Stroh verlangen nach Dachflächen ohne scharfe Kanten, Unterbrechungen und Dachöffnungen.

So entstehen die »Dachhäuser«, die für die einen gemütliche Behäbigkeit, für andere erdrückende Macht demonstrieren. Unter dem Dach im Heustock sei es so dunkel wie in einem Kuhmagen, sagt der Volksmund; ebenso ist in den ehemaligen Gesindekammern der Obergeschosse der Lichteinfall minimal – Sonne hatten die Knechte ja beim Arbeiten tagsüber vom ersten bis zum letzten Strahl genug! Um wenigstens an einer Fassade genügend Tageslicht ins Haus zu bringen, reduzierte man den Vollwalm zum Halb- und Viertelwalm. Dabei entstand eine weitere, von Weitem erkennbare Gemeinsamkeit: der Giebelbogen, in der Schweiz »Ründi« genannt. Er ist nichts anderes als eine Verschalung der Flugsparrenkonstruktionen der Vordächer und weist hier sehr wohl regionale Verschiedenheiten auf (siehe Kap. 9.5.2).

Bei den Holzwänden können wir hauptsächlich zwei verschiedene Konstruktionsweisen unterscheiden: den Ständer- und den Riegbau (Fachwerkbau).

13.1 Die regionale Ausprägung des Ständerbaus

Von Weitem kann der Betrachter den Ständerbau nicht oder kaum erkennen. Auffallend ist höchstens, dass schräg liegende Streben fehlen.

Die Bezeichnungen am Ständerbau unterscheiden sich grundsätzlich nicht von den für das Fachwerk gebräuchlichen, jedoch kommen hier noch lokale Ausdrücke zur Geltung.

Bei den Ständerbauten werden die Gefache durch wanddicke Kanthölzer (Flecklinge) ausgefüllt, was natürlich gleichzeitig mit dem Aufschlagen des Gebäudes geschehen muss. Zwischen den senkrechten Ständern werden die waagrechten Hölzer in die Nuten eingeführt, wobei beim Verbauen von frischem Holz darauf geachtet werden muss, dass die Füllung um das Schwundmaß höher sein muss, als der Ständer lang ist, damit sich beim Trocknen des Holzes keine Spalten öffnen. Das Errichten eines Hauses

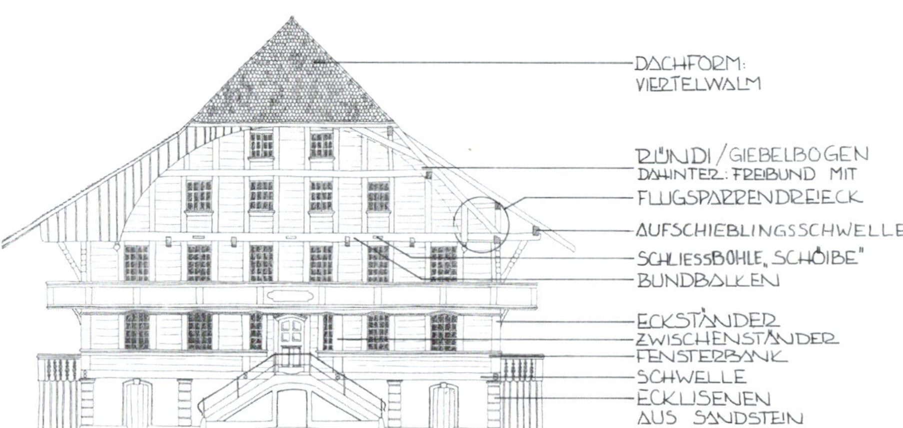

Abb. 13.1: Elemente am Ständerbau

auf diese Weise erforderte sehr große Mengen an gerade gewachsenem Fichtenholz.

Auch in der Ostschweiz wurden Wandfüllungen mit Kanthölzern ausgeführt. Besonders beliebt waren Stallwände aus Holz wegen der guten Wärmedämmung. Sie wurden meist in der ersten Hälfte des 20. Jahrhunderts durch Backsteinwände ersetzt.

Abb. 13.2: Nur aus der Nähe zu erkennen: Rundum sind die Gefache auch beim Hauptgebäude im Hintergrund mit Holzbalken ausgefüllt. Kulturmühle Lützelflüh BE (📷 2018)

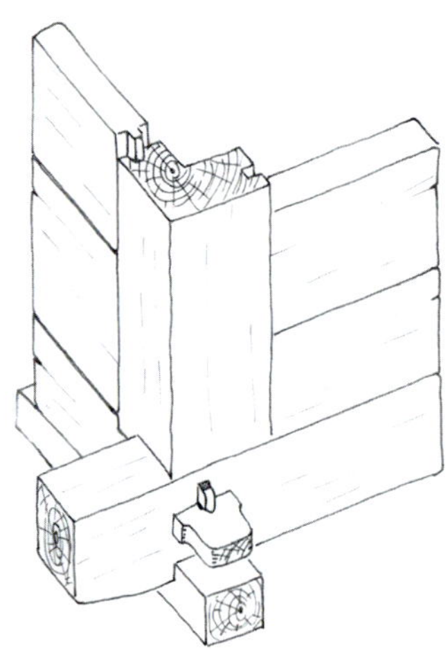

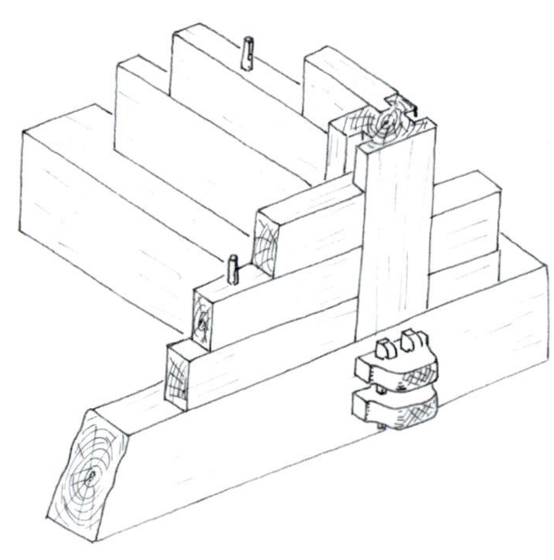

Abb. 13.3 (links): Eckständer als Winkel mit einfachem Schwellenschloss, aus einem Stamm gehauen: So ist die Wand innen wie außen bündig.
Abb. 13.4 (rechts): Mittelständer mit einer Trennwand im Innern des Hauses und doppeltem Schwellenschloss. Die Füllhölzer sind von gewissen Längen an untereinander verdübelt, was das Einknicken der Wandfüllung verhindert.

Abb. 13.5: Scheunenteil des Sigristenhauses bei St. Martin von 1780, Tafers FR (📷 2018): Stehend eingefügte Bohlenwände sind südwestlich von Bern häufiger als an anderen Stellen zu beobachten.

Abb. 13.6: Stehende Bohlen auch beim Wohnteil. Kleingurmels FR (📷 2018)

Abb. 13.8: Die Füllhölzer sind nur minimal behauene Stämme. Mühledorf SO (📷 1988)

Abb. 13.7: Horizontale Bohlen und Kopfhölzer; vom zweiten Schutzdächlein ist nur noch die Vordachschwelle geblieben; Sempach LU (📷 1988)

Abb. 13.9: Schwelle und Rähm sind so ausgenommen, dass die Balken ohne Zwischenraum eingepasst sind. Meikirch BE (📷 1988)

Abb. 13.10: Dieser etwas baufällige Ständerbau hat fassadenbündige Streben zwischen Schwelle und Rähm. Der defekte Schindelschirm vermag die Konstruktion nicht mehr zu schützen. Schmitten FR (📷 1988)

13.2 Der Riegbau

Die in ganz Deutschland als Fachwerkbau, in der Ostschweiz als Riegelhaus bezeichnete Konstruktionsart nennen die Berner und Freiburger Riegbau. Ist in der Ostschweiz eine kontinuierliche Entwicklung zum Fachwerkbau hin festzustellen, hat der Riegbau seine Entstehung dem Holzmangel zu verdanken, der seit dem 16. Jahrhundert aktenkundig ist. Erst die große Bauerneuerungswelle ab etwa 1730 verhalf der holzsparenden Technik, sich rasch und ausgedehnt zu verbreiten. Im 19. Jahrhundert wurde das Ausbreitungsgebiet nochmals stark vergrößert.

Im Unterschied zur Ostschweiz fällt die geometrisch-praktische Strenge der Konstruktionsanordnung auf. Man hat das Gefühl, dass kein Holz zu viel eingesetzt worden sei. Wie bei den optimierten Metallkonstruktionen des 19. Jahrhun-

Abb. 13.11: Lang gespannte Füllhölzer über zwei Stockwerke: Teilweise waren die Wände verputzt. Wädenswil-Ödischwand ZH, 1686 (📷 2018)

Abb. 13.13: Gedrechselter Bug, geschwungen profilierter Rähm, Längsstockschwelle mit Längsrähm als ein Balkenkopf verziert; Frauenkappelen BE (📷 2018)

Abb. 13.12: Die Aussparung am Ständer ermöglicht das Einfahren der Bohlen vom Hausinnern her nach fertiggestellter Tragkonstruktion. Die oberste Bohle wird durch einen Dübel gesichert.

Abb. 13.14: Einheitlich und holzsparend gebaut in Schnottwil SO (📷 1988)

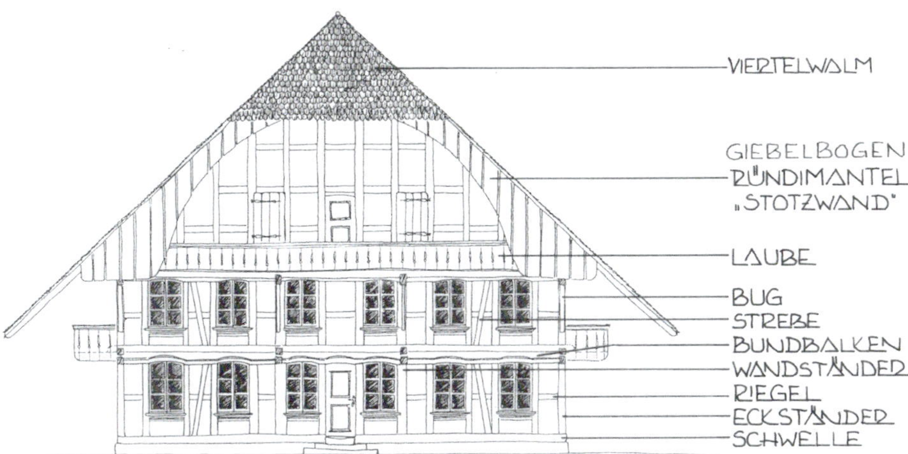

Abb. 13.15: Elemente am Riegbau

Abb. 13.16: Ende des 19. Jahrhunderts errichtete Bauernhäuser zeigen Fachwerk nur noch unter den traditionellen Giebelbogen. Schüpfen BE (📷 2018)

derts versuchten die Zimmerleute, mit möglichst wenig Holz auszukommen. Die sich im 18. Jahrhundert verbreitende Ründi und die gewalmten Dachformen haben sich auch am Riegbau erhalten. Beinahe den einzigen Schmuck stellten, wie beim Ständerbau, die reich verzierten Büge dar.

13.3 Verzierte Büge

Die formale Strenge der Ständer- und Riegbauten im westlichen Mittelland wird in einem Detail sicher aufgehoben: Die Büge haben hier eine gesellschaftliche Bedeutung erlangt, denn bei einem Hausneubau war es Brauch, dass Nachbarn, Verwandte und Bekannte des Bauherrn einen Bug stifteten.

Diese kurzen, schräg gestellten Hölzer, die der Unterstützung der überstehenden Balkenköpfe dienten, konnten vom Boden aus gut gesehen werden, waren leicht transportierbar und als einzelnes Stück nicht so teuer in der Anfertigung. Eine Verzierung oder gute Wünsche für die Bauersleute wurden in Symbolen eingeschnitzt, Initialen der künftigen Bewohner oder die des Spenders wurden neben der Jahreszahl verewigt.

So erklärt sich die Verschiedenheit der Büge, denn jeder Spender wollte etwas Eigenes, Einzigartiges zum Neubau beitragen.

Dieser Brauch ist auch aus dem Schwarzwald bekannt, wo übrigens in der Form und Größe ähnliche Häuser wie im Emmental anzutreffen sind.

Abb. 13.17: Reich verzierte Büge über schmucklosem Fachwerk; Wallenbuch FR, 1822 (📷 2018)

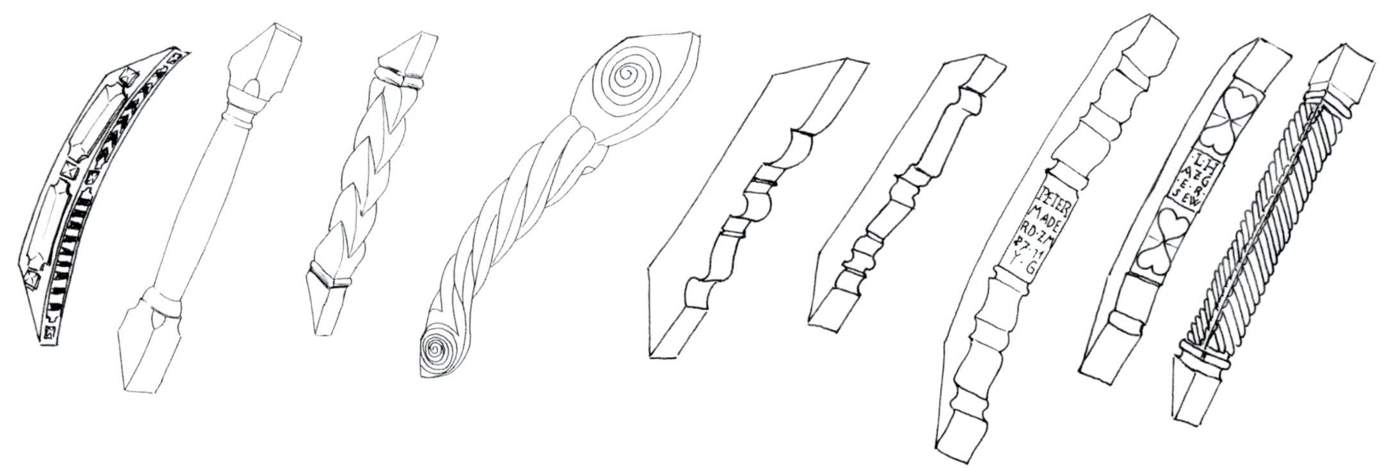

Abb. 13.18: Gestaltete Büge

14 Fachwerk im Alpenraum

Fachwerk im Alpenraum

Im ganzen Alpenraum beherrschen die Nadelbäume das Bild der Wälder. Das gerade gewachsene, harzreiche Holz eignet sich vorzüglich für die hier vorwiegend gebauten Blockhäuser. Ob zu Kantholz behauen oder als Rundhölzer verbaut prägen sie hier die Hauslandschaft. Stamm um Stamm aufeinandergelegt und auf zahlreiche Arten in den Ecken verbunden haben die Blockhäuser den Nachteil, dass sie nicht holzsparend und daher sehr feuergefährlich sind. Diese beiden Nachteile bewogen wohl manchen Bauherrn, sein Haus teilweise oder ganz in Fachwerk errichten zu lassen. Weitere Gründe könnten sein, dass sich Fachwerkhäuser im Alpenraum von der sonst heimischen Bautradition abhoben oder dass ganz einfach Holz gespart werden musste.

Zudem sind auch die fließenden Übergänge zu beachten, die vom Hauptverbreitungsgebiet der Fachwerkbauten im Mittelland zum alpinen Blockbau überleiten. In den Tälern dieser Zone sind die interessantesten Kombinationen der Bautechnik zu beobachten.

Die angeführten Beispiele sind aus allen Landesteilen zusammengetragen, stellen aber in den betreffenden Gebieten eher die Ausnahmen dar.

Abb. 14.1: Fachwerkgiebel auf einem Blockhaus, Thal-Buriet SG (📷 1987)

14.1 Übergangsgebiet – das St. Galler Rheintal

Die erhalten gebliebene mittelalterliche Bausubstanz des Städtchens Werdenberg SG ist eine wahre Fundgrube von Kombinationen der Bautechnik. Auch in der Umgebung wird einem die Übergangssituation bewusst. Der Einfluss des nahen Appenzellerlandes mit seinen holzvertäfelten Fassaden spielt hier eine Rolle.

14.2 Zentralschweiz

Nebengebäude, Anbauten und vor allem der hintere Teil von Häusern in den Urschweizer Kantonen fallen durch die Gemischtbauweise auf. Holzeinsparung – im Bannwald konnte und durfte nicht genügend Bauholz gewonnen werden – sowie der Wunsch nach einer feuersicheren Küche im hinteren Teil des Hauses waren die Gründe. Die einfachen Fachwerkkonstruktionen wurden häufig von Anfang an verputzt. Ganz in sichtbarem Fachwerk konstruierte Häuser sind hingegen selten.

Abb. 14.2: Seitliche Anbauten der sonst älteren Blockhäuser an der alten Gotthardstraße; Silenen-Amsteg UR (📷 1988)

Abb. 14.3: Das reich verzierte »Stählihaus« von 1728 unter schroffen Felsen galt im Glarnerland immer schon als extravagant. Netstal GL (📷 1988)

14.3 Graubünden

Vor allem die Häufung von Fachwerkbauten am Heinzenberg im Domleschg, besonders im Dorf Präz GR, muss dem Betrachter auffallen. Unklar blieb, ob es die fremden Knappen waren, die dort in den Bergwerken arbeiteten, oder die Tatsache, dass das Holz am Heinzenberg äußerst rar wurde (Stollenabstützung, Verhüttung), dass die für die Gegend unübliche Bauart zum Einsatz kam. Sicher ist, dass die Gebäude sehr zweckmäßig und holzsparend ausgeführt sind. Manchmal sind nur Bretter zur Unterteilung der Gefache zwischen das Konstruktionsholz geklemmt. Auch hier waren die meisten Häuser ursprünglich verputzt. Das alles gilt sicher nicht für das mächtige Haus in Savognin an der Julierpassstraße (siehe Abb. 9.70).

Abb. 14.4: Holzsparender Hausteil in Präz GR (📷 1988)

14.4 Fribourg und Vaud

In den beiden benachbarten voralpinen Gebieten Pays de Gruyère FR und dem Pays d'Enhaut VD ist für landwirtschaftliche Gebäude neben dem häufigeren Blockbau auch eine Konstruktionsart zu finden, die dem einfachen Bundwerk des Unterengadins gleicht. Die Holzkonstruktion ist von außen her sichtbar, die Wände sind durch senk- oder waagrecht eingenutete Bretter geschlossen. Die Bauhölzer sind, um Holz zu sparen, nicht sehr stark dimensioniert.

Abb. 14.5: Der Stall ist als Blockhaus – die im Pays d'Enhaut übliche Konstruktionsart – errichtet, während der darüber liegende Scheunenteil für den Heuvorrat die holzsparende Ständerkonstruktion zeigt. Der Blockbau garantiert hier die Stallwärme, während für den Heuboden durch Entfernung von Wandbohlen die Durchlüftung ermöglicht wird. Ob die Aufstockung später erfolgte, ist nicht sicher, denn die verschiedenen Funktionen von einzelnen Gebäudeteilen können sehr wohl auch von Anfang an zu verschiedenen Konstruktionsarten führen. Rougemont VD (📷 1990)

14.5 Das Bundwerk

Deutlich überstrahlt vom Glanz der »Chasa engadinaisa«, des Engadinerhauses, führt das vor allem im Unterengadin, im Münster- und Samnauntal vorkommende Bundwerk ein Schattendasein. Die Suche nach seinen Spuren gestaltet sich dementsprechend schwierig.

Unter Bundwerk versteht man ein zimmermannsmäßig abgebundenes Ständer- und Riegelgerippe mit Bretthinterschalung, bei der das tragende Skelett von außen sichtbar bleibt. Bundwerk kommt in der Schweiz vor allem an den Giebeln und dort zuweilen als offener Giebelbinder vor. Betont sei, dass es nicht nur zur Zierde dient, sondern ein wichtiger Bestandteil der Gebäudekonstruktion ist. Im Unterengadin bildet es einen Ausläufer einer von der Donau (Niederbayern) bis nach Südtirol üblichen Bauweise. Es hat sich zweifellos hier unter tirolischem Einfluss entwickelt, denn Graubünden wurde erst mit den napoleonischen Kriegen ein Schweizer Kanton. Als Karl der Große sein Reich in Gaue einteilte, wurde die »Engiadina bassa« der Grafschaft Vinschgau zugeschlagen. Erst mit der Kantonsgründung 1803 wurden das Ober- und Unterengadin wieder vereint. Verständlicherweise waren durch die engen politischen und wirtschaftlichen Bindungen trotz sprachlicher Unterschiede auch tirolische Zimmermeister im Unterengadin tätig. Die reich gestalteten Verzierungen wurden zuweilen auch für Massivbauten im übrigen Kanton Graubünden übernommen, so der »Zierbund«, der als geschnitztes Verbindungsholz vor die Pfettenköpfe gesetzt wurde. Diese Konstruktion entspricht nicht mehr dem inneren Aufbau des Dachs.

Abb. 14.6: Scheune in Zernez GR nach einer Skizze von 1870 von *E. Gladbach* [34]

Abb. 14.7: Zweifellos eines der reichsten Bundwerke der Schweiz: Man beachte die waagrecht liegenden Pfettenbüge – ein Element, das auch in Bayern häufig vorkommt. Chasa Retica von 1666 in Samnaun GR (📷 1989)

Abb. 14.9: Links wurde das Bundwerk mit Mauerwerk ausgefacht, rechts mit der üblichen Hinterschalung. Ardez GR (📷 1988)

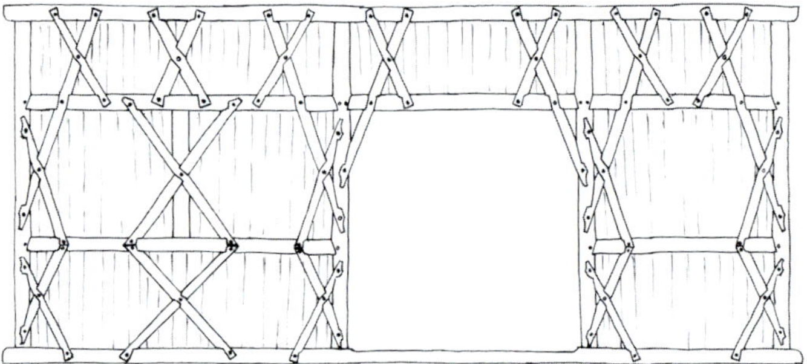

Abb. 14.10: Besonders reiche Bundwerkwand einer Scheune, Details ergänzend gezeichnet; Sta. Maria im Münstertal GR (📷 1989)

Abb. 14.8: Überkreuzte Kopf- und Fußhölzer bilden eine »Mann-Figur«. Die Bretter der Hinterschalung sind zur besseren Durchlüftung der Scheune ausgesägt. Die Fenster deuten eine Umnutzung an. Ardez GR, 18. Jahrhundert (📷 1989)

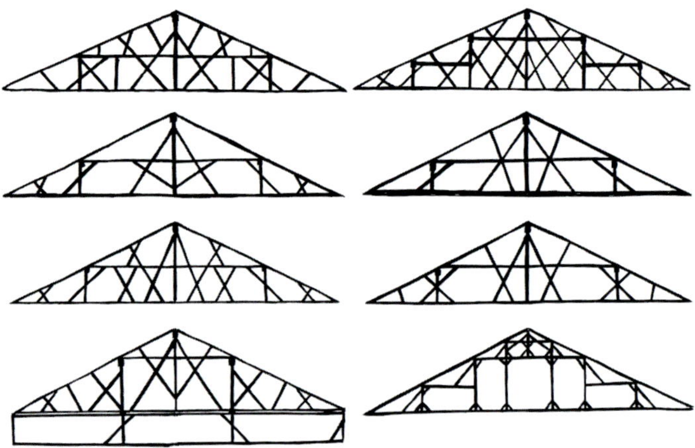

Abb. 14.11: Verschiedene Ständer-Strebenstellungen an Bundwerkbauten im Kanton Graubünden

Besonders deutlich wird der tirolisch-bayrische Einfluss bei reinen Bundwerkbauten; im Unterengadin wurden meist Scheunen in dieser Konstruktionsart gebaut. Neben den hinterschalten Bretterwänden gibt es auch sogenannte Stotzwände, bei denen die stehenden Bretter in die Schwellen und Rähme eingenutet wurden.

Abb. 14.12: Bundwerk auf drei Stockwerken; Ardez GR (📷 1989)

Obwohl das Bundwerk im Unterengadin, im Münster- und Samnauntal nicht so aufwendig und formenreich ist wie jenes in Tirol oder Bayern, würde es sicher in der Schweiz mehr Aufmerksamkeit verdienen. Etwa so wie in Südtirol, wo seit der Regionalisierung mithilfe von Fördermitteln der EU eine neue Bundwerkkultur entstehen konnte.

Abb. 14.13: Besondere Beachtung verdient die Situation am Eckständer der in Abb. 14.12 dargestellten Scheune. Ardez GR (📷 2006)

Abb. 14.14: Wiederbelebung einer alten Bautradition in Südtirol: Nicht die einzige Stallscheune, die zu Beginn des 21. Jahrhunderts neu errichtet wurde. 2002 erbaut in Stuls im oberen Passeiertal (📷 2007)

15 Farbiges Fachwerk, Dekoration und Schnitzwerk

Farbiges Fachwerk, Dekoration und Schnitzwerk

Sah man lange Zeit farbiges Fachwerk eher als Ausnahme an, so ist in der Zwischenzeit bekannt, dass mit Farbe hervorgehobenes Fachwerk spätestens seit dem 17. Jahrhundert allgemein üblich war. Dies gilt vor allem für Wohnbauten. Sichtabgewandte Gebäudefassaden und reine Wirtschaftsbauten, insbesondere Scheunen, blieben in der Regel unbehandelt.

Farbe am Fachwerk betont den Materialgegensatz, gleicht Holzunregelmäßigkeiten aus, täuscht einen stärkeren Holzquerschnitt vor und ergänzt zuweilen das Fachwerk, wo Hölzer aus konstruktiven Gründen fehlen.

Interessant ist die Tatsache, dass westlich von Basel und im schaffhausischen Reiat häufiger nicht das Holzwerk, sondern die Gefache bunte Anstriche bekamen, während die Konstruktion naturfarben oder in Dunkelbraun gefasst ist.

»Ochsenblut« ist eine in der Schweiz und in Deutschland geläufige Bezeichnung für die überwiegend vorkommende rote Balkenfarbe an Fachwerkhäusern. Dieser Ausdruck bezeichnet aber nur den Farbton und nicht die chemische Zusammensetzung. Dass der satte Farbton von Tierblut herrühre, ist ein weitverbreiteter Irrtum. Versuche zeigten, dass reines, frisches Ochsenblut der Witterung ausgesetzt, auch mehrfach aufgetragen, nach einem Jahr kaum noch zu erkennen ist. Vor Witterung geschützt, behält der Blutanstrich für einige Zeit einen rostroten Farbschimmer. Hingegen sind Farbrezepte aus dem 19. Jahrhundert bekannt, die die Verwendung von Ochsenblut, genauer »Blutwasser«, als Emulgator ohne färbende Wirkung empfehlen. Ihre roten Balken verdanken die schweizerischen Riegelhäuser den damals erschwinglichen Eisenoxid-Erdfarben. So heißt es bei *L. Hüttmann* »Wenn Eisenvitriol bei einem so hohen Hitzgrade geglüht wird, dass der Farbenton eine dunklere und violettere Abstufung als diejenige des preußischen Rothes annimmt, so erhält man das englische Braunroth. Als Ölfarbe gewährt es die Farbabstufung der wilden Rosskastanie. Es deckt sich sehr gut und hat ein größeres Färbevermögen als das preußische Roth.« [53]. Eisenoxid in Verbindung mit Ölen erhöht die Wetterbeständigkeit des Holzes.

Abb. 15.1: Rot, ocker, grau – in der Schweiz haben hauptsächlich die Konstruktionshölzer Farbfassungen, während die Ausfachungen in weißem Kalk gehalten sind. Uhwiesen ZH (📷 2018)

Abb. 15.2: Die Farbe der Gefache gab dem Haus seinen Namen: Rotes Haus in Thayngen SH (📷 2018)

Abb. 15.3: Farbgebung wie im benachbarten Sundgau; Therwil BL (📷 1989)

Abb. 15.4: Hauptsache bunt: Die Reithalle Bern aus dem 19. Jahrhundert, heute Autonomes Jugendzentrum (📷 1988)

15.1 Farbfassungen

Blaue und grüne Farbpigmente waren kostbar und teuer. Trotzdem waren blau gefasste Fachwerkbauten keine Seltenheit. Zum Beispiel war das Holz des »Unteren Hirschen« in Marthalen ZH im 19. Jahrhundert laut *Ernst Gladbach* [33] hellblau angestrichen. Rund um den Bodensee wird diese Farbe vermehrt nach Restaurierungsarbeiten wieder eingesetzt. Grün – dunkel oder hell – kann entlang des Rheins zwischen Weiach ZH und Rheinfelden AG beobachtet werden.

Graue Farbe wurde zur Vortäuschung von Sandstein empfohlen. Grau verleiht dem Haus ein nobleres Aussehen. Vor allem in ländlichen Gegenden war es auch üblich, durch einen durchgehend weißen Anstrich ein massives Steinhaus vorzutäuschen.

Abb. 15.5: Blaue und grüne Farbpigmente waren kostbar und teuer. »Blaues Haus« in Kreuzlingen TG (📷 1990)

Abb. 15.6: »Fake«-Fachwerk einer Bretterwand in Baden AG (📷 1990)

Abb. 15.7: Hier soll die Blockwand offensichtlich eine dekorativere Fachwerkwand vortäuschen. Es sind auch Teile an Bohlenständerbauten bekannt, die durch Bemalung als Riegelhäuser erscheinen sollen. Schwarzenbach SG (📷 1989)

Abb. 15.8: Es war den Besitzern wichtig, die optische Einheit bis ins Detail zu betonen. Das fehlende Holz in diesem Fensterbrüstungsfeld wurde mit dem Pinsel aufgemalt, die Schwellendimension »à trompe-l'œil« ergänzt. Kehlhof von 1828 in Unterstammheim ZH (📷 2011)

15.2 Gefache

Die weißen Gefache wurden durch den Anstrich mit einer Kalkmilch erreicht. Diese letzte Schicht vermochte zugleich noch auftretende Putzrisse zu schließen.

Wie schon erwähnt, sind farbige Gefache an der Schweizer Nordgrenze als Einflüsse der benachbarten Fachwerkregionen zu beobachten.

Kalk-Kasein-Milch für Nass-in-Nass-Technik
Rezept nach [62]

250 g Magerquark
1 Kelle Sumpfkalk (ca. 500 g)
7 bis 8 l Wasser
Quark und Kalk mit Rührquirl gut vermischen, dann mit Wasser auffüllen.
Kalk-Kasein-Milch nass-in-nass in den noch feuchten Lehmputz reiben.
Der Kasein-(Quark-)Anteil darf nicht erhöht werden, weil der Putz sonst zu lange zum Trocknen braucht.

15.3 Begleitlinien

Begleitlinien, Schatten, Begrenzungsstriche und Bandelierungen kommen in der ganzen Schweiz an Fachwerkbauten vor. Hier schöpften die Malermeister einen großen Freiraum aus. Diese Linien verleihen dem Haus eine gewisse Noblesse. Sie unterstreichen zudem die Holzkonstruktion, indem sie die Dimension der Hölzer optisch verbreitern. Im Innern eines Landsitzes oder eines anderen repräsentativen Fachwerkbaus sind sogar Marmorierungen zu sehen.

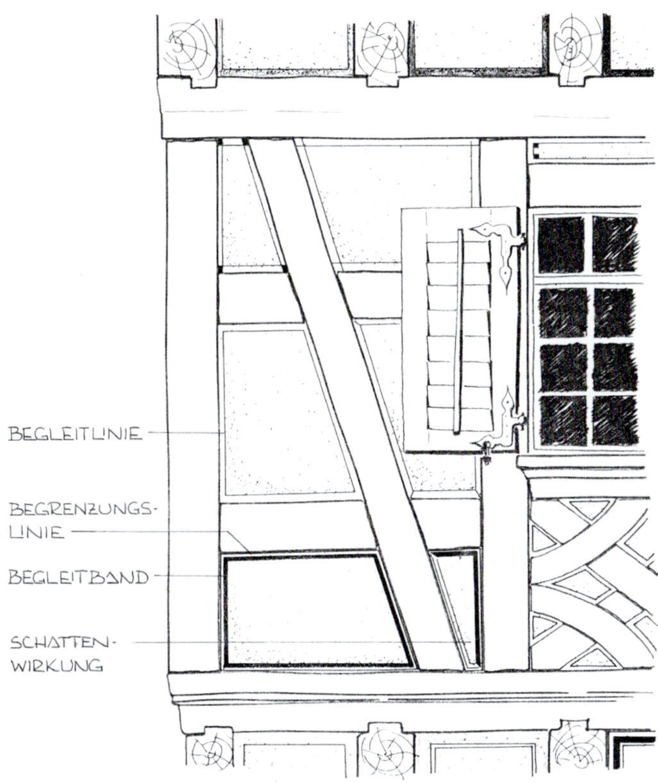

Abb. 15.9: Verschiedene Begleit- und Begrenzungslinien

Abb. 15.10: Hellgrau mit dunkler Begrenzungslinie: »Alte Farb« von 1648 in Weinfelden TG (📷 2018)

15.4 Dekorative Malerei und Schnitzereien

In der Schweiz sind Fassadenmalereien an Fachwerkhäusern selten. Die großen Flächen der Stein-, aber auch der Blockbauten ermunterten die Menschen eher zum Anbringen von gemalten Ornamenten, Symbolen und Inschriften. Immerhin haben wenige Künstler und Bauherren den Vorteil von Fachwerkbauten erkannt, dass sie gefachweise, eingerahmt durch die Holzkonstruktion, verziert werden können.

Die Wirkung eines Fachwerkhauses kann über die konstruktiven Mittel hinaus durch weitere Techniken und Zierformen hervorgehoben werden. Allerdings wurden solche plastischen Mittel in der Schweiz nicht so üppig wie in den Nachbarländern angewandt. Sicher ließen sich in den Sittenmandaten des Ancien Régime neben den strengen Kleidervorschriften auch entsprechende Bauvorschriften finden. Im Allgemeinen wurden die Schnitzereien an den Häusern in der Schweiz nicht von Spezialisten, sondern von künstlerisch begabten Handwerkern selbst ausgeführt. Solch einfaches Schnitzwerk ist an Fachwerkbauten in der Stadt und auf dem Land gleichermaßen zu beobachten. Speziell die Untersee- und Bodenseegegend ist etwas reicher an Schnitzereien, was auf den Einfluss von Norden her schließen lässt.

Abb. 15.11: Hellgrau mit Begleit- und Begrenzungslinie: Gasthaus »Storchen« von 1628 in Arbon TG (📷 2018)

Abb. 15.12: Gasthaus »Frohsinn« von 1722 in Uttwil TG: 1971 wurde das 500 t schwere Haus durch eine Spezialfirma um 18 m verschoben und um 1,60 m gesenkt. Reich dekorierte Fenster-Mittelständer (📷 2018)

Abb. 15.13: Ausgeschmückter Bohlenständerbau von 1753 in Wermatswil / Uster ZH (1989)

Abb. 15.14: Jedes Gefach ein Einzelbild am Tierlihuus in Aarwangen BE von 1767 (2018) (siehe auch Abb. 11.21)

Abb. 15.15: Planche Inférieure, Fribourg (1990): Grisaillemalerei an der Giebelwand

Abb. 15.16: Grisaillemalerei von 1509 im Treppenflur des Klosters St. Georgen in Stein am Rhein SH (1989)

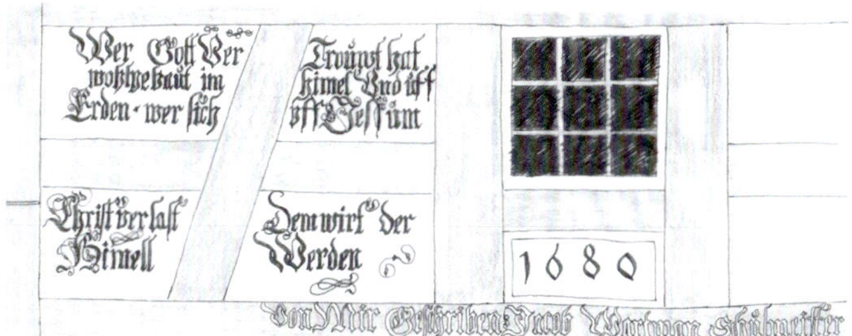

Abb. 15.17: Inschrift am Speicher von 1680 in Chäfer-Turbenthal ZH: *»Wer Gott vertraut, hat wohl gebaut im Himmel und auf Erden. Wer sich auf Jesum Christ verlässt, dem wird der Himmel werden. Von mir geschrieben: Jakob Wartmann, Schulmeister.«*

15.5 Rähm, Stockschwelle, Balkenkopf und Bug

Das Vorkragen der Balkenlage über dem Rähm wurde durch das Runden der Balkenköpfe, durch die Profilierung der Stockschwelle oder durch die Formgebung der Knaggen hervorgehoben. Selten ist der Zahnschnitt, wie er beim Holländerhaus in Hofen SH vorkommt (siehe Abb. 9.76).

Nicht nur bei Vorkragungen, sondern vor allem bei Dachvorsprüngen sind die Büge verziert. Im westlichen Mittelland sind hier nicht selten die einzigen Zierformen der Ständerbauten anzutreffen.

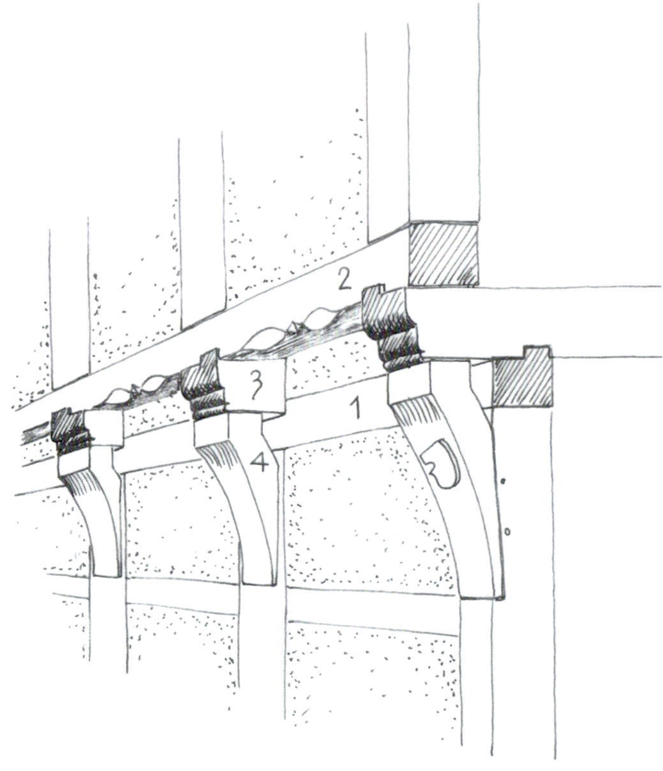

Abb. 15.20: Vorkragung:
1 Rähm
2 Stockschwelle
3 Balkenkopf
4 Knagge / Bug

Abb. 15.18: Häufig werden das Profil und sein geschnitzter Abschluss noch mit Farbe hervorgehoben. Gasthaus »Traube« in Roggwil TG von 1759 (siehe auch Abb. 9.81)

Abb. 15.19: Der gotische Kielbogen in seiner einfachsten Form: Berlingen TG (📷 1988)

Abb. 15.21: Altes Rathaus in Burgau-Flawil SG von 1632/39: 1639 wurde die Gerichtsstube dem sieben Jahre älteren Blockhaus in Fachwerktechnik zugefügt und als repräsentative Fassade gestaltet. Bemalte Ziehläden, Begleitlinien und Schattierungen, Ornamente und Haussprüche, die Ständerschale und Schnitzerei an der Stockschwelle, speziell geformte Knaggen und Fußhölzer gehörten zum Programm (📷 1989)

Abb. 15.22: Hier hat sich wohl der Bauherr selbst verewigen lassen: Nägelihof, 1565, in Zürich (1989)

Abb. 15.23: Fratzen, Wichte und Tiermotive sind an Bügen beliebt. Untervogthaus von 1692 in Oberohringen ZH (1990) (siehe auch Abb. 11.4)

Abb. 15.24: Ständerschale und beschnitzte Stockschwelle am alten Rathaus in Burgau-Flawil SG von 1632/39 (1989)

15.6 Eckständer

Geschnitzte Eckständer trifft man vor allem entlang der nördlichen Landesgrenze an, wobei sich die Formen untereinander sehr ähnlich sind. Symbolische Formen kommen selten vor.

Abb. 15.25: Der gedrehte Stab dieser Scheune herrscht in Thayngen SH vor. (1988)

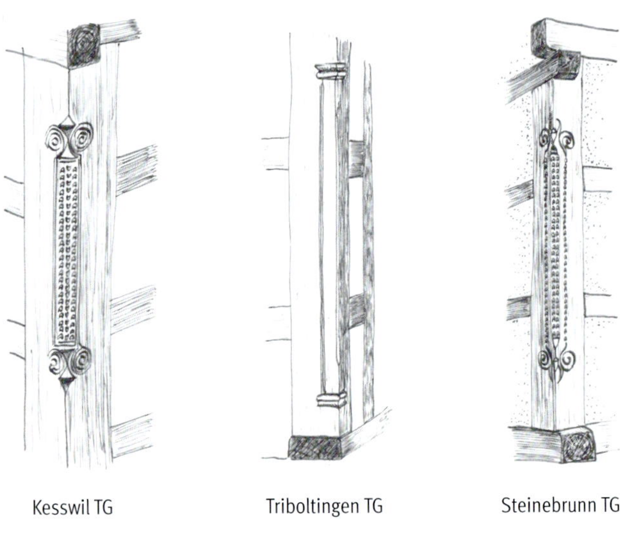

Kesswil TG

Triboltingen TG

Steinebrunn TG

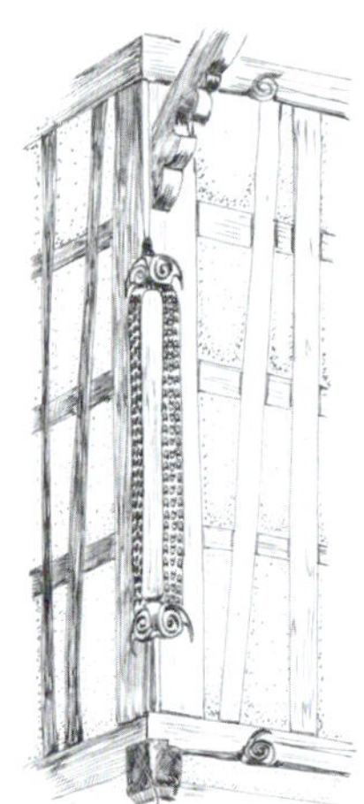

Am Eckpfosten wiederholt sich das Motiv der Schwellen und des Rähms. »Adler« von 1828, Erlen TG

Abb. 15.26: Geschnitzte verzierte Eckständer

Abb. 15.27: Dieses und weitere Scheunentore des Städtchens Neunkirch SH zeigen, wie die aus Sicht der Landbevölkerung »vornehmere« Steinarchitektur den Holzbau beeinflusste: Sie besitzen geschnitzte Schlusssteine, wie sie bei gemauerten Gewölbebögen nötig sind. Der rosafarbene Anstrich soll Sandstein aus dem Schwarzwald vortäuschen.

15.7 Tür- und Fenstereinfassungen

Herrschaftliche Häuser, besonders solche, die auch eine Wirts- oder gar die Gerichtsstube einer Landschaft beherbergten, fallen durch respektable Portale auf. Das Gesinde musste den Hintereingang benutzen, darin waren sich die Stadt- und Landaristokraten einig. Respekt einflößen sollten Portale, deren Beschläge und Türeinfassungen, die fertig geschnitzt beim Aufrichten montiert werden mussten.

Abb. 15.28: Streng genommen nicht die Einfassung, sondern die Türe selbst verdient hier Beachtung: Obwohl aus einem einzigen – ursprünglich verleimten – Brett gefertigt, täuschen die Profile eine gestemmte Türe, bestehend aus Rahmen und Futterbrettern vor. Dass die Beschläge in einem stillen Augenblick abmontiert und gestohlen wurden, stimmt nachdenklich. Chäfer-Turbenthal ZH (📷 1989)

Abb. 15.29: Obwohl barocker Stil längst vorherrschte, wurde 1759 in Roggwil TG diese Steinquader vortäuschende Einfassung aus dem »vollen« Ständer geschnitzt. Die Türeinfassung ist inzwischen nicht mehr vorhanden. Gasthaus »Traube« (📷 1989)

Abb. 15.31: Allschwil BL, Mühlengasse 14

Abb. 15.30: Auch hier sollte man nur ehrfürchtig eintreten. »Unterer Hirschen« von 1715 in Marthalen ZH (📷 2018)

Zwei Beispiele für Fenstereinfassungen, die nur wenig über die Hausfassade ragen und manchmal auch als Fenstererker bezeichnet werden, sind das Gebäude in der Mühlengasse 14 in Allschwil BL (siehe Abb. 15.31) und die Kelter des »Hirschen«-Ensembles in Oberstammheim ZH (siehe Abb. 15.32). Häufig waren ähnliche Häuser über der Holzkonstruktion verputzt, um Massivbauweise vorzutäuschen. Nur die Fenstereinrahmungen waren sichtbar.

Abb. 15.32: Kelter des »Hirschen«-Ensembles in Oberstammheim ZH (📷 1989)

15.8 Zierstreben

Die Bezeichnung »Zierstrebe« ist missverständlich, denn Verstrebungen sind nie nur zur Zierde da. Aber ihre Anordnung oder Ausformung kann neben der statischen auch eine dekorative Funktion erhalten. Wer schon Holz bearbeitet hat, musste sicher die bittere Erfahrung machen, dass es an besonders schwach dimensionierten Stellen längs der Faser leicht brechen kann. Umso mehr erstaunen dann die zuweilen skurrilen Formen an gewissen Streben – z. B. am Vonderallmend-Haus in Luzern (siehe Abb. 2.98) –, die so fein gesägt erscheinen, dass sie beim geringsten Schlag in Stücke zerbrechen müssten. Die Zimmerleute wandten an kritischen Stellen den Trick an, dass nicht das ganze Holz, sondern nur ungefähr 2 cm davon an der sichtbaren Seite die gewünschte Form erhielt.

Abb. 15.34: Hier durchschaute der Maurer wohl die Absicht des Zimmermanns nicht: Das helle Holz sollte überputzt werden, damit der runde Türbogen richtig zur Geltung kommt. Unterstammheim ZH (📷 1989)

Abb. 15.33: Beim Winkelholz links ist entlang der geschnitzten Form – unter Auslassung des Loches – verputzt worden. Beim Winkelholz rechts wird die um Verputzdicke zurückgesetzte Form deutlich, weil der Putz der eigentlichen Form des Holzes entlang verläuft. Thomas-Platter-Haus in Basel, 1674 (📷 1989)

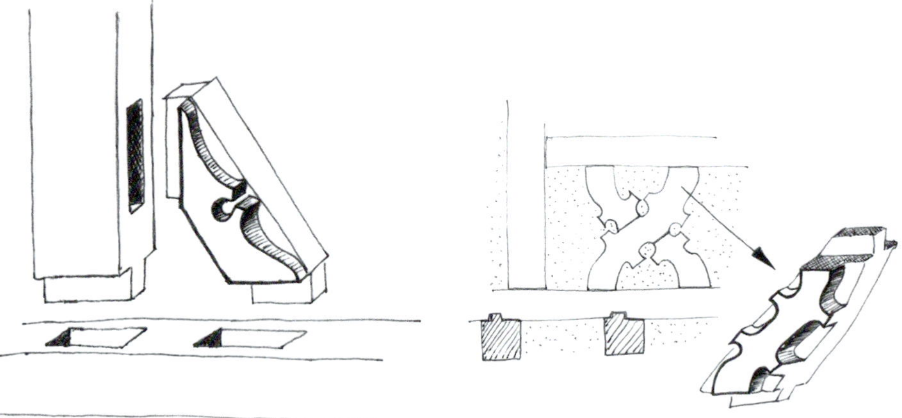

Abb. 15.35: Zierstreben: Nicht das ganze Holz wird ausgesägt, sondern es werden nur die vordersten Zentimeter ausgestochen.

Abb. 15.36: Zierform in der Fensterbrüstung am Gasthaus »Engel«, 17. Jahrhundert, Ottenbach ZH (📷 2017)

15.9 Inschriften und Symbole

Sind die konstruktiven Formen am Fachwerkbau in der Schweiz auch sehr reich, mit Inschriften und geschnitzten Symbolen wurde sehr sparsam umgegangen. Die Forscher von heute sind für jede Jahreszahl dankbar, auch wenn sich herausstellen sollte, dass es sich dabei nicht um das eigentliche Baudatum, sondern nur um den Zeitpunkt einer Erweiterung handelt. Vorsicht ist darum auch bei Jahreszahlen über Türen und Toren geboten. Wurde der Aufbau des ganzen Hauses oder nur das Verschönern des Portals datiert? Ebenso sind Initialen nicht immer leicht zu deuten. Manchmal hat sich auch nur der Zimmermeister verewigt.

Als Zierelemente finden sich neben dem Namen der Gattin häufig auch Hauszeichen und Berufssymbole.

Abb. 15.38: Das kleine Schulhäuschen von Hemishofen SH wurde auch als Betsaal genutzt. Hier betrieb der angesehene Pädagoge Hofrat Johannes Büel (1761–1830) während der Zeitenwende vom 18. zum 19. Jahrhundert seine Musterschule (📷 2018).

Gasthof »Hirschen«, 1684 erbaut und seit 1943 wieder im Besitz der Erbauerfamilie Wehrli, Oberstammheim ZH

Marthalen ZH, 1664

Marthalen ZH, Hans Iakob Manz, 1704

Geschnitzter Balkenkopf in Amriswil TG

Abb. 15.37: Zierelemente und Inschriften

Abb. 15.39: Selten sind Erbauerinitialen und Baudatum so groß angegeben wie hier. Die Schriftzüge wurden gleich beim Aufrichten der Wand eingefügt. Thundorf TG, 1770 (📷 2014)

Abb. 15.40: Thundorf TG, 1770 (📷 2014)

Abb. 15.41: Geschnitzte Symbole, losgelöst von Bauinschriften wie dieser Sechsstern, kommen selten vor. Buchthalen SH 1688 (📷 1989)

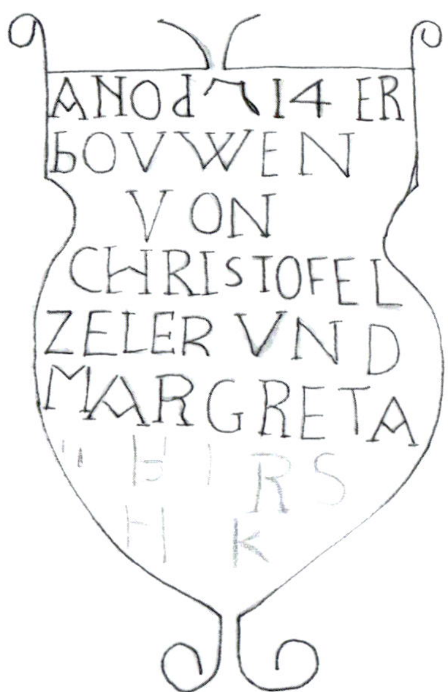

Abb. 15.42: Eingeschnitzte Inschriften sind nicht immer leicht zu rekonstruieren (📷 1987). Der Familienname der Gemahlin Margreta konnte, wie die Initialen des Zimmermeisters, nicht mehr deutlich gelesen werden. Dieses Haus von 1714 an der zentralen Sennegasse in Unterstammheim ZH hatte den Namen »Rotes Haus«, weil es vermutlich sehr früh die entsprechende Farbfassung aufwies.

16 Nachwort

Nachwort

Mit dem vorliegenden Buch soll der Fachwerkbau als eine der bedeutendsten Konstruktionsarten der Schweiz gewürdigt werden. Dieser erste Satz des Nachwortes zu *»Fachwerk in der Schweiz«* [106] aus dem Jahr 1991 behält vollumfänglich seine Gültigkeit. Darüber hinaus sollen auch die Einflüsse aus den angrenzenden Regionen, vor allem aus Deutschland und Frankreich, betrachtet werden. In den 30 Jahren haben Bauforscher und Archäologen unzählige neue Erkenntnisse zu Fachwerkbauten gewonnen und zusammengetragen. Kulturgüterinventare, Bauernhausbände, Ausgrabungsbefunde und Restaurierungsberichte legen davon reiches Zeugnis ab. Bei all diesen wertvollen Puzzlesteinen wurde von den meist kantonalen und kommunalen Auftraggebern – nicht zuletzt wegen der knappen finanziellen Mittel – darüber gewacht, das Forschungsgebiet genau auf ihre Region einzugrenzen.

Abb. 16.1: Immerhin wurde hier die Fachwerksubstanz erhalten. Salenstein TG (1987)

Vielleicht gerade weil in vielen Gegenden der Schweiz Fachwerkbauten – oder wie sie hier häufiger genannt werden: Riegelhäuser – ganzen Ortschaften ihr unverwechselbares Gepräge gegeben haben und völlig selbstverständlich sind, gibt es bisher immer noch keine umfassende wissenschaftliche Publikation über diese Konstruktionsart. Auch diese Veröffentlichung kann diese Lücke nicht schließen, sondern den Fachwerkbau mit all seinen Besonderheiten einem breiten Publikum vorstellen. Ich möchte damit Bewohnern von Fachwerkhäusern, Bauhandwerkern und

Abb. 16.2: Sogar die Fensterteilung stimmt. Fachwerkdekor um jeden Preis? Reinach BL (1990)

Abb. 16.3: Bei allem Bemühen sind die Veränderungen der letzten Jahre leider nicht immer zum Vorteil der historischen Substanz ausgefallen. Neunkirch SH (📷 1988/1992)

Abb. 16.4: Zuviel des Guten: Unpassende Farbfassung; die montierten Geräte stören die Ansicht dieser einmaligen Wand, Basadingen TG (📷 1989/2000)

Mitarbeitern in Behörden und Ämtern Anregungen geben und sie darin bestärken, den Willen zum Erhalt von Riegelhäusern nicht nur auf deren Fassaden zu beschränken. Diese bewährte Konstruktionsart entwickelt sich sonst zusehends zur Dekoration.

Ein wichtiges Anliegen ist mir, aufzuzeigen, dass das Gebiet der Schweiz bautechnisch nie eine Insel war, sondern mannigfaltigen Einflüssen von den umgebenden Kulturen ausgesetzt war. Eine umfassende, wissenschaftliche Abhandlung zum Thema Fachwerk mit seinen Erscheinungsformen in Europa und anderen Kontinenten steht noch aus.

Immerhin haben sich Bauforscher aus Süddeutschland und der Schweiz zusammengefunden und versucht, sich auf einheitlich-logische Bezeichnungen im historischen Holzbau zu einigen. Als Initiant der ersten Stunde dieses Bemühens bei der Vereinigung für Bauforschung (VEBA) habe ich im vorliegenden Buch diese »neuen« Begriffe angewendet. Sprache kann allerdings nicht per Dekret geändert werden, daher tauchen vor allem im Bereich Dachwerke auch weiterhin altbekannte Bezeichnungen gemeinsam mit den neuen auf.

Durch Fotos und Skizzen habe ich möglichst große Anschaulichkeit angestrebt. Die Fotos entstanden größtenteils in den 1980er-Jahren, viele aktuelle Aufnahmen kamen hinzu. Manche Objekte aus früheren Aufnahmen können sich in der Zwischenzeit stark verändert haben, einige findet man vielleicht gar nicht mehr vor. Die Jahreszahl in Klammern mit dem Kamerasymbol in der Bildunterschrift zeigt jeweils das Aufnahmejahr an.

Die Gliederung wurde bewusst überregional anhand technischer Gesichtspunkte vorgenommen, wobei herausragende lokale Besonderheiten spezielle Erwähnung finden. Gerade weil die Hausforschung in der Schweiz stark kantonal ausgerichtet ist, bot es sich an, hier über die Regionen und Landesgrenzen hinaus Vergleiche zu ziehen.

Ein Werk wie das vorliegende Buch wäre nicht möglich, hätten nicht schon zahlreiche andere Fachleute und Liebhaber Informationen gesammelt und festgehalten. Die Literaturliste gibt Auskunft über die Werke, die in dieses Buch mit eingeflossen sind. Für die wenigen Bildübernahmen fremder Autoren bin ich überall freundlichst empfangen und schnell bedient worden. Kulturinstitutionen, Bibliotheken, Gemeinden und Museen halfen tatkräftig mit, dieses Buch zu verwirklichen. Sie sind jeweils in der Bildbeschreibung und zusätzlich im Anhang mit ihrer Internetseite vermerkt.

Herzlichen Dank gebührt auch Walter Hüppi, Dipl. Arch. ETH, dem Bauingenieur Urs Rüegger sowie Ambrosius Widmer und Martin Hoffmann, beide Zimmerleute und langjährige Fachleute für das Handwerk in der Denkmalpflege, für ihre hilfreichen Hinweise und Anregungen.

Unterstammheim, im Januar 2021
Walter Weiss

17 Anhang

Anhang

17.1 Literaturverzeichnis

Bücher und Artikel, deren Informationen dem Autor hilfreich waren:

[1] Affolter, Heinrich Christoph: Bauernhäuser des Kantons Bern. Bd. 1: Das Berner Oberland. Basel: Schweizerische Gesellschaft für Volkskunde, 1990 (Bauernhäuser der Schweiz; 27)

[2] Affolter, Heinrich Christoph: Bauernhäuser des Kantons Bern. Bd. 2: Das höhere Berner Mittelland. Basel: Schweizerische Gesellschaft für Volkskunde, 2001 (Bauernhäuser der Schweiz; 28)

[3] Affolter, Heinrich Christoph; Pfister, Christian: Bauernhäuser des Kantons Bern. Bd. 3: Das tiefere Berner Mittelland. Das Gebiet zwischen Aarwangen und Laupen. Basel: Schweizerische Gesellschaft für Volkskunde, 2013 (Bauernhäuser der Schweiz; 29)

[4] Ammann, Jost: Ständebuch. Nürnberg, 1591

[5] Arnoult, Annie: La grande histoire des scieurs de long. Tome I. Puy de Dôme: Sauvain, 1996

[6] Clavuot, Ottavio und 35 Autoren der Denkmalpflege ZH: Siedlungs- und Baudenkmäler im Kanton Zürich. Stäfa: Th. Gut Verlag, 1993

[7] Drack, Walter und 10 Autoren der Denkmalpflege ZH: Denk mal! Denkmalpflege im Kanton Zürich. Zürich: Lehrmittelverlag Zürich, 1975

[8] Blaser, Werner: Das Bauernhaus der Schweiz. Eine Sammlung der schönsten ländlichen Bauten. Basel: Birkhäuser, 1983

[9] Blum, Dieter: Alte Bensheimer Fachwerkhäuser. Bensheim: Magistrat der Stadt, 1980

[10] Brockmann-Jerosch, Heinrich: Schweizer Volksleben. Sitten – Bräuche – Wohnstätten. Bd. II. Erlenbach-Zürich: Eugen Rentsch, 1931

[11] Brown, R. J.: Timber-Framed Buildings of England. London: R. Hale, 1986

[12] D'Andlau, Hubert; Mischler, Jean-Jacques: La maison alsacienne et sa restauration. Colmar: Éditions Alsatia, 1979

[13] De l'Orme, Philibert: Nouvelles Inventions pour bien bastir et à petit fraiz. Paris: Imprimerie Federic Morel, 1561

[14] Dewulf, Michel: Le torchis, mode d'emploi. Paris: Eyrolles, 2015

[15] Direktion der öffentlichen Bauten des Kantons Zürich; Stadtrat Winterthur; Bauamt II der Stadt Zürich (Hrsg.): Zürcher Denkmalpflege. 7. Bericht 1970–1974 (Stadt Zürich 1968–1973) – 1. Teil. Zürich: Hans Rohr, 1975

[16] Duttweiler, Gottlieb (Hrsg.): Eines Volkes Sein und Schaffen. Die Schweizerische Landesaustellung 1939 in Zürich in 300 Bildern. Zürich: Selbstverlag, 1939

[17] Ebinghaus, Hugo: Das Zimmerhandwerk. Gießen: Pfanneberg, 1954

[18] Finsterbusch, Edgar; Thiele, Werner: Vom Steinbeil zum Sägegatter. Leipzig: Fachbuchverlag, 1987

[19] Fischer, Thierry; Fuchs, Christian: Les maisons d'Alsace. Paris: Eyrolles, 1997

[20] Fischer, Thierry; Fuchs, Christian et auteurs: Maisons à colombages dans le Sundgau. Altkirch: Société d'Histoire du Sundgau, 2011

[21] Flückiger-Seiler, Roland: Berner Bauernhäuser. Ländliche Architektur und Siedlung im Kanton Bern. Bern: P. Haupt, 1988

[22] Fuchtmann, Engelbert: Stahlbrückenbau. Bogenbrücke, Balkenbrücke, Fachwerkbrücke, Hängebrücke. München: Deutsches Museum, 1983

[23] Furger, Alex R.; Hartmann, Fanny et. al.: Vor 5 000 Jahren. So lebten unsere Vorfahren in der Jungsteinzeit. Bern: P. Haupt, 1983.

[24] Gantner, Theo; Museum für Völkerkunde und Schweizerisches Museum für Volkskunde Basel: Mit Gunst und Erlaubnis! Drei Jahre und ein Tag. Basel: Das Museum, 1987

[25] Gardner, Antoine; Grodwohl, Marc: La maison paysanne du Sundgau. Colmar: Éditions Alsatia, 1979

[26] Gerner, Manfred: Fachwerk. Entwicklung, Gefüge, Instandsetzung. Stuttgart: Deutsche Verlags-Anstalt, 1979

[27] Gerner, Manfred: Farbiges Fachwerk. Ausfachung, Symbole, Farbe. Stuttgart: Deutsche Verlags-Anstalt, 1983

[28] Gerner, Manfred: Handwerkliche Holzverbindungen für Zimmerer. Stuttgart: Deutsche Verlags-Anstalt, 1992

[29] Gerner, Manfred: Deutsche Fachwerkstrasse. Hamm: Artcolor, 1996

[30] Gerner, Manfred: Fachwerklexikon. Handbuch für Fachwerk und Holzkonstruktionen. Stuttgart: Deutsche Verlags-Anstalt, 1997

[31] Gerner, Manfred: Fachwerk. Entwicklung, Instandsetzung, Neubau. Stuttgart: Deutsche Verlags-Anstalt, 2007

[32] Gerner, Manfred; Klages, Dietrich; Rohnstein, Detlef: Fachwerk macht Schule. Fulda: Arbeitsgemeinschaft Historische Fachwerkstädte e. V., 2008

[33] Gladbach, Ernst: Charakteristische Holzbauten der Schweiz. Berlin: Claesen, 1890–1898

[34] Gladbach, Ernst: Der Schweizer Holzstyl in seinen cantonalen und constructiven Verschiedenheiten vergleichend dargestellt mit Holzbauten Deutschlands. Zürich: Caesar Schmidt, 1882

[35] Gladbach, Ernst: Die Holz-Architektur der Schweiz. Zürich: Verlag von Orell Füssli & Co., 1876

[36] Glücki, Fritz: Privates Skizzenbuch. Basel, 1966

[37] Graffenried, Carl Adolf von; Stürler, Gabriel Ludwig Rudolf: Architecture Suisse, ou choix des maisons rustiques des Alpes du canton de Berne. Bern: Burgdorfer, 1844

[38] Graubner, Wolfram: Holzverbindungen. Gegenüberstellungen japanischer und europäischer Lösungen. Stuttgart: Deutsche Verlags-Anstalt, 1986

[39] Grodwohl, Marc; Dormoy, Christian et al.: Les villageois de Lutter en leurs demeures. Une archéologie de la maison dans le Jura alsacien, 1530–1630. Lutter (Haut-Rhin): Commune de Lutter – Association Lutter en découverte, 2015

[40] Grodwohl, Marc: Habiter le Sundgau, 1500–1636. La maison rurale en pans de bois; techniques, culture et société. Altkirch: Soc. d'Histoire du Sundgau, 2011

[41] Grodwohl, Marc: Enjeux estétiques dans l'architecture rurale au XVIe siècle. Le cas de Wolfersdorf. In: Annuaire de la Société d'Histoire du Sundgau (2012), S. 45–84

[42] Grossmann, Ulrich, G.: Der Fachwerkbau. Das historische Fachwerkhaus, seine Entstehung, Farbgebung, Nutzung und Restaurierung. Ostfildern: DuMont Reiseverlag, 1986

[43] Grossmann, Ulrich, G., Michels, Hubertus: Fachwerk als historische Bauweise. Ein Materialleitfaden und Ratgeber. Suderburg-Hösseringen: Edition Anderweit, 2002

[44] Gruber, Otto: Bauernhäuser am Bodensee. Konstanz: Jan Thorbecke Verlag, 1961

[45] Gschwend, Max: Schweizer Bauernhäuser. Bern: Paul Haupt Verlag, 1983

[46] Gschwend, Max: Bauernhäuser der Schweiz. Maisons rurales en Suisse. Case rurali in Svizzera. Blauen: Schweizer Baudokumentation, 1982

[47] Harris, Richard: Discovering Timber-Framed Buildings. Shire Publications, Aylesbury 1978, 6th ed. 1986

[48] Heine, Günther; Schadwinkel, Hans-Tewes: Das Werkzeug des Zimmermanns. Hannover: Verlag Th. Schäfer, 1986

[49] Hermann, Isabell: Bauernhäuser des Kantons Zürich. Bd. 3: Zürcher Unterland, Weinland und Limmattal. Basel: Schweizerische Gesellschaft für Volkskunde, 1997 (Bauernhäuser der Schweiz; 11)

[50] Hermann, Isabell; Räber, Pius; Furrer, Benno; Joos, Eduard; Baumann, Max: Die Bauernhäuser des Kantons Schaffhausen. Basel: Schweizerische Gesellschaft für Volkskunde, 2010 (Bauernhäuser der Schweiz; 33)

[51] Hoffmann, Martin: Kommentare zu Sanierungen von Hochständerbauten im Kanton Aargau, 2018

[52] Hömmerich, Heinz: Holzarchitektur im Detail. Traditionelle und neuzeitliche Holzverbindungen. Köln: Rudolf Müller, 1988

[53] Hüttmann, L.: Gründlicher und kunstgemäßer Unterricht in der Cementir-, Tüncher- und Stuccaturarbeit in der Gebäude- und Zimmermalerei, Weimar: Voigt, 1842

[54] Janssen, Peter Werner: Schreiner, Zimmermann & Co. Internationale Geschichte der Holzhandwerke. Sinzig: Janssen, 2000.

[55] Killer, Josef: Die Werke der Baumeister Grubenmann. Basel: Birkhäuser, 1985

[56] Klöckner, Karl: Alte Fachwerkbauten. Geschichte einer Skelettbauweise. 2. Aufl. München: Verlag Georg D. W. Callwey, 1981

[57] Korporation Luzern (Depositum in der Zentral- und Hochschulbibliothek Luzern): Eidgenössische Chronik des Luzerners Diebold Schilling (Luzerner Schilling), Luzern: 1513
http://www.e-codices.unifr.ch/de/thumbs/kol/S0023-2 [Stand: 15.10.2018]

[58] Kottmann, Albrecht: Fünftausend Jahre messen und bauen. Planungsverfahren und Masseinheiten von der Vorzeit bis zum Ende des Barock. Stuttgart: Hoffmann, 1981

[59] Kress, Fritz: Der praktische Zimmerer. Ravensburg: Otto Maier Verlag, 1949

[60] Kress, Fritz: Der Zimmerpolier. 6. Aufl. Ravensburg: Otto Maier Verlag, 1939

[61] Lenze, Wolfgang: Fachwerkhäuser restaurieren – sanieren – modernisieren. Stuttgart: Fraunhofer IRB Verlag, 2001

[62] Leszner, Tamara; Stein, Ingolf: Lehm-Fachwerk. Alte Technik neu entdeckt. Köln: Rudolf Müller Verlag, 1987

[63] Lohrum, Burghard; Werlé, Maxime; Fritsch, Florent; Haegel, Olivier: La maison en pan-de-bois (en Alsace). Lyon: Lieux dits, 2015

[64] Meili, David: Schweizer Bauernhaus. Ländliche Bauten und ihre Bewohner. Zürich: Fretz, 1984

[65] Mislin, Mirin: Geschichte der Baukonstruktion und Bautechnik. Von der Antike bis zur Neuzeit. Eine Einführung. Düsseldorf: Werner-Verlag, 1988

[66] Moles, Antoine: L'histoire des charpentiers. Leurs travaux. Paris: Gründ, 1949

[67] Nebel, Herbert: Sanieren und modernisieren von Fachwerkbauten. Mönchengladbach: Kraft, 1980

[68] Oslet, Gustave: Traité de charpente en fer. Paris: Fanchon & Artus, 1898. (Encyclopédie théorique & pratique des connaissances civiles & militaires. Partie civile. Cours de construction; 4) https://gallica.bnf.fr/ark:/12148/bpt6k872976b/f1.item [Stand: 22.10.2018]

[69] Pantli, Heinz; Furrer, Benno; Reicke, Daniel: Vorindustrieller Holzbau in Südwestdeutschland und der deutschsprachigen Schweiz. Terminologie und Systematik. Esslingen: Gesellschaft für Archäologie in Württemberg und Hohenzollern, 2012.

[70] Pfarr, Karlheinz: Geschichte der Bauwirtschaft. Essen: Deutscher Consulting Verlag, 1983

[71] Pfleger, Alfred: Zimmermannspredigten. Richtfest und Richtspruch im Elsass. Colmar: Alsatia-Verlag, 1943

[72] Phleps, Hermann: Alemannische Holzbaukunst. Wiesbaden: Bruderverlag, 1967

[73] Phleps, Hermann: Holzbaukunst. Der Blockbau. Karlsruhe: Fachblatt-Verlag, 1942

[74] Pöttler, Viktor-Herbert: Alte Volksarchitektur. Graz: Verlag Styria, 1975

[75] Räber, Pius; Sauerländer, Dominik: Bauernhäuser des Kantons Aargau. Bd. 1: Freiamt und Grafschaft Baden. Basel: Schweizerische Gesellschaft für Volkskunde, 2002 (Bauernhäuser der Schweiz; 22)

[76] Räber, Pius; Sauerländer, Dominik: Bauernhäuser des Kantons Aargau. Bd. 2: Fricktal und Berner Aargau. Basel: Schweizerische Gesellschaft für Volkskunde, 2002 (Bauernhäuser der Schweiz; 23)

[77] Renfer, Christian: Bauernhäuser des Kantons Zürich. Bd. 1: Zürichsee und Knonauer Amt. Basel: Schweizerische Gesellschaft für Volkskunde, 1982 (Bauernhäuser der Schweiz; 9)

[78] Richter, Richard: Der Rolandschacht. Die Zunft der reisenden Bauhandwerker. Villingendorf: Selbstverlag, 1982

[79] Rodler, Hieronymus: Perspectiva. Eyn schön nützlich büchlin und underweisung der kunst des Messens, mit dem Zirckel, Richtscheidt oder Linial. Frankfurt: Jacob, 1546

[80] Rohrberg, Erwin: Schöne Fachwerkhäuser in Baden-Württemberg. Stuttgart: DRW-Verlag, 1981

[81] Ruch, Hugo: Berufskunde für Zimmerleute. Schweizerischer Zimmermeisterverband Zürich, 1982

[82] Ruch, Maurice: La maison traditionelle d'Alsace. Barembach: J. P. Gyss, 1986

[83] Scheidegger, Fritz: Aus der Geschichte der Bautechnik. Bd. 1: Grundlagen. Basel: Birkhäuser, 1990

[84] Scheidegger, Fritz: Aus der Geschichte der Bautechnik. Bd. 2: Anwendungen. Basel: Birkhäuser, 1992

[85] Schilling, Richard: Das alte malerische Schwarzwald-Haus. Eine Schilderung der verschiedenen Bauarten, des Äußeren und Inneren des Schwarzwaldhauses unter besonderer Berücksichtigung der alten handwerksmäßigen Volkskunst sowie der Sitten und Gebräuche seiner Bewohner. Freiburg im Breisgau: Freiburger Druck- und Verlagsgesellschaft, 1915

[86] Schlichterle, Helmut: Siedlungen der Steinzeit. Heidelberg, 1989

[87] Schübler, Johann: Zimmermannskunst. Nürnberg: Weigel, 1731

[88] Schweizerischer Ingenieur- und Archtiekten-Verein: Das Bauernhaus in der Schweiz. Zürich: Hofer, 1903

[89] Schweizerischer Ingenieur- und Architekten-Verein: Das Bürgerhaus der Schweiz. Bd. 19: Thurgau. Zürich: Orell Füssli, 1928

[90] Stadelmann, Werner: Holzbrücken der Schweiz – ein Inventar. Chur: Verlag Bündner Monatsblatt, 1990

[91] Stähli, Cornelia: Kulturschätze im Thurgau entdecken und erleben. Frauenfeld: Huber, 2004

[92] Steinmann, Jakob: Traditionelle Zimmerei. Eine Zukunft für die Vergangenheit. Waldshut: baulino Verlag, 2008

[93] Stiewe, Heinrich: Fachwerkhäuser in Deutschland. Konstruktion, Gestalt, Nutzung vom Mittelalter bis heute. 2. aktual. Aufl. Darmstadt: Wissenschaftliche Buchgesellschaft, 2015

[94] Sobon, Jack; Schroeder, Roger: Timber frame construction. All about post and beam building. Pownal / Vermont: Storey Books, 1984

[95] Surbeck, Peter: Die Inschriften an Bauernhäusern im Bezirk Uster. Uster: Verlag Uster-Info, 1999

[96] Surbeck, Peter: Die Inschriften an Bauernhäusern im Bezirk Hinwil. Uster: Verlag Uster-Info, 2001

[97] Surbeck, Peter: Die Inschriften an Bauernhäusern im Bezirk Pfäffikon. Uster: Verlag Uster-Info, 2003

[98] Surbeck, Peter: Die Inschriften an Bauernhäusern im Zürcher Oberland. Angrenzende Gebiete. Uster: Verlag Uster-Info, 2004

[99] Surbeck, Peter: Die Inschriften an Bauernhäusern im Zürcher Oberland. Koordinaten und Ergänzungen, Übersichtskarte. Uster: Verlag Uster-Info, 2008

[100] Tanner, Erika: Bauernhäuser des Kantons Thurgau. Basel: Schweizerische Gesellschaft für Volkskunde, 1998 (Bauernhäuser der Schweiz; 24)

[101] Valentin, Jean-Louis: La charpente, mode d'emploi. Paris: Eyrolles, 2008

[102] Valentin, Jean-Louis: Le colombage, mode d'emploi. Paris: Eyrolles, 2006

[103] Valentin, Jean-Louis: L'ossature bois, mode d'emploi. Paris: Eyrolles, 2015

[104] Waller, Henri: Das Dachdeckerhandwerk in der Schweiz. Zürich: Hoffmann-Lang, 1931

[105] Weiss, Richard: Häuser und Landschaften der Schweiz. 2. Aufl. Stuttgart: Eugen Rentsch Verlag, 1973
[106] Weiss, Walter: Fachwerk in der Schweiz. Basel: Birkhäuser, 1991
[107] Weiss, Walter: Fachwerk erleben. Didaktik für Museen und Primarschulen. Winterthur. ZKM (Zürcher Kantonale Mittelstufenkonferenz), 1992
[108] Werner, Paul et al.: Das Bundwerk. Eine alte Zimmermannstechnik. München: Callwey, 1985
[109] Wilhelm, Johann: Architectura civilis. Frankfurt am Main, 1649 / Nürnberg: Fürst, 1668
[110] Zippelius, Adelhart: Freilichtmuseen in Deutschland. Hamburg: HB, 1982 (HB-Bildatlas Spezial; 6)
[111] Zwerger, Klaus: Das Holz und seine Verbindungen. Traditionelle Bautechniken in Europa und Japan. Basel: Birkhäuser, 1997

17.2 Gesellenzünfte, Museen, Vereine

Die folgenden Internetseiten stellten dem Autor hilfreiche Informationen bereit und dienen der Vertiefung von Detailwissen. Diese Seiten wurden im Januar 2021 im Internet abgerufen.

Europäische Gesellenzünfte	www.cceg.eu www.rolandschacht.org www.rechtschaffene-zimmerer.de www.fremderfreiheitsschacht.de www.freie-vogtlaender.eu www.bauhandwerkerinnen.de www.casacalfelor.ro www.compagnons-du-devoir.de www.compagnonnage.info
Museen	
Grubenmannmuseum Teufen AR	www.zeughausteufen.ch
Werkzeugsammlung im Musée du Bois de l'Arboretum in Aubonne VD	www.aubonne.ch/tourisme/musee-bois.html
Museen der Region Zürich	www.muse-um-zuerich.ch
Girsbergerhaus 1420 Unterstammheim ZH	www.fachwerkerleben.ch/girsbergerhaus.html
Freilichtmuseum der Schweiz, Ballenberg BE	www.ballenberg.ch
Ziegelei-Museum und Ziegelhütte Hagendorn / Cham ZG	www.ziegelei-museum.ch
Holzmuseum in den elsässischen Vogesen	www.musee-bois-labaroche.com
Nachbau karolingisches Kloster, Messkirch	www.campus-galli.de
Nachbau einer Burg des 13. Jahrhunderts	www.guedelon.fr
Freilichtmuseum Neuhausen ob Eck	www.freilichtmuseum-neuhausen.de
Schwarzwälder Freilichtmuseum Vogtsbauernhof	www.vogtsbauernhof.de
Museum Fischerhaus Öhningen-Wangen	www.museum-fischerhaus.de
Pfahlbaumuseum Unteruhldingen / Bodensee	www.pfahlbauten.de
Museum zu Allerheiligen Schaffhausen SH	www.allerheiligen.ch
Schweizerisches Agrarmuseum Burgrain, Alberswil LU	www.museumburgrain.ch
Elsässer Freilichtmuseum Ungersheim	www.ecomusee.alsace
Ritzzeichnungen im Fels von Valcamonica	www.archeocamuni.it

Vereine	
Vereinigung Schweizer Mühlenfreunde, Hoffeld SG	www.muehlenfreunde.ch
Domus Antiqua Helvetica, Zizers GR	www.domusantiqua.ch
Schweizer Heimatschutz, Zürich ZH	www.heimatschutz.ch
Vereinigung für Bauforschung, Kreuzlingen TG	www.veba-bauforschung.ch
Schweizerische Gesellschaft für Industriekultur und Technikgeschichte, Zürich ZH	www.sgti.ch
Stiftung Industriekultur Schweiz, Winterthur ZH	www.industrie-kultur.ch
Holzbrückenweg im Emmental BE	www.wanderungen.ch/de/wandern-total/themen-wanderwege/holzbruecken-weg-im-emmental.html
Kulturmühle Lützelflüh BE	www.kulturmuehle.ch
Interessensgemeinschaft Bauernhaus e. V., Worpswede	www.igbauernhaus.de
Arbeitsgemeinschaft Deutsche Fachwerkstraße	www.deutsche-fachwerkstrasse.de
Arbeitskreis für Hausforschung AHF e. V., Bad Windsheim	www.arbeitskreisfuerhausforschung.de
Wissenschaftlich-Technische Arbeitsgemeinschaft für Bauwerkserhaltung und Denkmalpflege e. V., Pfaffenhofen	www.wta-international.org
	[Stand: 22.01.2021]

17.3 Bildnachweis

Von diesen Personen, Institutionen oder Werken sind Bilder übernommen worden. Alle anderen Illustrationen und Fotos stammen vom Autor. Ich danke allen für ihre konstruktive Hilfe und die freundliche Genehmigung zur Übernahme der Illustrationen.

Kapitel 1

1.19 »Marktbeschrieb« von Schulmeister und Geometer Hans Georg Ritzmann (1809); Gemeindearchiv Osterfingen / Gemeindeverwaltung Wilchingen SH

1.22 Gemeindewappen von Hausen am Albis; Gemeindekanzlei Hausen am Albis ZH

Kapitel 2

2.10 Rekonstruktionsversuch der Holzkirche, Wülflingen; aus: Direktion der öffentlichen Bauten des Kantons Zürich; Stadtrat Winterthur; Bauamt II der Stadt Zürich [15], S. 193; Foto: Alfred Hidber

2.14 Fachwerkwand; Zeichnung des Autors nach einer Fotografie der Kantonsarchäologie Zürich

2.22 Städtische Fachwerkhäuser von Thomas Schmid und Ambrosius Holbein (um 1515/16) im Festsaal des Klosters St. Georgen in Stein am Rhein; Fotografie des Autors

2.23 Stadtansicht; aus: Korporation Luzern / Eidgenössische Chronik des Luzerners Diebold Schilling [57]

2.32 »Une ferme à Romont«; aus: Schweizerischer Ingenieur- und Architekten-Verein [88]

2.35 Konstanzer Bürger errichten ihr Schützenhaus; Zeichnung des Autors nach: Korporation Luzern / Eidgenössische Chronik des Luzerners Diebold Schilling [57]

2.54 Dienstmagd wirft ihr heimlich geborenes Kind ins Räderwerk der Stadtmühle; Zeichnung des Autors nach: Korporation Luzern / Eidgenössische Chronik des Luzerners Diebold Schilling [57]

2.58 Bohlenständerhaus in Flühli-Ranft OW; Zeichnung des Autors nach: Korporation Luzern/Eidgenössische Chronik des Luzerners Diebold Schilling [57]

2.59 Bohlenständerhaus bei der Rathausbrücke in Zürich; Zeichnung des Autors nach: Korporation Luzern / Eidgenössische Chronik des Luzerners Diebold Schilling [57]

2.94 Der »Goldene Löwen« in Oberaach TG; aus: Schweizerischer Ingenieur- und Architekten-Verein [89]

2.106 Holzbrücke von Hans Ulrich und Johannes Grubenmann; aus: J. Killer [55]

2.107 Iron Bridge; nach Museumsguide Iron Bridge und E. Fuchtmann [22]

2.110 Genietete Profilträger; nach G. Oslet [68], Fig. 360, 363

2.111 Fachwerkträger; nach G. Oslet [68], Fig. 381

2.117 Dachbinder; nach G. Oslet [68], Fig. 1050

2.124 Landi-Dörfli; Foto: H. Hinz / Offizielle Ausstellungsbroschüre der Landesausstellung Zürich (1939)

2.129 Furterhaus / Schäfer Holzbautechnik AG, Aarau (1985)

2.130 Cruck-Konstruktion; nach: R. Harris [47]

2.133 »Galerie des machines«; nach G. Oslet [68], Fig. 555

Kapitel 4

4.3 Aufrichte auf Schloss Wyden bei Ossingen ZH: Foto erhalten von Konrad Basler, Fotograf unbekannt
4.7 Zunftsignete; aus: »Confédération«, Zeitschrift der Europäischen Gesellenzünfte
4.8 Wanderbuch; Foto: Max Baumann (1982), Schaffhausen
4.9 Zimmermannsklatsch; Foto: Max Baumann (1982), Schaffhausen
4.10 Knipsfest des Roland-Schachts; Foto: Max Baumann (1982), Schaffhausen

Kapitel 5

5.1 Kachelofen von Abraham Pfau im Saal des Gemeindehauses Unterstammheim; Foto: Gemeinde Unterstammheim ZH
5.2 Zimmerleute an der Arbeit; aus: H. Rodler [79]
5.16 Handsäger im Wallis; Foto: Alfred Nyfeler (1883–1969) aus: H. Brockmann-Jerosch [10]
5.49 Mehrstöckiger Fachwerkbau in Unterstammheim; Foto: Museum Stammertal / Walter Schwendimann

Kapitel 6

6.1 Steinzeitknoten; nach F. Kress [59]
6.16 Holzverbindungen, die der römische Zimmermann im Haus- und Schiffbau verwendete; nach Louis Jacobi aus Finsterbusch, E. / Thiele, W. [18]
6.47 Schaffhauser Rheinbrücke von Hans Ulrich Grubenmann; Plandetail von Christian von Mechel, Basel (1803)
6.58 Firstständerknoten; nach M. Hoffmann [51]

Kapitel 7

7.4 Versetzung des Feuerwehrdepots Hettlingen ZH, 1942; Foto: Bildersammlung der Winterthurer Bibliotheken
7.5 Projektplan Salomon Sulzer für die Pfarr- und Zehntenscheune in Hettlingen ZH, 1792: Abbildung: Staatsarchiv des Kantons Zürich
7.9 Entstehung eines Fachwerkhauses heute; nach: Hugo Ruch [81]
7.12 Originalmodell der Schaffhauser Rheinbrücke von 1755; Foto: Museum zu Allerheiligen, Schaffhausen SH

Kapitel 9

9.10 Sparrendach; aus: F. Glücki [36]
9.13 Kehlbalkendach mit gekreuzten Scherbändern; nach: F. Glücki [36]
9.32 Mansarddächer; aus: J. J. Schübler [87]
9.34 Walmdach-Abbund; aus: J. J. Schübler [87]
9.41 Bogenbohlenkonstruktion; nach: P. de l'Orme [13]
9.44 Bedachungsmaterialien, Dachformen und Hauskonstruktionen im frühen 16. Jahrhundert; aus: Korporation Luzern / Eidgenössische Chronik des Luzerners Diebold Schilling [57], Nr. 306
9.57 Herstellung einer Schindel; nach H. Waller [104]
9.82 Giebelbogen in Genf an der ehemaligen rue des Allemands; Biblioteque de Genève
9.94 Älteste Abbildung einer Sparrenfußkonstruktion von Villard de Honnecourt; Bibliothèque nationale de France, Paris (MsFr 19093)

Kapitel 11

11.1 Haus in der Stadt Zug; Zeichnung des Autors nach: Korporation Luzern / Eidgenössische Chronik des Luzerners Diebold Schilling [57]
11.3 Die älteste Wappenscheibe von 1531 im Gemeindehaus Unterstammheim; Gemeinde Stammheim ZH

Kapitel 14

14.6 Scheune in Zernez GR; nach: E. Gladbach [34]

17.4 Stichwortverzeichnis